21世纪普通高校计算机公共课程规划教材

数据库实用教程

——SQL Server 2008

邵超 张斌 张巧荣 编著

清华大学出版社
北京

内容简介

本书主要介绍 Microsoft 公司最新推出的大型数据库管理系统 SQL Server 2008 的功能特点以及使用 SQL Server 2008 进行数据库开发的实用技术。作者根据多年的教学和开发经验，按照教学规律编写了本书，主要内容包括绪论、关系数据库理论、关系数据库设计、SQL Server 2008 概述、SQL Server 2008 数据库管理、SQL Server 2008 数据表管理、数据查询、视图、索引、T-SQL、事务与游标、存储过程和触发器、数据库的备份和恢复、系统安全管理等。

本书对 SQL Server 2008 的主要功能及使用方法的描述清晰明了，突出重点和难点，同时注重对实际技能的培养，每章后都有习题，并提供相关实验内容，可加深对基本知识的理解，使学生在学习相关知识后能够立即动手开发自己的数据库系统，真正做到学以致用。

本书既可作为计算机及其相关专业本专科生的"数据库应用技术"或"数据库原理及应用"课程教材，也可供数据库开发技术人员使用。

图书在版编目(CIP)数据

数据库实用教程：SQL Server 2008/邵超，张斌，张巧荣编著. —北京：清华大学出版社，2009.8(2020.9 重印)

(21 世纪普通高校计算机公共课程规划教材)

ISBN 978-7-302-20321-6

Ⅰ. 数…　Ⅱ. ①邵…　②张…　③张…　Ⅲ. 关系数据库—数据库管理系统，SQL Server 2008—高等学校—教材　Ⅳ. TP311.138

中国版本图书馆 CIP 数据核字(2009)第 093278 号

责任编辑：梁　颖　赵晓宁
责任校对：焦丽丽
责任印制：宋　林

出版发行：清华大学出版社
网　　址：http://www.tup.com.cn，http://www.wqbook.com
地　　址：北京清华大学学研大厦 A 座　　**邮　　编**：100084
社 总 机：010-62770175　　**邮　　购**：010-83470235
投稿与读者服务：010-62776969，c-service@tup.tsinghua.edu.cn
质量反馈：010-62772015，zhiliang@tup.tsinghua.edu.cn
印 装 者：北京九州迅驰传媒文化有限公司
经　　销：全国新华书店
开　　本：185mm×260mm　　**印　　张**：20.25　　**字　　数**：493 千字
版　　次：2009 年 8 月第 1 版　　**印　　次**：2020 年 9 月第 9 次印刷
印　　数：14501～14700
定　　价：59.00 元

产品编号：032354-02

出版说明

随着我国改革开放的进一步深化，高等教育也得到了快速发展，各地高校紧密结合地方经济建设发展需要，科学运用市场调节机制，加大了使用信息科学等现代科学技术提升、改造传统学科专业的投入力度，通过教育改革合理调整和配置了教育资源，优化了传统学科专业，积极为地方经济建设输送人才，为我国经济社会的快速、健康和可持续发展以及高等教育自身的改革发展做出了巨大贡献。但是，高等教育质量还需要进一步提高以适应经济社会发展的需要，不少高校的专业设置和结构不尽合理，教师队伍整体素质亟待提高，人才培养模式、教学内容和方法需要进一步转变，学生的实践能力和创新精神亟待加强。

教育部一直十分重视高等教育质量工作。2007 年 1 月，教育部下发了《关于实施高等学校本科教学质量与教学改革工程的意见》，计划实施“高等学校本科教学质量与教学改革工程(简称‘质量工程’)”，通过专业结构调整、课程教材建设、实践教学改革、教学团队建设等多项内容，进一步深化高等学校教学改革，提高人才培养的能力和水平，更好地满足经济社会发展对高素质人才的需要。在贯彻和落实教育部“质量工程”的过程中，各地高校发挥师资力量强、办学经验丰富、教学资源充裕等优势，对其特色专业及特色课程(群)加以规划、整理和总结，更新教学内容、改革课程体系，建设了一大批内容新、体系新、方法新、手段新的特色课程。在此基础上，经教育部相关教学指导委员会专家的指导和建议，清华大学出版社在多个领域精选各高校的特色课程，分别规划出版系列教材，以配合“质量工程”的实施，满足各高校教学质量和教学改革的需要。

本系列教材立足于计算机公共课程领域，以公共基础课为主、专业基础课为辅，横向满足高校多层次教学的需要。在规划过程中体现了如下一些基本原则和特点。

(1) 面向多层次、多学科专业，强调计算机在各专业中的应用。教材内容坚持基本理论适度，反映各层次对基本理论和原理的需求，同时加强实践和应用环节。

(2) 反映教学需要，促进教学发展。教材要适应多样化的教学需要，正确把握教学内容和课程体系的改革方向，在选择教材内容和编写体系时注意体现素质教育、创新能力与实践能力的培养，为学生知识、能力、素质协调发展创造条件。

(3) 实施精品战略，突出重点，保证质量。规划教材把重点放在公共基础课和专业基础课的教材建设上；特别注意选择并安排一部分原来基础比较好的优秀教材或讲义修订再版，逐步形成精品教材；提倡并鼓励编写体现教学质量和教学改革成果的教材。

(4) 主张一纲多本，合理配套。基础课和专业基础课教材配套，同一门课程有针对不同层次、面向不同专业的多本具有各自内容特点的教材。处理好教材统一性与多样化，基本教材与辅助教材、教学参考书，文字教材与软件教材的关系，实现教材系列资源配套。

(5) 依靠专家，择优选用。在制定教材规划时要依靠各课程专家在调查研究本课程教材建设现状的基础上提出规划选题。在落实主编人选时，要引入竞争机制，通过申报、评审确定主题。书稿完成后要认真实行审稿程序，确保出书质量。

繁荣教材出版事业，提高教材质量的关键是教师。建立一支高水平教材编写梯队才能保证教材的编写质量和建设力度，希望有志于教材建设的教师能够加入到我们的编写队伍中来。

21世纪普通高校计算机公共课程规划教材编委会

联系人：梁颖 liangying@tup.tsinghua.edu.cn

前　言

随着信息技术的迅速发展和广泛应用，计算机的应用也已从单用户模式逐步向客户机/服务器网络模式发展，信息管理也从工资、人事等单方面的管理向全企业的管理信息系统发展，而数据库作为后台支持已成为信息管理中不可缺少的重要组成部分。管理信息系统、办公自动化系统、决策分析系统、企业资源规划系统等都需要大量地应用数据库技术。

Microsoft 公司推出的 SQL Server 数据库管理系统是目前最为常用的大型数据库管理系统之一，它建立在成熟而强大的关系模型基础上，可以很好地支持客户机/服务器网络模式，能够满足各种类型的构建网络数据库的需求，具有功能强大、安全可靠等特点，可用于大型联机事务处理、电子商务、数据仓库和商业智能等。它具有方便易用的图形界面，并提供了一套完整的管理工具和实用工具，大大减轻了管理员的工作量，使用户对数据库的操作变得非常简单，正是由于 SQL Server 具有操作简单、功能强大、安全性高等特点，因此成为目前各级、各类学校学习大型数据库管理系统的首选对象。

SQL Server 2008 是 Microsoft 最新一代的数据库管理系统，一个全面的数据库平台，使用集成的商业智能(Business Intelligence，BI)工具提供了企业级的数据管理。SQL Server 2008 数据库引擎为关系型数据和结构化数据提供了更安全可靠的存储功能，使用户可以构建和管理用于业务的高可用和高性能的数据应用程序，并引入用于提高开发人员、架构师和管理员的能力和效率的新功能。

本书是作者多年从事数据库教学和开发的积累和总结，结合数据库基础知识，涵盖了 SQL Server 2008 开发、分析和管理的方方面面。本书从基础入手，面向实际应用，采取了理论和实践相结合的方式，将教学设计结合到教材建设上，以提高教材的可教性和易学性。同时，在书中最后针对各个内容，精心设计了相应的实验环节，为学生熟练掌握数据库开发技术打好坚实的基础。

全书共 14 章，分为 4 个部分，具体结构划分如下：

第 1 部分 基础篇(第 1～第 3 章)介绍数据库的基础理论知识，包括数据库的基本概念、概念模型、数据模型，以及关系数据库理论和关系数据库设计等。

第 2 部分 应用篇(第 4～第 9 章)介绍数据库的基础应用，包括 SQL Server 2008 发展历史、安装步骤、主要管理工具，以及 SQL Server 2008 数据库管理、数据表管理、数据、视图和索引等。

第 3 部分 提高篇(第 10～第 14 章)介绍 T-SQL 语言、事务与游标、存储过程、触发器，以及数据库的备份与还原和 SQL Server 2008 安全管理。

第 4 部分 实验篇(附录 A 至附录 C)为针对本书相关内容设计的 11 个实验，包括实验目的、实验内容和实验步骤，以及实验中所用到的数据库结构、数据表结构和基础数据信息。

本书由邵超编写第 1 和第 2 章，张斌编写第 4～第 6 章，张巧荣编写第 10、第 12 和第 14 章，李淑红编写第 9、第 11 章和第 8.3 节，郑娅峰编写第 7 章和第 8.2、8.4 节，张华伟编写第 13 章、附录和 8.1 节，万春红编写第 3 章。

本书在编写过程中，参考了大量的相关技术资料和程序开发源码资料，在此向资料的作者深表谢意。书中全部程序都已上机调试通过。由于编者水平和时间有限，书中难免有错误和疏漏之处，敬请各位同行和读者不吝赐教，以便及时修订和补充。

如果读者在使用本书的过程中有什么问题，可直接与编者联系。编者的 E-mail 为 zbzz1211@163.com。

编　者

2009 年 3 月

目 录

第1章 绪 论

本章学习目标

- 掌握数据库、数据库管理系统和数据库系统的基本概念；
- 了解数据管理技术的发展历程；
- 掌握概念模型和数据模型的基本概念；
- 掌握数据库系统的三级模式结构及其两级映像功能。

1.1 数据库系统概述

在人类社会进入信息时代的今天，信息已成为当今社会的核心资源，人们的经济活动基本上是围绕信息展开的。通过对信息资源的开发利用，可有效降低社会的运营成本，使各种社会资源得到最大限度的节约和合理运用。例如，通过搜集用户的需求信息，企业可以有针对性地开发新产品，可以减少产品库存甚至保持零库存等。资源浪费和决策失误在很大程度上是由信息的不对称和不通畅造成的，数据库和网络则是缓解这一问题的两种主要技术。

随着现代计算机技术的飞速发展，所有这些信息都可以得到有效的管理和利用，这就是在各行各业都起着基础和核心作用的信息系统。而在信息系统中，起着基础和核心作用的则是数据库。数据库用来对信息进行有效的组织和管理，为信息系统的正常运行和作用发挥提供最基础的数据支持，是信息系统赖以成功的重要保障。

有了数据库以及由此建立的信息系统，可以做到：在图书馆浩如烟海的图书中，读者可以轻松地找到想要的图书及其存放位置；在超市纷繁复杂的商品及其销售记录中，超市管理员可以轻松地发现哪些商品近期畅销，而哪些商品又库存不足；在学生众多的选课成绩中，班主任可以快速地统计出每名学生的学位课总学分、专业课不及格门次、平均学分成绩等。

也就是说，数据库与生活的方方面面都紧密相关，提供了前所未有的便利，网上购物、异地订票，甚至互联网的正常运作都离不开后台数据库的支持。

随着信息化程度的日益深入，人们需要面临和处理的信息量急剧膨胀，数据库的重要作用日益突出。为适应信息时代的要求，迎接知识经济的挑战，信息素质理应成为21世纪现代化建设人才必备的基本素质，因此，数据库课程已不只是计算机各相关专业的专业核心课程，也已成为许多非计算机专业的必修课程。

1.1.1 数据库系统的基本概念

数据库管理的基本对象是数据。**数据**是信息的具体表示形式(即载体)，原则上可以采用任何能被识别的物理符号，最常见的表示形式是数字，如98、2009、￥300等。广义地讲，数字、文本、图形、图像、音频、视频等,甚至由它们组成的一条记录都是数据,如记录(张三,1988,河南财经学院)就是一个数据,它表达了张三的基本情况。然而,张三出生于 1988 年还是毕业于 1988 年尚不能确定,需要给予一定的解释。

给定了不同的解释,一个数据就可以表达不同的语义(即信息)。例如,98 是一个数据,它可以表示某个人的体重为 98 斤、某名学生选修某门课程的成绩为 98 分、某部门的职工人数为 98 人等。再如,给定一个解释(姓名,出生年份,毕业院校),数据(张三,1988,河南财经学院)就表达了这样一条信息:张三出生于 1988 年,毕业于河南财经学院;然而,给定另外一个解释(姓名,毕业年份,工作单位),该数据就表达了截然不同的信息:张三毕业于 1988 年,在河南财经学院工作。可以说,离开了语义,数据就变得毫无意义。

在搜集到一个应用所需的大量数据之后,应将其保存起来以供进一步的加工处理。过去通常把数据保存在纸质媒介上,其安全性、共享性和可用性都存在很大的问题。随着计算机技术的出现和发展,人们可以将这大量的数据按照一定的结构组织成数据库,保存在计算机存储设备上,这样不但可以长期保存这些数据,更重要的,人们可以方便地对其进行管理和利用。

1. 数据库(Database,DB)

顾名思义,数据库就是存放数据的仓库,只不过这个仓库建立在计算机存储设备上。为方便管理和利用,数据不能杂乱无章地堆放在一起,而是按照一定的结构组织在一起的,通常,人们把数据组织成二维表的形式(如表 1.1～表 1.3 所示)。可以说,**数据库**是长期存储在计算机内的、可供不同用户共享的、按一定结构组织在一起的相关数据的集合。

例如,某图书馆系统存在以下数据:每本图书的 ISBN 号、书名、作者、出版社和出版日期,每名读者的借阅证号、姓名、单位和联系电话,以及每本被借图书的借阅证号、借阅日期、应还日期和归还日期。这些数据被组织成一个图书馆数据库,包括如表 1.1～表 1.3 所示的 3 张表。

表 1.1　图书表

ISBN 号	书　名	作　者	出版社	出版日期
9787302189268	数据库原理与应用(Access)	张巍	清华大学出版社	2009-1-1
9787302181996	数据库技术应用基础	史九林	清华大学出版社	2009-1-1
9787302182580	网络数据库原理与应用	刘翔	清华大学出版社	2008-10-1
9787121075681	数据库实用教程	郑阿奇	电子工业出版社	2009-1-1
9787111203117	数据库原理及应用	李辉	机械工业出版社	2007-1-1
9787040195835	数据库系统概论(第 4 版)	王珊	高等教育出版社	2006-5-1

表 1.2　读者表

借阅证号	姓名	单　位	联系电话
200604070501	张勇	河南财经学院信息学院	0371-63519883
200604070502	李明	河南财经学院信息学院	0371-63519883
200605010101	王强	河南财经学院工商管理学院	0371-63519150
200605010102	刘翔	河南财经学院工商管理学院	0371-63519150

表 1.3　借阅表

ISBN 号	借阅证号	借阅日期	应还日期	归还日期
9787111203117	200604070501	2008-10-10	2008-11-10	2008-11-01
9787121075681	200604070501	2008-10-10	2008-11-10	NULL(空值)
9787302189268	200605010101	2008-06-15	2008-07-15	2008-09-10
9787302189268	200605010102	2008-06-10	2008-07-10	2008-09-10

表中的每一行就是一个完整的数据，其语义由表头的列名而定，即表头的列名给表中的数据以一定的解释。例如，结合表头(借阅证号，姓名，单位，联系电话)，读者表中的数据(200604070501，张勇，河南财经学院信息学院，0371-63519883)就表达了这样一条信息：张勇是一名读者，他的借阅证号是 200604070501，单位是河南财经学院信息学院，联系电话是 0371-63519883。因此，数据库对数据的管理也就实现了对信息的管理。

有了这 3 张表组成的一个图书馆数据库，借助于计算机网络，图书管理员可以在任何一台能访问到该数据库的终端机上方便地查询某名读者或某本图书的借阅情况。同时，读者也可以在任何一台能访问到该数据库的终端机上方便地查询该图书馆是否藏有自己想要的图书。例如，有名读者需要查询清华大学出版社在 2009 年出版的、书名包含“数据库”的图书，查询结果如表 1.4 所示。

表 1.4　查询结果

ISBN 号	书名	作者	出版社	出版日期
9787302189268	数据库原理与应用(Access)	张巍	清华大学出版社	2009-1-1
9787302181996	数据库技术应用基础	史九林	清华大学出版社	2009-1-1

2. 数据库管理系统(Database Management System，DBMS)

上述数据查询操作是由一个专门软件负责实现的，这就是数据库管理系统。**数据库管理系统**是对数据库进行统一管理和统一控制的一个系统软件，用户对数据库的任何操作都是通过它来完成的，因此也被称为**数据平台**(类似于操作系统平台)，它的主要功能包括以下内容。

1) 数据定义功能

数据库管理系统提供数据定义语言(Data Definition Language，DDL)，用户通过它可以方便地对数据库中的数据对象进行定义，例如，新建表、修改表结构、删除表等。

2) 数据操纵功能

数据库管理系统提供数据操纵语言(Data Manipulation Language，DML)，用户通过它可以方便地对数据库中的数据进行查询和更新(包括插入、删除和修改)，其中，查询是最主要，也最频繁执行的操作，如上述的图书查询操作。

3) 数据库的运行管理

数据库管理系统提供数据控制语言(Data Control Language，DCL)，通过它可以方便地对用户的操作权限进行控制，以保护数据库中数据的安全性，防止不合法或越权操作造成的数据泄露和破坏。此外，在数据库的运行过程中，为了保证数据的正确性和一致性，数据库管理系统不但提供了完整性控制和并发控制的功能，而且还提供了在系统发生故障后将数据库恢复到故障前某一正确状态(亦称一致状态)的能力。

4) 数据库的建立和维护功能

为了便于建立和维护数据库,数据库管理系统还提供了数据库初始数据的装入和数据转换功能、数据库的转储和恢复功能、数据库性能的监控和分析功能等。

作为用户和数据库之间的桥梁,数据库管理系统在整个数据库系统中处于核心地位,它不但应能科学地组织和存储数据库中的数据,而且还应提供高效存取和维护数据的能力。需要指出的是,数据库的建立、使用和维护等工作只靠一个数据库管理系统是远远不够的,还要有专门人员来协助完成,这就是数据库管理员(Database Administrator,DBA)。

人们通常接触到的 Oracle、SQL Server、DB2、Access 等软件产品指的都是数据库管理系统,而非数据库。所谓的 Oracle 数据库或 SQL Server 数据库指的则是用 Oracle 或 SQL Server 这样的数据库管理系统所创建的具体的数据库,如上述的图书馆数据库。

3. 数据库系统(Database System,DBS)

数据库系统是在计算机系统中引入数据库后的一个人-机系统,一般由数据库、计算机硬件、操作系统、数据库管理系统(及其开发工具)、应用系统、数据库管理员和用户构成,如图 1.1 所示。

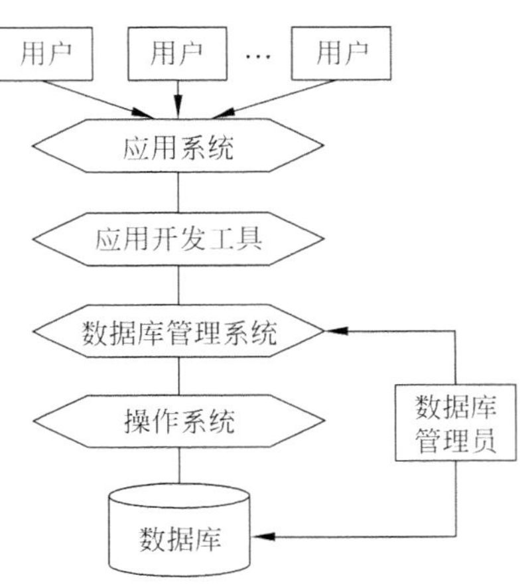

图 1.1 数据库系统的构成

由于数据库中的数据最终要以文件的形式保存在计算机存储设备上,因此,数据库系统必然包括计算机硬件。同样,数据库系统也必然包括操作系统,因为对数据库中数据的组织和存取最终要通过操作系统中的文件系统来实现。

用户通常是指最终使用数据库的人员,又称最终用户。为了便于使用,用户一般并不直接通过数据库管理系统来操作数据库,而是通过相应的应用系统来间接操作数据库。应用系统是计算机专业人员利用某种应用开发工具(第三方或数据库管理系统中集成的开发工具)编写的,为用户提供方便易用的可视化界面。通过这个界面,用户可以很容易地输入对数据库的操作需求(如查询条件),应用系统将其转换为数据库管理系统能够识别的数据库操作命令(如后面将要介绍的 SQL 命令),由数据库管理系统负责执行这些操作命令(如从数据库中找出符合查询条件的数据),最终的执行结果仍然交由应用系统以用户容易理解的某种格式显示出来。这个工作过程如图 1.2 所示。

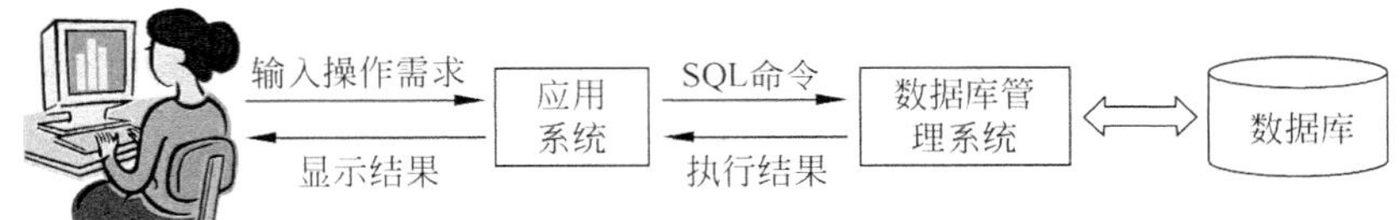

图 1.2 数据库系统的工作过程

除用户外,数据库系统还包括一类特殊的人员——**数据库管理员**,负责对数据库进行全面的管理和控制,是数据库系统中最重要的人员。他的主要工作包括数据库的设计和定义、数据的安全性和完整性控制、数据库的转储和恢复、数据库性能的监控和改进等。

1.1.2 数据管理技术的发展

在应用需求的推动下，在计算机软、硬件发展的基础上，数据管理技术经历了人工管理、文件系统和数据库系统3个阶段。数据库之所以被广泛采用，在于数据库具有相对的很多优点。为说明这一点，下面分别介绍文件系统和数据库系统。由于人工管理阶段没有专门的数据管理软件，完全由人工对数据进行管理，其缺点显而易见，在此不作介绍。

1. 文件系统

随着直接存取存储设备和操作系统的出现，人们可以将应用程序所需的大量数据组织成一个文件长期保存在直接存取存储设备上，利用操作系统中的文件系统随时可以对文件中的数据进行存取，并且只需要知道相应的文件名即可实现按名存取。

假设用文件系统管理学生数据。教务部门需要处理的是学生的选课信息，包括全校所有学生的学号、姓名、班级、专业、年级、选修的课程号、课程名、学分、成绩等，这些数据组成学生选课情况文件，供教务部门使用。学工部门需要处理的是学生的基本情况信息，包括全校所有学生的学号、姓名、班级、专业、年级、奖罚情况、家庭住址、联系方式等，这些数据组成学生基本情况文件，供学工部门使用。团学部门需要处理的是学生的政治信息，包括全校所有学生的学号、姓名、班级、专业、年级、政治面貌、奖罚情况等，这些数据组成学生政治情况文件，供团学部门使用。它们之间的关系如图1.3所示。

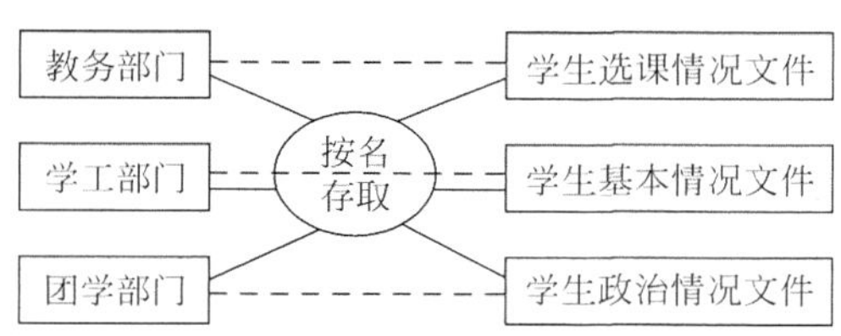

图1.3 用文件系统对学生数据进行管理

从上面这个例子可以看出，用文件系统进行数据管理存在以下问题。

1）数据是分离的

在文件系统中，各数据文件彼此分离、毫不相干，尽管它们之间存在某种内在联系。这个内在联系需要编制额外的应用程序来辅助实现。例如，想知道所有学生党员的选课成绩，首先需要知道这些信息所在的学生政治情况文件和学生选课情况文件各自的逻辑结构，据此编制应用程序，从中提取所需数据进行比较，根据学号相等这个内在条件建立它们之间的联系，这对程序员来说是一个不小的负担。事实上，它们之间的联系是很自然的，应能自动实现。在对学生数据进行更新时，如何自动保证各学生文件之间数据的一致性是一个问题，因为文件系统还不能根据一个文件中的数据来自动检查另外一个文件中数据的正确与否。文件之间的这种孤立性使文件系统难以真实地模拟现实世界中客观对象之间的内在联系。

2）数据冗余度大，共享性差，难以扩充

文件中的数据是面向具体应用的，而且各数据文件之间缺乏有机的联系，因此，当不同应用需要不同数据时，即使它们需要的数据有部分是相同的，也必须分别为它们建立各自的数据文件，而不能共享那部分相同的数据，从而造成数据的冗余度比较大。例如，教务部门、学工部门和团学部门都需要全校所有学生的学号、姓名、班级、专业和年级，这些数据在学生选课情况文件、学生基本情况文件和学生政治情况文件中被重复存储。若要降低数据冗余，需要把这部分相同的数据从这些文件中分离出去，组成一个独立的数据文件，然而，如上所述，如何有效地、自动地实现它们之间的内在联系和数据的一致性就是一个问题。数据冗余浪费存储空间，更重要的，容易造成数据的不一致性，给数据的更新和维护带来困难。

同理，当不同用户需要的数据部分相同时，他们也无法共享这部分相同的数据，只能将其重复存储在各自拥有的不同数据文件中。此外，不同用户对数据可能会有不同的安全性要求，换句话说，不同用户可能会有不同的操作权限。例如，讲授不同课程的老师只能修改自己所教学生的所教课程成绩，而不能修改其他学生或其他课程的成绩，更不能修改学生的学号、姓名、班级、专业和年级，如何安全地将这个学生选课情况文件供所有老师共享是一个问题。再者，当有新的应用时，如果该应用需要的数据和其他应用不完全相同，或其安全性要求不完全相同，就需要为其创建新的数据文件。因此，数据的共享性比较差，也难以扩充。

3）数据独立性差

数据独立性指应用程序和数据之间的独立性，即应用程序不应随着数据的逻辑结构或物理存储结构的改变而改变(分别称为**逻辑独立性**和**物理独立性**)。由于文件系统可以实现按名存取，应用程序不必随着数据的物理存储结构的改变而改变，只要该数据文件的物理文件名不变即可，因此，应用程序和数据之间具有一定的物理独立性。

文件中的数据是根据应用程序的数据需求进行组织的，应用程序从文件中获取数据的方式不同，数据的逻辑结构就要作相应的调整；同样，应用程序必须按照数据的逻辑结构进行相应的存取，数据的逻辑结构不同，应用程序也要作相应的修改。因此，数据的独立性(具体地说是逻辑独立性)仍然很差。

4）数据的结构化不强

由于文件中的数据是根据应用程序的数据需求进行组织的，因此，数据在文件内部是有结构的。但由于各数据文件彼此分离、缺乏有机的联系，因此，数据在整体上是无结构的。当用户需要的数据来自多个文件，就需要编写从多个文件中抽取数据、按一定的规则组合数据、以希望的格式显示数据等一系列复杂的程序，其原因就在于数据缺乏整体的逻辑结构。

2. 数据库系统

随着计算机管理的数据量急剧膨胀，虽然大容量磁盘的出现为海量数据的存储提供了可能，但文件系统的固有缺陷使之不能满足大量应用和用户对数据的共享性和安全性等需求。为解决以上需求，使数据为尽可能多的应用和用户服务，数据库技术应运而生，出现了统一管理大量数据的专门软件——数据库管理系统。

用数据库系统管理数据的基本思想是：将整个系统(包括每一个部门及其应用程序)涉及的所有数据按一定的结构集中存放在数据库中，由数据库管理系统负责统一的数据管理和数据控制，用户或应用程序通过数据库管理系统操作数据库，存取其中的数据。

假设用数据库系统管理学生数据。包括教务部门、学工部门和团学部门在内的学校各个部门需要处理的学生数据共包括全校所有学生的学号、姓名、班级、专业、年级、政治面貌、奖罚情况、家庭住址、联系方式、选修的课程号、课程名、学分、成绩等。所有这些数据组织成一个学生数据库，通常包括3张表：学生表、课程表和选课表。其中，学生表存放全校所有学生的基本情况信息，包括学号、姓名、班级、专业、年级、政治面貌、奖罚情况、家庭住址和联系方式，课程表存放全校所有课程的基本情况信息，包括课程号、课程名和学分，选课表存放学生的所有选课信息，包括学号、选修的课程号和成绩。该学生数据库在数据库管理系统的统一管理和统一控制下供整个系统中所有部门及其应用程序共享。他们之间的关系如图1.4所示。

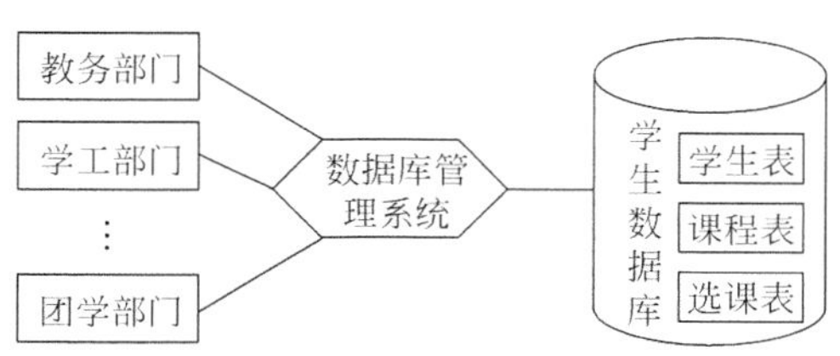

图1.4　用数据库系统对学生数据进行管理

和文件系统相比，数据库系统主要有以下特点。

1）数据的整体结构化

数据的整体结构化是数据库和文件系统的根本区别，也是数据库的本质特征之一。

如上所述，在文件系统中，文件内部的数据是有结构的，其结构由应用程序而定；但由于文件之间缺乏有机的联系，因此，数据整体是无结构的。而在数据库中，数据整体是有结构的，也就是说，不但一张表内部的数据是有结构的(如表1.1～表1.3所示)，而且表与表之间也是有结构的，体现在数据库系统可以自动地实现它们之间的内在联系(如图1.5所示)，这就是数据库管理系统提供的完整性控制功能。例如，选课表中出现的每一个学号都应是真实有效的，也就是说，这些学号都应出自学生表；学生表中不存在的学号是无效的，自然也就不可能出现在选课表中，表与表之间的这种内在联系在文件系统中是不能被自动支持的，而数据库系统却可以做到这一点。因此，在文件系统中想获取所有学生党员的选课成绩比较困难，但在数据库系统中却非常容易，可以说，学生数据库很好地模拟了学生所在这个现实世界中客观对象之间的内在联系。

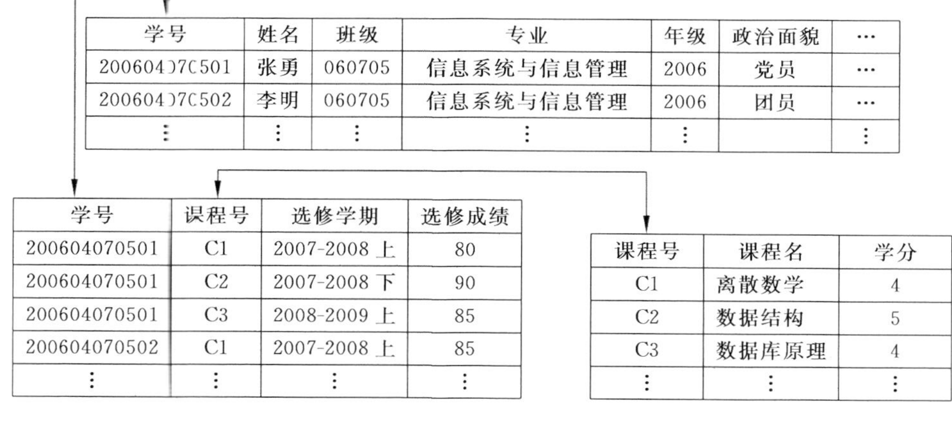

学号	姓名	班级	专业	年级	政治面貌	…
200604070501	张勇	060705	信息系统与信息管理	2006	党员	…
200604070502	李明	060705	信息系统与信息管理	2006	团员	…
⋮	⋮	⋮	⋮	⋮		⋮

学号	课程号	选修学期	选修成绩
200604070501	C1	2007-2008上	80
200604070501	C2	2007-2008下	90
200604070501	C3	2008-2009上	85
200604070502	C1	2007-2008上	85
⋮	⋮	⋮	⋮

课程号	课程名	学分
C1	离散数学	4
C2	数据结构	5
C3	数据库原理	4
⋮	⋮	⋮

图1.5　数据库中表与表之间的内在联系

数据的整体结构化还体现在数据库中结构化的数据是面向整个系统的全部数据，无论哪一个部门或其应用程序都能从中获取它所需要的那部分数据，即整体数据的结构化。由于数据具有整体逻辑结构，因此，数据可以很容易地按照用户需要的格式进行表示。

2）数据的统一管理和统一控制

数据库中的数据由数据库管理系统进行统一管理和统一控制，用户对数据库的任何操作都是通过数据库管理系统来实现的。数据库管理系统除了能定义和操纵数据之外，主要还提供了以下几方面的数据控制功能：

（1）数据的安全保护。

由于数据库集成了整个系统涉及到的全部数据，对数据库中数据的安全保护就显得尤为重要了。数据的安全保护是防止由不合法或越权操作造成的数据泄密或破坏，使每个合法用户只能对某些数据执行其权限范围内的操作。

数据的安全保护是实现数据共享的重要基础，因为数据的共享不是无条件的共享，而是在数据库管理系统统一控制下的安全的共享。例如，不同老师和学生对选课表的共享，学生可以查询但无权修改选课表中的数据，老师可以查询并修改选课表中自己所教学生的所教课程成绩，但无权修改其他学生或其他课程的成绩。

用户是否合法，合法用户是否执行了其权限范围内的操作，如何为不同用户设置不同的操作权限，这些内容都由数据库管理系统的安全保护功能来实现。

（2）数据的完整性控制。

为了能自动实现数据库中表与表之间的有机联系，需要保证数据的一致性或相容性。例如，选课表中的学号要和学生表中相应的学号保持一致，选课表中不能出现学生表中不存在的学号。再者，为了使数据能符合现实世界的具体规定，人们通常会对数据做出某种有效性约束。例如，规定大学生的年龄要大于14岁且小于36岁，如果一名大学生的年龄超出了这个范围，就说明这是一个无效的年龄数据。

为了保证数据的正确性、有效性和相容性，即数据的完整性，防止不符合实际语义或无效的数据进入数据库，数据库管理系统提供了完整性控制功能。

（3）并发控制。

当多个用户同时存取、修改数据库中同一个数据时，如果不加控制将会使这些并发操作相互干扰，从而得到错误结果或使数据的完整性遭到破坏。例如，两个用户同时请求对数据库中同一个数据执行减1操作（如网上订票业务），如果一个用户在写回修改之前另一个用户业已读出了该数据，那么最终的修改结果只会使这个数据减1，而非减2这个正确结果，原因在于这两个用户的并发操作相互干扰、相互影响。因此，必须对多用户的并发操作加以控制和协调，这就是数据库管理系统的并发控制功能，这也是实现数据共享的重要基础。

（4）数据库的恢复。

数据库中数据的正确性和可靠性对于信息系统的正常运行至关重要，然而，一些预期的或非预期的故障将会影响到数据库中数据的正确性，甚至会造成数据库中部分或全部数据的丢失。例如，某个用户需要从A账户向B账户转账1万元，当A账户减去1万元而B账户还没有加上这1万元时，系统发生故障导致重启，从而使数据库中的数据处于错误或不一致状态。因此，在系统发生故障时，数据库管理系统必须具有将数据库从错误状态恢复到故障前某一正确状态(亦称一致状态)的能力,这就是数据库管理系统的数据库恢复功能。

数据库管理系统具有的以上数据控制功能可以保证数据库中数据的安全性、正确性和可靠性,为用户或应用程序提供尽可能理想的数据源,同时也尽可能地降低了程序员的负担和应用系统的复杂性,从而使数据库系统成为比文件系统更加有效的数据管理手段。

3) 数据的共享性高,冗余度低,易扩充

由于数据库集成了整个系统涉及到的全部数据,能够满足所有用户或应用程序的数据需求,这为不同用户或应用程序之间的数据共享提供了可能。此外,数据库管理系统具有的安全保护和并发控制功能可以使不同用户或应用程序之间实现安全的、正确的共享,例如,不同老师和学生对选课表的共享,可以实现学生只能查询而不能修改选课表中的数据,同时,不同老师也只能修改自己所教学生的所教课程成绩。

数据的集成和共享可以减少数据冗余,节约存储空间。例如,在文件系统中被重复存储的学生学号、姓名、班级、专业和年级只需在学生数据库中保存一次即可,这就是学生表。

除了能节约存储空间外,数据冗余度低的重要性更加在于可以避免由数据冗余带来的更新复杂和数据不一致问题。例如,在文件系统中,同一个学生的学号、姓名、班级、专业和年级被重复存储在多个数据文件中,如果该生更换了专业,就需要将存有该数据的所有文件进行同步更新,如果更新不彻底或中途发生故障就会造成数据的不一致。这在文件系统中难以克服,但在数据库系统中,一方面,数据的冗余度比较低,另一方面,数据库管理系统具有的完整性控制和数据库恢复功能也能避免由种种原因造成的数据不一致问题。

由于数据是集成的、面向整个系统的,而且是有结构的,不仅可以供多个用户或应用程序共享,而且很容易增加新的应用,因为新应用需要的数据也只是数据库中数据的一个子集,可以很容易地从数据库中获取这部分数据,并且能够满足该应用对数据的安全性需求。

4) 数据的独立性高

如前所述,数据独立性是指应用程序和数据之间的独立性,包括物理独立性和逻辑独立性。物理独立性是指应用程序和数据的物理存储结构相互独立,应用程序不会随着数据物理存储结构的改变而改变,这样就可以大大减轻程序员的负担。在数据库系统中,数据在计算机存储设备上的物理存储结构是由数据库管理系统负责管理的,应用程序只需根据数据的逻辑结构进行相应的处理,从而使数据具有很高的物理独立性。

逻辑独立性是指应用程序和数据的全局逻辑结构相互独立,应用程序不会随着数据的全局逻辑结构的改变而改变,这样也可以减轻程序员的负担。由于应用程序需要的通常不是所有数据,而只是它的一个子集,因此,当数据的全局逻辑结构发生变化时,只要应用程序基于的那部分数据的局部逻辑结构不变就可以使应用程序不变,数据库系统提供了这样的机制,这就是数据库的三级模式结构及其二级映像功能,从而使数据具有一定的逻辑独立性。

因此,数据库系统和文件系统之间的比较如表 1.5 所示。

表 1.5 数据库系统和文件系统之间的比较

项　　目	文件系统	数据库系统
数据的管理者	文件系统	数据库管理系统
数据控制能力	由应用程序自己控制	由数据库管理系统提供数据安全性、完整性、并发控制和恢复能力
数据的结构化	文件内的数据有结构 整体无结构	整体结构化
数据的独立性	独立性差 具有一定的物理独立性 缺乏逻辑独立性	独立性高 具有很高的物理独立性和 一定的逻辑独立性
数据面向的对象	某一或某些具体应用	整个系统中的所有应用
数据的共享性	共享性差，冗余度大，不易扩充	共享性高，冗余度低，易扩充

综上所述，**数据库**是长期存储在计算机内的、可供不同用户共享的、按一定结构组织在一起的相关数据的集合，它具有最低的数据冗余度和较高的数据独立性，由数据库管理系统负责统一管理和统一控制，可保证数据的安全性和完整性，并在多用户同时使用数据库时进行并发控制，在发生故障时对数据库进行恢复。

数据库系统的出现使信息系统的开发从以加工数据的应用程序为中心转向以共享的数据库为中心的新阶段，这和数据在各行各业的基础地位是相符合的。这样既便于数据的集中管理，又有利于应用程序的研制和维护，不但提高了数据的利用率，更重要的是，还提高了数据的安全性、正确性和可靠性，从而提高了决策的科学性。

1.2 概念模型

为了使数据库中的数据能够符合现实世界的要求，数据库应能很好地模拟现实世界中的客观对象及其联系。但由于计算机不能直接处理现实世界中的客观对象，所以人们首先必须对其进行抽象，将其转换为计算机能够处理的数据。为此，数据库用数据模型（Data Model）来对现实世界进行抽象和模拟，并且按照数据模型对数据进行组织。

通俗地讲，**数据模型**就是现实世界的抽象和模拟。现有的数据库系统均是基于某种数据模型的，数据模型不同，数据库中数据的组织方式以及由此引发的操作方式不同，数据库的类型就有所不同。因此，理解数据模型是学习数据库的基础。

1.2.1 客观对象的抽象过程

为了将现实世界中的客观对象抽象、组织成为某一数据库管理系统支持的数据模型，并在计算机上实现，首先需要从用户的角度对现实世界中的客观对象及其联系进行抽象，只抽取用户关心的本质特征，忽略非本质的细节特征，并据此对客观对象进行分类和聚集，得到抽象的客观对象类及其联系，形成用户眼中的一个精炼的现实世界模型。该模型只是概念级的数据模型，简称**概念模型**（又称**信息模型**），和数据库的计算机实现无关。

将现实世界抽象为概念模型后，还需要进一步将其抽象、转换成为数据库赖以计算机实现的某种逻辑结构和相应的物理存储结构，即数据模型（相应的，包括**逻辑模型**和**物理模型**）。人们通常也把其中的逻辑模型称为**数据模型**。和概念模型不同，数据模型依赖于具体的数据库管理系统，研究的是数据库的计算机实现。这两步数据抽象过程如图 1.6 所示。

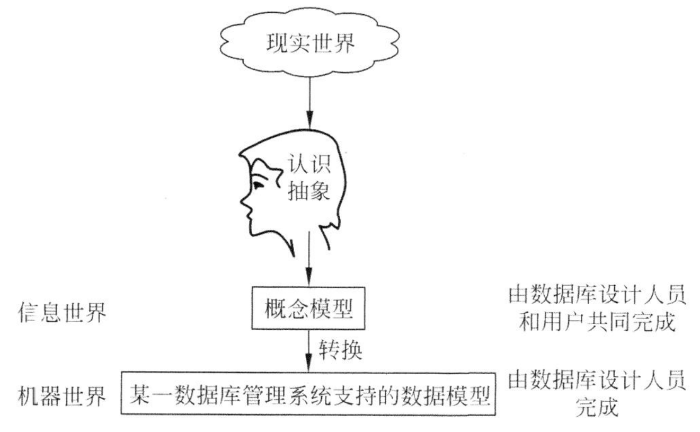

图 1.6　客观对象的两步数据抽象过程

1.2.2　概念模型的基本内容

从图 1.6 可以看出，概念模型实际上是现实世界到机器世界的一个中间层次，是数据库设计人员和用户之间交流的工具，通过它可以确保随后转换得到的数据模型能够符合用户的要求。因此，概念模型应具有以下特点：

- 较强的语义表达能力。概念模型应能方便、直接地表达现实世界中的各种语义知识，如客观对象及其联系，这是对概念模型最起码的要求。
- 简单、清晰、易于用户理解。这是由概念模型作为数据库设计人员和用户之间交流的工具所决定的。

概念模型涉及的基本概念主要有以下几个。

1. 实体(entity)

将现实世界抽象成概念模型首先就要识别出系统中存在哪些客观对象。现实世界中客观存在并可相互区分的对象称为**实体**。实体可以是具体的人、事、物，也可以是抽象的概念，例如，一名学生、一个部门、一门课程、一本图书、一种零件、一个仓库等都是实体。

每个实体都有很多特征，有些特征是用户关心的本质特征，而有些特征则是非本质的细节特征，在抽象成概念模型的过程中只保留用户关心的本质特征。例如，学生“张勇”是一个实体，具有学号、姓名、性别、年龄、班级、专业、年级、身高、体重和肤色等众多特征，其中，身高、体重和肤色在学校这个系统中并非用户关心的本质特征，需要将其舍弃。

2. 属性(attribute)

对实体的描述是通过特征来实现的，不同的实体具有不同的特征或特征的不同取值。实体具有的特征称为**属性**。例如，课程实体由课程号、课程名和学分 3 个属性组成，其特定取值的组合就刻画了一门具体的课程。(C1，离散数学，4)描述的是“离散数学”这门课程。再如，老师“张勇”和学生“张勇”不是同一个实体，原因在于他们具有不同的属性，老师“张勇”具有职称等老师特有的属性，而学生“张勇”也具有班级等学生特有的属性。

3. 码(key)

在实体的众多属性中,能唯一标识一个实体的属性或属性的最小组合称为**码**。例如,学号的每一个取值都唯一标识了一个学生实体,因此,学号就是学生实体的码,实际上人们也是根据学号来唯一区分不同学生的。姓名不能成为学生实体的码,因为不同学生可能同名。

然而,不同学生的(学号,姓名)组合的取值肯定不同,该属性组合的一个取值也可以唯一标识一个学生实体,但它却不能成为学生实体的码(有些教材称这样的属性组合为**超码**),因为该组合中的部分属性已经能够起到唯一标识一个学生实体的作用,这就是学号。属性的最小组合是指不存在它的任何一个真子集同样能起到唯一标识一个实体的作用。

某个属性(组)能否成为码还依赖于现实世界的具体语义。假设某学校规定所有学生均不同名,那么姓名也能成为学生实体的码,一个实体就有了多个码,因此也称其为**候选码**。

4. 域(domain)

属性的取值范围称为该属性的域。例如,学号的域为由 11 位正整数组成的字符串集合,性别的域为('男','女')。

5. 实体型(Entity Type)和实体集(Entity Set)

具有相同属性的实体必然具有共同的性质,可归为一类,称为**实体型**,用实体名及其属性名集合来抽象描述。例如,"课程(课程号,课程名,学分)"是一个实体型,描述了包括"离散数学"、"数据结构"和"数据库原理"在内的所有课程实体,这些课程实体同属于一个实体型,因为它们都由这 3 个属性组成,区别仅在于属性的取值有所不同。

同型实体的集合称为**实体集**。例如,所有课程实体组成了一个实体集,所有学生实体也组成了一个实体集。实体型是对实体集的抽象描述(称之为**型**),而实体集则是实体型的具体表达(称之为**值**)。显然,实体型是相对稳定的,而实体集则是动态变化的。

6. 联系(relationship)

除了识别出系统中存在哪些客观对象(实体)及其特征(属性)外,要想真实地模拟现实世界,还需要找出这些客观对象之间究竟存在什么样的联系,因为在现实世界中,联系是无处不在的,它反映了系统中存在的业务活动。

在现实世界中,客观对象内部以及客观对象之间都是有联系的,反映在概念模型中就是实体内部以及实体之间的联系。实体内部的联系通常是指组成实体的各属性之间存在的联系,例如,年龄和政治面貌之间的联系,年龄一旦超过 28 岁,政治面貌就不能再是团员了,该类联系将在第 2 章作为完整性约束条件给予详细介绍。实体之间的联系可分为同一实体型(集)内部各实体之间的联系和不同实体型(集)之间的联系。

联系是多种多样的,最常见的联系是两个实体型之间的联系,可分为以下 3 类。

1) 一对一联系(1∶1)

如果对于实体集 A 中的每一个实体,实体集 B 中至多只有一个实体与之联系,反之亦然,那么称实体集 A 与实体集 B 具有一对一联系,记作 1∶1。

例如,每一名学生至多只有一个借书证,同样,每一个借书证也至多只属于一名学生,因此,学生和借书证之间具有一对一联系。同样,班长和班级之间也具有一对一联系。

2) 一对多联系(1∶n)

如果对于实体集 A 中的每一个实体,实体集 B 中可以有多个(记作 n)实体与之联系,反之,对于实体集 B 中的每一个实体,实体集 A 中至多只有一个实体与之联系,那么称实体集 A 与实体集 B 具有一对多联系,记作 1∶n。注意:这里的 n 并不代表具体个数,只表示

“多”的意思，因此也可以用其他字母如 m,p 等代替。

例如，每一个系可以有多名学生，而每一名学生只属于一个系，因此，系和学生之间具有一对多联系。同样，班级和学生之间也具有一对多联系。

3) 多对多联系($m:n$)

如果对于实体集 A 中的每一个实体，实体集 B 中可以有多个(记作 n)实体与之联系，反之，对于实体集 B 中的每一个实体，实体集 A 中也可以有多个(记作 m)实体与之联系，那么称实体集 A 与实体集 B 具有多对多联系，记作 $m:n$。注意：这里的 m 和 n 也不代表具体个数，也只表示“多”的意思，因此也可以用其他字母如 s,p 等代替。

例如，每一名学生可以选修多门课程，每一门课程也可以供多名学生选修，因此，学生和课程之间具有多对多联系。同样，读者和图书之间也具有多对多联系。

这 3 类联系之间的关系如图 1.7 所示。

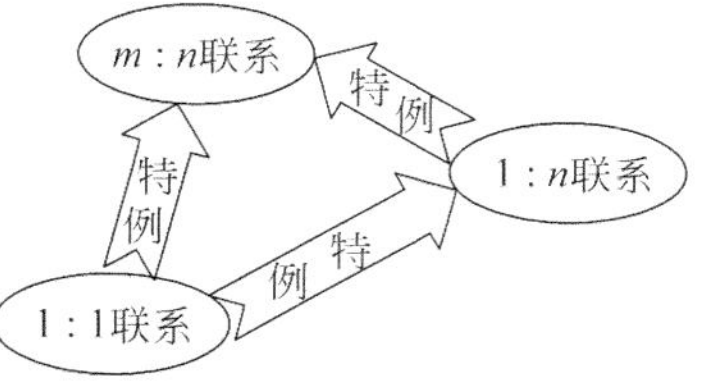

图 1.7　3 类联系之间的关系

同样，两个以上的实体型之间也可能存在如上 3 类联系。例如，每一个供应商可以给多个项目供应多种零件，每一个项目可以使用多个供应商供应的多种零件，每一种零件也可以由多个供应商向多个项目供应，因此，供应商、项目和零件之间具有多对多联系。

在学生选修课程的例子中，如果考虑到老师的因素，即学生可以有选择地选修由特定老师讲授的特定课程，老师也可以有选择地给特定学生讲授特定课程，那么学生、课程和老师三者之间就具有了一个联系。如果每一名学生可以选修由多位老师讲授的多门课程，每一门课程可以由多位老师给多名学生讲授，每一位老师可以给多名学生讲授多门课程，那么学生、课程和老师三者之间就具有多对多联系。

注意：3 个实体型之间的一个多对多联系和 3 个实体型两两之间的(3 个)多对多联系在语义上是不同的。例如，学生和课程之间的多对多联系表示学生在选课时无须关心该课程到底是由哪位老师讲授的，而学生、课程和老师三者之间的多对多联系则表示不同学生可以有选择地选修由不同老师讲授的同一门课程。这也反映出：实体之间具有什么样的联系依赖于人们对现实世界具体情况的具体分析，或人们到底关心哪些内容。

除此之外，同一个实体型内部各实体之间也可能存在如上 3 类联系。例如，职工实体集内部就具有一个领导联系，如果存在一名职工(干部)领导其他多名职工，而每一名职工至多只被另外一名职工(干部)直接领导，那么该领导联系就是一个一对多联系。

1.2.3　E-R 模型和 E-R 图

概念模型的表示方法很多，其中最著名的表示方法是由美籍华人陈平山(Peter Chen)于 1976 年提出来的实体—联系(Entity-Relationship，E-R)方法，该方法用 **E-R 图**来描述概念模型，即 **E-R 模型**。

从上面的介绍可知，对现实世界进行抽象就是从中识别出各个客观对象(类)及其联系，对应在概念模型中就是实体(型)及其联系。E-R 图提供了表示实体型和联系的方法。

1. 实体型

E-R 图无须将每一个具体的实体都予以标明，而只需画出抽象的实体型即可，因为实体是动态变化的，而实体型则是相对稳定的。在 E-R 图中，实体型用矩形表示，矩形框内注明实体型的名称；实体的属性用椭圆形表示，椭圆形框内注明属性的名称，用无向边将其和所属的实体型连接起来。例如,学生和课程实体的 E-R 图分别如图 1.8 和图 1.9 所示。

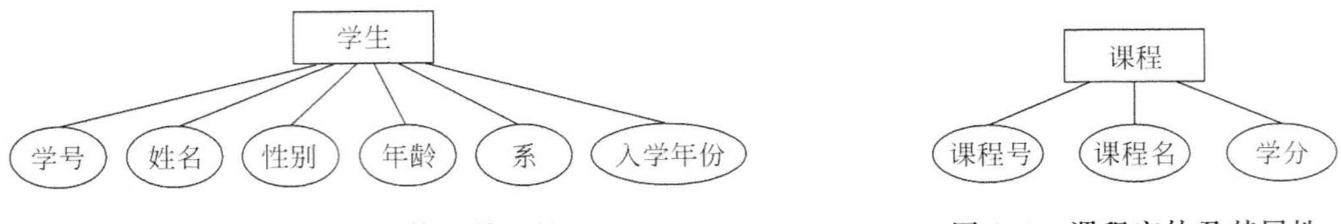

图 1.8　学生实体及其属性

图 1.9　课程实体及其属性

2. 联系

在 E-R 图中,联系用菱形表示,菱形框内注明联系的名称,分别用无向边将其和相关联的实体型连接起来,在连线旁注明联系的类型(1∶1、1∶n 或 m∶n)。例如,学生和借书证之间具有一对一联系,系和学生之间具有一对多联系,读者和图书之间具有多对多联系,供应商、项目和零件之间具有多对多联系,职工内部具有一对多联系,它们的 E-R 图分别如图 1.10～图 1.14 所示。

图 1.10　学生和借书证之间的拥有联系

图 1.11　学生和系之间的属于联系

图 1.12　读者和图书之间的借阅联系

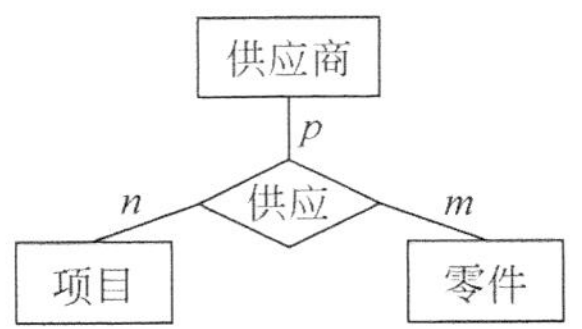

图 1.13　供应商、项目和零件之间的供应联系

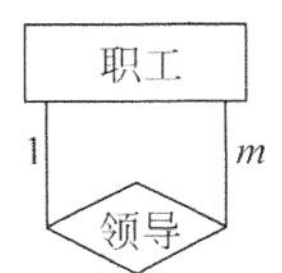

图 1.14　职工内部的领导联系

除了标明联系的类型外,如果联系还具有属性,那么这些属性也要用无向边和该联系连接起来。例如,某名学生选修某门课程就会有一个成绩,因此,学生和课程之间的选修联系具有成绩属性。再如,某供应商给某项目供应某零件自然会有一个供应量,因此,供应商、项目和零件之间的供应联系具有供应量属性。它们的 E-R 图分别如图 1.15 和图 1.16 所示。

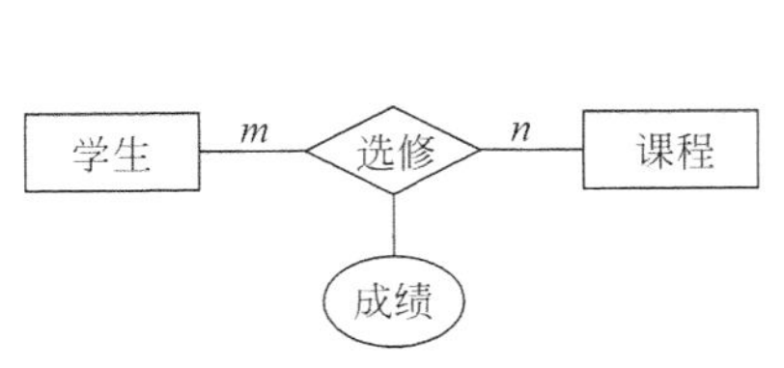

图 1.15　学生和课程之间的选修联系及其属性

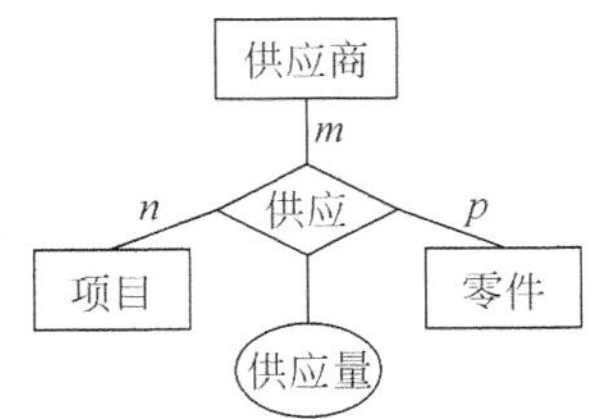

图 1.16　供应商、项目和零件之间的供应联系及其属性

为了对现实世界有一个整体的认识和抽象,整个系统中用户关心的所有实体及其联系都应集成到一个完整的 E-R 图中,但由于实体的属性通常都很多,为了使 E-R 图尽量清晰、

简洁、易于理解，通常将实体及其属性分开单画。

以某工厂的物资库存管理为例，该系统涉及的实体如下。

- 仓库：属性有仓库号、面积、位置、电话号码。
- 零件：属性有零件号、名称、规格、单价、描述。
- 产品：属性有产品号、名称、生产日期、单价、描述。
- 职工：属性有职工号、姓名、性别、年龄、职称。

这些实体之间存在如下联系：

- 一个仓库可以存放多种零件，一种零件也可以存放在多个仓库中，因此，仓库和零件之间具有多对多的库存联系，某个仓库存放某种零件会有一个库存量。
- 一个仓库可以存放多种产品，一种产品也可以存放在多个仓库中，因此，仓库和产品之间具有多对多的存放联系，某个仓库存放某种产品会有一个存放量。
- 一种零件可以用在多种产品上，一种产品也由多种零件制造而成，因此，产品和零件之间具有多对多的使用联系，某种产品使用某种零件会有一个使用量。
- 一个仓库有多名职工，但一名职工只能在一个仓库工作，因此，仓库和职工之间具有一对多的工作联系。
- 在这些职工中，除仓库主任外，其他职工都被自己所在仓库的仓库主任直接领导，因此，职工内部具有一对多的领导联系。

该系统的 E-R 图如图 1.17 所示。

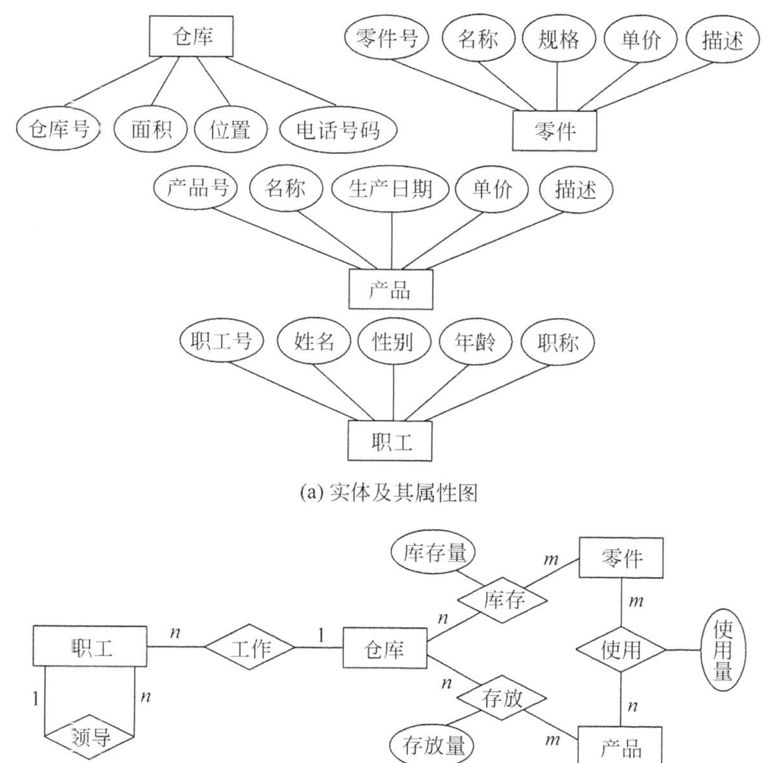

图 1.17　某工厂物资库存管理的 E-R 图

E-R 图能很好地抽象和模拟现实世界，也非常容易理解，因此被广泛采用，后来人们又对 E-R 图作了多方面的扩展以表达更为复杂的情况。用 E-R 图表达的概念模型独立于具体的数据库管理系统，比数据模型更接近于现实世界，是各种数据模型的共同基础。

1.3 数据模型

概念模型虽然能很好地模拟现实世界，但却独立于具体的数据库管理系统。因此，数据库的计算机实现还需要将概念模型进一步转换为某一数据库管理系统支持的数据模型(如不作特殊说明，后面提到的数据模型均指逻辑模型)，然后据此来创建数据库。

因此，数据模型应具有以下特点：

- 能比较真实地模拟现实世界。和概念模型一样，这也是对数据模型最起码的要求。
- 容易为人所理解，这里的人不仅包括一般用户，而且还包括程序员等。
- 便于在计算机上实现，这是概念模型所不具有的。

1.3.1 数据模型的组成要素

为了精确地描述数据赖以计算机实现的逻辑结构，数据模型提供了一组严格定义的概念，这些概念精确地描述了数据的静态特性、动态特性和完整性约束条件，即数据结构、在此基础上允许执行的数据操作，以及为了使数据能够符合现实世界的要求、保证数据的正确性、有效性和相容性而设定的一组完整性约束条件。因此，数据模型通常由数据结构、数据操作和完整性约束条件 3 部分组成。

1. 数据结构

数据结构是所研究对象的数据类型的集合。这些对象是数据库的组成成分，包括描述客观对象(实体)的数据对象，也包括描述客观对象(实体)之间联系的数据对象。如表 1.1 所示，图书实体用一个二维表结构进行描述，该二维表由 5 列组成，每一列有不同的数据类型。再如表 1.3 所示，图书和读者这两个实体之间的借阅联系也用一个二维表结构进行描述，该二维表同样由 5 列组成，每一列有不同的数据类型。

数据结构是对数据的组织方式及其类型，即静态特性的描述，是刻画一个数据模型性质最重要的方面，因为数据的组织方式及其类型不同，在此基础上允许执行的操作和操作规则就有所不同。因此，在数据库系统中，人们通常根据其数据结构的类型来命名数据模型，进而命名数据库的类型。

随着数据库的发展，数据的组织方式从树型、网状发展到二维表(即关系)，对应的数据模型就分别命名为层次模型、网状模型和关系模型，对应的数据库就分别命名为层次数据库、网状数据库和关系数据库。

层次数据库和网状数据库是早期出现的数据库类型，被称为第一代数据库(非关系数据库)。关系数据库被称为第二代数据库，是目前市场上主流的数据库类型。随着面向对象技术的出现，为了表达现实世界中更为复杂的客观对象及其联系，又出现了对象-关系模型和面向对象模型，对应的数据库就是对象-关系数据库和面向对象数据库，被称为第三代数据库，但目前仍未成为市场的主流。

2. 数据操作

数据操作是指对数据库中各种数据对象的实例(具体取值,即数据)允许执行的操作集合,包括操作及其操作规则。数据结构不同,数据操作及其操作规则就有所不同。

数据操作主要包括查询和更新(包括插入、删除和修改)两大类。数据模型应能定义这些操作的确切含义、操作符号、操作规则和操作语言。和数据结构不同,数据操作是对数据动态特性的描述。

3. 数据的完整性约束条件

数据的完整性约束条件是为了使数据能够符合现实世界的要求、保证数据的正确性、有效性和相容性而设定的一组完整性规则的集合。完整性规则是给定数据模型中数据及其联系所具有的制约和依存规则,用以限定符合数据模型的数据库状态及其变化。例如,在学校数据库中有如下规定:大学生的年龄不能小于 14 岁和大于 36 岁,年龄大于 28 岁的学生其政治面貌不能是团员,学生不能有 3 门以上课程不及格等。

数据模型应能提供完整性约束条件的定义和实现机制,例如,在关系模型中,任何关系都必须满足实体完整性和参照完整性这两种完整性约束条件(第 2 章将详细介绍)。

1.3.2 常见的数据模型

目前,在数据库领域中常见的数据模型有以下 5 种:

- 层次模型(Hierarchical Model);
- 网状模型(Network Model);
- 关系模型(Relational Model);
- 对象-关系模型(Object-Relational Model);
- 面向对象模型(Object-Oriented Model)。

其中,层次模型和网状模型统称为**非关系模型**或**格式化模型**(由于采用了格式化的数据结构)。基于非关系模型的非关系数据库在早期曾非常流行,现在已逐渐被基于关系模型的关系数据库所取代。下面将分别对这几种数据模型给予介绍。

1. 层次模型

层次模型是数据库系统中最早出现的数据模型。基于该模型的层次数据库系统的典型代表是 IBM 公司于 1968 年推出的第一个大型的商用数据库管理系统——IMS(Information Management System)。

现实世界中很多客观对象之间都具有很自然的层次联系,呈现树型结构,如行政机构、家族关系等。因此,人们通常采用树型结构来表示实体之间的这种层次联系,这样的数据模型称为**层次模型**。在层次模型中,实体用记录表示(如图 1.18 中的学院、教研室、教员和学生记录),记录的每一个数据项(或字段)对应于实体的每一个属性,实体之间的联系就由记录之间的两两联系来表示(如图 1.18 中的学院-教研室、教研室-教员和学院-学生联系)。

在层次模型中,数据以树形结构进行组织,其中,有且只有一个节点没有双亲节点,这个节点就是根节点;除根节点外,其他节点有且只有一个双亲节点。如图 1.18 所示,学院-教研室、教研室-教员和学院-学生都是一对多联系,从而使教员-学生数据库具有很自然的树形结构,层次模型非常适合于表示这样的联系。

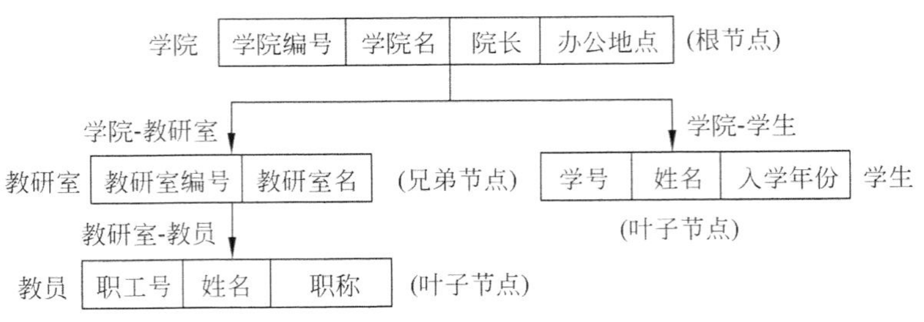

图 1.18　教员-学生数据库的层次模型

图 1.19 是图 1.18 所示层次模型的一个取值，即数据库的一个具体状态。该数据库记录了信息学院的基本情况，信息学院的编号为 07，院长为张庆，在 4 号教学楼办公，下属有 3 个教研室（软件、网络和信管教研室），其中，软件教研室有两名教员（李明和王强），信管教研室有 3 名教员（王大明、冯灵和孟勇），此外，信息学院还有若干名学生。

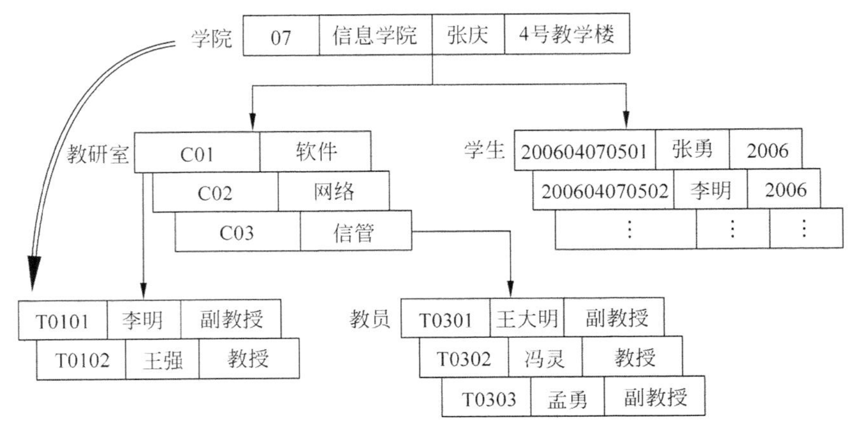

图 1.19　教员-学生数据库

从树形结构的特点可以看出，层次模型只能直接表示一对多（包括一对一）联系，而无法直接表示实体间的多对多联系。假设李明不但属于软件教研室，而且还属于信管教研室，也就是说，教研室和教员之间具有多对多联系，由树形结构的特点所限，层次模型无法直接表示这样的联系。

为了能表示多对多联系，进而真实地模拟现实世界，需要将其分解成两个一对多联系。分解方法主要有冗余节点法和虚拟节点法两种，后面将给予介绍。

在层次模型中，对于任何一个给定的记录值（表示一个具体的实体），只有按其路径查看时，才能获得它的全部含义。例如，李明是一位教员，具有副教授职称，但如果想知道他到底属于哪个学院的哪个教研室，还需要从根节点开始按其路径进行查看，如图 1.19 所示。

由数据的树形结构决定了层次模型中对数据的查询和更新操作及其完整性约束条件具有相应的特点。

2. 网状模型

现实世界中客观对象之间的联系更多的是非层次联系，层次模型虽然可以表示，但表示起来并不直接，而网状模型则可以避免这一问题。

网状模型的典型代表是由数据系统语言研究会(Conference On DAta SYstem Language,CODASYL)下属的数据库任务组(Data Base Task Group,DBTG)于20世纪70年代提出的DBTG系统,亦称CODASYL系统。

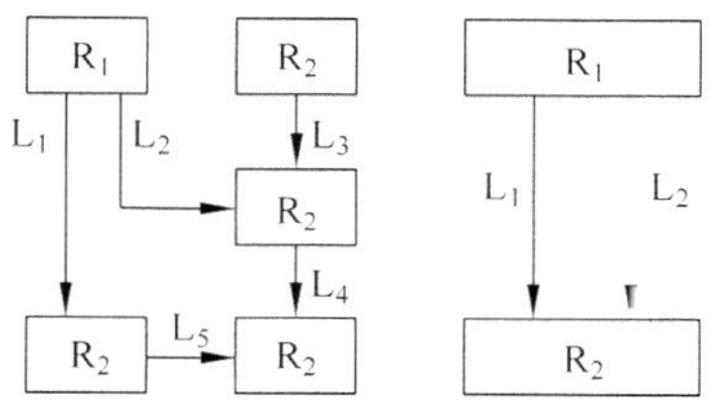

图 1.20 网状模型的例子

在网状模型中,数据以图结构进行组织,可以很自然地表示实体间的各种联系,其中包括层次模型难以直接表示的多对多联系,因为图结构比树形结构更具普遍性,不但允许每一个节点具有零个或多个双亲节点,而且还允许两个节点之间存在多个联系,如图1.20所示。

网状模型表示一对多(包括一对一)联系(如图1.18中的学院-教研室、教研室-教员和学院-学生联系)的方法和层次模型完全相同,但表示多对多联系的方法要比层次模型更简单、更直观。例如,学生和课程之间具有多对多的选修联系(如图1.21(a)所示),层次模型需要增加冗余节点(产生了不必要的数据冗余,如图1.21(b)所示)或由指引元代替的虚拟节点(采用指针从而削弱了数据的物理独立性,如图1.21(c)所示),而网状模型则只需增加一个学生选课的联接记录即可(类似于选课表,不会产生不必要的数据冗余,也比较简单、直观,如图1.21(d)所示)。

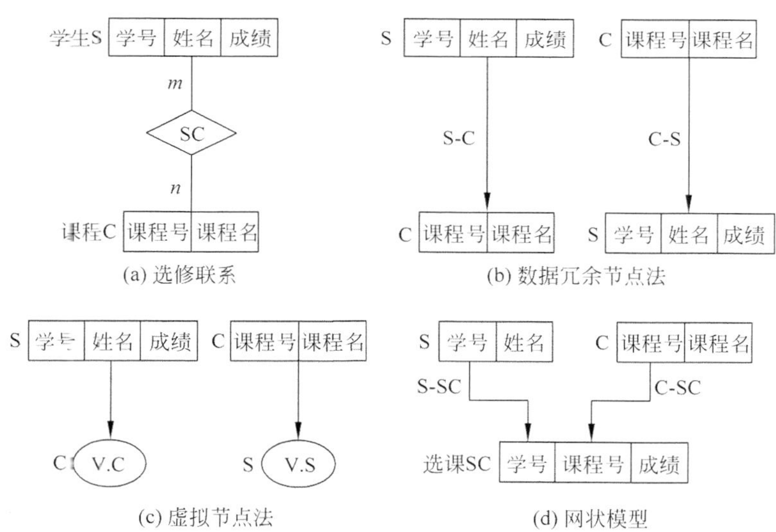

图 1.21 学生和课程之间的选修联系及其在层次模型、网状模型中的表示

和层次模型一样,网状模型的数据访问也采用“导航式”,即需要详细指明数据访问的存取路径,按路径对数据进行访问。不过,层次模型中的存取路径都从唯一的根节点开始,记录之间的联系也是固定的,因此,在访问数据时无须对存取路径进行选择。然而,网状模型没有根节点,记录之间的联系也是多种多样的,相应地也就存在多条存取路径,因此,在访问数据时需要从中选择一条适当的存取路径(《数据结构》中介绍了很多成熟高效的算法),从而削弱了数据的独立性。

由于采用了比树形结构更加灵活的图结构,网状模型对数据操作的限制要更少一些,完整性约束条件也不如层次模型那样严格。

层次模型和网状模型可分别采用适合于树形结构和图结构的任何一种高效的存储结构，详见《数据结构》。

3. 关系模型

从层次模型到网状模型，为了更好地模拟现实世界，数据结构变得越来越复杂，随着应用环境的不断扩大，用户越来越难以掌握日益复杂的数据库的结构及其操作。

1970 年美国 IBM 公司的研究员 E. F. Codd 在关系代数的基础上提出了一种相对简单的数据模型——关系模型，开创了数据库关系方法和关系数据理论的研究，为目前市场上主流的关系数据库系统奠定了理论基础，这一划时代的工作使他于 1981 年获得了计算机领域的最高奖——图灵奖。

20 世纪 80 年代以来，新推出的数据库管理系统几乎都支持关系模型，非关系系统的产品也都加上了关系接口，关系数据库成为市场上最流行、也最重要的数据库类型。目前，数据库领域的研究和开发工作也几乎都以关系方法为基础，因此，本书的重点也将放在关系数据库上。

和以往的格式化模型不同，关系模型建立在严格的数学基础上，其严格定义将在第 2 章给出，这里只给出非形式化的描述。

在关系模型中，数据的组织方式或其逻辑结构是关系，在用户的眼中，一个**关系**就是一张二维表(如表 1.1～表 1.3 所示)。在以往的格式化模型中，实体用记录表示，实体之间的联系用记录之间的两两联系表示，而在关系模型中，无论实体还是实体之间的联系统一用关系表示。例如，表 1.1 和表 1.2 分别表示图书实体和读者实体，而表 1.3 则表示图书和读者这两个实体之间的借阅联系。

关系中的每一行称为一个**元组**，对应于一个具体的实体(如表 1.1 中的每一本图书和表 1.2 中的每一名读者)或实体之间的联系(如表 1.3 中的每一个借阅记录)。

关系中的每一列称为一个**属性**，在关系中需要给每一个属性起一个名称即**属性名**，属性名给相应的属性值以一定的解释。如前所述，在关系的所有属性中，可以唯一确定一个元组的属性或属性的最小组合就是该关系的**候选码**。如果候选码多于一个，则选取其中一个候选码作为**主码**。在关系模型中，每一个关系都应有一个主码(尽管很多实际的数据库管理系统允许没有主码的关系存在)。

随着对数据的插入、删除和修改，关系是不断变化的，但关系的结构及其特征却是相对稳定的。对关系的结构及其特征的抽象描述称为**关系模式**，一般表示为：

关系名(属性 1，属性 2，…，属性 n)

如表 1.1～表 1.3 所示的图书、读者和借阅这 3 个关系的关系模式分别表示为：

图书(ISBN 号，书名，作者，出版社，出版日期)
读者(借阅证号，姓名，单位，联系电话)
借阅(ISBN 号，借阅证号，借阅日期，应还日期，归还日期)

关系模型要求关系必须是规范化的，即要求关系必须满足一定的规范条件，其中最基本的规范条件就是，关系的每一列都是不可再分的，也就是说，不允许大表之中还套有小表。如表 1.6 所示的工资表就不符合关系模型的要求，因为工资列又分为基本工资、奖金、扣税和实发工资 4 列，故而不能称其为关系。将其规范化为关系的方法很简单，用基本工资、奖金、扣税和实发工资 4 列取代工资列即可。

表 1.6　不规范的工资表

职工号	姓名	职称	工资			
			基本工资	奖金	扣税	实发工资
T0101	李明	副教授	1500	500	100	1900
⋮	⋮	⋮	⋮	⋮	⋮	⋮

和以往的格式化模型一样，关系模型中的数据操作主要也包括查询和更新（插入、删除和修改）两大类，同样也须满足相应的完整性约束条件。

关系的完整性约束条件包括三大类：实体完整性、参照完整性和用户自定义的完整性，其具体含义将在第 2 章给予详细介绍。

不像格式化模型那样每次只能操作一个记录（一次一记录方式），关系模型中的数据操作是集合操作方式，每次操作的操作对象和操作结果都可以是若干元组的集合（一次一集合方式），例如，一次可以查询或更新多个元组。

此外，关系模型中的数据访问不再是“导航式”，数据的存取路径对用户透明，用户只需指出“干什么”或“找什么”即可，而无须详细说明“怎么干”或“怎么找”，具体的执行过程完全由系统（即数据库管理系统）负责完成。因此，关系数据操作是高度非过程化的，从而大大提高了数据的独立性和安全保密性，并提高了用户的生产率。后面将要重点介绍的 T-SQL（Transact-Structured Query Language，T-SQL）语言就是这样的一种关系数据操作语言，是对关系数据库标准语言 SQL（Structured Query Language，结构化查询语言）的一个扩展。

在关系模型中，实体及其联系统一用关系表示，以文件的形式存储在计算机存储设备上，有的系统将每一个关系都保存成一个文件，而有的系统则将整个数据库保存成一个或若干个文件。

和以往的格式化模型相比，关系模型具有以下优点：

- 关系模型具有严格的数学基础。
- 关系模型中的数据结构非常单一，从而使数据操作也非常统一，用户易懂易用。
- 数据的存取路径对用户透明，数据操作高度非过程化，使数据具有更高的独立性和更好的安全保密性，也简化了程序员的工作和数据库的创建工作。

然而，由于数据的存取路径对用户透明，由系统自动选择数据的存取路径，其效率往往不如以往的格式化模型。为了提高效率（主要是查询效率），需要对用户的查询请求进行优化，增加了数据库管理系统的开发难度。

4. 面向对象模型和对象-关系模型

随着面向对象技术的出现，为了表达现实世界中更为复杂的客观对象及其联系，人们将诸如 C++ 和 Java 等面向对象编程语言所具有的面向对象功能和数据库功能结合起来，从而形成了面向对象模型和面向对象数据库。从这个意义上讲，面向对象数据库可以看作是面向对象编程语言加上并发控制和数据恢复功能的一个扩展，使面向对象编程语言同时用于数据存储和应用开发这两个方面。

(1) 和面向对象编程语言一样,面向对象模型具有以下几个核心概念。

- 对象:定义为包括现实世界中客观对象的属性及其相关联的活动的实体。
- 属性:是指一个对象所具有的各种特征。
- 方法:是对象中的函数,用来定义该对象的行为。
- 消息:对象通过消息进行通信。
- 类:是具有相同属性和方法的一组对象的集合。
- 多态性:当提供不同的信息(以参数的形式)时,对象应能做出不同的反应。
- 封装性:数据和处理数据的程序代码被封装在一起,即在对象中封装了对象具有的所有属性和方法。
- 继承:允许一个类从另一个类中继承一些属性,并增加属于自己的更多的属性。

然而,纯粹的面向对象数据库系统并不支持 SQL 语言,在通用性方面丢失了关系数据库的优势。因此,高级 DBMS 功能委员会于 1990 年发表了"第三代数据库系统宣言",提出第三代数据库系统必须保持关系数据库系统的非过程化数据存取方式和数据独立性,支持原有的数据管理。对象-关系数据库系统就是按照这样的目标,将面向对象技术和关系数据库技术有机地结合起来。

(2) 对象-关系模型将面向对象方法引入到关系模型中,在以下几个方面对关系模型进行了扩展。

① 允许用户扩充基本数据类型,即允许用户根据应用需求自行定义数据类型、函数和操作符,而且一经定义,这些新的数据类型、函数和操作符就存放在数据库管理系统的核心,供所有用户使用。

② 支持对复杂对象(即由多种基本类型或用户自定义类型构成的对象)的处理。对象-关系模型将每一个实体看作一个对象,在该对象中封装有:

- 一组变量,用来描述对象,对应于实体-联系模型和关系模型中的属性。
- 一组消息,对象通过它们和其他对象或数据库系统的其他部分进行通信。
- 一组方法,用来实现上述一组消息。

③ 支持子类对超类的继承和函数重载等面向对象的核心概念。

④ 提供强大而通用的规则系统,并与其他的对象-关系能力集成为一体。例如,规则中的事件和动作可以使用任意 SQL 语句或用户自定义的函数,规则还能够被继承等,从而使对象-关系数据库也具有了主动数据库和知识库的特性。

由于对象-关系数据库系统既能适应新应用领域的需求,也能继续满足关系数据库应用发展的需要,目前几乎所有的关系数据库厂商都在不同程度上对关系模型进行了扩展,推出了对象-关系数据库管理系统产品,对象-关系数据库系统的应用也日趋广泛。

1.4 数据库系统的模式结构

数据的独立性是数据管理技术追求的目标之一,和文件系统相比,数据库系统具有高度的数据独立性,不但可以简化应用程序的编制,减轻程序员的负担,而且还有利于数据和应用程序各自的管理和维护。在数据库系统中,数据的独立性是由数据库系统的三级模式结构及其二级映像功能来保证的。

在数据库系统中，由于种种原因可能会使数据的物理存储结构发生变化，或数据的全局逻辑结构发生变化，但对用户来说，绝对不希望自己面对的那部分数据的局部逻辑结构也随之发生变化。为此，实际的数据库管理系统都实现了数据库的三级模式结构，尽管支持的数据模型、采用的技术和使用的数据库语言可能会有所不同。

1.4.1 数据库系统的三级模式结构

模式(schema)是数据库中全体数据的逻辑结构及其特征的抽象描述，并不涉及数据的具体取值，因此，模式是相对稳定的。随着数据库中数据的不断更新，同一个模式将会有不同的取值，称为该模式的**实例**(instance)。模式反映的是数据的结构及其联系，而实例则反映的是数据库在某个时刻的具体状态。

数据库系统的三级模式结构指的是数据库系统由模式、外模式和内模式三级构成，如图1.22所示。

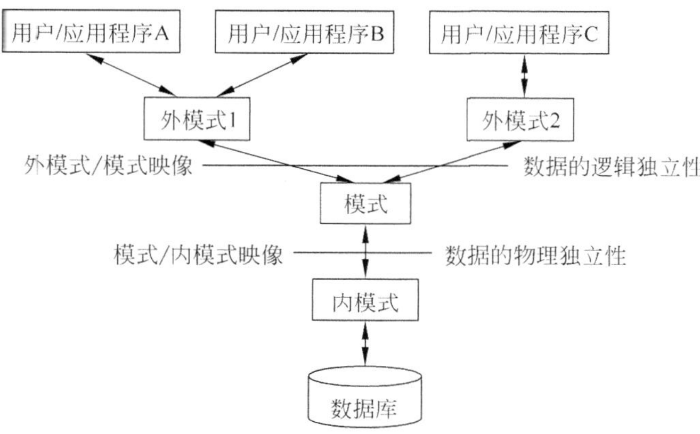

图1.22 数据库系统的三级模式结构及其两级映像功能

1. 模式

模式，又称**逻辑模式**，是数据库中全体数据的逻辑结构及其特征的抽象描述，是所有用户的公共数据视图。因此，一个数据库只有一个模式。数据库的模式以某种数据模型为基础，综合考虑了所有用户的需求，并将这些需求有机地集成为一个逻辑整体。

数据库管理系统提供模式定义语言(模式DDL)来严格地定义模式，包括：

- 定义数据的全局逻辑结构。
- 定义所有用户对数据的安全性和完整性要求。
- 定义这些数据之间的联系。

实际上，模式就是数据库在逻辑级上的视图，位于三级模式结构的中间层，既不涉及数据的物理存储细节和硬件环境，也与具体的应用程序和所使用的应用开发工具无关。由于模式独立于数据库的其他层次，因此，在设计数据库的模式结构时首先应确定数据库的模式，然后据此设计相应的外模式和内模式。

2. 外模式

外模式(External Schema)是数据库用户或应用程序使用的那部分数据的局部逻辑结构及其特征的抽象描述，是与某一应用有关的数据的局部逻辑表示。

相对于模式而言，外模式只是面向数据库用户或应用程序的局部数据视图，因此又称为**用户模式**(User Schema)。作为模式的子集，外模式又可称为**子模式**(subschema)。外模式定义在模式的基础之上，面向具体的用户或应用程序，独立于数据的物理存储细节和硬件环境。

和模式不同的是，一个数据库可以有多个外模式。因为数据库可以供不同用户或应用程序所共享，如果用户或应用程序需要的数据不完全相同、看待数据的方式不完全相同，或对数据安全性等方面的要求不完全相同，则需要分别为其定义不同的外模式。当然，如果多个用户或应用程序对数据的要求完全相同，则他们可以共享同一个外模式。因此，一个外模式可以供多个用户或应用程序所共享，但一个用户或应用程序却只能使用一个外模式，如图 1.22 所示。

例如，学生数据库中的学生表综合了所有用户对学生数据的不同需求，包括学工部门需要的学生家庭住址和联系方式，以及团学部门需要的学生政治面貌等，即有：

学生(学号，姓名，性别，年龄，班级，政治面貌，家庭住址，联系方式)

由于学工部门和团学部门需要处理学生的不同数据，因此，可以相应地为其定义如下两个外模式：

学工.学生(学号，姓名，性别，年龄，班级，家庭住址，联系方式)
团学.学生(学号，姓名，性别，年龄，班级，政治面貌)

另外，不同系的学工部门和团学部门也只能处理自己系所属学生的相应数据，也需要相应地为其定义不同的外模式，将其他系的学生数据安全地隐藏起来。因此，外模式也是保证数据库中数据安全性的一个有力措施，使每一个用户都只能访问相应外模式中的数据，其他数据则是不可见的。

数据库管理系统提供外模式定义语言(外模式 DDL)来严格地定义外模式。由于面向应用，而应用通常会随时间发生变化，因此，在设计外模式时，应充分考虑到应用的扩充性。

3. 内模式

内模式(Internal Schema)，又称**物理模式**(Physical Schema)或**存储模式**(Storage Schema)，是数据库中数据的物理存储结构和存取方式的抽象描述，是数据在数据库内部的表示方式。例如，数据的物理存储结构是堆存储，还是按照某个(些)属性值进行的有序(升序或降序)存储或聚簇(cluster)存储等；索引的组织方式是B+树索引，还是 Hash 索引等；数据是否压缩存储、是否加密；一条数据记录是否允许跨页存储等。

和外模式相同的是，内模式也依赖于模式，但不同的是，一个数据库只有一个内模式。由于面向物理存储，内模式独立于外模式和具体应用，但也独立于具体的存储设备，因为内模式只是对数据的物理存储结构和存取方式的抽象描述，不涉及具体的物理存储细节，数据库系统和具体存储设备之间的联系是通过操作系统实现的。

数据库管理系统提供内模式定义语言(内模式 DDL)来严格地定义内模式，在设计内模式时，主要考虑它的时间和空间效率。

1.4.2 数据库系统的两级映像功能

数据库系统的三级模式是在 3 个层次上对数据进行抽象，使用户能逻辑地处理数据，而不必关心数据在计算机中的具体组织，数据在计算机中的具体组织是由数据库管理系统负责实施的。为了实现这三级模式之间的联系和转换，保证数据的独立性，数据库管理系统在这三级模式之间提供了两级映像功能：

- 外模式/模式映像
- 模式/内模拟映像

正是这两级映像功能保证了数据库中的数据具有较高的逻辑独立性和物理独立性。

1. 外模式/模式映像

一个数据库只有一个模式，即数据的全局逻辑结构；但一个数据库却可以有多个外模式，分别面向具有不同数据需求的用户或应用程序。这些外模式如何对应到模式上去，即用户或应用程序使用的那部分数据对应在数据库模式中到底是哪些数据，是由外模式和模式之间的对应关系决定的，这就是**外模式/模式映像**。

对于每一个外模式，数据库系统都会相应地存在一个外模式/模式映像，用来定义该外模式和模式之间的对应关系，包含在该外模式的定义之中。

当数据的逻辑结构（即模式）发生变化时，如增加新的关系、将关系一分为二、增加新的属性、改变属性的数据类型等，由数据库管理员负责对各个外模式/模式映像做出相应的改变，可以保持外模式不变，从而使基于外模式的应用程序也无须做出改变，保证了数据的逻辑独立性。

2. 模式/内模式映像

要想访问数据库中的数据，最终还要确定这些数据到底存储在哪些物理记录中，这是由模式和内模式之间的对应关系决定的。一个数据库只有一个模式，也只有一个内模式，因此，模式和内模式之间的对应关系也是唯一的，这就是**模式/内模式映像**，该映像通常包含在模式的定义之中。

当数据的物理存储结构（即内模式）发生变化时，例如，选用了另外一种存储结构，由数据库管理员负责对模式/内模式映像做出相应的改变，可以保持模式不变，外模式也就不变，从而也使基于外模式的应用程序无须做出改变，保证了数据的物理独立性。

当数据的结构（包括逻辑结构和物理结构）发生变化时，数据库系统的两级映像功能可以保证数据库外模式的稳定性，从而可以从底层保证应用程序的稳定性，除非数据的结构发生了致命的变化或应用需求本身发生了变化，否则应用程序一般不需要修改。数据和应用程序之间的这种独立性非常有利于数据和应用程序各自的管理和维护。

有了这两级映像功能，就可以知道数据库管理系统是如何实现数据访问的，例如，应用程序从数据库中读取数据的步骤如下：

- 应用程序向数据库管理系统发出读数据的命令。
- 数据库管理系统对该命令进行语法和语义检查，并调用该应用程序对应的外模式，检查该应用程序对将要读取的数据拥有什么样的存取权限，决定是否执行该命令，如果拒绝执行，则返回错误信息。
- 在决定执行该命令后，数据库管理系统调用模式，根据外模式/模式映像，确定应该读取模式中的哪些数据记录。
- 数据库管理系统调用内模式，根据模式/内模式映像，确定应该从哪些文件、采用什么样的存取方法、读取哪些物理记录。

- 数据库管理系统向操作系统发出读物理记录的命令。
- 操作系统执行读物理记录的有关操作，将物理记录送至缓冲区。
- 数据库管理系统根据子模式/模式映像，导出应用程序所要读取的记录格式，返回给应用程序。

1.4.3 实例

为简单起见，假设数据库的模式中存在学生表：stu_info(stu_id，name，birthday，sex，sdept)，有两个用户共享该学生表，用户/应用 1 处理的是学生的学号(stu_id)、姓名(name)和性别(sex)数据，用户/应用 2 处理的是学生的学号(stu_id)、姓名(name)和所在系(sdept)数据。由于这两个用户/应用习惯处理中文列名，因此分别为其定义外模式：花名册 1(学号，姓名，性别)和花名册 2(学号，姓名，所在系)。该学生表以链表的结构进行存储，如图 1.23 所示。

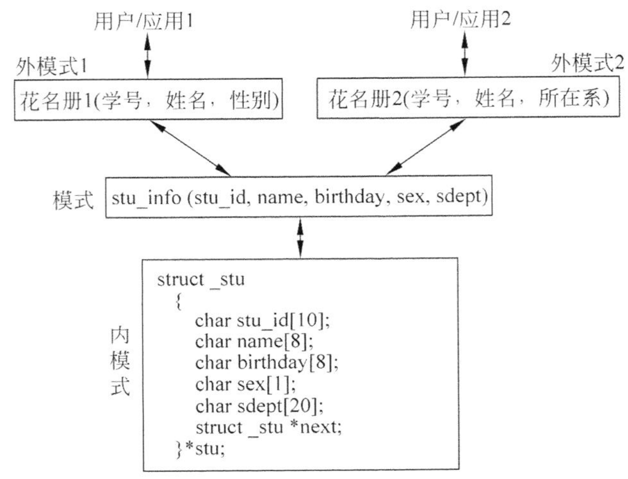

图 1.23 三级模式结构的一个实例

用户/应用 1 和用户/应用 2 分别使用的外模式 1 和外模式 2 中的学号、姓名、性别和所在系在模式中并不存在，那么用户或应用程序是如何使用外模式来存取数据的？答案是通过数据库管理系统的两级映像功能来实现数据的存取。

在外模式的定义中描述有相应的外模式/模式映像，例如有：

花名册 1.学号←→stu_info.stu_id　　花名册 2.学号←→stu_info.stu_id

花名册 1.姓名←→stu_info.name　　花名册 2.姓名←→stu_info.name

花名册 1.性别←→stu_info.sex　　花名册 2.所在系←→stu_info.sdept

据此可以很容易地将外模式 1 中的学号转换成模式中的 stu_info.stu_id，外模式 2 中的姓名转换成模式中的 stu_info.name。

然而，模式中的数据对应在存储结构中是哪些数据呢？在模式的定义中也描述有相应的模式/内模式映像，例如有：

stu_info.stu_id←→stu－>stu_id　　stu_info.name←→stu－>name

stu_info.birthday←→stu－>birthday　　stu_info.sex←→stu－>sex

stu_info.sdept←→stu－＞sdept

据此我们可以很容易地将模式中的stu_info.stu_id转换成内模式中长度为10个字节的一个存储域stu－＞stu_id。

假设数据的逻辑结构发生了变化，例如，将stu_info表一分为二：stu_info1(stu_id,name,birthday,sex)和stu_info2(stu_id,name,birthday,sdept)。为使外模式1和外模式2不变，进而使相应的应用程序不变，需要将相应的外模式/模式映像分别修改为：

花名册1.学号←→stu_info1.stu_id

花名册1.姓名←→stu_info1.name

花名册1.性别←→stu_info1.sex

花名册2.学号←→stu_info2.stu_id

花名册2.姓名←→stu_info2.name

花名册2.所在系←→stu_info2.sdept

从而保证了数据的独立性。

1.5 本章小结

本章主要介绍了数据库系统的相关概念，包括数据库、数据库管理系统和数据库系统，并通过对数据管理技术发展历程的介绍给出了数据库的主要特点。基于这些特点，可以说数据库系统是目前最新的，也最有效的数据管理手段。

数据模型是数据库系统的核心和基础，本章介绍了数据模型的三要素和数据库发展历程中出现的几种数据模型，从第2章开始重点介绍其中的关系模型。

概念模型是各种数据模型的共同基础，用来按用户的观点对现实世界进行抽象和建模，是数据库设计过程中的关键环节，人们通常用E-R图来表达概念模型，即E-R模型。

数据库系统具有的三级模式结构及其两级映像功能保证了数据具有较高的逻辑独立性和物理独立性。

学习这一章应把注意力放在对基本概念的理解上，为后面的学习打下良好的概念基础。

习 题 1

1. 什么是数据库？使用数据库有哪些好处？
2. 什么是数据库管理系统？它主要有哪些功能？
3. 试述数据库系统的基本构成和工作过程。
4. 试述数据库系统和文件系统之间的区别和联系。
5. 试举出现实世界中应用数据库系统的例子，并说明为什么不适合用文件系统。
6. 试述概念模型的作用。
7. 解释概念模型中的以下术语：

   实体、实体型、属性、码、E-R图

8. 实体之间的联系有哪几种？分别举例说明。
9. 3个实体型之间的多对多联系和3个实体型两两之间的多对多联系等价吗？为什么？
10. 学校中有若干个系；每个系有若干个班级和若干个教研室；每个教研室有若干名老师；每名老师指导若干名学生，但每名学生只被一名老师指导，有相应的指导时间；每个班级有若干名学生；每名学生可以选修若干门课程，每门课程也可以供若干名学生选修，有相应的选修成绩。请用 E-R 图画出此学校的概念模型。

11. 某超市公司下属有若干个连锁商店，每个商店经营有可以重复的若干种商品，每个商店有若干名职工，其中有一名店经理，每名职工只能在一个商店工作。假设商店的属性有：商店编号、店名、店址、联系电话，商品的属性有：商品编号、商品名、单价、产地、生产日期，职工的属性有：职工编号、姓名、性别、参加工作时间、工资、是否店经理。试画出反映商店、商品、职工及其联系的 E-R 图，要能反映出职工在某商店工作的开始时间和商品在某商店的销售量。

12. 试述数据模型的概念和数据模型的三要素。

13. 解释关系模型中的以下术语：

关系、关系模式、元组、属性、主码

14. 解释以下术语：

模式、外模式、内模式、外模式/模式映像、模式/内模式映像

15. 什么是数据独立性？数据独立性分为哪几种？数据库系统是如何保证数据独立性的？

第2章 关系数据库理论

本章学习目标

- 掌握关系模型的基本概念；
- 掌握用关系代数表达对数据的查询操作；
- 掌握关系数据库的规范化理论。

2.1 关系模型

关系数据库是基于关系模型的数据库，系统而又严格地提出这一模型的是美国IBM公司的研究员E.F.Codd，他于1970年在美国计算机学会会刊《Communication of the ACM》上发表了题为《A Relational Model of Data for Large Shared Data Banks》的论文，在该论文中首次提出了关系模型的概念，并在随后又提出了关系代数、关系演算和范式等重要的理论成果，从而奠定了关系数据库的理论基础。

几十年来，关系数据库系统的研究和应用取得了辉煌的成就，涌现出了许多性能良好的关系数据库管理系统，如Oracle、SQL Server、DB2、Informix等。作为目前市场上最重要也最流行的数据库类型，关系数据库已成功应用于社会的各个领域。

2.1.1 关系模型的三要素

由数据模型的三要素可知，关系模型由关系数据结构、关系数据操作和关系的完整性约束条件3部分组成。

1. 关系数据结构

关系模型的数据结构非常单一，即关系。现实世界中的实体以及实体之间的各种联系统一用关系表示，在用户看来，一个关系就是一张二维表。

2. 关系数据操作

在关系模型中，常用的数据操作可分为查询和更新(包括插入、删除、修改)两大类。其中，查询是最主要也最频繁执行的操作。

关系数据操作采用集合操作方式，即一次操作的对象和结果都可以是多个元组的集合，因此也称为一次一集合(set-at-a-time)方式。另外，关系数据操作高度非过程化，用户只需指出“干什么”即可，而不必关心数据存取路径的选择和具体的执行过程，这些都由数据库管理系统自动完成，这样不但极大地提高了数据的独立性和安全保密性，而且还减轻了程序员的负担，提高了用户生产率。

用对关系的运算即代数方式来表达查询要求的查询语言称为关系代数，用谓词演算即逻辑方式来表达查询要求的查询语言称为关系演算。这两种语言在表达能力上完全等价，虽然都是抽象的查询语言，但常用作评估实际系统中查询语言能力的标准或理论基础。实际系统中的查询语言除了能提供关系代数或关系演算的基本功能外，还提供了许多附加功能，如集函数、算术运算等。

此外，还有一种介于关系代数和关系演算之间，具有双重特点的语言，这就是结构化查询语言(Structured Query Language，SQL)。SQL 语言不但具有丰富的查询功能，而且还具有数据定义、数据更新和数据控制等功能，是集 DDL、DML 和 DCL 于一体的关系数据语言，是目前所有关系数据库都支持的标准语言。关系数据语言的分类如图 2.1 所示。

关系数据语言
- 关系代数语言(如 ISBL)
- 关系演算语言
  - 元组关系演算语言(如 APLHA)
  - 域关系演算语言(如 QBE)
- 具有关系代数和关系演算双重特点的语言(如 SQL)

图 2.1 关系数据语言的种类

3. 关系的完整性约束条件

为了使数据能符合现实世界的要求，保证数据的正确性、有效性和相容性，关系模型允许定义 3 类完整性约束条件：实体完整性、参照完整性和用户自定义的完整性，其中，实体完整性和参照完整性是关系模型必须满足的完整性约束条件，被称为关系的两个不变性，应由关系系统自动支持。另外，具体的应用领域还可能存在一些特定的语义约束，如大学生的年龄限制、学生不及格门次的限制等。为此，用户可以相应地自定义一些完整性约束条件，这些完整性约束条件一经定义也应由关系系统自动支持。

2.1.2 关系数据结构

关系模型采用单一的数据结构，即关系来统一表示现实世界中的实体以及实体之间的各种联系，下面从集合论的角度给出关系的形式化定义。

1. 域

域(domain)是一组具有相同数据类型的值的集合。在关系中，域用来作为属性的取值范围。例如，学号属性所取的最大长度为 10 个字节的字符串集合、年龄属性所取的大于 14 且小于 36 的正整数集合、性别属性所取的由“男”和“女”组成的集合等，都是域。

2. 笛卡儿积

给定了一组域 $D_1,D_2,\dots,D_n$，这些域的**笛卡儿积**(Cartesian Product)定义为：

$$D_1 \times D_2 \times \dots \times D_n = \{(d_1,d_2,\dots,d_n) \mid d_i \in D_i, i = 1,2,\dots,n\}$$

其中，每一个元素 $(d_1,d_2,\dots,d_n)$ 称为一个 ***n*-元组**(n-tuple)，简称**元组**(tuple)。元组中的每一个值 d_i 称为一个**分量**(component)。

若干域的笛卡儿积可表示成一张二维表，表中的每一行对应于笛卡儿积的每一个元组，表中的每一列对应于笛卡儿积的每一个域。例如，给定了以下 3 个域：

D_1=姓名集合(name)={张勇，李明}

D_2=年龄集合(age)={20，21}

D_3=专业集合(major)={计算机，信息管理}

则它们的笛卡儿积为：

$$D_1 \times D_2 \times D_3 = \{(\text{张勇},20,\text{计算机}),(\text{张勇},20,\text{信息管理}),$$
$$(\text{张勇},21,\text{计算机}),(\text{张勇},21,\text{信息管理}),$$
$$(\text{李明},20,\text{计算机}),(\text{李明},20,\text{信息管理}),$$
$$(\text{李明},21,\text{计算机}),(\text{李明},21,\text{信息管理})\}$$

该笛卡儿积一共有 2×2×2=8 个元组，可表示成如表 2.1 所示的一张二维表。

表 2.1 D_1,D_2,D_3 的笛卡儿积

name	age	major	name	age	major
张勇	20	计算机	李明	20	计算机
张勇	20	信息管理	李明	20	信息管理
张勇	21	计算机	李明	21	计算机
张勇	21	信息管理	李明	21	信息管理

3. 关系

显然，如表 2.1 所示的笛卡儿积中有很多元组是没有任何实际意义的。为了使数据能正确描述现实世界中的客观对象及其联系，需要从相关域的笛卡儿积中抽取具有实际意义的元组，这些元组就构成了一个关系。也就是说，**关系**(relation)是笛卡儿积的一个有实际意义的有限子集。作为笛卡儿积的子集，关系同样可以表示成二维表的形式。

假设所有学生都不会重名，且每名学生只属于一个专业，那么表 2.1 中只有两个元组具有实际意义。进一步地，假设张勇和李明的年龄分别为 21 岁和 20 岁，都是信息管理专业的学生，那么表 2.1 中只有 4,6 两个元组具有实际意义，这两个元组就构成了描述学生年龄及其所属专业的一个关系，如表 2.2 所示。

表 2.2 stu_info 关系

name	age	major
张勇	21	信息管理
李明	20	信息管理

每个关系都有一个名字，例如，表 2.2 中关系的名字设为 stu_info。关系中的每一行就是关系的一个元素或**元组**，描述一个具体的客观对象或联系，通常用 t 表示。关系中的每一列就是关系的一个**属性**(attribute)，其值来自相应的域。每一个属性都有一个名字，可以取相应的域名(如表 2.2 中的 name、age 和 major)，然而，当不同属性对应的域相同时，则必须为每一个属性取唯一的有意义的名字。

在关系的所有属性中，可以唯一确定一个元组的属性或属性的最小组合称为该关系的**码**(**键**,key)或**候选码**(**候选键**,Candidate Key)。如果候选码多于一个，则选取其中一个候选码作为**主码**(**主键**,Primary Key)。包含在任一候选码中的属性称为**主属性**(Primary Attribute)，相应的，不包含在任何候选码中的属性称为**非主属性**(Non-primary Attribute)或**非码属性**(Non-key Attribute)。

例如，在表 2.2 所示的 stu_info 关系中，假设所有学生都不会重名，且每名学生只属于一个专业，则 name 属性的每一个取值都唯一地确定了一个元组，因此可作为 stu_info 关系的候选码。由于 stu_info 关系只有这一个候选码，所以它也是主码。在这 3 个属性中，

name 属性为主属性，age 和 major 属性为非主属性。

关系模型要求关系必须是规范化的，即要求关系必须满足一定的规范条件，满足这些规范条件的规范化的关系称为**范式**(Normal Form，NF)，其中，最基本的规范条件就是关系的每一个分量都必须取不可再分的原子值。例如，表 2.3 虽然很好地表达了学生具有主修和副修两个专业，但由于 major 属性的每一个分量都取了两个值，不是规范化的关系，或说，不能称其为关系，在关系数据库中是不允许的。

表 2.3 非规范化关系

name	age	major	
		major1	major2
张勇	21	信息管理	电子商务
李明	20	信息管理	企业管理

4. 关系模式(Relation Schema)

现实世界会随着时间不断地变化，表现在数据库中就是数据会不断地更新，作为元组的集合，关系也会随之发生变化。然而，相对稳定的是关系的结构及其特征，例如，关系由哪些属性构成，分别来自哪些域，为符合现实世界要求而必须满足的完整性约束条件等。

随着学生的不断插入和删除，表 2.2 所示的 stu_info 关系会不断地变化，但其属性构成却相对不变(3 个属性：name、age 和 major)，且每名学生只属于一个专业这样的完整性约束条件也不变。

对关系的结构及其特征的抽象描述称为**关系模式**，人们通常用相对稳定的关系模式来描述关系。关系模式可形式化地表示为一个五元组：

$$R(U,D,\mathrm{dom},F)$$

其中，R 为关系名；U 为组成该关系的属性名集合；D 为 U 中各属性来自的域集合；dom 为属性到域的映射集合，用来确定 U 中的每一个属性分别来自 D 中的哪一个域，例如，表 2.2 中的 dom(name)＝name，前一个 name 指的是属性名，后一个 name 指的是域名；F 为属性间的数据依赖集合，用来限定组成该关系的各元组必须满足的完整性约束条件，体现了关系的元组语义，例如，表 2.2 中的每名学生只属于一个专业。

关系模式通常简记为 $R(U)$ 或 $R(A_1,A_2,\ldots,A_n)$，其中，$A_1,A_2,\ldots,A_n$ 为关系 R 的所有属性名。例如，表 2.2 中的 stu_info 关系可描述为 stu_info(name，age，major)，这就是 stu_info 关系的关系模式，该关系模式的一个具体取值就是表 2.2 中的 stu_info 关系。

关系是关系模式在某一时刻的状态或内容，即关系模式的**值**(value)，而关系模式则是对关系的抽象描述，即关系的**型**(type)。因此，关系是动态的、会随时间不断变化的，而关系模式则是相对静态的、稳定的。然而，人们也常把关系模式和关系统称为关系。

5. 关系数据库和关系数据库模式

在一个具体的应用领域中，所有实体以及实体之间的各种联系统一用关系表示，这些关系的集合就构成了一个**关系数据库**。

作为关系的集合，关系数据库也会随着时间不断地变化，人们通常用相对稳定的关系数据库的型来描述关系数据库，这就是**关系数据库模式**。关系的集合构成了关系数据库，对应的关系模式的集合也就构成了关系数据库模式。关系数据库模式在某一时刻的值就是这些关系模式在这一时刻对应的关系的集合，即**关系数据库**。

2.1.3 关系的完整性约束条件

为了使数据能够符合现实世界的要求，保证数据的正确性、有效性和相容性，关系模型允许定义3类完整性约束条件：实体完整性、参照完整性和用户自定义的完整性，其中，实体完整性和参照完整性是关系模型必须满足的两类完整性约束条件。

1. 实体完整性(Entity Integrity)

实体完整性是指：若属性 A 是关系 R 的主属性，则属性 A 不能取空值。

例如，在表2.2所示的stu_info关系中，name属性是候选码(在不允许重名的情况下)，从而也是主属性，因此，任何一个元组的name属性都不能取空值。

所谓空值是指"不知道"或"不存在"的值。由于主属性是用来标识实体的基本属性，若主属性取空值，就说明这个实体不可标识，这与现实世界的要求是背离的。

实体完整性规定的是所有主属性都不能取空值。例如，在学生选修关系"选修(学号，课程号，成绩)"中，由于一名学生(用其主码"学号"标识)可以选修若干门课程(用其主码"课程号"标识)，一门课程也可以供若干名学生选修，因此，"学号"属性的一个取值不能唯一地确定一个元组，"课程号"属性的一个取值也不能唯一地确定一个元组。但是，给定了一名学生和他所选修的一门课程，成绩是唯一的，也就是说，"学号"和"课程号"属性的组合可以唯一地确定一个元组，因此，该关系的候选码就是(学号，课程号)。由于该关系只有这一个候选码，所以它也是主码。在这3个属性中，"学号"和"课程号"都是主属性。按照实体完整性的要求，"学号"和"课程号"属性都不能取空值。

2. 参照完整性(Referential Integrity)

现实世界中实体与实体之间往往存在着某种联系，表现在关系数据库中就是关系与关系之间的属性引用。例如，学生、专业实体以及它们之间的"属于"联系可以用下面两个关系(其中，主码用下划线标明)表示：

学生(<u>学号</u>，姓名，性别，年龄，专业号)

专业(<u>专业号</u>，专业名，专业负责人)

学生和专业之间的"属于"联系表现为这两个关系之间的属性引用，即学生关系的"专业号"属性引用了专业关系的主码"专业号"，如图2.2所示。

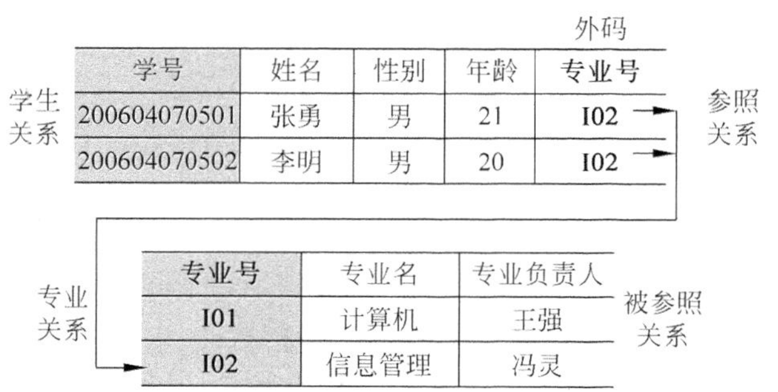

学号	姓名	性别	年龄	专业号
200604070501	张勇	男	21	I02
200604070502	李明	男	20	I02

专业号	专业名	专业负责人
I01	计算机	王强
I02	信息管理	冯灵

图2.2 学生关系和专业关系之间的属性引用

学生关系中的"专业号"值必须是确实存在的某个专业的专业号，即专业关系中的某个"专业号"值，专业关系中不存在的"专业号"值是毫无意义的。因此，在这样的属性引用中，学生关系中"专业号"属性的取值需要参照专业关系中主码"专业号"的取值。

除了取专业关系中的某个“专业号”值外，学生关系的“专业号”属性也可以取空值，表示该生尚未分配专业或不知道他的专业。

在学生关系中，“专业号”属性虽然不是主码，但它却引用(或参照)了专业关系的主码，这样的属性引用不但可以表达学生和专业之间的“属于”联系，而且还使它的取值受到了一定的限制，这样的属性称为外码，定义如下：

设 F 是关系 R 的一个(或一组)属性，但不是关系 R 的码，若 F 引用(或参照)了关系 S 的主码 K_s，则称 F 是 R 的**外码**(**外键**，Foreign Key)。显然，外码 F 和主码 K_s 必须定义在同一个(或同一组)域上。

有了外码的定义，**参照完整性**就可以表达成：若属性(或属性组)F 是关系 R 的外码，引用(或参照)的是关系 S 的主码 K_s，则 R 中每个元组在 F 上的取值要么为空值，要么为 S 中某个元组的 K_s 值。

和实体完整性不同，参照完整性约束的是外码的取值，用来保证外码对主码的正确引用，以体现客观对象之间的各种联系，例如，上面例子中学生和专业之间的“属于”联系。

按照参照完整性，学生关系的“专业号”属性要么取空值，表示该生尚未分配专业，要么取专业关系中的某个“专业号”值，表示该生已属于某个确实存在的专业。

再如，学生、课程实体以及它们之间的“选修”联系可以用下面 3 个关系表示：

学生(学号，姓名，性别，年龄，专业号)

课程(课程号，课程名，学分)

选修(学号，课程号，成绩)

选修关系用来表达学生和课程之间的“选修”联系，它和学生、课程关系之间都存在属性的引用，即“学号”属性引用了学生关系的主码“学号”，“课程号”属性引用了课程关系的主码“课程号”，如图 2.3 所示。因此，选修关系有两个外码：学号和课程号。

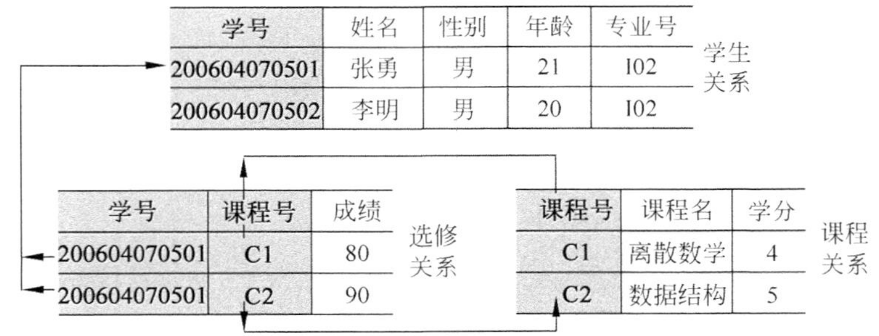

图 2.3　选修关系和学生、课程关系之间的属性引用

按照参照完整性，选修关系的“学号”属性要么取空值，要么取学生关系中的某个“学号”值，即某名学生的学号；选修关系的“课程号”属性要么取空值，要么取课程关系中的某个“课程号”值，即某门课程的课程号。但是，按照实体完整性，它们都不能取空值。

此外，同一个关系内部也可能存在属性的引用。例如，在关系“学生(学号，姓名，性别，年龄，专业号，班长)”中，“班长”属性表示该生所在班级的班长的学号，显然，它引用了主码“学号”，因此是学生关系的外码。该属性引用表达了学生内部存在的“领导”联系。按照参照完整性，“班长”属性要么取空值，表示该生所在班级尚未选出班长，要么取学生关系中的某个“学号”值，即某名学生(即该生所在班级的班长)的学号。

3. 用户自定义的完整性(User-defined Integrity)

除了实体完整性和参照完整性外,具体的应用领域还可能存在一些特定的语义约束。例如,大学生的年龄限定在14~36岁之间,大学生的不及格门次限定在3门以下,28岁以上的大学生其政治面貌只能是"党员"或"群众",郑州市的固定电话号码前4位限定为0371,等等。为了使数据能正确反映这些语义约束,从而真实地模拟现实世界,用户可以相应地自定义一些完整性约束条件。这些完整性约束条件一经定义,也应和实体完整性、参照完整性一样由关系系统自动支持,而不应由应用程序来承担这一功能。

2.2 关系代数

关系代数是用对关系的运算即代数方式来表达查询的一种抽象的查询语言,是关系数据库管理系统使用的查询语言以及查询优化的理论基础。关系代数的运算对象是一个或多个关系(二维表),运算结果也是一个新的关系(二维表),关系的运算如表2.4所示。

表2.4 关系的运算种类

传统的集合运算				专门的关系运算			
并	交	差	广义笛卡儿积	选择	投影	连接	除
$\cup$	$\cap$	$-$	$\times$	σ	π	∞	$\div$

2.2.1 传统的集合运算

关系可以看作是元组的集合,因此可以用传统的集合运算对关系进行操作。

1. 并(union)

关系 R 和 S 的并记作:

$$R \cup S = \{t \mid t \in R \vee t \in S\}$$

即 R 和 S 并的结果($R \cup S$)是由 R 中的元组和 S 中的元组共同构成的一个新关系。按照集合的性质,新关系中应去掉重复的元组,以保持元组的唯一性。

为了能将 R 中的元组和 S 中的元组并在同一个关系中,需要 R 和 S 具有相同的属性个数,并且对应的属性来自同一个域,即它们的结构是兼容的。

例如,由所有2006级学生构成的关系为Students_2006,如表2.5所示;由所有获一等奖学金的学生构成的关系为Students_First,如表2.6所示。显然,它们的结构是兼容的。

表2.5 Students_2006关系

学　号	姓名	性别	年龄	专业号
200604070501	张勇	男	21	I02
200604070502	李明	男	20	I02

表2.6 Students_First关系

学　号	姓名	性别	年龄	专业号
200604070502	李明	男	20	I02
200804070601	王敏	女	18	I01

若要查询所有2006级学生和所有获一等奖学金的学生，则需要这两个关系的并，其结果如表2.7所示。

表2.7 Students_2006∪Students_First的结果

学　　号	姓名	性别	年龄	专业号
200604070501	张勇	男	21	I02
200604070502	李明	男	20	I02
200804070601	王敏	女	18	I01

2. 交(intersection)

关系 R 和 S 的**交**记作：

$$R \cap S = \{t \mid t \in R \wedge t \in S\}$$

即关系 R 和 S 交的结果($R \cap S$)是由 R 和 S 中相同的元组构成的一个新关系。

与并运算一样，交运算也需要参与运算的两个关系的结构是兼容的，如Students_2006和Students_First。若要查询所有获一等奖学金的2006级学生，则需要这两个关系的交，其结果如表2.8所示。

表2.8 Students_2006∩Students_First的结果

学　　号	姓名	性别	年龄	专业号
200604070502	李明	男	20	I02

3. 差(difference)

关系 R 和 S 的**差**记作：

$$R - S = \{t \mid t \in R \wedge t \notin S\}$$

即关系 R 和 S 差的结果($R-S$)是由 R 中但不在 S 中的元组构成的一个新关系。

和并、交运算一样，差运算也需要参与运算的两个关系的结构是兼容的，如Students_2006和Students_First。若要查询没有获一等奖学金的所有2006级学生，则需要这两个关系的差，其结果如表2.9所示。

表2.9 Students_2006－Students_First的结果

学　　号	姓名	性别	年龄	专业号
200604070501	张勇	男	21	I02

注意：$R \cup S = S \cup R$，$R \cap S = S \cap R$，但 $R - S \neq S - R$。

4. 广义笛卡儿积(Extended Cartesian Product)

对关系数据库的查询通常会涉及多个关系，例如，查询“张勇”选修的各门课程成绩涉及学生关系和选修关系。那如何将这两个并不兼容的关系合并在一起呢？广义笛卡儿积就是用来合并两个关系的基本运算。

关系 R 和 S 的**广义笛卡儿积**是由这两个关系中的所有元组相互组合而成的一个新关系，记作：

$$R \times S = \{(t_r t_s) \mid t_r \in R \wedge t_s \in S\}$$

设有如表2.10和表2.11所示的两个关系 R 和 S，则它们的广义笛卡儿积如表2.12所示。

表 2.10　R 关系

A	B	C
a1	b1	c1
a2	b2	c2
a3	b3	c3

表 2.11　S 关系

D	E
d1	e1
d2	e2

表 2.12　R×S 的结果

A	B	C	D	E	A	B	C	D	E
a1	b1	c1	d1	e1	a2	b2	c2	d2	e2
a1	b1	c1	d2	e2	a3	b3	c3	d1	e1
a2	b2	c2	d1	e1	a3	b3	c3	d2	e2

2.2.2　专门的关系运算

1. 选择(selection)

选择,又称**限制**(restriction),是一个单目运算,其结果是从参与运算的关系中选择满足给定条件的那些元组构成的一个新关系,记作:

$$\sigma_F(R) = \{t \mid t \in R \wedge F(t) = '真'\}$$

其中,F 为选择条件,是由逻辑运算符 ∧(and)、∨(or)或 ¬(not)连接各比较表达式组成的一个逻辑表达式。$\sigma_F(R)$就是从关系 R 中选择使逻辑表达式 F 为真的那些元组。

假设有一个学生选课数据库,包括学生关系、课程关系和选修关系,如图 2.4 所示。

学号 stu_id	姓名 name	性别 sex	年龄 age	专业 major
200604070501	张勇	男	21	信息管理
200604070502	李明	男	20	信息管理
200604070503	刘晨	女	20	信息管理
200804070601	王敏	女	18	计算机
200804070602	张立	男	19	计算机

(a) 学生关系 stu_info(stu_id,name,sex,age,major)

课程号 course_id	课程名 course_name	先行课 course_preid	学分 course_mark
C1	离散数学	NULL	4
C2	数据结构	C1	5
C3	数据库原理	C2	4

(b) 课程关系 course_info(course_id,course_name,course_preid,course_mark)

学号 stu_id	课程号 course_id	成绩 grade
200604070501	C1	80
200604070501	C2	90
200604070501	C3	95
200804070601	C1	90
200804070601	C2	95

(c) 选修关系 stu_grade(stu_id,course_id,grade)

图 2.4　学生选课数据库

【例 2-1】 查询计算机专业所有学生的基本情况。

本题要查询的学生基本情况保存在 stu_info 关系中，查询条件为计算机专业，因为学生的专业信息记录在 stu_info 关系的 major 属性中，所以该条件可以写成：major='计算机'(加引号是因为这是一个字符串，与 major 属性的数据类型保持一致)。因此，本题是要从 stu_info 关系中选择满足条件“major='计算机'”的那些元组，即有：

$$\sigma_{\text{major}='\text{计算机}'}(\text{stu\_info})$$

选择条件中的属性名可以用该属性在关系中的次序来代替，因此，上式还可改写成：

$$\sigma_{5='\text{计算机}'}(\text{stu\_info})$$

结果如表 2.13 所示。

表 2.13 例 1 的结果

stu_id	name	sex	age	major
200804070601	王敏	女	18	计算机
200804070602	张立	男	19	计算机

【例 2-2】 查询年龄小于 19 岁的计算机专业学生的基本情况。

本题要查询的学生基本情况保存在 stu_info 关系中，查询条件有两个：年龄小于 19 岁和计算机专业，因为学生的年龄和专业信息分别记录在 stu_info 关系的 age 和 major 属性中，所以这两个条件可分别写成：age<19 和 major='计算机'。根据题目的要求，这两个条件之间是“∧(and)”的关系。因此，本题是要从 stu_info 关系中选择满足条件“age<19 ∧ major='计算机'”或“age<19 and major='计算机'”的那些元组，即：

$$\sigma_{\text{age}<19 \wedge \text{major}='\text{计算机}'}(\text{stu\_info}) \quad \text{或} \quad \sigma_{4<19 \wedge 5='\text{计算机}'}(\text{stu\_info})$$

结果如表 2.14 所示。

表 2.14 例 2 的结果

stu_id	name	sex	age	major
200804070601	王敏	女	18	计算机

2. 投影(projection)

投影也是一个单目运算，其结果是从参与运算的关系中选择给定的若干属性构成的一个新关系，记作：

$$\pi_A(R) = \{t[A] \mid t \in R\}$$

其中，A 为 R 中的属性(或属性组)。

和选择操作不同，投影操作是从属性(列)的角度进行的运算。

【例 2-3】 查询所有学生的学号和姓名。

本题要查询的学生学号和姓名信息分别记录在 stu_info 关系的 stu_id 和 name 属性中。由于查询的只是 stu_info 关系的这两个属性，不需要将所有属性一并输出，因此，本题需要在 stu_info 关系的这两个属性上作一投影操作，即有：

$$\pi_{stu\_id,name}(stu\_info) \quad 或 \quad \pi_{1,2}(stu\_info)$$

结果如表 2.15 所示。

表 2.15　例 2-3 的结果

stu_id	name	stu_id	name
200604070501	张勇	200804070601	王敏
200604070502	李明	200804070602	张立
200604070503	刘晨		

【例 2-4】 查询学生关系 stu_info 中都有哪些专业。

本题要查询的学生专业信息记录在 stu_info 关系的 major 属性中。由于查询的只是 stu_info 关系的这一个属性，因此，本题需要在 stu_info 关系的这一个属性上作一投影操作，即有：

$$\pi_{major}(stu\_info) \quad 或 \quad \pi_5(stu\_info)$$

结果如表 2.16 所示。

由于只保留了关系的部分列，因此可能会出现重复行，投影结果应消除这些重复行，如表 2.16 所示。

表 2.16　例 2-4 的结果

major
信息管理
计算机

3. 连接(join)

由于广义笛卡儿积会产生大量的无效元组，为了能实现关系的有效合并，元组之间应按一定的条件进行组合，这就是连接操作。

连接，也称θ **连接**，是从两个关系的广义笛卡儿积中选择属性间满足一定条件的元组构成的一个新关系，或说，两个关系的元组只有在相应属性上的取值满足一定条件时才能组合成为新关系的元组 记作：

$$R \underset{A\theta B}{\infty} S = \{(t_r t_s) \mid t_r \in R \land t_s \in S \land t_r[A]\theta t_s[B]\}$$

其中，A 和 B 分别为 R 和 S 中可比较的属性(组)，θ 是比较运算符，如=、≠、≤、>等。R 中元组 t_r 在属性(组)A 上的取值 $t_r[A]$和 S 中元组 t_s 在属性(组)B 上的取值 $t_s[B]$只有满足条件 $t_r[A]\theta t_s[B]$时才能组合成为 $R \underset{A\theta B}{\infty} S$ 中的元组$(t_r t_s)$。

连接运算中有两种最常用的连接：等值连接(Equi-Join)和自然连接(Natural Join)。

θ 为"="的连接运算称为**等值连接**，即有：

$$R \underset{A=B}{\infty} S = \{(t_r t_s) \mid t_r \in R \land t_s \in S \land t_r[A] = t_s[B]\}$$

自然连接是一种特殊的等值连接，它要求两个关系中进行等值比较的属性(组)必须是相同的属性(组)，不但数据类型可比较，而且属性名也应相同；此外，自然连接的结果还要把重复的属性去掉。若 R 和 S 具有相同的属性(组)B，则它们的自然连接记作：

$$R \infty S = \{(t_r t_s[\overline{B}]) \mid t_r \in R \land t_s \in S \land t_r[B] = t_s[B]\}$$

其中，$t_s[\overline{B}]$表示在 t_s 中去掉和 t_r 重复的 B 分量。

【例 2-5】 设有如图 2.5(a)和图 2.5(b)所示的两个关系 R 和 S，则不同连接的结果分别如图 2.5(c)～图 2.5(e)所示。

A	B	C
a1	b1	4
a2	b3	6
a3	b5	8
a4	b7	12

(a) R

B	E
b1	3
b2	7
b3	9
b4	3
b5	3

(b) S

A	R.B	C	S.B	E
a1	b1	4	b2	7
a1	b1	4	b3	9
a2	b3	6	b2	7
a2	b3	6	b3	9
a3	b5	8	b3	9

(c) $R\underset{C<E}{\infty}S$

A	R.B	C	S.B	E
a1	b1	4	b1	3
a2	b3	6	b3	9
a3	b5	8	b5	3

(d) $R\underset{R.B=S.B}{\infty}S$

A	B	C	E
a1	b1	4	3
a2	b3	6	9
a3	b5	8	3

(e) $R\infty S$

图 2.5　连接运算

图 2.5(e)和图 2.5(d)不同之处在于去掉了重复属性 B,在保证不丢失任何信息的情况下会使关系更加简洁。因此,如果用于连接的属性是相同属性的话(例如,R 和 S 在相同属性 B 上的连接),那么人们则更偏向于使用自然连接,而非等值连接。

【例 2-6】 查询选修了课程的学生及其选修课程的基本情况。

本题要查询的学生基本情况和课程基本情况分别记录在 stu_info 和 course_info 关系中,但它们还需要通过 stu_grade 关系连接在一起(如图 2.6 所示)。因此,本题需要将这 3 个关系作一连接操作,即有:stu_info∞stu_grade∞course_info。

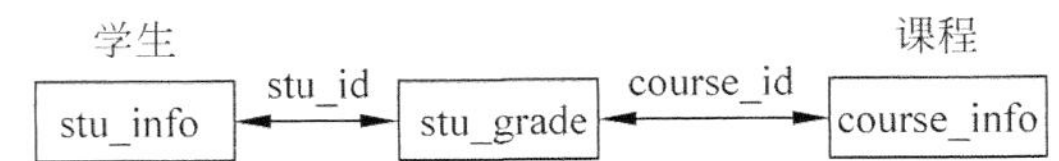

图 2.6　stu_info、course_info 和 stu_grade 之间的联系

结果如表 2.17 所示。

表 2.17　例 2-6 的结果

stu_id	name	sex	age	major	course_ id	course_name	course_preid	course_mark	grade
200604070501	张勇	男	21	信息管理	C1	离散数学	NULL	4	80
200604070501	张勇	男	21	信息管理	C2	数据结构	C1	5	90
200604070501	张勇	男	21	信息管理	C3	数据库原理	C2	4	95
200804070601	王敏	女	18	计算机	C1	离散数学	NULL	4	90
200804070601	王敏	女	18	计算机	C2	数据结构	C1	5	95

4. 除(division)

若要查询选修了某些课程的学生,并且这些课程只是具有给定特征的一组不能明确列举出来的课程,用选择操作是远远不够的,因为选择条件无法明确给出,这时可以用除运算。

给定关系 $R(X,Y)$和 $S(Y,Z)$,即 R 和 S 具有相同的属性(组)Y,R 与 S 的除运算得到一个新关系 $P(X)$,P 是 R 中满足以下条件的元组在属性(组)X 上的投影:元组在 X 上取值 x 对应的 Y 值集合(称为象集 Y_x)包含 S 在 Y 上投影的集合。记作:

$$R \div S = \{t_r[X] \mid t_r \in R \land \pi_Y(S) \subseteq Y_x\}$$

其中，

$$x = t_r[X]$$

在上面的例子中，只要能将具有给定特征的一组课程用表达式描述出来（而不需要一一列举出来），就可以用除运算来查询选修了这些课程的学生，即选修的课程集合能够包括这些课程的那些学生。

【例 2-7】 查询选修了 C2 号课程和 C3 号课程的学生学号。

本题要查询的学生学号和查询条件中的课程号信息分别记录在 stu_grade 关系的 stu_id 和 course_id 属性中。题目中的两个查询条件可分别写成 course_id='C2'和 course_id='C3'，根据题目的要求，它们之间是"∧(and)"的关系，但"course_id='C2' ∧ course_id='C3'"显然是不可能成立的。因此，下面的表达式是错误的！

$$\pi_{stu\_id}(\sigma_{course\_id='C2' \land course\_id='C3'}(stu\_grade))$$

若要用选择运算，需要用到集合的交运算，即有：

$$\pi_{stu\_id}(\sigma_{course\_id='C2'}(stu\_grade)) \cap \pi_{stu\_id}(\sigma_{course\_id='C3'}(stu\_grade))$$

若要用除运算，需要先将查询条件中的不同课程号组建为一个临时关系（集合）K：

course_id
C2
C3

在选修关系 stu_grade 中，如果某个 stu_id 值对应（选修）的 course_id 值集合（即该 stu_id 值的像集，为使像集中只包含 course_id 属性的值，而不包含 grade 属性的值，需要将 stu_grade 关系在 stu_id 和 course_id 这两个属性上作一投影操作，如表 2.18 所示）包含了 K，那么就说明该生选修了 K 中的这两门课程。因此有：

$$\pi_{stu\_id,course\_id}(stu\_grade) \div K$$

如表 2.18 所示，在 $\pi_{stu\_id,course\_id}(stu\_grade)$ 中，stu_id 一共取两个值{200604070501, 200804070601}，其中：

200604070501 的像集为{C1,C2,C3}

200804070601 的像集为{C1,C2 }

显然，只有 200604070501 的像集{C1,C2,C3}包含了 K，所以有：

$$\pi_{stu\_id,course\_id}(stu\_grade) \div K = \{200604070501\}$$

表 2.18 $\pi_{stu_id,course_id}(stu_grade)$的结果

Stu_id	Course_id	Stu_id	Course_id
200604070501	C1	200804070601	C1
200604070501	C2	200804070601	C2
200604070501	C3		

2.2.3 综合实例

下面再以图 2.4 所示的学生选课数据库为例，给出几个综合实例。

【例 2-8】 查询选修了 C1 号课程的学生学号。

首先，最终要求输出的学生学号记录在 stu_info 关系或 stu_grade 关系的 stu_id 属性中。

其次，本题有一个查询条件"C1 号课程"，用到的属性为 course_info 关系或 stu_grade 关系的 course_id 属性，可表达为 course_id='C1'。

由于最终要求输出的 stu_id 和查询条件中的 course_id 并存于 stu_grade 这一个关系中，所以本题无须其他两个关系。

第三，由于本题有一个查询条件，为了能找到满足条件的元组，需要对 stu_grade 关系作一选择运算：

$$\sigma_{course\_id='C1'}(stu\_grade)$$

第四，由于最终要求输出的并非满足条件的整个元组，而只是其中的 stu_id 分量，因此，最后还需要对选择后的关系 $\sigma_{course\_id='C1'}(stu\_grade)$ 在 stu_id 属性上作一投影运算，最终的关系代数表达式为：

$$\pi_{stu\_id}(\sigma_{course\_id='C1'}(stu\_grade))$$

结果如表 2.19 所示。

表 2.19　例 2-8 的结果

stu_id
200604070501
200804070601

若将例 2-8 中的课程号改为相应的课程名、学号改成相应的姓名，情况就要复杂一些。

【例 2-9】 查询至少选修了一门其先行课为 C1 号课程的学生姓名。

根据最终要求输出的学生姓名和查询条件中的先行课及课程号信息，本题涉及以上 3 个关系，查询过程如图 2.7 所示。

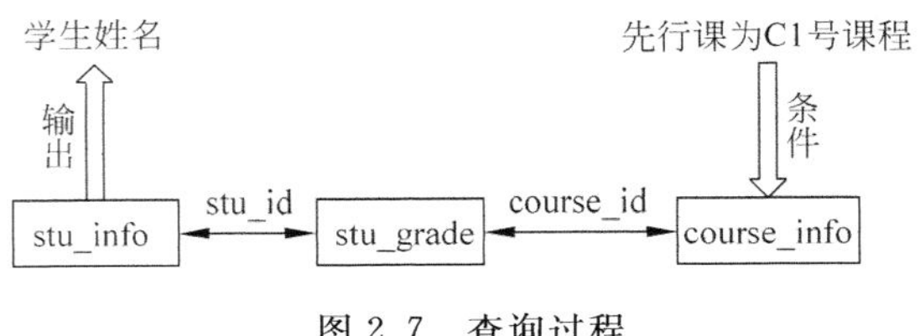

图 2.7　查询过程

由于查询条件所在的 course_info 关系是通过 course_id 属性和最终输出所在的 stu_info 关系发生联系的，因此，首先要获得满足查询条件的 course_id：

$$\pi_{course\_id}(\sigma_{course\_preid='C1'}(course\_info))$$

有了满足查询条件的 course_id，通过 stu_grade 关系就可以获得相应的 stu_id，然后在 stu_info 关系中就可以查询出相应的 name（学生姓名）来，即有：

$$\pi_{name}(stu\_info \infty stu\_grade \infty \pi_{course\_id}(\sigma_{course\_preid='C1'}(course\_info)))$$

结果如表 2.20 所示。

表 2.20　例 2-9 的结果

name
张勇
王敏

【例 2-10】 查询选修了全部课程的学生学号和姓名。

和例 2-9 一样，最终输出所在的关系是 stu_info，为此，首先需要找出查询条件"全部课程"的 course_id（通过它和 stu_info 关系间接相联），即有：

$$\pi_{course\_id}(course\_info)$$

如果一名学生（stu_id）选修的课程（course_id）集合（即该 stu_id 值的像集）包含了全部课程（$\pi_{course\_id}(course\_info)$）的话，那么这名学生就满足了题目的要求。因此，需要用除运算

来获得满足查询条件的 stu_id,即有:

$$\pi_{stu\_id,course\_id}(stu\_grade) \div \pi_{course\_id}(course\_info)$$

有了满足查询条件的 stu_id,在 stu_info 关系中就可以查询出相应的 name(学生姓名)来,即有:

$$\pi_{stu\_id,name}(stu\_info) \infty \pi_{stu\_id,course\_id}(stu\_grade) \div \pi_{course\_id}(course\_info)$$

结果如表 2.21 所示。

表 2.21 例 2-10 的结果

stu_id	name
200604070501	张勇

【例 2-11】 查询没有选修 C1 号课程的学生学号。

直观地分析,这里有一个查询条件,可以用选择运算,由于题目中的课程号和学号并存于 stu_grade 这一个关系中,因此有:

$$\pi_{stu\_id}(\sigma_{course\_id \neq 'C1'}(stu\_grade))$$

或

$$\pi_{stu\_id}(\sigma_{\neg course\_id = 'C1'}(stu\_grade))$$

事实上,这是错误的。由于一名学生可以选修多门课程,所以一个学号(stu_id)可以出现在 stu_grade 关系的多个元组中。如果一名学生选修了包括 C1 在内的多门课程,那么选择的结果将依然保留着该生的学号。

换一个角度去考虑这个问题,如果我们能够获得选修了 C1 号课程的学生学号的话,那么从全体学号集合中除去这部分学号,剩余的就是没有选修 C1 号课程的学生学号。因此,正确的表达式应为:

$$\pi_{stu\_id}(stu\_info) - \pi_{stu\_id}(\sigma_{course\_id = 'C1'}(stu\_grade))$$

以上介绍了 8 种关系代数运算,其中,并、差、广义笛卡儿积、选择和投影是基本运算,其他 3 种运算(交、连接和除)都可以用这 5 种基本运算来表达,引进它们只是为了简化表达,并没有增加语言的能力。

2.3 规范化理论

2.3.1 问题的提出

关系模型要求关系必须是规范化的,即要求关系必须满足一定的规范条件,满足这些条件的规范化的关系称为**范式**。前面提到的每一个分量都必须取不可再分的原子值只是其中最基本的规范条件,满足这一规范条件的关系属于**第 1 范式**(1NF),是规范化程度最低的关系。这样的关系可能会存在一些潜在的异常问题,因此还不能称其为一个"好"的关系。

针对一个具体应用,在设计数据库的逻辑结构时,首先要考虑到的基本问题就是,应该设计几个关系模式,每个关系模式应该由哪些属性组成,设计好的关系模式是不是一个合适的关系模式等。针对这些问题,人们提出了关系数据库的规范化理论。该理论可用来判断一个关系模式设计得是否合理,如何通过提高其规范化程度来降低潜在的异常问题等,从而成为指导数据库逻辑设计的一个有力工具。

现实世界的已知事实限定了关系模式必须满足一定的完整性约束条件,这些约束或通过对属性取值范围的限定(见 2.1.3 节),或通过属性间的相互关联反映出来,后者称为数据依赖,是关系模式设计的关键。

数据依赖是通过一个关系中各属性间值的相等与否体现出来的数据间的相互关系,是对现实世界中各属性间相互联系的抽象，是数据语义的体现。例如，在 stu_info 关系中，stu_id 能唯一确定 name、sex、age 和 major，如果存在两个元组在 stu_id 上的取值相等，那么在 name、sex、age 和 major 上的取值也必定相等，从而体现了学号的唯一性以及每名学生都只属于一个专业这样的数据语义。

现在人们已经提出了多种数据依赖，其中最重要的是**函数依赖**(Functional Dependency, FD)和**多值依赖**(Multivalued Dependency, MVD)。函数依赖极为普遍地存在于现实世界中，例如上面提到的 stu_id 能唯一确定 name、sex、age 和 major，给定了 stu_id 的值，name、sex、age 和 major 的值就唯一地确定下来了，类似于数学中的函数，称 stu_id 函数决定 name、sex、age 和 major，或 name、sex、age 和 major 函数依赖于 stu_id，记作：stu_id→name，stu_id→sex，stu_id→age，stu_id→major。

在关系模式的 5 元组 $R(U, D, dom, F)$ 中，F 就是属性间的数据依赖集合，由于 D 和 dom 对模式设计的关系不大，因此，这里把关系模式简记为 $R(U, F)$。

针对一个具体问题，可以设计单一的关系模式，也可以设计若干个关系模式，哪种设计会更"好"一些？一个"不好"的关系模式会存在哪些问题？如何将"不好"的关系模式改造成"好"的关系模式？下面以一个例子进行说明。

假设要建立一个描述学生基本情况的数据库，涉及的对象包括学生的学号 stu_id、姓名 name、所属的专业 major、专业负责人 manager、选修的课程号 course_id、课程名 course_name 和成绩 grade。

如果采用单一的关系模式 stu_major_course_grade(U, F)，则有：

U={stu_id, name, major, manager, course_id, course_name, grade}

现实世界的已知事实告诉我们：

(1) 每名学生都只有唯一的一个学号。

(2) 每个专业都只有一名专业负责人。

(3) 每门课程都只有唯一的一个课程号。

(4) 一个专业有若干名学生，但一名学生只属于一个专业。

(5) 一名学生可以选修若干门课程，每门课程可供若干名学生选修。

(6) 每名学生选修每门课程只会有一个成绩。

从而得到了 U 上的一组数据依赖，具体地说是函数依赖：

F={stu_id→name, stu_id→major, major→manager, course_id→course_name, (stu_id, course_id)→grade}

这组函数依赖如图 2.8 所示。

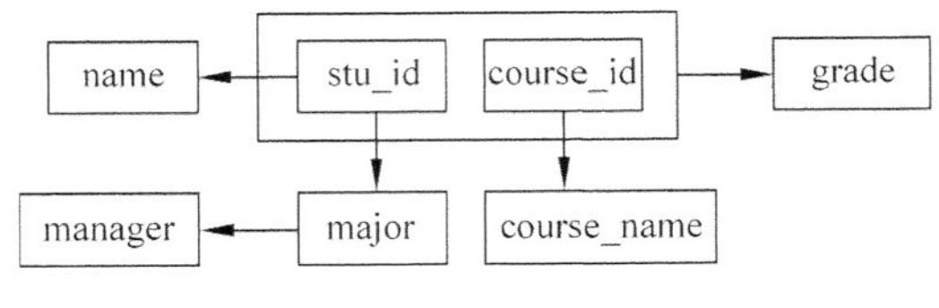

图 2.8 函数依赖图

根据以上信息，可以确定该关系模式只有(stu_id, course_id)这么一个候选码。因此，在该关系模式中，stu_id 和 course_id 是主属性，按照实体完整性的要求，它们都不能取空值。

单一的关系模式 stu_major_course_grade(U,F)会存在以下问题：

(1) 插入异常。如果一名学生尚未选修任何课程，那么就无法将该生的信息(如学号、姓名和所属专业)存入数据库，因为任一元组的 course_id 分量都不能取空值；同理，如果一门课程尚无学生选修，也无法将该门课程的信息(如课程号和课程名)存入数据库；如果一个专业刚刚成立，尚无学生，或虽然有了学生但都尚未选课，也无法将该专业的信息(如该专业的专业名和专业负责人)存入数据库。本该插入的数据却插入不进去，这样的问题称为插入异常。

直观地分析，产生插入异常的原因是将多个事实捆绑在一起存放之故。一个事实数据的插入需要依赖于其他事实的数据，从而造成一个事实不能独立地插入，必须同时插入捆绑在一起的多个事实的相关数据。例如，stu_major_course_grade 关系中保存了 4 个事实：学生、专业、课程和选修，学生只有在选修了课程的情况下才能插入，课程只有在被学生选修了才能插入，专业也只有在下属学生选修了课程的情况下才能插入，显然不符合实际情况。解决的直观办法是：消除这种捆绑，按"一个关系存放一个事实"的原则对其进行分解。

(2) 删除异常。反过来，如果选修某门课程的所有学生全部毕业了，在删除这些学生的同时，把该门课程的信息也一并删除了，因为任一元组的 stu_id 分量都不能取空值；同理，如果某个专业的学生全部毕业了，在删除该专业所有学生的同时，把该专业的信息也一并删除了。本不该删除的数据却被删除了，这样的问题称为删除异常。

产生删除异常的原因也是将多个事实捆绑在一起存放之故，从而使相应的事实丧失了本该有的独立性。

(3) 数据冗余度大和更新异常。如果一门课程被多名学生选修，那么该门课程的信息就被多次重复存储；同理，如果一名学生选修了多门课程，那么该生的信息也被多次重复存储；此外，每个专业的信息更是被多次重复存储。

数据冗余度大一方面会浪费存储空间，更重要的，会给数据的更新和维护带来困难。例如，某专业更换了专业负责人，就必须逐一修改相关的每一个元组，如果更新不彻底，就会出现数据的不一致，这样的问题称为更新异常。更新异常是数据冗余和更新不彻底的必然结果，因此，数据冗余是数据库设计中必须避免的一个问题。

需要说明的是，关系数据库中不是不需要一点儿冗余，例如，为联系两个关系而设定的外键是关系数据库中必需的数据冗余，但也仅此而已。对于不必要的数据冗余，例如，stu_major_course_grade 关系中被多次重复存储的专业负责人，必须予以消除。

由于存在以上 3 个问题，该关系模式是一个"不好"的关系模式。如果按"一个关系存放一个事实"的原则将其分解为以下 4 个关系模式(其中，主码用下划线标明)：

stu_info(<u>stu_id</u>, name, major, stu_id→name, stu_id→major)

major_info(<u>major</u>, manager, major→manager)

course_info(<u>course_id</u>, course_name, course_id→course_name)

stu_grade(<u>stu_id, course_id</u>, grade, (stu_id, course_id)→grade)

就可以解决以上三个问题：

(1) 如果一个学生尚未选修任何课程，仍然可以将该生的信息(如学号、姓名和所属专业)存入数据库的 stu_info 关系中，因为该关系和选修的课程无关；如果一门课程尚无学生选修，也可以将该门课程的信息(如课程号和课程名)存入数据库的 course_info 关系中，因为该关系和所选修的学生无关；如果一个专业刚刚成立，尚无学生，或虽然有了学生但都尚未选课，同样也可以将该专业的信息(如该专业的专业名和专业负责人)存入数据库的 major_info 关系中，因为该关系和下属学生及其选修的课程无关。这样就可以解决插入异常问题。

(2) 反过来，如果选修某门课程的所有学生全部毕业了，只需在 stu_info 关系中将这些学生的信息删除，该门课程的信息仍然保存在 course_info 关系中；如果某个专业的学生全部毕业了，也只需在 stu_info 关系中将该专业所有学生的信息删除，该专业的信息仍然保存在 major_info 关系中。这样就可以解决删除异常问题。

(3) 由于学生、专业、课程和选修被分别保存在不同的关系中，从而极大地消除了数据冗余。每名学生的信息只需在 stu_info 关系中保存一次，每门课程的信息只需在 course_info 关系中保存一次，每个专业的信息也只需在 major_info 关系中保存一次。数据冗余消除了，更新异常问题也就得到了解决。

可以看出，通过对关系模式的分解，使一个关系只描述一个实体集或实体间的一种联系，从而可以提高其规范化程度，达到消除异常的目的，这一过程就是规范化，从理论上讲，就是用一组等价(不破坏原有数据)的关系模式代替原来的关系模式，消除其中不合适的数据依赖。

2.3.2 规范化

关系模式规范化程度的判定取决于其中存在什么样的数据依赖，是否存在不合适的数据依赖，如果存在，是哪些不合适的数据依赖。

1. 函数依赖

作为最重要的数据依赖，**函数依赖**定义为：

假设存在一个关系模式 $R(U)$，X 和 Y 是 U 的子集，若对于任一元组在 X 上的每一个值，都有 Y 上的唯一值与之对应，或说，不存在两个元组在 X 上的值相等但在 Y 上的值不等，则称 X **函数决定** Y，或称 Y **函数依赖于** X，记作：$X \rightarrow Y$。其中，X 称为**决定属性集**或**决定因子**(determinant)。

若 $X \rightarrow Y$，且 $Y \rightarrow X$。则 X 与 Y 等价，记作：$X \longleftrightarrow Y$。

若 X 不函数决定 Y，或 Y 不函数依赖于 X，记作：$X \nrightarrow Y$。

函数依赖是语义范畴的概念，需要根据具体语义来确定函数依赖。例如，函数依赖“姓名→年龄”只有在不允许重名的情况下才成立；如果允许重名，“年龄”就不再函数依赖于“姓名”了。再如，只有在每名学生都只属于一个专业的情况下，函数依赖“学号→专业”才成立。

函数依赖表示的是各属性之间的相互联系，不同的联系类型决定了不同的函数依赖：

(1) 若属性 X 和 Y 之间具有一对一联系，则有 $X \longleftrightarrow Y$。

(2) 若属性 X 和 Y 之间具有一对多联系，则有 $Y \rightarrow X$，但 $X \nrightarrow Y$。

(3) 若属性 X 和 Y 之间具有多对多联系，则 X 和 Y 之间不存在任何函数依赖。

所以，确定函数依赖可以从分析属性间的联系类型入手。

由函数依赖的定义可知，函数依赖具有以下性质：

(1) 若 $X \to Y$，$X \to Z$，则 $X \to Y \cup Z$（合并性）。

(2) 若 $X \to Y \cup Z$，则 $X \to Y$，$X \to Z$（分解性）。

(3) 若 $X \to Y$，$Y \to Z$，则 $X \to Z$（传递性）。

(4) 若 $X \to Y$，则 $X \cup Z \to Y \cup Z$（增广性）。

若 $X \to Y$，且 $Y \not\subseteq X$，则称 $X \to Y$ 是**非平凡的函数依赖**；而若 $X \to Y$，且 $Y \subseteq X$，则称 $X \to Y$ 是**平凡的函数依赖**。

例如，在关系 stu_grade(stu_id,course_id,grade)中，存在以下函数依赖：

(stu_id,course_id)→stu_id

(stu_id,course_id)→course_id

(stu_id,course_id)→(stu_id,course_id)

(stu_id,course_id)→grade

除了最后一个函数依赖是非平凡的函数依赖外，前三个函数依赖都是平凡的函数依赖，在任何一个关系中都必然成立，不反映任何新的语义。若不作特殊声明，我们将只讨论非平凡的函数依赖。

除了平凡和非平凡之分外，函数依赖还有完全和部分之分：

在关系模式 $R(U)$ 中，若 $X \to Y$，并且对于 X 的任何一个真子集 X'，都有 $X' \nrightarrow Y$，则称 Y 对 X **完全函数依赖**，记作：$X \xrightarrow{F} Y$；而若 $X \to Y$，但 Y 不完全函数依赖于 X，即存在 X 的一个真子集 X'，有 $X' \to Y$，则称 Y 对 X **部分函数依赖**，记作：$X \xrightarrow{P} Y$。

在 2.3.1 节提到的 stu_major_course_grade 关系中，存在以下函数依赖：

stu_id→name

stu_id→major

major→manager

course_id→course_name

(stu_id,course_id)→grade

这些函数依赖都是完全函数依赖，因为有 stu_id ↛ grade 和 course_id ↛ grade。根据这些函数依赖，我们还可以推导出以下函数依赖：

(stu_id,course_id)→name

(stu_id,course_id)→major

(stu_id,course_id)→manager

(stu_id,course_id)→course_name

但这些函数依赖都是部分函数依赖。

当然，这些函数依赖都还是非平凡的函数依赖，该关系模式中存在的平凡函数依赖就更多了，如 stu_id→stu_id、name→name 和(stu_id,name)→name 等。

除了以上几种函数依赖外，还有一种重要的函数依赖，这就是**传递函数依赖**，定义为：

在关系模式 $R(U)$ 中，若 $X \to Y (Y \not\subseteq X)$，$Y \nrightarrow X$，$Y \to Z (Z \not\subseteq Y)$，则称 Z 对 X **传递函数依赖**。

加上条件 $Y \nrightarrow X$，是因为如果 $Y \to X$，则有 $X \longleftrightarrow Y$，那么 Z 对 X 就是直接函数依赖，而非传递函数依赖。

加上条件 $Y \not\subseteq X$ 和 $Z \not\subseteq Y$，说明 Y 对 X 和 Z 对 Y 都是非平凡的函数依赖。如果 $Y \subseteq X$，那么 Z 对 X 就是部分函数依赖，而非传递函数依赖；如果 $Z \subseteq Y$，那么 Z 对 X 就是直接函数依赖，而非传递函数依赖。

例如，在 stu_major_course_grade 关系中，有 stu_id→major 和 major→manager，则有 stu_id→manager，因为 major ↛ stu_id，所以 manager 对 stu_id 是传递函数依赖。

除了以上几种函数依赖，关系模式规范化程度的判定还需要找出关系模式中所有的候选码，并区分主属性和非主属性。

2. 候选码

下面用函数依赖对候选码进行形式化定义：

在关系模式 $R(U,F)$ 中，若存在属性（或属性组）K，使 $K \xrightarrow{F} U$ 成立，则称 K 是 R 的**候选码**。

这一定义和前面的定义是相吻合的，$K \rightarrow U$ 说明 K 的值能唯一标识一个元组；而 U 对 K 的完全函数依赖则说明 K 是能唯一标识一个元组的属性的最小组合。

例如，在关系 stu_grade(stu_id，course_id，grade)中，有(stu_id，course_id)$\xrightarrow{F}$grade，则有(stu_id，course_id)$\xrightarrow{F}$(stu_id，course_id，grade)，因此，(stu_id，course_id)是 stu_grade 关系的候选码。

包含在任一候选码中的属性称为**主属性**，如 stu_grade 关系中的 stu_id 和 course_id；而不包含在任何候选码中的属性称为**非主属性**或**非码属性**，如 stu_grade 关系中的 grade。

3. 范式

满足不同规范条件的关系模式具有不同的规范级别。符合某一规范级别的关系模式的全体称为**范式**。如果关系模式 R 满足第 x 范式（记作 xNF）的规范条件，则称 R **属于** xNF，记作：$R \in x\text{NF}$；若 R 不属于 xNF，记作：$R \notin x\text{NF}$。

满足最低规范条件（即所有属性都不可再分）的关系模式的全体称为第 1 范式，记作：1NF。属于 1NF 的关系模式可能会存在上述的异常问题，为了减少这些问题，在 1NF 的基础上再增加一定的规范条件，从而形成 2NF。由于 2NF 的规范条件更加苛刻，从而使属于 2NF 的关系模式集合（即 2NF）只是 1NF 的一个真子集。在 2NF 的基础上再增加规范条件可形成 3NF，以此类推。它们之间的关系为：

$$5\text{NF} \subset 4\text{NF} \subset \text{BCNF} \subset 3\text{NF} \subset 2\text{NF} \subset 1\text{NF}$$

范式级别较低的关系模式会存在一些不合适的数据依赖，从而产生上述的异常问题。通过模式分解可以将其转换为等价的具有较高范式级别的若干个关系模式，以消除这些异常问题，这一过程就称为**规范化**。

4. 2NF

若 $R \in 1\text{NF}$，且每一个非主属性都完全函数依赖于候选码，则 $R \in 2\text{NF}$。

例如，在关系 stu_grade(stu_id，course_id，grade)中，候选码只有一个，即(stu_id，course_id)。因此，只有 grade 是非主属性，因为(stu_id，course_id)$\xrightarrow{F}$grade，所以 stu_grade∈2NF。

再如，在关系 stu_major_grade(stu_id，major，manager，course_id，grade)中，每名学生(stu_id)都只属于一个专业(major)，每个专业都只有一名专业负责人(manager)，每名学生选修每门课程(course_id)只会有一个成绩(grade)，因此存在以下函数依赖：

stu_id→major,major→manager,(stu_id,course_id)→grade

stu_major_grade 关系的候选码也只有一个,即(stu_id,course_id)。因此,它的非主属性有 major、manager 和 grade。由于 stu_id→major,则有(stu_id,course_id)$\xrightarrow{P}$major;又由于 stu_id→major 和 major→manager,则有 stu_id→manager,因此有(stu_id,course_id)$\xrightarrow{P}$manager。

非主属性 major 和 manager 都部分函数依赖于候选码(stu_id,course_id),因此,stu_major_grade∉2NF。

由于 stu_major_grade 关系不属于 2NF,因此会产生以下问题:

(1) 插入异常。如果一名学生尚未选修任何课程,那么该生的信息(如该生所属的专业)就无法插入到 stu_major_grade 关系中。

(2) 删除异常。反过来,如果某名学生只选修了一门课程,但现在他连这门课程也不选修了,那么在删除这一选课信息的同时,把该生的信息也一并删除了。

(3) 数据冗余和修改复杂。如果一名学生选修了多门课程,那么该生的信息就会被多次重复存储,该生所属专业的专业负责人更是被多次重复存储。如果该生更换了专业,就要逐一修改该生所在的多个元组的 major 和 manager 分量,从而造成了修改的复杂性。

存在以上问题的原因在于,非主属性 major 和 manager 并不完全函数依赖于候选码(stu_id,course_id),而只是完全函数依赖于候选码中的一个属性 stu_id,和 course_id 无关,但现在却也不得不依赖于 course_id。

解决的办法就是对该关系模式进行分解,以消除非主属性对候选码的部分函数依赖:

(1) 列出候选码的每一个非空子集:

stu_id
course_id
stu_id,course_id

(2) 对于候选码的每一个非空子集,将它和完全函数依赖于它的非主属性放在一起:

stu_id,major,manager
course_id
stu_id,course_id,grade

(3) 从而组成了两个新的关系模式:

stu_major(stu_id,major,manager)
stu_grade(stu_id,course_id,grade)

可以证明,stu_major∈2NF,stu_grade∈2NF。

通过分解,以上问题就可以得到部分解决:

(1) 如果一名学生尚未选修任何课程,该生的信息(如该生所属的专业)仍然可以插入到 stu_major 关系中。

(2) 反过来,如果某名学生只选修了一门课程,但现在他连这门课程也不选修了,只需在 stu_grade 关系中删除这一选课信息即可,该生的信息仍然保存在 stu_major 关系中。

(3) 无论一名学生选修了多少门课程,该生的信息只会在 stu_major 关系中保存一次。如果该生更换了专业,也只需修改该生所在的这一个元组。

然而，学生和专业这两个事实仍然保存在同一个关系 stu_major 中，因此，还会存在以下问题：

(1) 插入异常。如果一个专业刚刚成立，尚无学生，那么该专业的信息(如该专业的专业名和专业负责人)就无法插入到 stu_major 关系中。

(2) 删除异常。反过来，如果某个专业的学生全部毕业了，在 stu_major 关系中删除该专业所有学生的同时，把该专业的信息也一并删除了。

(3) 数据冗余和修改复杂。如果一个专业下属有多名学生，那么该专业的信息就会被多次重复存储。如果一个专业更换了专业负责人，那么就要逐一修改该专业所在的多个元组的 manager 分量。此外，如果一名学生更换了专业，不但要修改该生所在元组的 major 分量，而且还要修改该生所在元组的 manager 分量，尽管每个专业的专业负责人并没有发生变化。

存在以上问题的原因在于，在 stu_major 关系中，非主属性 manager 传递函数依赖于候选码 stu_id，manager 直接函数依赖于 major，和 stu_id 只是间接相关，并非直接相关。

5. 3NF

若 $R \in$ 2NF，且每一个非主属性都不传递函数依赖于候选码，则 $R \in$ 3NF。也就是说，属于 3NF 的关系模式中不存在任何非主属性对候选码的部分或传递函数依赖。

例如，在关系 stu_major(stu_id，major，manager)中，非主属性 manager 对候选码 stu_id 传递函数依赖，因此，stu_major $\notin$ 3NF。

从上面的讨论可知，stu_major 还存在着一些异常问题，解决的办法就是将其分解，以进一步消除非主属性对候选码的传递函数依赖。

(1) 从 stu_major 关系中删除传递函数依赖于候选码的所有非主属性，即 manager，得到了一个新的关系模式：

stu_info(stu_id，major)

(2) 将决定因子非候选码的那些非主属性(即 manager，因为 major→manager，而 major 非候选码)和相应的决定因子(即 major)放在一起，组成新的关系模式：

major_info(major，manager)

(3) 从而得到了两个新的关系模式：

stu_info(stu_id，major)

major_info(major，manager)

可以证明，stu_info $\in$ 3NF，major_info $\in$ 3NF，从而解决了以上问题。

对于一般的数据库应用来说，设计出属于 3NF 的关系模式就够了，已经能够消除数据冗余和各种异常问题，获得比较满意的效果。但是，2NF 和 3NF 都没有涉及到主属性对候选码的依赖关系，所以有时还会产生一些异常问题。

6. BCNF

若 $R \in$ 1NF，且 R 的每一个决定因子都含有候选码(这样的属性集合称为**超码**)，也就是说，不存在任何属性(包括主属性和非主属性)对不包含它的候选码的部分或传递函数依赖，则 $R \in$ BCNF。

注意：这里说的决定因子指的只是那些非平凡函数依赖的决定因子。

BCNF 也叫**修正的 3NF**。可以证明：若 $R \in$ BCNF，则 $R \in$ 3NF。反过来，若 $R \in$ 3NF，

则 R 未必属于 BCNF。

例如，在关系 stu_major(stu_id, major, manager)中，存在函数依赖 stu_id→major 和 major→manager，第一个函数依赖的决定因子 stu_id 是超码(候选码本身)，但第二个函数依赖的决定因子 major 却不是超码，因此，stu_major∉BCNF。前面已经证明了 stu_major∉3NF，据此也可以知道 stu_major∉BCNF。

再如，在关系 stu_ grade(stu_id, course_id, grade)中，非平凡的函数依赖只有(stu_id, course_id)→grade，其决定因子(stu_id, course_id)是超码(候选码本身)，因此，stu_ grade∈BCNF，也必定有 stu_ grade∈3NF。

假设存在关系模式 STJ(S,T,J)，其中，S 表示学生，T 表示教师，J 表示课程。每位教师只讲授一门课程，每门课程可由若干位教师讲授，某名学生选修了某门课程，就确定了一位教师。因此，存在以下函数依赖：

$$T \rightarrow J, (S, J) \rightarrow T$$

由(S,J)→T 可推导出(S,J)→(S,T,J)，且为完全函数依赖。因此，(S,J)是 STJ 关系的一个候选码。由于范式的判定需要区分主属性和非主属性，因此，还需要找出 STJ 关系中的其他候选码。

由 T→J 可推导出(S,T)→(S,J)，从而有(S,T)→(S,T,J)，且为完全函数依赖。因此，(S,T)也是 STJ 关系的一个候选码。所以，STJ 关系有两个候选码：(S,J)和(S,T)，所有 3 个属性都是主属性。没有了非主属性，自然不可能存在非主属性对候选码的部分或传递函数依赖，所以，STJ∈3NF。但由于函数依赖 T→J 的决定因子 T 不是超码，所以，STJ∉BCNF。

属于 3NF 的 STJ 关系仍然存在不合适的地方，例如，每位教师只讲授一门课程，但如果有多名学生都选修了这位教师讲授的这门课程，那么这样的讲授信息就会被多次重复存储等。解决的办法依旧是模式分解，以消除主属性对不包含它的候选码的部分或传递函数依赖。将 STJ 关系分解为 ST(S,T)和 TJ(T,J)，即可彻底消除上述的异常问题，例如，无论多少名学生选修了某位教师讲授的某门课程，该讲授信息也只会在 TJ 关系中保存一次。

在函数依赖的范畴内，BCNF 是规范化程度最高的范式，能实现信息的彻底分离，从而也彻底消除了由函数依赖带来的异常问题。

7. 多值依赖

假设存在关系模式 Teaching(C,T,B)，其中，C 为课程，T 为教师，B 为参考书。在某学校，一门课程可由多位教师讲授，他们使用相同的一套参考书；每位教师可以讲授多门课程，每种参考书也可供多门课程使用，如表 2.22 所示。

表 2.22 Teaching 关系

课程 C	教师 T	参考书 B	课程 C	教师 T	参考书 B
高等数学	李强	数学分析	线性代数	李强	高等代数
高等数学	李强	微分方程	线性代数	李强	数学分析
高等数学	王萍	数学分析	线性代数	李强	矩阵论
高等数学	王萍	微分方程	线性代数	张欣	高等代数
高等数学	周永	数学分析	线性代数	张欣	数学分析
高等数学	周永	微分方程	线性代数	张欣	矩阵论

从以上事实可以看出，这 3 个属性之间不存在任何非平凡的函数依赖，该关系模式的候选码为(C,T,B)，即**全码**，因此，Teaching∈BCNF。

显然，Teaching 关系中存在大量的数据冗余，更重要的是，数据的更新和维护很不方便。例如，如果某门课程(如线性代数)需要增加一位教师(如赵英)，就必须同时插入多个(这里是 3 个)元组，即(线性代数，赵英，高等代数)、(线性代数，赵英，数学分析)和(线性代数，赵英，矩阵论)。同样，如果某门课程(如高等数学)需要去掉一本参考书(如微分方程)，就必须同时删除多个(这里是 3 个)元组，即(高等数学，李强，微分方程)、(高等数学，王萍，微分方程)和(高等数学，周永，微分方程)。

产生这一问题的原因在于，Teaching 关系中存在一种有别于函数依赖的数据依赖，这就是**多值依赖**。

假设存在一个关系模式 $R(U)$，X、Y 和 Z 是 U 的子集，且 $Z=U-X-Y$(即 Z 是除 X 和 Y 之外的剩余属性组)。关系模式 $R(U)$ 中**多值依赖** $X\rightarrow\rightarrow Y$ 成立，当且仅当对 $R(U)$ 的任一关系 r，给定(X,Z)的一个取值(x,z)，有一组 Y 的值与之对应，但这组值只取决于 x 值，而与 z 值无关。

或说，在 $R(U)$ 的任一关系 r 中，对于在 X 上取值相等的任何两个元组，交换其 Y 值所得的两个新元组也都在 $R(U)$ 中，这说明 Y 的取值只依赖于 X，而与剩余属性组 Z 的值无关，则 Y **多值依赖于** X，记作：$X\rightarrow\rightarrow Y$。

若 $X\rightarrow\rightarrow Y$，而 $Z=\phi$，则称 $X\rightarrow\rightarrow Y$ 为**平凡的多值依赖**，否则为**非平凡的多值依赖**。和函数依赖一样，平凡的多值依赖也必定成立。

由多值依赖的定义可知，多值依赖具有以下性质：

(1) 若 $X\rightarrow\rightarrow Y$，则 $X\rightarrow\rightarrow Z$，其中 $Z=U-X-Y$(对称性)。

(2) 若 $X\rightarrow\rightarrow Y$，$Y\rightarrow\rightarrow Z$，则 $X\rightarrow\rightarrow Z-Y$(传递性)。

(3) 若 $X\rightarrow\rightarrow Y$，$X\rightarrow\rightarrow Z$，则 $X\rightarrow\rightarrow Y\cup Z$，$X\rightarrow\rightarrow Y\cap Z$，$X\rightarrow\rightarrow Y-Z$，$X\rightarrow\rightarrow Z-Y$。

例如，在 Teaching 关系中，对于(C,B)的一个值(高等数学，数学分析)，有一组 T 值{李强，王萍，周永}与之对应，这组值只取决于 C 值(高等数学)，而与 B 值(数学分析)无关，因为对于(C,B)的另一个值(高等数学，微分方程)，对应的仍然是同一组 T 值{李强，王萍，周永}。因此，T 多值依赖于 C，即 $C\rightarrow\rightarrow T$，同理有 $C\rightarrow\rightarrow B$。

再如，在关系模式 WSC(W,S,C)中，W 表示仓库，S 表示保管员，C 表示商品。假设每个仓库有若干名保管员，有若干种商品，每名保管员保管所在仓库的所有商品，每种商品被所有保管员保管，如表 2.23 所示。根据语义可知 $W\rightarrow\rightarrow S$，$W\rightarrow\rightarrow C$。

表 2.23　WSC 关系

W	S	C	W	S	C
W_1	S_1	C_1	W_1	S_2	C_3
W_1	S_1	C_2	W_2	S_3	C_4
W_1	S_1	C_3	W_2	S_3	C_5
W_1	S_2	C_1	W_2	S_4	C_4
W_1	S_2	C_2	W_2	S_4	C_5

对于 X 的每一个值 x，如果 Y 有一组值与之对应，则 Y 多值依赖于 X；而如果 Y 有唯一值与之对应，则 Y 函数依赖于 X。因此，函数依赖只是多值依赖的特殊情况。即若 $X \to Y$，则 $X \to\to Y$，反过来不一定成立。

此外，函数依赖考虑的只是关系模式的静态逻辑结构，不会受到关系模式取值动态变化的影响，而多值依赖则不然，删除了关系中的部分元组可能就破坏了其中的多值依赖。

8. 4NF

如上所述，属于 BCNF 的 Teaching 关系仍然存在一定的问题，原因在于其中存在不合适的多值依赖。为解决上述问题，需要进一步消除这些不合适的多值依赖，这就是 4NF：

若 $R \in$ 1NF，且对于 R 的每一个非平凡的多值依赖 $X \to\to Y(Y \not\subseteq X)$，$X$ 都是**超码**（含有候选码），则称 $R \in$ 4NF。

实际上，4NF 不允许有非平凡且非函数依赖的多值依赖存在。因为根据定义，对于非平凡的多值依赖 $X \to\to Y$，若 X 是超码，则有 $X \to Y$，所以，4NF 允许的非平凡多值依赖实际上就是函数依赖。

由于函数依赖只是多值依赖的特殊情况，因此若 $R \in$ 4NF，则 $R \in$ BCNF。

显然，Teaching $\notin$ 4NF，因为其中存在非平凡的多值依赖 $C \to\to T$ 和 $C \to\to B$，且 C 不是超码。将 Teaching 转换为 4NF 关系模式的方法依旧是模式分解，根据其中存在的非平凡多值依赖，可以将其分解为 $CT(C,T)$ 和 $CB(C,B)$。在分解后的这两个关系模式中，都不存在非平凡的多值依赖（多值依赖 $C \to\to T$ 和 $C \to\to B$ 都变成平凡的多值依赖了），因此，$CT \in$ 4NF，$CB \in$ 4NF。上述问题在分解后的这两个关系模式中得到了彻底解决。

函数依赖和多值依赖是两种最重要的数据依赖，如果只考虑函数依赖，则属于 BCNF 的关系模式的规范化程度已经是最高的了；如果考虑多值依赖，则属于 4NF 的关系模式的规范化程度是最高的。此外，还有其他类型的数据依赖，如连接依赖。函数依赖是多值依赖的特殊情况，多值依赖又是连接依赖的特殊情况，这里不再予以讨论。

9. 规范化的本质

在设计关系模式时，为解决规范化程度较低所带来的各种异常问题，需要通过模式分解来逐步消除其中存在的不合适的数据依赖，用等价的更高范式级别的若干个关系模式代替原有的关系模式，使各关系模式能够达到某种程度的信息分离，符合"一事一地"的模式设计原则，这一过程就是规范化，如图 2.9 所示。尽可能地让一个关系描述一个实体集或实体间的一种联系，若多于一个，可以将其分离出去。这就是概念的单一化。

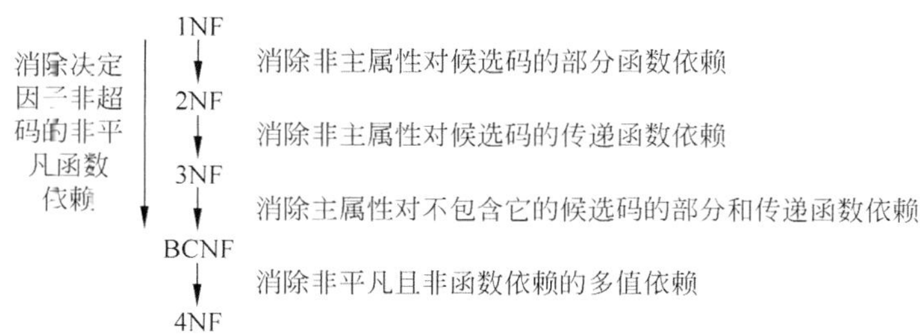

图 2.9 规范化过程

需要指出的是，规范化理论为数据库逻辑设计提供了理论的指南和工具，但也仅仅是指南和工具。并不是规范化程度越高越好，规范化程度越高，潜在的异常问题也就越少，但随之而来的连接代价也是相当大的，因此，必须结合具体的应用环境和应用需求合理地选择数据库模式的范式级别。一般情况下，设计到 3NF 就够了。

2.3.3 模式的分解

关系模式的规范化是通过模式分解来实现的，即把低一级的关系模式分解为若干个高一级的关系模式。分解的方法有多种，下面用一个例子来进行说明。

假设存在关系模式 stu_major(stu_id, major, manager, stu_id→major, major→manager)，其中，stu_id 为学生学号，major 为所属专业，manager 为专业负责人。每名学生都只属于一个专业，每个专业都只有一个负责人。该关系模式的一个关系如表 2.24 所示。

表 2.24 stu_major 关系

stu_id	major	manager
200604070501	信息管理	冯灵
200604070502	信息管理	冯灵
200604070601	计算机	王强
200604070701	电子商务	冯灵

可以证明，stu_major∈2NF，但 stu_major∉3NF。

对 stu_major 关系的规范化可有以下几种分解方法：

(1) 将 stu_major 关系分解为 stu(stu_id, ϕ)、maj(major, ϕ)和 man(manager, ϕ)这 3 个关系模式，分别如表 2.25～表 2.27 所示。

表 2.25 stu 关系

stu_id
200604070501
200604070502
200604070601
200604070701

表 2.26 maj 关系

major
信息管理
计算机
电子商务

表 2.27 man 关系

manager
冯灵
王强

这种分解方法破坏了原有数据，丢失了原有的很多信息，例如，要想查询"计算机专业的负责人是谁"已经是不可能的了。这样的分解没有任何意义。

一个有意义的分解应该是不丢失任何信息的，即分解后的关系应能通过自然连接的方法恢复为原有的关系，这样的分解具有**无损连接性**。

(2) 将 stu_major 关系分解为 stu_info(stu_id, major, stu_id→major)和 stu_man(stu_id, manager, stu_id→manager)这两个关系模式，分别如表 2.28～表 2.29 所示。

表 2.28 stu_info 关系

stu_id	major
200604070501	信息管理
200604070502	信息管理
200604070601	计算机
200604070701	电子商务

表 2.29 stu_man 关系

stu_id	manager
200604070501	冯灵
200604070502	冯灵
200604070601	王强
200604070701	冯灵

可以证明，这种分解方法具有无损连接性。然而，各种异常问题依然存在。例如，信息管理专业更换了负责人，不但要修改多个元组，而且还涉及 stu_info 和 stu_man 这两个关系。原因在于原有关系中的函数依赖 major→manager 在分解后的这两个关系中都不存在了。

为了消除这些异常问题，分解应能**保持函数依赖**，即分解前后的函数依赖集合应能相互导出，也就是说，它们是等价的。由于原有关系中的 major→manager 并不能由分解后的 stu_id→major 和 stu_id→manager 推导出来，因此，这种分解方法没有保持函数依赖。

(3) 将 stu_major 关系分解为 stu_man(stu_id, manager, stu_id→manager) 和 major_info(major, manager, major→manager) 这两个关系模式，分别如表 2.30 和表 2.31 所示。

表 2.30 stu_man 关系

stu_id	manager
200604070501	冯灵
200604070502	冯灵
200604070601	王强
200604070701	冯灵

表 2.31 major_info 关系

major	manager
信息管理	冯灵
计算机	王强
电子商务	冯灵

stu_man 和 major_info 自然连接的结果如表 2.32 所示，比分解前的 stu_major 多了 3 个无效元组，可以说是丢失了原有信息，因此，这种分解方法不具有无损连接性。此外，这种分解方法也没有保持函数依赖，因为原有关系中的 stu_id→major 并不能由分解后的 stu_id→manager 和 major→manager 推导出来。所以，这不是一个好的分解方法。

表 2.32 stu_man 和 major_info 自然连接的结果

stu_id	major	manager
200604070501	信息管理	冯灵
200604070501	电子商务	冯灵
200604070502	信息管理	冯灵
200604070502	电子商务	冯灵
200604070601	计算机	王强
200604070701	信息管理	冯灵
200604070701	电子商务	冯灵

(4) 将 stu_major 关系分解为 stu_info(stu_id, major, stu_id→major) 和 major_info(major, manager, major→manager) 这两个关系模式，分别如表 2.33 和表 2.34 所示。

表 2.33 stu_info 关系

stu_id	major
200604070501	信息管理
200604070502	信息管理
200604070601	计算机
200604070701	电子商务

表 2.34 major_info 关系

major	manager
信息管理	冯灵
计算机	王强
电子商务	冯灵

可以证明，这种分解方法既具有无损连接性，又保持了函数依赖，不但没有丢失任何信息，而且还消除了各种异常问题。所以，这是一种理想的分解方法。

从这个例子可以看出，模式的分解具有两个相互独立的标准：无损连接性和保持函数依赖。具有无损连接性的分解能保证不丢失任何信息，而保持函数依赖的分解则能消除各种异常问题。

2.4 本章小结

关系模型是关系数据库系统的核心和基础，本章介绍了关系模型的三要素，从中可以进一步领会关系数据库的优点：单一的数据结构带来了数据操作的统一性，关系数据操作的非过程化提高了数据的独立性和保密性、减轻了程序员的负担，关系的 3 种完整性约束条件能够保证数据的正确性、有效性和相容性。

关系代数是关系数据库管理系统查询语言以及查询优化的理论基础，本章介绍了关系代数的 8 种运算，包括 4 种传统的集合运算和 4 种专门的关系运算。

关系数据库的规范化理论是数据库逻辑设计的有力工具，可用来衡量关系模式的好坏，以及如何改造一个不好的关系模式。本章介绍了函数依赖和多值依赖的基本概念，以及衡量关系模式规范化程度的多个范式。

学习这一章应把注意力放在对理论知识的理解上，为后面章节的学习打下良好的理论基础。

习　题　2

1. 关系模型由哪三要素组成？

2. 什么是关系？什么是关系模式？它们之间的区别和联系是什么？

3. 什么是关系数据库？

4. 关系数据操作有哪些主要特点？

5. 关系的完整性约束条件有哪几种？

6. 解释以下术语：

候选码、主码、主属性、非主属性、外码

7. 试述实体完整性的主要内容和作用。

8. 试述参照完整性的主要内容和作用。

9. stu_info、course_info 和 stu_grade 关系的内容如图 2.4 所示。其中，stu_id 为 stu_info 的主码，course_id 为 course_info 的主码，(stu_id，course_id)为 stu_grade 的主码；stu_id 和 course_id 是 stu_grade 的外码，分别参照 stu_info 和 course_info 的主码。假设要向 stu_grade 关系插入以下元组，问哪些元组能成功插入？为什么？

(1) ('200604070501','C2',NULL)

(2) ('200604070511','C2',NULL)

(3) (NULL,'C2',80)

(4) ('200604070502','C1',NULL)

(5) ('200604070502','C4',NULL)

10. 关系代数有哪几种基本运算？

11. 根据如图2.4所示的学生选课数据库，试用关系代数完成以下查询：

(1) 查询信息管理专业男生的基本情况。

(2) 查询选修了“数据结构”课程的计算机专业学生的姓名。

(3) 查询没有选修C1号课程的学生学号和姓名。

(4) 查询既选修了C1号课程又选修了C2号课程的学生姓名。

(5) 查询选修了C1号课程或选修了C2号课程的学生姓名。

12. 举例说明一个不好的关系模式会存在哪些问题？

13. 解释以下术语：

函数依赖、非平凡的函数依赖、完全函数依赖、部分函数依赖、传递函数依赖

多值依赖、非平凡的多值依赖

14. 函数依赖和多值依赖之间的区别和联系是什么？

15. 试证明：4NF⊂BCNF⊂3NF⊂2NF⊂1NF。

16. 假设存在以下关系模式：

学生(学号,姓名,出生年月,班号,专业号,系号,宿舍区)

班级(班号,专业号,系号,人数,入校年份)

专业(专业号,专业名,专业负责人)

系(系号,系名,系办公室地点)

有关语义如下：一个系有若干个专业，每个专业每年只招收一个班，每个班有若干名学生。同一个系的学生居住在同一个宿舍区。

问：是否存在传递函数依赖？是否存在部分函数依赖？

指出各关系模式的候选码和可能存在的外码，并判断其范式级别。

17. 假设存在关系模式 $R(A,B,C,D,(A,B)\rightarrow C,(A,D)\rightarrow B)$，找出该关系模式中所有的候选码，判断该关系模式属于第几范式，如果不属于3NF，将其分解为3NF关系模式集。

第3章 关系数据库设计

本章学习目标

- 掌握数据库设计的基本步骤；
- 掌握 E-R 图的设计方法和步骤；
- 掌握 E-R 图向关系模型的转换。

3.1 数据库设计概述

数据库设计是指对于一个给定的应用环境，设计优化的数据库逻辑模式和物理结构，并据此建立数据库及其应用系统，使之能够有效地存储、管理和利用数据，满足各种用户的应用需求（包括数据需求、处理需求、安全性和完整性需求）。也就是说，数据库设计不但要建立数据库，而且还要建立基于数据库的应用系统，即设计整个数据库应用系统，这是对数据库设计的广义理解。本书主要讨论狭义的数据库设计，即设计数据库本身，或说，设计数据库的各级模式并据此建立数据库，这是整个数据库应用系统设计的一部分。

数据库设计应该和应用系统设计结合起来，因为一个好的数据库结构是应用系统的基础，反过来，具体应用需求还要用来对数据库结构进行有针对性的优化，如为经常出现在查询条件中的多值属性建立索引等。数据库设计和应用系统设计相结合，或说，结构（数据）设计和行为（处理）设计相结合，是数据库设计的一个基本特点。

3.1.1 数据库设计的方法

早期的数据库设计没有现成的规范可循，缺乏科学理论和工程方法的支持，设计人员完全凭自己的经验和技巧自主地设计数据库，设计质量难以保证，这种方法叫做手工试凑法。为此，30 多个国家的数据库专家于 1978 年 10 月在美国新奥尔良市专门讨论了数据库设计问题，提出了数据库设计的规范，这就是著名的新奥尔良方法。

新奥尔良方法属于规范设计法，即运用软件工程思想，将设计过程分为若干阶段和步骤，按照工程化的方法设计数据库。新奥尔良方法将数据库设计分成需求分析、概念设计、逻辑设计和物理设计 4 个步骤。

现在常用的规范设计法大多起源于新奥尔良方法，只是在数据库设计的不同阶段上采用了某些具体的技术和方法，例如，基于 E-R 模型的数据库设计方法、基于 3NF 的数据库设计方法等。

基于 E-R 模型的数据库设计方法采用 E-R 方法来设计数据库的概念模型（属于概念设计阶段），即用 E-R 图表示现实世界中的实体以及实体之间的联系，然后将其转换为某一具体的数据库管理系统所支持的数据模型。

基于3NF的数据库设计方法则采用规范化理论来设计关系数据库的数据模型（即逻辑模型，属于逻辑设计阶段），即在需求分析的基础上确定数据库模式中存在的全部属性及其依赖关系，先将它们组织在一个单一的关系模式中，然后通过模式分解将其规范化为若干个3NF关系模式的集合。如第2章所述，对于一般的数据库应用来说，设计出属于3NF的关系模式就够了。

规范设计法从本质上来说仍然是手工设计方法，其基本思想是过程迭代和逐步求精，符合结构化设计的要求。

目前已有一些工具软件可以通过人机交互方式来辅助设计人员完成数据库设计过程中的很多任务，这样的工具软件统称为CASE（Computer-Aided Software Engineering，计算机辅助软件工程），例如，Oracle公司的Designer、Sybase公司的PowerDesigner、Microsoft公司的Vision、CA公司的ERWin、Rational公司的Rational Rose等。

3.1.2 数据库设计的基本步骤

按照规范设计法，可以将数据库设计的全过程分为以下6个基本阶段，如图3.1所示。

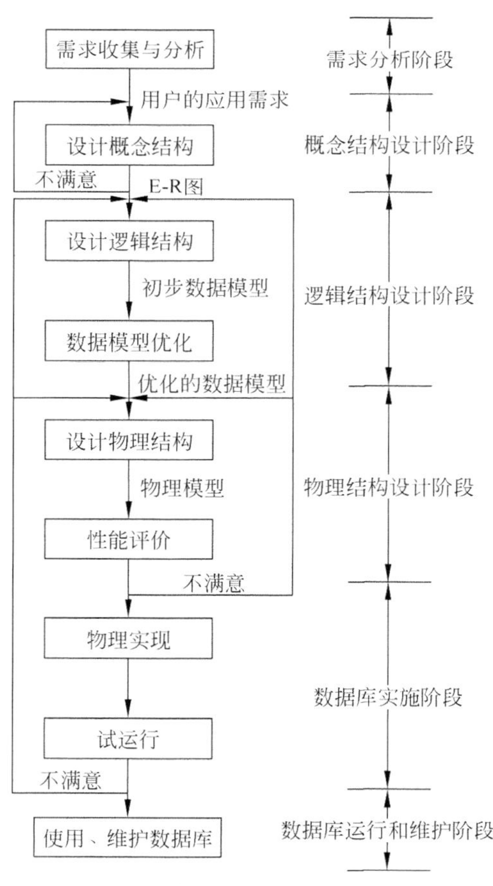

图3.1 数据库设计步骤

- 需求分析；
- 概念结构设计；
- 逻辑结构设计；
- 物理结构设计；
- 数据库实施；
- 数据库运行和维护。

在这6个阶段中，需求分析和概念结构设计可以独立于任何数据库管理系统，因此，在设计的初期，并不急于确定到底采用哪一种数据库管理系统，从逻辑结构设计阶段开始才需要选择一种具体的数据库管理系统。

如图3.1所示，需求分析阶段得到的用户需求在概念结构设计阶段形成独立于任何数据库管理系统的概念模型（有时也称概念模式），通常用E-R图表示。在逻辑结构设计阶段，按照一定的转换规则将E-R图转换为某一数据库管理系统支持的数据模型（即逻辑模型，如关系模型），从而形成数据库的逻辑模式；然后在此基础上为不同用户/应用建立必要的视图（view），从而形成数据库的外模式。在物理结构设计阶段，根据所用数据库管理系统的特点和用户的处理需求，进行物理存储安排、建立必要的索引，从而形成数据库的内模式。数据库各级模式的形成如图3.2所示。

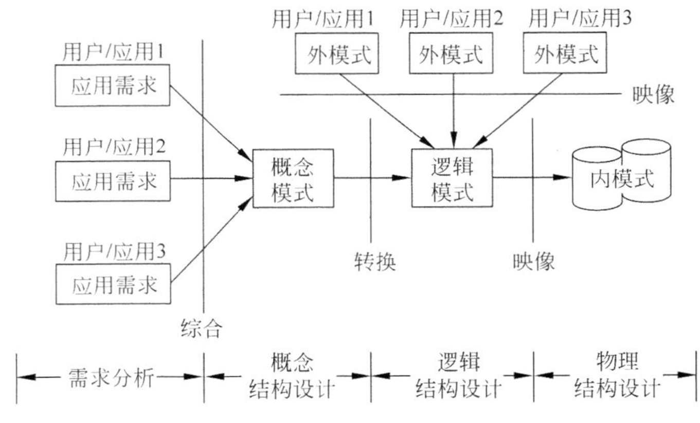

图3.2 数据库各级模式的形成

数据库的设计需要多种人员在不同阶段参与进来，包括系统分析人员、数据库设计人员、数据库管理员、应用开发人员和用户。系统分析人员和数据库设计人员是数据库设计的核心人员，他们将自始至终参与数据库的设计，他们的水平直接决定了数据库系统的质量。由于需要对数据库进行全面的管理和控制，数据库管理员也需要参与数据库设计的全过程。

应用开发人员（包括程序员和操作员）在数据库实施阶段参与进来，负责编制程序和准备软硬件环境。用户在需求分析阶段和概念结构设计阶段参与进来，使设计人员能准确把握用户的各种需求，设计出使用户满意的概念模型；此外，设计出来的数据库最终还要交给用户正式运行，因此，用户还要参与数据库的运行和维护阶段。

1. 需求分析阶段

进行数据库设计首先必须准确了解和分析各种用户的应用需求。需求分析是整个设计过程的基础，是最困难也最耗时的一步。需求分析做得是否充分与准确，决定了在此基础上建立的数据库能否有效地实现既定目标。需求分析做得不好，会影响到数据库的合理性和实用性，甚至会导致整个数据库设计返工重做。

简单地说，需求分析就是分析用户的需求，是设计数据库的起点。通过调查、收集和分析，获得用户对数据库的以下需求：

（1）数据需求。指用户需要从数据库中获取哪些数据，或说，数据库中需要存储哪些数据。数据库中存储哪些数据决定了数据库能够实现哪些处理功能，例如，图书馆数据库中如果没有存储图书的出版社信息，那么人们就无法根据出版社来查询图书了。

（2）处理需求。指用户需要数据库实现哪些处理功能（如经常要对哪些数据做哪些操作等），对处理的响应时间和处理方式有什么样的要求。需要数据库实现哪些处理功能反过来决定了数据库中应该存储哪些数据；此外，处理需求还用来对数据库结构进行优化。

（3）安全性与完整性需求。由于数据库汇集了整个系统中的所有数据，供各种用户共享，因此，数据的安全性尤为重要。不同用户会有不同的操作权限或安全性要求，需求分析应准确把握各种用户对数据的安全性需求，以实现数据的安全共享。为了使数据符合现实世界的各项规定（如对大学生年龄、不及格门次的规定等），需求分析还应准确把握各种用户对数据的完整性需求。

对用户的以上需求进行分析和表达之后，必须提交给用户，征得用户的认可。

需求分析阶段的一个重要而困难的任务是收集将来应用可能涉及到的数据，设计人员应充分考虑到应用的可扩充性，使系统易于扩充。

2. 概念结构设计阶段

概念结构设计是整个数据库设计的关键，它通过对用户需求进行综合、归纳和抽象，形成独立于任何数据库管理系统的概念模型，通常用 E-R 图表示。

在需求分析阶段得到的应用需求首先应抽象为信息世界中的概念模型，才能更准确地用某一数据库管理系统支持的数据模型来实现这些需求，因为和数据模型相比，概念模型更容易被用户理解，是设计人员和用户之间进行交流的语言，用户的积极参与是数据库设计成功的关键。

3. 逻辑结构设计阶段

逻辑结构设计是将概念模型转换为某一数据库管理系统支持的数据模型（即逻辑模型，如关系模型），并对其进行优化。此外，逻辑结构设计还要根据用户对数据的不同需求建立必要的视图，即外模式。

4. 物理结构设计阶段

物理结构设计是为数据模型选取一个最适合应用环境的物理结构，包括存储结构和存取方法，这依赖于具体的数据库管理系统。

不同的数据库管理系统提供的物理环境、存取方法和存储结构有很大差别，为此，需要对在数据库上运行的各种事务进行详细分析，根据所用数据库管理系统提供的存储结构和存取方法，选取一个最适合应用环境的物理结构，使得在数据库上运行的各种事务的响应时间小、存储空间利用率高、事务吞吐率大。

为了提高数据的存取效率，可以为某些属性（如经常出现在查询条件中的多值属性等）建立必要的索引，或使用聚簇、Hash 等高效的存取方法；此外，还应根据实际情况将数据的易变部分和稳定部分、经常存取部分和存取频率较低部分分开存放，例如，将日志文件和数据库对象(如表、索引等)分别存放在不同的磁盘上,以改进系统的性能。

在物理结构设计过程中,需要对时间效率、空间效率和维护代价这3个方面的因素进行权衡(这3个方面常常是相互矛盾的),可以产生多种方案,数据库设计人员应对其进行细致的评价,从中选取一个较优的方案作为数据库的物理结构。然而,这种评价只是初步的、近似的,在系统试运行的过程中还要根据实际的运行情况作进一步的调整,以切实改进系统的性能。

在目前商品化的关系数据库管理系统中,数据库的大部分物理结构都由系统自动完成,用户需要设计的部分已经很少了。此外,数据库管理系统一般都提供了和物理结构相关的系统配置变量,用户只要根据应用环境对其进行相应的赋值,即可实现对数据库的物理优化。初始情况下,系统都为这些变量赋予了合理的默认值,一般无须作太大的改动。实际上,对于小型的数据库,我们很少考虑数据库的物理结构。因此,这里只重点讨论数据库的概念结构设计和逻辑结构设计。

5. 数据库实施阶段

在数据库实施阶段,根据逻辑结构设计和物理结构设计的结果,设计人员用数据库管理系统提供的数据定义语言(如SQL)建立数据库,并编制、调试应用程序,组织数据入库,进行试运行。

由于数据量一般都很大,而且大多来源于系统中的不同部门,甚至数据的结构和格式都有所不同,组织数据入库是一件十分费时、费力的事情。如果试运行后还需要进一步修改数据库设计的话,就需要重新组织数据入库。因此,比较实际的做法是分期分批地组织数据入库,先输入小批量数据进行调试和试运行,待基本合格后再输入大批量数据。逐步增加数据量,逐步完成运行评价。

在试运行阶段,由于系统尚不稳定,软、硬件故障随时都有可能发生,加之操作员对新系统尚不熟悉,误操作在所避免,因此,首先应调试运行数据库管理系统的恢复功能,做好数据库的转储和恢复工作,以尽量减少故障对数据库的破坏。

6. 数据库运行和维护阶段

数据库试运行合格后,就可以交给用户正式运行了。但由于应用环境的不断变化,对数据库的维护工作将是一项长期任务。在数据库运行阶段,对数据库经常性的维护工作主要由数据库管理员负责完成,包括以下内容。

(1) 数据库的转储和恢复。数据库管理员应针对不同的应用需求制定不同的转储计划,以保证一旦发生故障能尽快地将数据库恢复到某个正确状态,尽可能减少对数据库的破坏。

(2) 数据的安全性和完整性控制。随着应用环境的不断变化,对数据安全性的要求可能会发生变化,数据库管理员应根据实际情况修改原有的安全性控制。同样,数据的完整性约束条件也可能会发生变化,也需要数据库管理员不断修正,以符合用户的要求。

(3) 数据库性能的监督、分析与改造。在数据库的运行过程中,数据库管理员还要监督系统的运行,对监测数据进行分析,找出系统性能下降的原因和改进方法。

(4) 数据库的重组织和重构造。随着数据的不断插入、删除和修改,会使数据库的物理存储情况变坏,数据库性能下降,这时,数据库管理员需要对数据库进行重组织,如重新安排存储位置、回收垃圾等。而当应用环境发生了变化,如增加了新的应用或新的实体、取消了某些应用、实体间的联系发生了变化等,使原有的数据库设计不能满足新的情况时,数据库管理员就需要部分调整数据库的逻辑和物理结构，这就是数据库的重构造。

需要指出的是，设计一个完善的数据库应用系统往往需要以上 6 个阶段的不断反复。

3.2 概念结构设计

概念结构设计是将用户需求抽象为概念模型（或称概念结构）的过程，是整个数据库设计的关键。

作为各种数据模型的共同基础，概念结构具有以下主要特点：

(1) 能真实、充分地反映现实世界，包括客观事物以及客观事物之间的各种联系，能满足用户对数据的处理需求，是现实世界的一个真实模型。

(2) 易于理解，从而可以用它和不熟悉计算机的用户交换意见，是数据库设计人员和用户之间进行交流的工具，用户的积极参与是数据库设计成功的关键。

(3) 易于更改，当应用环境和应用需求发生变化时，容易对概念模型进行相应的修改和扩充。

(4) 易于向关系、网状、层次等各种数据模型转换。

描述概念模型的有力工具是 E-R 图，E-R 图能够满足以上几个主要特点。第 1 章已介绍过 E-R 图的基本概念，下面将用 E-R 图来描述概念模型。

3.2.1 概念结构设计的方法和步骤

概念结构设计通常有以下 4 种方法：

(1) 自顶向下，即首先定义全局概念模型的框架，然后逐步细化到各局部应用中。

(2) 自底向上，即首先定义各个局部应用的局部概念模型，然后将它们集成起来，得到全局概念模型。

(3) 逐步扩张，即首先定义最重要的核心概念模型，然后向外扩张，逐步生成全局概念模型。

(4) 混合策略，即自顶向下和自底向上相结合，首先用自顶向下策略定义一个全局概念模型框架，然后以它为骨架集成用自底向上策略定义的各个局部概念模型。

其中，最常用的策略是自底向上方法，即自顶向下地进行需求分析，然后再自底向上地设计概念模型。因此，概念结构设计可分为以下两个步骤（如图 3.3 所示）。

(1) 根据需求分析的结果，为每一个局部应用设计相应的局部概念模型（或称局部视图）。

(2) 将这些局部视图集成为一个全局的概念模型，并对其进行验证，以确保该全局概念模型的一致性，并满足需求分析阶段确定的所有用户需求。

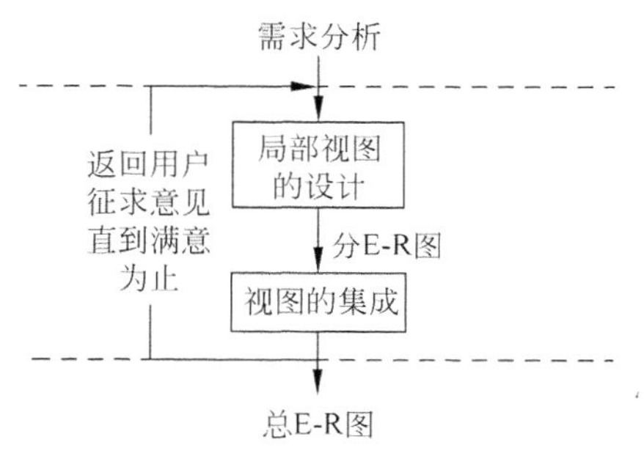

图 3.3 概念结构设计过程

下面仅以学生管理信息系统中的两个局部应用——学生成绩管理子系统和学生图书借阅管理子系统为例（为简单起见，假设该系统只包含这两个子系统），具体说明概念结构设计的全过程。

3.2.2 局部视图的设计

1. 学生成绩管理子系统

学生成绩管理子系统主要用于学生的选课管理和成绩管理。学校只有一种类型的学生，每名学生有唯一的一个学号，还有姓名、性别、年龄、班级等基本信息。学校开设了多门课程，每门课程有唯一的一个课程号，还有课程名、学分、课程简介等基本信息。由于一门课程同时可以由多位老师讲授，因此，在上一学期末进行选课的时候，每名学生可以根据主讲老师(有唯一的老师编号)的姓名、性别、年龄、职称、学历等基本信息有选择地选修由某些老师讲授的某些课程。每位老师同时可以讲授多门课程，每门课程可以供多名学生选修，如果由某位老师讲授的某门课程没有学生选修，则取消由这位老师讲授的这门课程。主讲老师会在学期末将自己所教学生的所教课程成绩输入到数据库中，供学生在网上进行查询。

首先，根据用户需求，分析潜在的实体。实体通常是需求文档中的中心名词，主要活动都是围绕它们开展的。显然可以找出学生、课程和老师这 3 个实体，因为该子系统的主要活动——课程的选修与讲授以及成绩的输入与查询都是围绕这 3 个实体开展的。

每一个实体都有相应的属性来描述它。在本例中，描述学生的基本属性有学号、姓名、性别、年龄和班级，其中，学号为码。描述课程的基本属性有课程号、课程名、学分和课程简介，其中，课程号为码。描述老师的基本属性有老师编号、姓名、性别、年龄、职称、学历，其中，老师编号为码。

其次，根据用户需求，确定实体之间的联系。实体之间的联系通常是需求文档中的中心动词，表示实体之间发生的动作或隶属关系。在本例中，选修(或讲授)就是这 3 个实体之间发生的主要动作。由于一名学生可以选修由不同老师讲授的不同课程，一位老师可以给不同学生讲授不同课程，一门课程可以由不同老师给不同学生讲授，因此，这 3 个实体之间的选修联系是一个多对多联系($m:n:p$)。选修联系发生后，会产生一个基本属性，这就是主讲老师要向数据库输入的成绩。老师对成绩的输入和学生对成绩的查询都不能看作是实体之间的联系，它们只是对成绩属性的数据操作。

根据以上分析，可以画出学生成绩管理子系统的 E-R 图(分 E-R 图 1)，如图 3.4 所示(其中，实体的码用下划线标明，下同)。

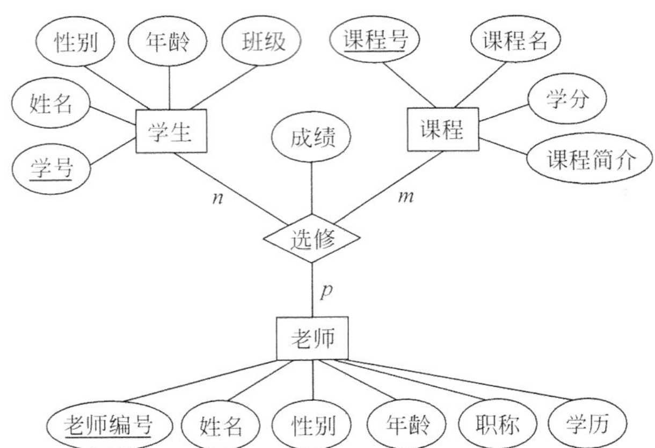

图 3.4 学生成绩管理子系统的 E-R 图(分 E-R 图 1)

在不同的应用中，同一个客观事物可以有不同的抽象级别。例如，班级在这里作为学生的一个属性，而在其他地方可能被抽象为一个实体。为了简化 E-R 图，尽量减少实体个数，凡满足以下两条准则的客观事物，一般都作为属性处理：

(1) 属性必须是不可再分的数据项，即属性不能再有需要进一步描述的性质。

(2) 属性不能与其他实体发生联系，即 E-R 图中的联系都是实体和实体之间的联系。

如果班级还有需要进一步描述的性质，如班级人数和所属专业，那么班级就需要作为实体处理，学生和班级之间就是实体和实体之间的联系；或如果还需要描述班级和班主任之间的管理联系的话，那么班级也需要作为实体处理，如图 3.5 所示。

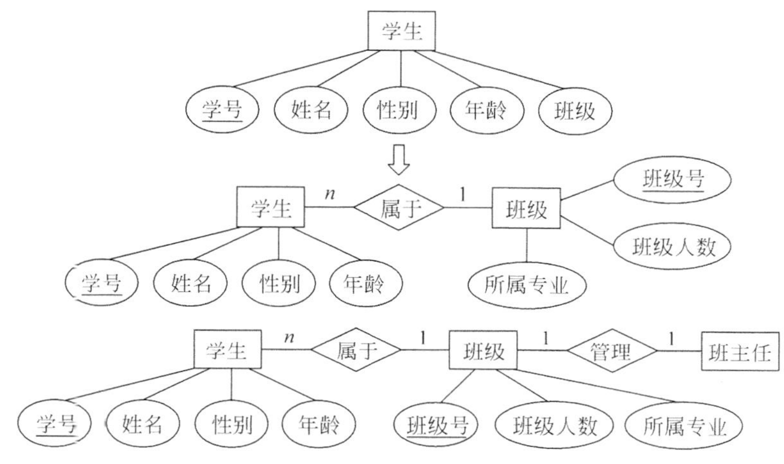

图 3.5　班级作为一个实体

2. 学生图书借阅管理子系统

学生图书借阅管理子系统主要用于学生的借/还书管理。每名学生需要由特定的图书管理员为其进行注册，才能从图书馆中借书，注册后的每名学生有唯一的一个借阅证号，还有姓名、性别、班级等基本信息。每本图书也需要由特定的图书管理员对其进行登记、上架，才能被借出，登记后的每本图书有唯一的一个书号，还有书名、作者、出版社、出版时间、图书类型等基本信息。不同类型的图书有不同的借阅期限。每名学生可以借阅多本图书，每本图书可以供多名学生借阅，这些借/还书工作也由若干名图书管理员负责完成；此外，对每本被借出的图书还要记录相应的借出日期和归还日期，以便快速发现归还的图书是否超出了借阅期限。每名图书管理员有唯一的一个职工号，还有姓名、性别、职称等基本信息。

首先，根据用户需求，分析潜在的实体。显然可以找出管理员、学生和图书这 3 个实体，因为该子系统的主要活动——学生注册、图书登记和借/还书都是围绕这 3 个实体开展的。由于图书类型还有一个需要描述的性质，即借阅期限，因此将其作为一个实体处理，借阅期限是它的属性。

每一个实体都有相应的属性来描述它。在本例中，描述学生的基本属性有借阅证号、姓名、性别和班级，其中，借阅证号为码。描述图书的基本属性有书号、书名、作者、出版社和出版时间(这里，图书类型不再作为图书的一个属性，而是作为一个实体处理)，其中，书号为码。图书类型的基本属性有类型名和借阅期限，其中，类型名为码。描述管理员的基本属性有职工号、姓名、性别和职称，其中，职工号为码。

其次，根据用户需求，确定实体之间的联系。在本例中，注册、登记和借/还书是这些实体之间发生的3个主要动作。由于一名图书管理员可以为多名学生进行注册，而一名学生则只需要由特定的图书管理员注册一次即可，因此，他们之间的注册联系是一个一对多联系。同理，图书管理员和图书之间的登记联系也是一个一对多联系。由于一名学生可以借阅多本图书，一本图书可以供多名学生借阅，这一工作可以由不同的图书管理员负责完成，因此，这3个实体之间的借阅联系是一个多对多联系($m:n:p$)。借阅联系发生后，会产生两个基本属性，这就是借出日期和归还日期。此外，由于图书类型已经从图书的一个属性变成了一个独立的实体，所以它和图书之间还存在着一个联系，这就是一对多的属于联系。

根据以上分析，可以画出学生图书借阅管理子系统的E-R图(分E-R图2)，如图3.6所示。

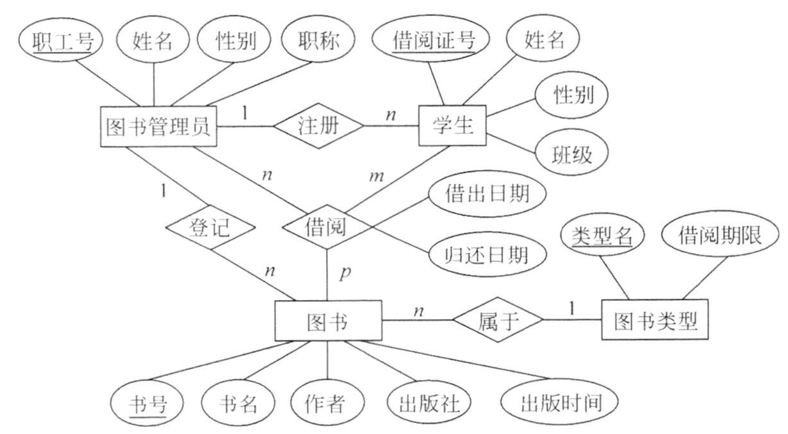

图3.6 学生图书借阅管理子系统的E-R图(分E-R图2)

3.2.3 局部视图的集成

在各个局部应用的分E-R图设计好之后，下一步就是将所有的分E-R图集成为一个总E-R图。分E-R图的集成也需要分两步走：

- 合并。解决各分E-R图之间的冲突，将各分E-R图合并起来，生成初步E-R图。
- 修改和重构。消除不必要的冗余，生成基本E-R图。

1. 合并分E-R图，生成初步E-R图

由于各个局部应用面向的问题不同，设计人员通常也不同，因此，各个分E-R图可能会存在许多不一致的地方，称之为冲突。在合并分E-R图的时候，必须解决这些冲突。

在本例中，学生实体在成绩管理子系统和图书借阅管理子系统中分别包含了不同的属性，这种冲突称为**结构冲突**，解决办法是取它们的并集作为学生实体的属性。因为最终设计出来的数据库要供所有应用和所有用户共享。

此外，学生实体在成绩管理子系统中的码为学号，而在图书借阅管理子系统中的码则为借阅证号。在多数学校，它们都取同一个值，或说，它们是同一个对象，只是命名不同而已，这种冲突称为**命名冲突**。解决办法是通过协商将它们统一命名为学号（当然，也可以统一命名为借阅证号，只是学号更通用一些）。

还有另外一类主要的冲突，即**属性冲突**。例如，有些部门习惯以出生年月的形式表示年龄属性，还有一些部门则习惯采用正整数来表示年龄属性。解决办法也是通过协商将其一致起来。本例不存在属性冲突。

解决冲突后的学生实体如图 3.7 所示。

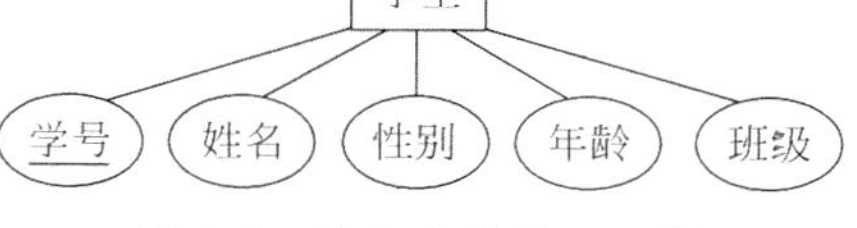

图 3.7　学生实体的 E-R 图

2. 消除不必要的冗余，生成基本 E-R 图

在初步 E-R 图中，虽然解决了冲突，但还可能存在一些冗余数据和冗余联系。冗余数据是指可由基本数据导出的数据，冗余联系是指可由其他联系导出的联系。冗余数据和冗余联系容易破坏数据的完整性，给数据库的更新和维护增加困难，应当予以消除。

例如，在如图 3.8 所示的 E-R 图中，学生和专业之间的“属于 3”联系就是一个冗余联系，因为它可以由学生和班级之间的“属于 1”联系以及班级和专业之间的“属于 2”联系推导出来；专业人数 n_s 是一个冗余数据，因为它可以由班级人数 n_c 计算得到，即 $n_s=\sum n_c$。因此，应消除这两个冗余。

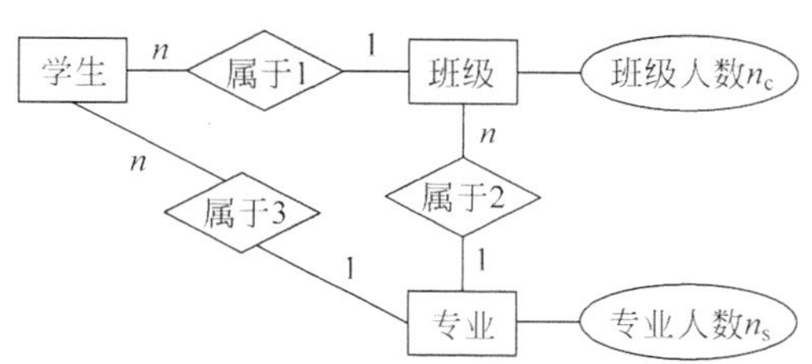

图 3.8　学生、班级和专业之间联系的 E-R 图

然而，并不是所有的冗余数据和冗余联系都必须予以消除。有时为了提高查询效率，不得不以数据冗余作为代价。例如，某些部门经常要查询每个专业的学生人数（即 n_s），如果每次查询都要对所属班级的学生人数（即 n_c）进行求和，那么查询效率就太低了。为此，应保留专业人数 n_s，并将 $n_s=\sum n_c$ 作为 n_s 的完整性约束条件。每当修改 n_c 后，就激活相应的触发器（由系统自动执行的一段代码），对 n_s 作相应的修改。

本例不存在冗余数据和冗余联系。

集成后的基本 E-R 图（因篇幅有限，这里省略了各个实体的属性）如图 3.9 所示。

将局部视图集成为一个全局概念模型之后，还需要对这个全局概念模型作进一步的验证，以确保它能满足以下 3 个条件：

（1）全局概念模型内部具有一致性，不存在相互矛盾的表达。

（2）全局概念模型应能准确反映原来的每一个局部视图。

（3）全局概念模型应能满足需求分析阶段确定的所有用户需求。

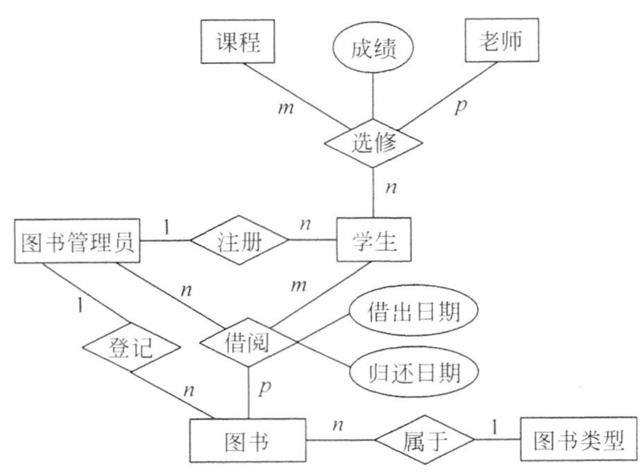

图 3.9 学生管理信息系统的基本 E-R 图

3.3 逻辑结构设计

概念模型是独立于任何一种数据库管理系统的、更加抽象的模型，若要实现数据库，还需选择一种具体的数据库管理系统，将概念模型（即概念结构设计阶段得到的基本 E-R 图）转换为数据库赖以计算机实现的、由该数据库管理系统支持的数据模型（即逻辑模型，如关系模型），这一过程就是逻辑结构设计。

由于目前设计的数据库应用系统大都采用关系数据库管理系统，因此，这里只讨论 E-R 图向关系模型的转换。

3.3.1 E-R 图向关系模型的转换

关系模型的数据结构是关系，用关系模式进行描述，所有这些关系模式的集合就构成了关系数据库的逻辑模式（即关系模型）。因此，E-R 图向关系模型的转换，实际上就是要将 E-R 图中的实体以及实体之间的联系转换为若干个关系模式，并确定其中的属性和码。

E-R 图向关系模型的转换需要遵循以下原则。

1. 实体的转换

一个实体（型）转换为一个关系模式，关系模式的属性就是实体的属性，关系模式的码就是实体的码。因此，本例中的 6 个实体分别转换为以下 6 个关系模式（其中，关系模式的码用下划线标明，下同）：

学生（<u>学号</u>，姓名，性别，年龄，班级）
课程（<u>课程号</u>，课程名，学分，课程简介）
老师（<u>老师编号</u>，姓名，性别，年龄，职称，学历）
图书（<u>书号</u>，书名，作者，出版社，出版时间）
图书类型（<u>类型名</u>，借阅期限）
图书管理员（<u>职工号</u>，姓名，性别，职称）

2. 二元联系的转换

(1) 一对一联系有以下两种转换方法:

- 转换为一个独立的关系模式,关系模式的属性包括与该联系相连的两端实体的码以及联系本身的属性,关系模式的码可以是任何一端实体的码。
- 可以和任何一端实体转换得到的关系模式合并,即在被合并的关系模式中增加与该联系相连的另一端实体的码以及联系本身的属性,合并后的关系模式的码保持不变。

例如,班主任和班级之间具有一对一的管理联系(如图 3.10 所示),则它们可以转换为以下 3 个关系模式:

班主任(<u>职工号</u>,姓名,性别,年龄,职称)

班级(<u>班级号</u>,班级人数,所属专业)

管理(<u>班级号</u>,职工号,开始时间) 或 管理(<u>职工号</u>,班级号,开始时间)

或两个关系模式:

班主任(<u>职工号</u>,姓名,性别,年龄,职称,班级号,开始时间)

班级(<u>班级号</u>,班级人数,所属专业)

或

班主任(<u>职工号</u>,姓名,性别,年龄,职称)

班级(<u>班级号</u>,班级人数,所属专业,职工号,开始时间)

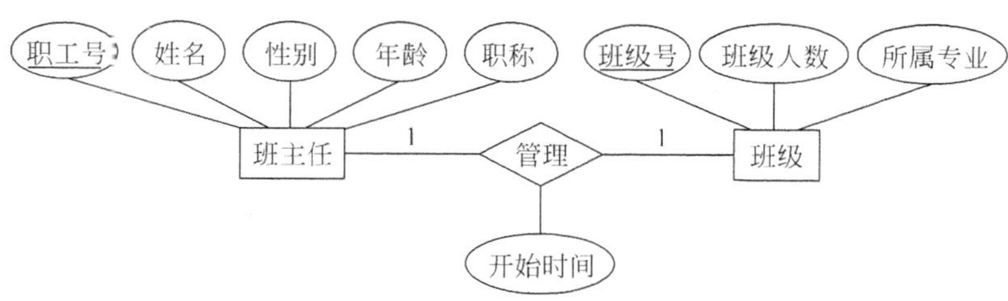

图 3.10 班主任管理班级的 E-R 图

为了简化数据库的结构,减少关系的个数,同时尽量避免执行相对耗时的连接运算,人们通常将一对一联系和某一端实体转换得到的关系模式合并,那么和哪一端的关系模式合并会更好一些呢? 这需要由具体的应用环境而定。例如,如果经常要根据班级号来查询班主任的基本情况,则更倾向于将管理联系和班主任关系合并,而如果经常要根据班主任的职工号来查询班级的基本情况,则更倾向于将管理联系和班级关系合并,其目的就是为了尽量减少连接运算,提高查询效率。

(2) 一对多联系有以下两种转换方法:

- 转换为一个独立的关系模式,关系模式的属性包括与该联系相连的两端实体的码以及联系本身的属性,关系模式的码就是 n 端实体的码。
- 可以和 n 端实体转换得到的关系模式合并,即在 n 端实体转换得到的关系模式中增加与该联系相连的另一端实体(即 1 端实体)的码(该属性在合并后的关系模式中还是一个外码)以及联系本身的属性,合并后的关系模式的码保持不变。

在本例中,图书类型和图书之间具有一对多的属于联系(如图 3.6 所示),则它们可以转

换为以下 3 个关系模式(其中,外码用斜体标明,下同):

图书(书号,书名,作者,出版社,出版时间)

图书类型(类型名,借阅期限)

属于(书号,*类型名*)

或两个关系模式:

图书(书号,书名,作者,出版社,出版时间,*类型名*)

图书类型(类型名,借阅期限)

同理,人们通常采用第二种转换方法。然而,为什么不能和 1 端实体(如本例中的图书类型)转换得到的关系模式合并呢?如果属于联系和图书类型关系合并,即有:

图书类型 1(类型名,借阅期限,书号)

那么不但会改变图书类型关系的码(它的码变成了书号,不再是图书类型实体的码——类型名了),而且还产生了大量的冗余数据,究其原因,主要是它的规范化程度下降了(图书类型 1∈2NF)。

(3) 多对多联系只有一种转换方法,即:转换为一个独立的关系模式,关系模式的属性包括与该联系相连的两端实体的码以及联系本身的属性,关系模式的码由这两个实体的码共同组成,在这个独立的关系模式中,它们也都是外码。

例如,仓库和零件之间具有多对多的存放联系(如图 3.11 所示),则它们可以转换为以下 3 个关系模式:

仓库(仓库号,面积,位置,电话号码)

零件(零件号,名称,规则,单价)

存放(*仓库号*,*零件号*,存放数量)

同理,存放联系不能和任何一端实体转换得到的关系模式合并。

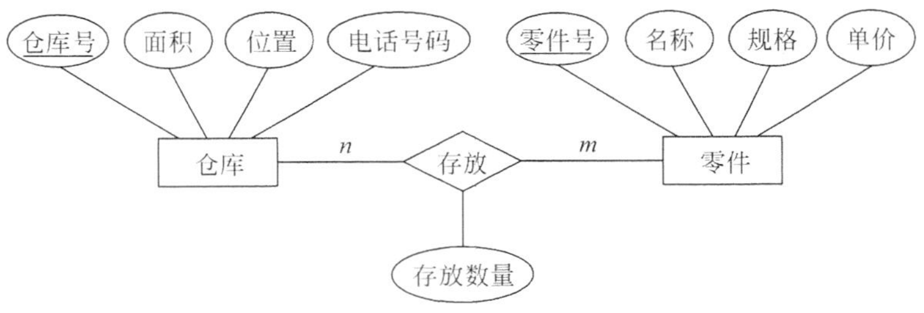

图 3.11 仓库存放零件的 E-R 图

3. 多元联系的转换

和二元联系中的多对多联系一样,多元联系(3 个或 3 个以上实体之间的联系)也只有一种转换方法,即转换为一个独立的关系模式,关系模式的属性包括与该联系相连的各端实体的码以及联系本身的属性,关系模式的码由这些实体的码共同组成,在这个独立的关系模式中,它们也都是外码。

在本例中,学生、老师和课程这 3 个实体之间具有一个多对多的选修联系(如图 3.4 所示),则它们可以转换为以下 4 个关系模式:

学生(学号,姓名,性别,年龄,班级)
课程(课程号,课程名,学分,课程简介)
老师(老师编号,姓名,性别,年龄,职称,学历)
选修(*学号*,*课程号*,*老师编号*,成绩)

4. 一元联系的转换

同一个实体集内部各实体之间联系(一对一、一对多、多对多)的转换规则和二元联系(一对一、一对多、多对多)的转换规则相同。

例如,职工实体集内部具有一个一对多的领导联系(如图 3.12 所示),则它们可以转换为两个关系模式:

职工(职工号,姓名,性别,职称)
领导(职工号,领导职工号)

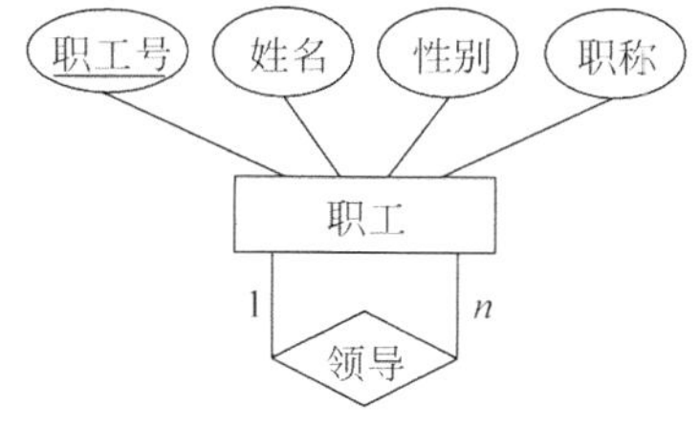

图 3.12 职工内部领导联系的 E-R 图

或单个关系模式:

职工(职工号,姓名,性别,职称,*领导职工号*)

由于领导联系是一对多联系,因此,可以转换为独立的关系模式,也可以和 n 端实体(即职工)转换得到的关系模式合并,在职工关系中增加 1 端实体(也是职工实体,但是领导者,为了和职工号区分开来,将领导者的码改名为领导职工号)的码(即领导职工号)。同样,领导职工号也是一个外码,它参照的是同一个职工关系的主码(即职工号)。

5. 具有相同码的关系模式可以合并

根据以上转换原则,学生管理信息系统的关系模型由以下 8 个关系模式组成(其中,码用下划线标明,外码用斜体标明):

学生(学号,姓名,性别,年龄,班级,*职工号*)
课程(课程号,课程名,学分,课程简介)
老师(老师编号,姓名,性别,年龄,职称,学历)
图书(书号,书名,作者,出版社,出版时间,*类型名*,*职工号*)
图书类型(类型名,借阅期限)
图书管理员(职工号,姓名,性别,职称)
选修(*学号*,*课程号*,*老师编号*,成绩)
借阅(*学号*,*书号*,*职工号*,借出日期,归还日期)

其中,注册联系被合并到学生关系中,登记联系和属于联系被合并到图书关系中,从而在学生关系和图书关系中产生了相应的外码。

3.3.2 数据模型的优化

为了进一步提高数据库应用系统的性能,还应根据具体的应用需求对设计出来的数据模型进行适当的调整,这就是数据模型的优化。

关系模型的优化通常以规范化理论为指导,方法如下。

(1) 按照规范化理论逐一对关系模式进行分析,考察其中是否存在部分函数依赖、传递函数依赖和多值依赖等,确定各关系模式分别属于第几范式。

(2) 根据用户的处理需求,分析这些关系模式是否合适,确定是否要对某些关系模式进行合并或分解。

并不是规范化程度越高的关系模式就越好，如果查询经常涉及到两个或多个关系模式的属性时，可以考虑将其合并为一个关系模式，以尽量避免由连接运算带来的效率低下，但合并关系模式带来的后果就是规范化程度下降，潜在的异常问题增多。因此，对于一个具体应用来说，到底规范化到什么程度，需要综合考虑响应时间和潜在问题这两个因素。

(3) 对关系模式进行必要的分解，以提高数据操作的效率。常用的两种分解方法是水平分解和垂直分解。

在一个大关系中，如果经常被使用的数据只是其中的一小部分，那么就可以考虑把经常使用的那一小部分数据分解出来，形成一个小关系，对小关系的操作效率显然会更高一些，这就是水平分解。

同理，在一个大关系中，把经常在一起使用的那部分属性也分解出来，形成一个小关系，这就是垂直分解。垂直分解可以提高某些操作的效率，但也使另外一些操作不得不执行连接运算，从而降低了效率。因此，是否进行垂直分解需要综合考虑用户的所有处理需求，看能否使总效率得到提高。从规范化理论可知，垂直分解需要具有无损连接性和保持函数依赖。

3.3.3 外模式的设计

除了设计全局逻辑模型外，逻辑结构设计阶段还要为具有不同数据需求的用户设计相应的外模式。目前的关系数据库管理系统都提供了视图的概念，用视图来设计外模式。和逻辑模式不同，在设计外模式时，主要考虑数据的安全性和用户的习惯与方便。

例如，主讲老师在输入成绩时只需看到且只能修改自己所教学生的所教课程成绩，因此，可以为主讲老师建立只包含这些数据的一张视图，主讲老师拥有对该视图中成绩属性的查询和修改权限。这样，主讲老师就不必也不能查看和修改视图之外的其他课程或其他学生的成绩了，从而保证了成绩数据的安全性，也方便了主讲老师的使用。

3.4 本章小结

本章主要介绍了数据库设计的基本步骤，包括需求分析、概念结构设计、逻辑结构设计、物理结构设计、数据库实施、数据库运行和维护 6 个阶段。

概念结构设计是整个数据库设计的关键，根据用户需求设计独立于任何数据库管理系统的概念模型，通常用 E-R 图表示。概念模型设计通常采用自底向上策略，先为每一个局部应用设计分 E-R 图，然后将这些分 E-R 图集成为总 E-R 图，即全局概念模型。

逻辑结构设计将概念模型转换为数据库赖以计算机实现的、由某一数据库管理系统支持的数据模型(即逻辑模型，如关系模型)，重点是 E-R 图向关系模型转换应遵循的原则。除了设计数据模型外，逻辑结构设计阶段还要为不同的用户建立必要的视图，即外模式。

习 题 3

1. 什么是数据库的规范设计法？
2. 什么是数据库设计？数据库设计可分为哪几个阶段？每一个阶段的主要任务是

什么？

3. 在数据库设计过程中，数据库的三级模式是如何形成的？

4. 在数据库设计开始之前是否需要确定采用哪一种数据库管理系统？为什么？

5. 试述概念结构设计的方法和步骤。

6. 分 E-R 图之间存在哪几类冲突？如何解决？

7. E-R 图向关系模型的转换包括哪些基本内容？应遵循哪些原则？

8. 为什么不能将二元联系中的多对多联系和某一端实体转换得到的关系模式合并？举例说明之。

9. 对于如图 3.13 所示的 E-R 图（带下划线的属性为码），设计相应的关系模型。

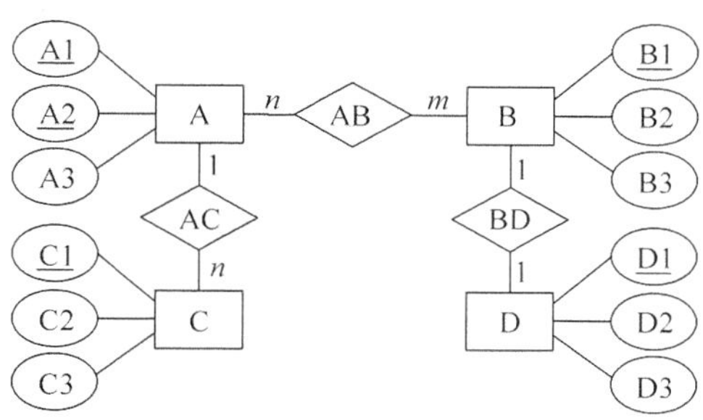

图 3.13 某 E-R 图

10. 将第 1 章第 10 题和第 11 题中的 E-R 图转换为关系模型。

第4章 SQL Server 2008 概述

本章学习目标

- 了解 Microsoft SQL Server 2008 的体系结构和特点；
- 掌握 Microsoft SQL Server 2008 的安装；
- 掌握 Microsoft SQL Server 2008 的管理工具的使用。

4.1 SQL Server 2008 简介

4.1.1 SQL Server 发展

SQL Server 是一个关系数据库管理系统。它最初是由 Microsoft、Sybase 和 Ashton-Tate 三家公司共同开发的，于 1988 年推出了第一个 OS/2 版本。在 Windows NT 推出后，Microsoft 与 Sybase 在 SQL Server 的开发上就分道扬镳了，Microsoft 将 SQL Server 移植到 Windows NT 系统上，专注于开发推广 SQL Server 的 Windows NT 版本。Sybase 则较专注于 SQL Server 在 UNIX 操作系统上的应用。

SQL Server 6.0 版是第一个完全由 Microsoft 公司开发的版本。1996 年，Microsoft 公司推出了 SQL Server 6.5 版本，接着在 1998 年又推出了具有巨大变化的 7.0 版，这一版本在数据存储和数据库引擎方面发生了根本性的变化。又经过两年的努力开发，Microsoft 公司于 2000 年 9 月发布了 SQL Server 2000，其中包括企业版、标准版、开发版、个人版 4 个版本。此后，微软在数据库领域厚积薄发，5 年后才推出 SQL Server 2005，它是一个全面的数据库平台，使用集成的商务智能(Business Intelligence，BI)工具提供了企业级的数据管理。2008 年第三季度，SQL Server 2008 正式发布，SQL Server 2008 是一个重大的产品版本，它推出了许多新的特性和关键的改进，使得它成为迄今为止最强大和最全面的 SQL Server 版本。

4.1.2 SQL Server 2008 版本体系和安装要求

1. SQL Server 2008 版本体系

根据不同的用户类型和使用需求，微软公司推出了 5 种不同的 SQL Server 版本，包括企业版(enterprise)、标准版(standard)、工作组版(workgroup)、学习版(express)和移动版(compact)，不同版本之间的区别如表 4.1 所示。用户可以根据自己的实际使用需求和软硬件环境，以及价格水平等选择所要安装的 SQL Server 2008 版本。

表 4.1　SQL Server 2008 版本介绍

版　本	描　述	使用环境
企业版 Enterprise Edition	一个全面的数据管理和商业智能平台，提供企业级的可扩展性，高可用性和高安全性以运行企业关键业务应用	大规模 OLTP 大规模报表 先进的分析 数据仓库
标准版 Standard Edition	一个完整的数据管理和商业智能平台，提供最好的易用性和可管理性来运行部门级应用	部门级应用 中小型规模 OLTP 报表和分析
工作组版 Workgroup Edition	一个可信赖的数据管理和报表平台，提供各分支应用程序以安全，远程同步和管理功能	分支数据存储 分支报表 远程同步
学习版 Express Edition	提供学习和创建桌面应用程序和小型应用程序，并可被 ISVs 重新发布的免费版本	入门级 & 学习 免费的 ISVs 重发 丰富的桌面应用
移动版 Compact Edition	一个免费的嵌入式 SQL Server 数据库，可创建移动设备，桌面端和 Web 端独立运行的和偶尔连接的应用程序	独立嵌入式开发 断开式连接客户端

2. SQL Server 2008 安装要求

SQL Server 是在计算机硬件和操作系统之上运行的数据库管理软件，因此要保证它的最佳运行，计算机的硬件性能和操作系统版本必须达到一定要求。并且 SQL Server 也不是孤立运行的软件，必须与其他相关的软件配合使用，才能充分发挥它的作用。

1）软件要求

SQL Server 包括服务器组件和客户端组件。不同的版本也会有着不同的要求，通常包括：

- 32 位或 64 位操作系统
- Microsoft Windows Installer 3.1 或更新
- Microsoft Data Access Components(MDAC)2.8 SP1 或更高
- IE 6.0 SP1 或更新版本

2）硬件要求

硬件配置的高低会直接影响软件的运行速度。在通常情况下，往往利用 SQL Server 存储、管理一个应用项目或一个部门的数据。其特点是存储的数据量大，对数据进行的查询、修改、删除等操作频繁发生，更主要的是要保证多个人同时访问数据库的高效性，因此对硬件性能的要求比较高。

- CPU：1.6GHz。
- 内存：512MB(推荐 1GB 或更高)。
- 硬盘：350MB 或更大磁盘空间。

4.1.3　SQL Server 2008 体系结构

针对大规模联机事务处理、数据仓库和商业智能等方面的应用，SQL Server 2008 是一个非常优秀的数据库软件和数据分析平台。通过它,用户不仅可以非常方便地使用各种数据应用和服务,而且可以很容易地创建、管理和使用自己的数据应用和服务。SQL Server 2008 本身由关系数据库、复制服务、数据转化服务、通知服务、分析服务和报告服务等有层次地构成一个整体,通过管理工具集成管理。其组成架构如图 4.1 所示。

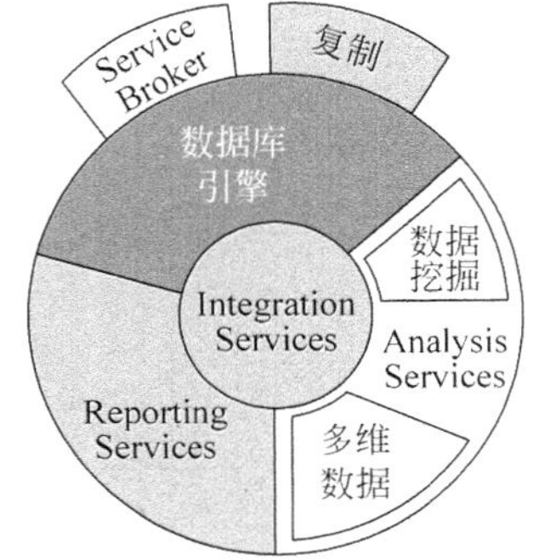

图 4.1 SQL Server 2008 组成架构

以下分别介绍各部分的服务与组件。

1. 数据库引擎组件

数据库引擎是 SQL Server 最核心的组件,提供用于存储、处理和保护数据的核心服务。利用数据库引擎可控制访问权限并快速处理事务,从而满足企业内大多数需要处理大量数据的应用程序的要求。

使用数据库引擎创建用于联机事务处理或联机分析处理数据的关系数据库。这包括创建用于存储数据的表和用于查看、管理和保护数据安全的数据库对象(如索引、视图和存储过程)。可以使用 SQL Server Management Studio 管理数据库对象,使用 SQL Server Profiler 捕获服务器事件。

2. 报表服务组件

SQL Server 2008 提供了基于服务器的报表平台(Reporting Services,RS),为各种数据源提供了完善的报表功能。其提供了各种现成可用的工具和服务,帮助创建、部署和管理单位的报表,并提供了能扩展和自定义报表功能的编程功能。

Reporting Services 工具在 Microsoft Visual Studio 环境中工作,并与 SQL Server 工具和组件完全集成。

3. 分析服务组件

分析服务(Analysis Services,AS)是 SQL Server 2008 提供的微软商务智能解决方案之一,其包括了多维数据模型和数据挖掘这两项在决策支持支持系统中的重要应用。利用分析服务,开发人员能够对多种不同的数据源和数据结构进行设计、创建和管理,从数据中分析规律、获取知识。

Analysis Services 工具提供了丰富的工具和数据挖掘算法来帮助开发人员构建复杂的分析模型,并与企业的业务操作集成。

4. 集成服务组件

集成服务(Integration Services,IS)是用于生成企业级数据集成和数据转换解决方案的平台,是从原来的数据转换服务派生并重新以 .NET 改写而成。使用集成服务可解决复杂的业务问题,提取和转换来自多种源(如 XML 数据文件、纯文件和 Excel 数据文件等)的数据,然后将这些数据加载到一个或多个目标。

Integration Services 包含一组丰富的内置任务和转换、用于构造包的工具以及用于运行和管理包的 Integration Services 服务。

5. 其他组件

除了以上的 4 种核心服务组件之外,SQL Server 2008 还提供了一些周边服务,包括复制服务、服务代理、通知服务和全文检索服务等功能组件,共同构成完整的服务架构。

1）复制服务

复制是一组技术，它将数据和数据库对象从一个数据库复制和分发到另一个数据库，然后在数据库间进行同步，以维持一致性。使用复制，可以在局域网和广域网、拨号连接、无线连接和 Internet 上将数据分发到不同位置以及分发给远程或移动用户。

复制包括事务复制、合并复制和快照复制 3 种类型。利用这 3 种复制，SQL Server 2008 提供功能强大且灵活的系统，以便使企业范围内的数据同步。

2）服务代理

在网络中某些数据库服务器能够协助完成其他数据库服务器所交代的事务，这就是所谓的服务代理。有了代理就可以将一件复杂的事务分成若干个简单的事务交给网络上的多个代理去完成。为了实现代理，需要一个基于消息的通信平台来组织管理多个代理，并且在多个代理之间是按照事务队列机制来并发或串行完成事务的。

在 SQL Server 2008 中，服务代理(Service Broker)提供存储消息队列的功能，配合新的 T-SQL 语法，还可以从队列传送和接收消息，所以可以用来开发异步或分布式数据库应用程序，将不同的应用程序链接成一个应用整体。服务代理是使 SQL Server 成为一个构建可靠的分布式异步应用程序平台。

3）通知服务

通知服务(Notification Services)是用来开发和部署消息、通知的应用程序。可以让管理员使用 XML 定义各种事件，此后事件发生时，SQL Server 便会立刻通知订阅者(数据库管理员、应用程序开发员等)，并进行相关处理工作。

4）全文检索服务

全文检索服务可以快速、灵活地为数据库中的文本数据创建基于关键字的查询索引，从而可以提供企业级的搜索功能，使用户可以高效地检索存储在数据库 char、varchar、text、ntext、nchar、nvarchar 等数据类型列中的文本数据。其在搜索性能、可管理性和功能上得到显著增强，可以为任意大小的应用程序提供强大的搜索功能。

在 SQL Server 2008 中，已经内建全文检索的搜寻引擎，所以不需要额外加装 Microsoft Search 服务。

4.1.4 SQL Server 2008 新特性

随着社会的不断发展和进步，许多因素致使产生了信息存储爆炸。有了新的信息类型，例如图片和视频的数字化使用，使得数字信息的数量在急剧增长。同时，磁盘存储的成本显著地降低了，使得相同的投资可以存储更多的数据。此外，用户必须快速地在大量的数据中找到相关的信息。这些对数据爆炸和用户期望值的增加的管理都为我们带来了许多新的挑战。

微软数据管理平台提供了一个解决方案来满足这些需求，这个解决方案就是 SQL Server 2008，公司可以利用它使用存储和管理许多数据类型，包括 XML、E-mail、时间/日历、文件、文档、地理等等，同时还提供一个丰富的服务集合来与数据交互作用：搜索、查询、数据分析、报表、数据整合和强大的同步功能。用户可以访问从创建到存档于任何设备的信息，从桌面到移动设备的信息。

SQL Server 2008 是一个重大的产品版本，它推出了许多新的特性和关键的改进，使得它成为至今为止的最强大和最全面的 SQL Server 版本。

1. 可信任的数据平台

SQL Server 2008 使得用户可以以很高的安全性、可靠性和可扩展性来运行其最关键任务的应用程序。

1）保护个人的信息

在过去的 SQL Server 2005 的基础之上，SQL Server 2008 做了以下方面的增强来扩展它的安全性。

- 简单的数据加密：SQL Server 2008 可以对整个数据库、数据文件和日志文件进行加密，而不需要改动应用程序。
- 外键的管理：SQL Server 2008 为加密和密钥管理提供了一个全面的解决方案。
- 增强审查：SQL Server 2008 可以审查对于数据的操作，从而提高了遵从性和安全性。审查不只包括对数据修改的所有信息，还包括关于什么时候对数据进行读取的信息。

2）确保业务可持续性

通过 SQL Server 2008，微软继续使公司具有提供简化了管理并具有高可靠性的应用的能力。

- 改进了数据库镜像：SQL Server 2008 基于 SQL Server 2005，并提供了更可靠的加强了数据库镜像的平台。
- 热添加 CPU：CPU 资源可以添加到 SQL Server 2008 所在的硬件平台上而不需要停止应用程序。

3）最佳的和可预测的系统性能

在面对不断增长的压力，要提供可预计的响应和对随着用户数目的增长而不断增长的数据量进行管理。SQL Server 2008 提供了一个广泛的功能集合，使数据平台上的所有工作负载的执行都是可扩展的和可预测的。

- 性能数据的采集：SQL Server 2008 提供了范围更大的数据采集，一个用于存储性能数据的新的集中的数据库，以及新的报表和监控工具。
- 扩展事件：扩展事件是一个用于服务器系统的一般事件处理系统。事件捕获可以按不同的类型输出，包括 Windows 事件跟踪（Event Trace for Windows，ETW）。当扩展事件输出到 ETW 时，操作系统和应用程序就可以建立关联，使得可以作更全面的系统跟踪。
- 备份压缩：通过 SQL Server 2008 备份压缩，减少了需要的磁盘 I/O，也减少了在线备份所需要的存储空间，而且明显加快了备份的速度。
- 数据压缩：改进的数据压缩使数据可以更有效地存储，并且降低了数据的存储要求。
- 资源监控器：使数据库管理员可以为不同的工作负载定义资源限制和优先权，这使得并发工作负载可以为终端用户提供稳定的性能。
- 稳定的计划：SQL Server 2008 提供了一个新的制定查询计划的功能，从而提供了更好的查询执行稳定性和可预测性。

2. 高效的数据平台

SQL Server 2008 降低了管理系统、.NET 架构和 Visual Studio Team System 的时间和成本，使得开发人员可以开发强大的下一代数据库应用程序。

1) 基于政策的管理

作为微软正在努力降低公司总成本所做工作的一部分，SQL Server 2008 推出了陈述式管理架构(Declarative Management Framework，DMF)，它是一个用于 SQL Server 数据库引擎的新的基于策略的管理框架。DMF 由政策管理、创建政策的政策管理员和显式管理 3 个组件组成。政策管理员通过强制、对改动进行检查和检查时间表 3 种执行模式，使政策自动执行。

2) 改进的安装

SQL Server 2008 对 SQL Server 的服务生命周期提供了显著的改进，它重新设计了安装、建立和配置架构。这些改进将计算机上的各个安装与 SQL Server 软件的配置分离开来，这使得公司和软件合作伙伴可以提供推荐的安装配置。

3) 加速开发过程

SQL Server 提供了集成的开发环境和更高级的数据提取，使开发人员可以创建下一代数据应用程序，同时简化了对数据的访问。

4) 偶尔连接系统

由于有了移动设备和活动式工作人员，偶尔连接成为一种工作方式。SQL Server 2008 推出了一个统一的同步平台，使得在应用程序、数据存储和数据类型之间达到一致性同步。

5) 非关系数据

应用程序正在结合使用越来越多的数据类型，而不仅仅是过去数据库所支持的那些。SQL Server 2008 基于过去对非关系数据的强大支持，提供了新的数据类型使得开发人员和管理员可以有效地存储和管理非结构化数据，例如文档和图片。还增加了对管理高级地理数据的支持。

3. 智能的数据平台

在当前，商务智能作为大多数公司投资的关键领域和对于公司所有用户来说的一个无价的信息源。SQL Server 2008 提供了一个全面的平台，为用户提供智能化。

1) 集成任何数据

用户需要继续投资于商业智能和数据仓库解决方案，以便从他们的数据中获取更多的商业价值。SQL Server 2008 提供了一个全面的和可扩展的数据仓库平台，它可以用一个单独的分析存储进行强大的分析，以满足成千上万的用户在几兆字节的数据中的需求。

2) 发送相应的报表

SQL Server 2008 提供了一个可扩展的商业智能基础设施，使得 IT 人员可以在整个公司内使用商业智能来管理报表以及任何规模和复杂度的分析。SQL Server 2008 可以有效地以用户需要的格式和他们的地址发送相应的、个人的报表。这使得用户可以获得对其相关领域信息的及时访问，使得他们可以做出更好、更快、更符合实际的决策。

3) 使用户获得全面的洞察力

在信息爆炸时代，及时访问准确信息，使用户快速对问题做出反应，这是联机分析处理

(Online Analytical Processing,OLAP)的前提。SQL Server 2008 基于 SQL Server 2005 强大的 OLAP 能力,为所有用户提供了更快的查询速度。这个性能的提升使得用户可以执行具有许多维度和聚合的非常复杂的分析。这个执行速度与 Microsoft Office 的深度集成相结合,使 SQL Server 2008 可以让所有用户获得全面的洞察力。

4.2 SQL Server 2008 安装

做好安装平台和安装项目的规划后,就可以进行 SQL Server 2008 的安装。SQL Server 2008 的安装与 Windows Installer Service 相结合。在安装 SQL Server 2008 软件本身之前,安装程序会先完成基本的环境需求配置,如 .NET Framework 3.5 SP1 和 Windows Installer 4.5。

在需要的对象都已经配置完毕后,接着安装程序会检查系统的障碍,如硬件需求、操作系统需求等。若通过安装检查,安装只需要按照安装步骤一步步完成即可。

下面详细介绍运用向导安装 SQL Server 2008 的全过程。

(1) 插入 SQL Server 2008 安装程序。然后双击根文件夹中的 setup.exe。

(2) 若必备组件满足要求,安装向导会运行 SQL Server 安装中心。与 SQL Server 2005 很大不同,SQL Server 2008 提供了一个功能树以用来安装所有 SQL Server 组件,包括计划、安装、维护、工具、资源、高级、选项等功能,选择"安装"功能,如图 4.2 所示。

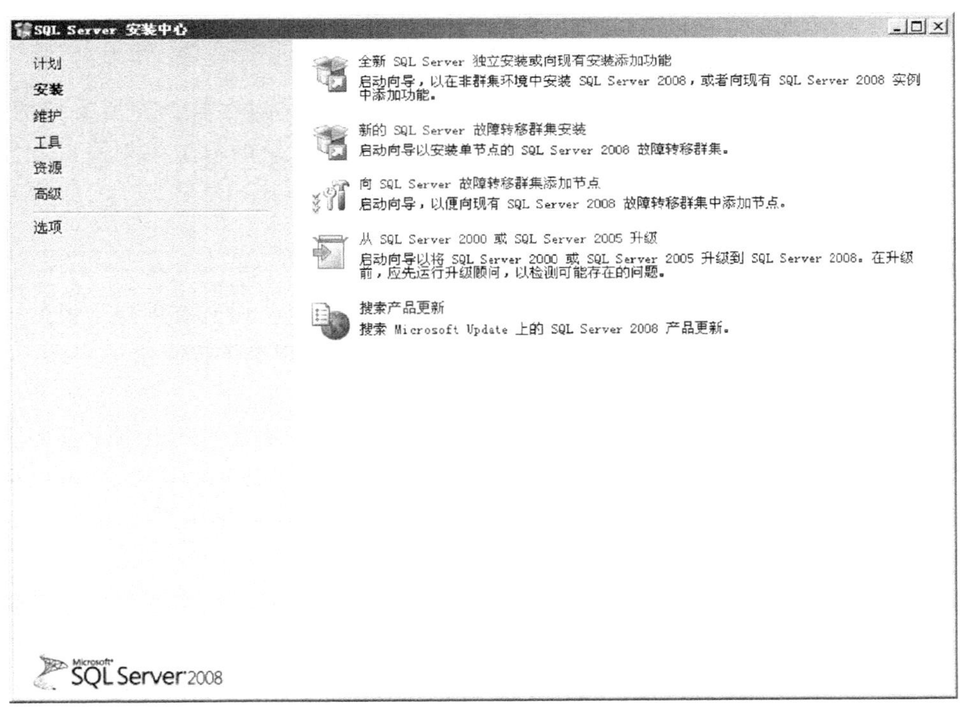

图 4.2 "安装"功能中的内容

(3) 因为要创建 SQL Server 2008 的全新安装，单击“全新 SQL Server 2008 独立安装或向现有安装添加功能”选项。

(4) 系统进行安装程序支持规则检查，以确定安装 SQL Server 安装程序支持文件时可能发生的问题。必须更正所有失败，安装程序才能继续。

(5) 在“产品密钥”页上，选择相应的单选按钮，这些按钮指示是安装免费版本的 SQL Server，还是安装具有产品密钥的产品的生产版本。

(6) 在“许可条款”页上阅读许可协议，然后选中相应的复选框以接受许可条款和条件。

(7) 在“安装程序支持文件”页上，单击“安装”按钮以安装安装程序支持文件。

(8) 系统配置检查器将在安装继续之前检验计算机的系统状态。

(9) 在“功能选择”页上选择要安装的组件。选择功能名称后，右侧窗格中会显示每个组件组的说明。可以根据实际需要，选中任意一些复选框，如图 4.3 所示。

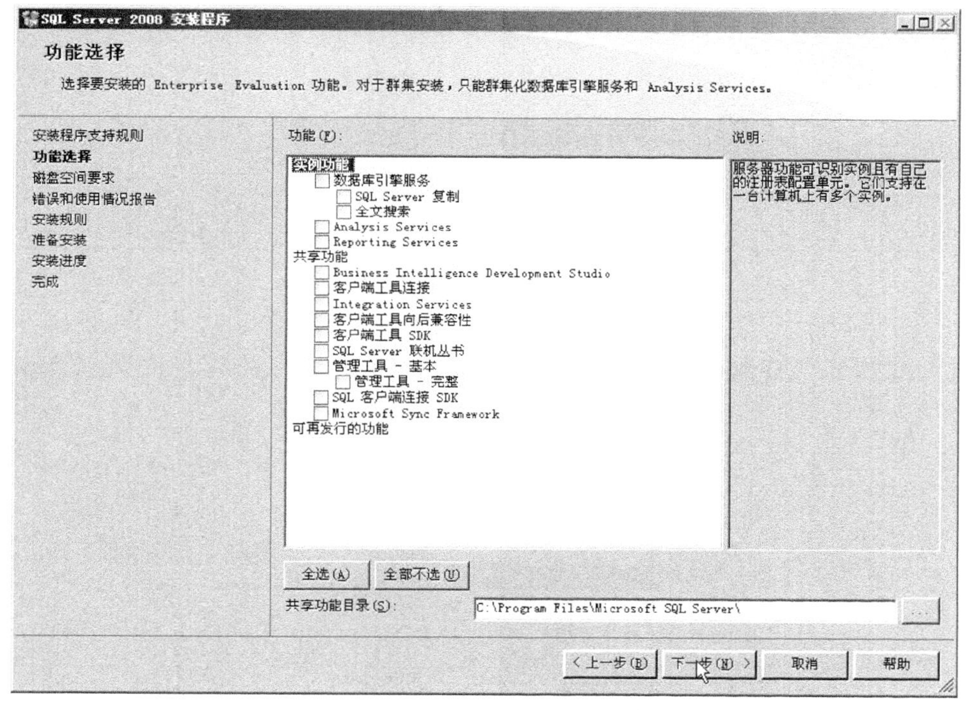

图 4.3　选择安装组件

(10) 在“实例配置”页上指定是安装默认实例还是命名实例，对于默认实例，实例名称和实例 ID 均为 MSSQLSERVER，如图 4.4 所示。

(11) 在“磁盘空间要求”页计算指定的功能所需的磁盘空间，然后将所需空间与可用磁盘空间进行比较。

(12) 在“服务器配置”页上指定 SQL Server 服务的登录账户。可以为所有 SQL Server 服务分配相同的登录账户，也可以分别配置每个服务账户。还可以指定服务是自动启动、手动启动还是禁用。Microsoft 建议对各服务账户进行单独配置，以便为每项服务提供最低特权，即向 SQL Server 服务授予它们完成各自任务所需的最低权限，如图 4.5 所示。

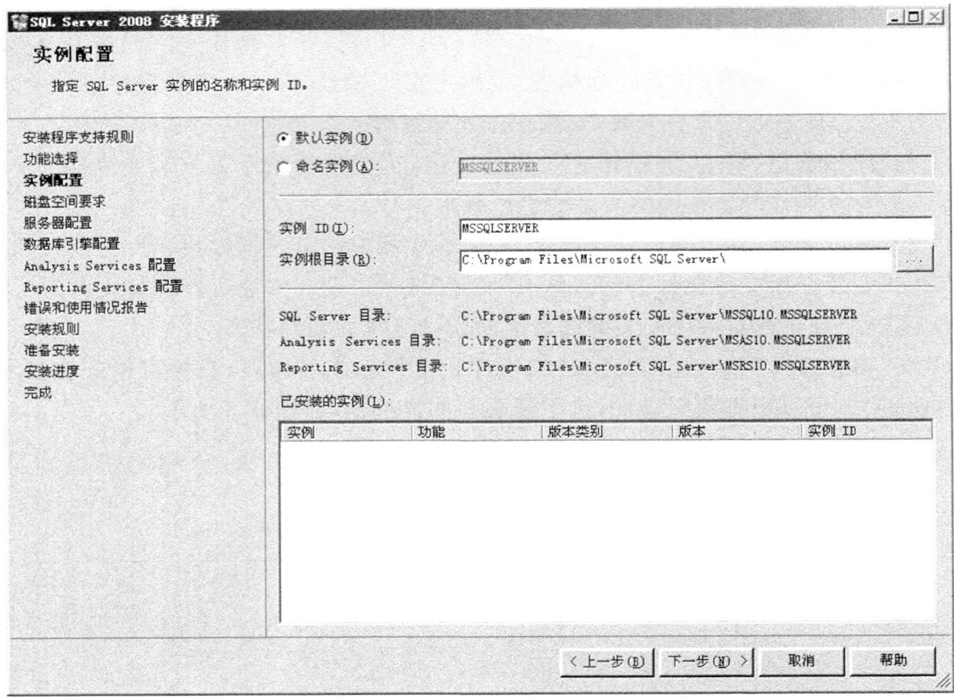

图 4.4　实例配置

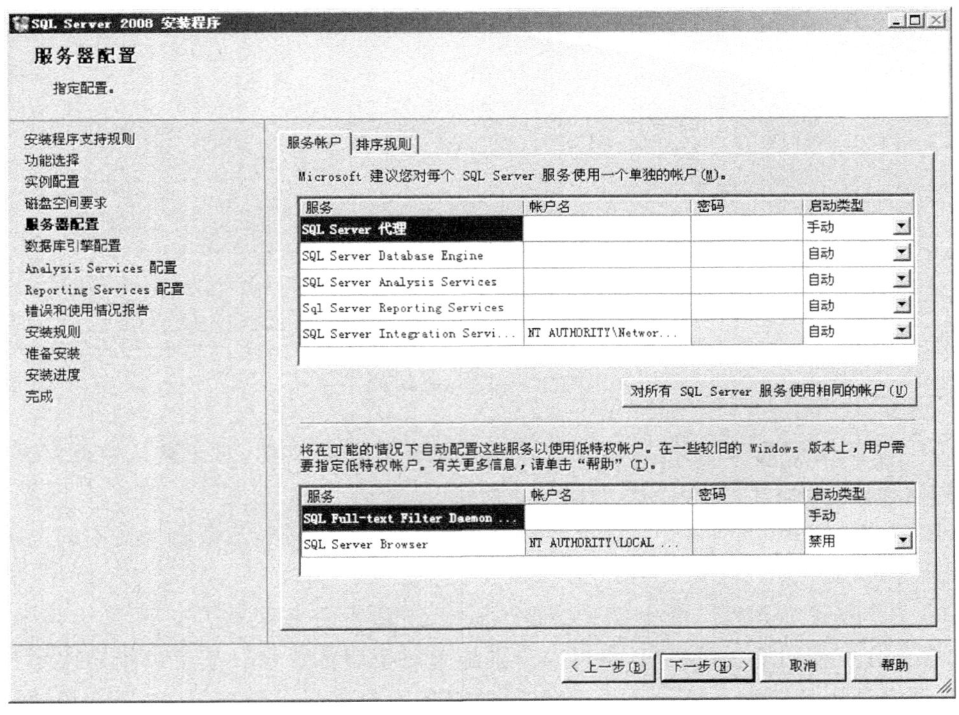

图 4.5　服务器配置

(13) 使用“数据库引擎配置”页来指定登录数据库服务器的账户信息设置，如图 4.6 所示。

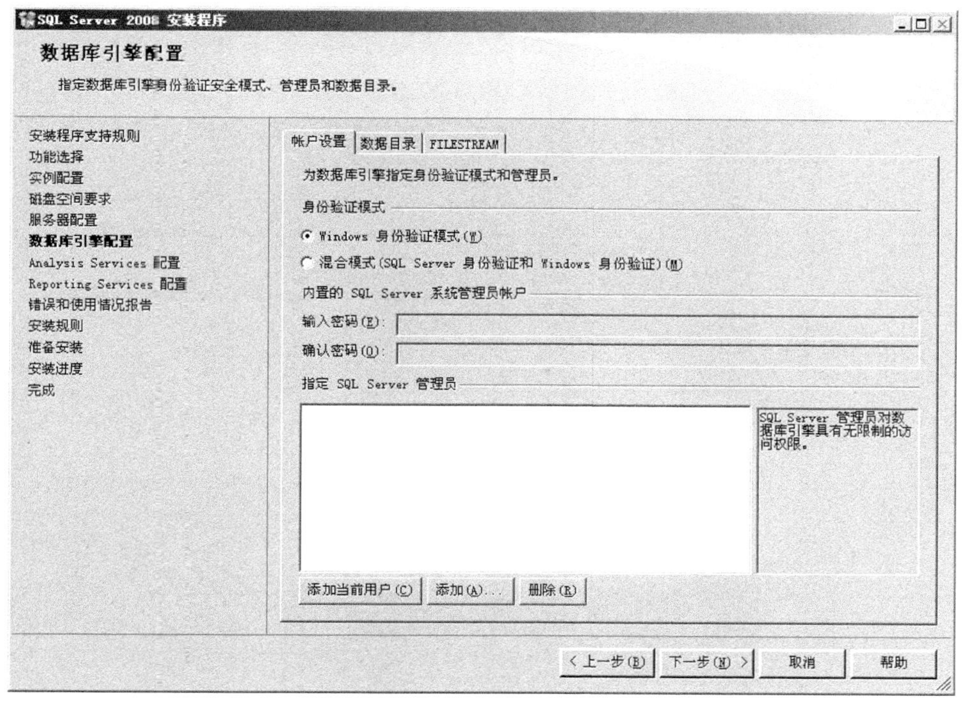

图 4.6　数据库引擎配置

该页主要指定以下各项。

- 安全模式：为 SQL Server 实例选择 Windows 身份验证或混合模式身份验证。如果选择“混合模式身份验证”，则必须为内置 SQL Server 系统管理员账户提供一个强密码。
- SQL Server 管理员：必须至少为 SQL Server 实例指定一个系统管理员。若要添加用以运行 SQL Server 安装程序的账户，则单击“添加当前用户”按钮。若要向系统管理员列表中添加账户或从中删除账户，则单击“添加”或“删除”按钮，然后编辑将拥有 SQL Server 实例的管理员特权的用户、组或计算机列表。

(14) 使用“Analysis Services 配置”页指定将拥有 Analysis Services 的管理员权限的用户或账户。

(15) 使用“Reporting Services 配置”页指定要创建的 Reporting Services 安装的类型，其包括以下 3 个选项：本机模式默认配置、SharePoint 模式默认配置和未配置的 Reporting Services 安装。

(16) 在“错误和使用情况报告”页上指定要发送到 Microsoft 以帮助改善 SQL Server 的信息。默认情况下，用于错误报告和功能使用情况的选项处于启用状态。

(17) 系统配置检查器将再运行一组规则来针对指定的 SQL Server 功能验证计算机配置。

(18) 在“准备安装”页显示在安装过程中指定的安装选项的树视图。若要继续，单击“安装”按钮。

(19) 在安装过程中,"安装进度"页会提供相应的状态,因此可以在安装过程中监视安装进度。

(20) 安装完成后,"完成"页提供指向安装日志文件摘要以及其他重要说明的链接,如图 4.7 所示。

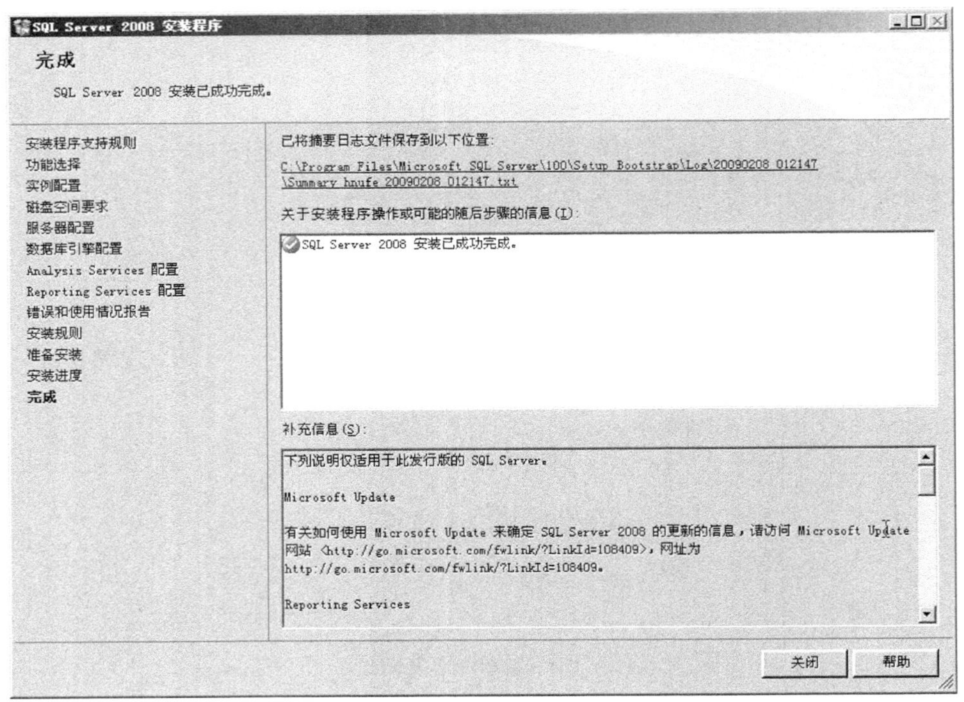

图 4.7 安装完成

4.3 SQL Server 2008 配置

在安装结束之后,SQL Server 2008 已经实现了它的所有默认配置,已经提供了最安全和最可靠的使用环境。当然,用户可以根据自己的使用要求,自由更改任何配置选项。

4.3.1 SQL Server 2008 数据库服务器服务启动和停止

SQL Server 以服务(Service)的形式存在,其服务除最常用的、最核心的 SQL Server 数据库服务器服务,还包括服务器代理、全文检索、报表服务和分析服务等服务。在本章节主要介绍 SQL Server 数据库服务器服务的管理,其他服务在相应章节中介绍。

SQL Server 数据库服务器服务是整个 SQL Sever 最核心的服务,这项服务管理所有组成数据库的文件、处理 T-SQL 语句与执行存储过程等功能。必须启动此服务,用户端才可能访问 SQL Server 内的数据。

1. SQL Server 2008 数据库服务器服务启动

SQL Server 2008 数据库服务器服务启动可以通过 Windows Services、SQL Server

Configuration Manager 和命令方式 3 种方式来完成。

1）利用 Windows Services 启动服务

在 Windows 中打开“控制面板/管理工具/服务”，就会看到 Windows Services 窗口，由此可看到系统中各项服务的状态，SQL Server 数据库服务器服务对应名称 SQL Server (MSSQLSERVER)，可以在此服务名称上双击，通过“属性”窗口来控制服务的状态或更改其设置，如图 4.8 和图 4.9 所示。

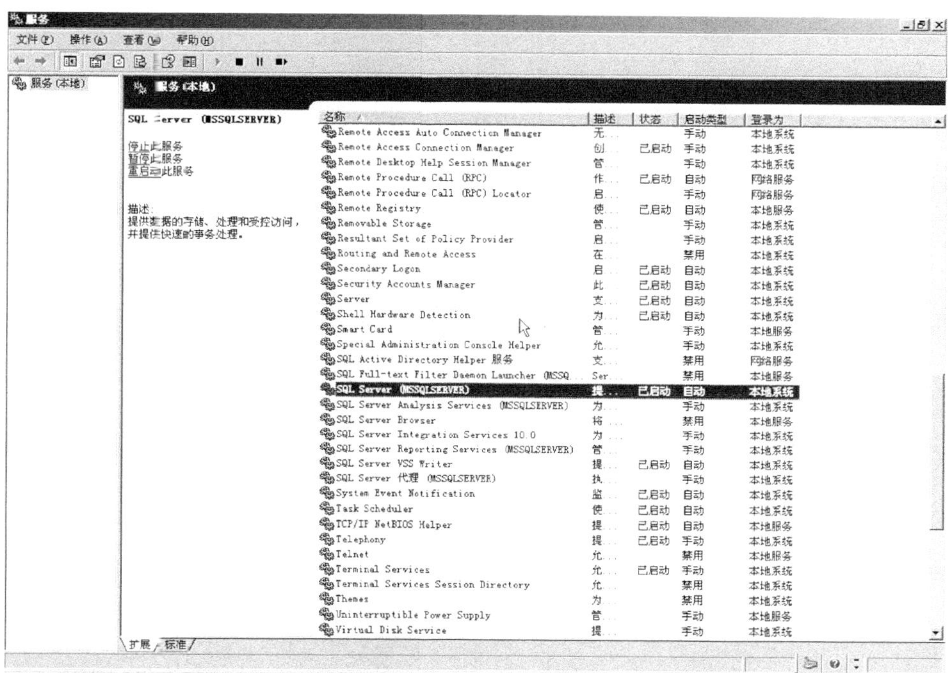

图 4.8 Windows Services 窗口

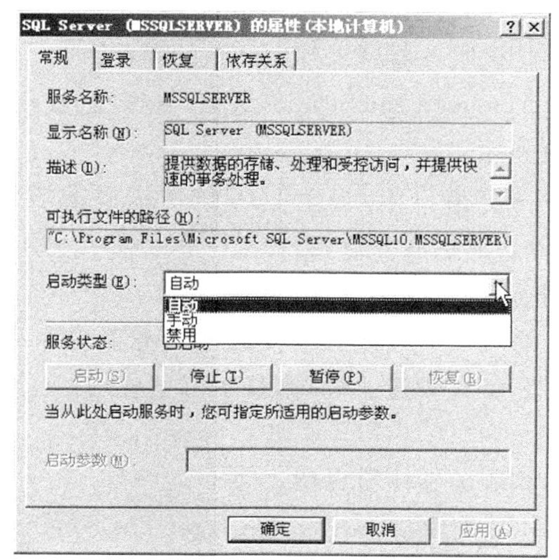

图 4.9 SQL Server 服务属性设置窗口

2）利用 SQL Server Configuration Manager 启动服务

SQL Server Configuration Manager 是 SQL Server 2008 的主要管理工具，主要用于管理 SQL Server 服务器端的相关服务。通过 SQL Server Configuration Manager，启动 SQL Server 数据库服务器服务，具体操作参见第 4.4.6 节。

3）利用命令启动服务

除了使用控制台外，也可以在命令提示符窗口中通过 net 命令来启动 SQL Server 数据库服务器服务。其格式如下：

```
NET START 服务名称
```

【例】 利用命令方式来启动 MSSQLSERVER 服务。

```
NET START MSSQLSERVER
```

2. SQL Server 2008 数据库服务器服务关闭

SQL Server 2008 数据库服务器服务关闭也可以通过 Windows Services、SQL Server Configuration Manager 和命令方式 3 种方式来完成。

其操作方式与服务启动相似，这里不再赘述。

4.3.2 注册服务器

在安装 SQL Server Management Studio 之后首次启动它时，将自动注册 SQL Server 的本地实例。服务器只有在注册后才能被纳入 SQL Server Management Studio 的管理范围。如果需要在其他客户机上完成管理，就需要手工进行注册。

可以通过使用 SQL Server Management Studio 注册服务器，在注册服务器时必须指定以下参数：

- 服务器的名称。
- 登录到服务器时使用的安全类型。
- 如果需要，指定登录名和密码。
- 注册了服务器后想将该服务器列入其中的组的名称。

(1) 启动 SQL Server Management Studio，选择“视图/已注册的服务器”，显示“已注册的服务器”窗口，如图 4.10 所示。

(2) 在“已注册的服务器”窗口中，显示了当前系统中的服务器组和所有已在 SQL Server Management Studio 注册的服务器，选择某一服务器组，用鼠标右键单击，在出现的快捷菜单中选择“新建服务器注册”选项。

(3) 在“新建服务器注册”窗口中，设置要注册的服务器名称和登录到服务器时使用的安全类型，单击“测试”按钮，如果设置正确，则显示测试成功；否则，重新进行参数设置，如图 4.11 所示。

(4) 单击“保存”按钮，则服务器注册成功。

成功注册的服务器就可以在 SQL Server Management Studio 中进行管理了。

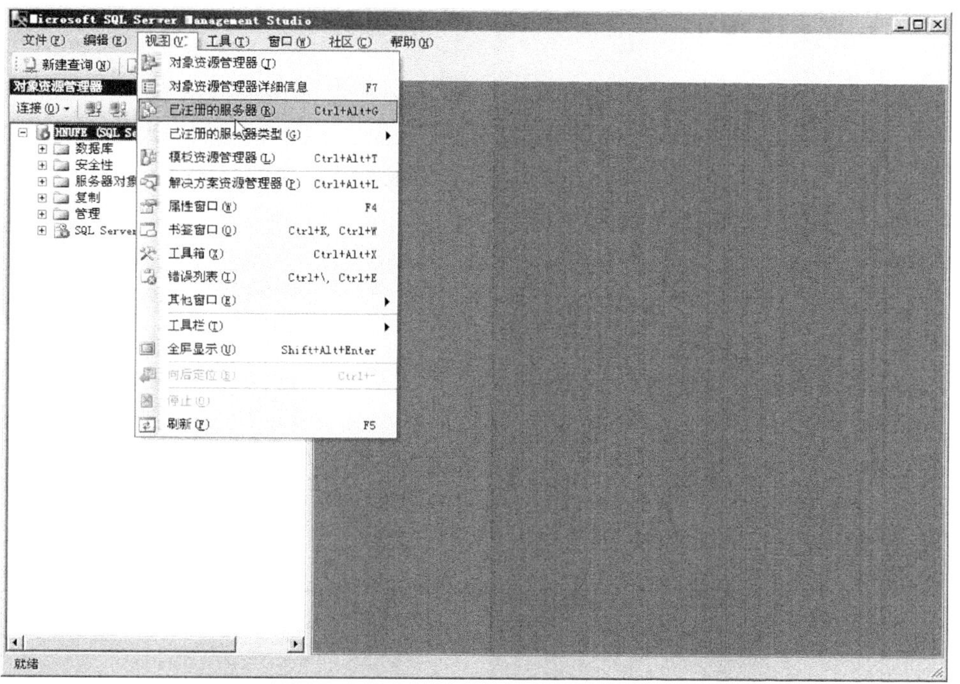

图 4.10　已注册的服务器窗口

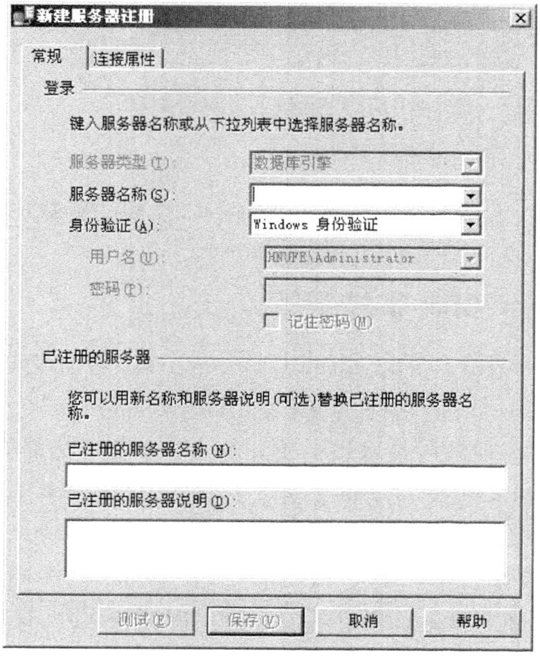

新建服务器注册

常规　连接属性

登录

键入服务器名称或从下拉列表中选择服务器名称。

服务器类型(T)：　数据库引擎

服务器名称(S)：

身份验证(A)：　Windows 身份验证

用户名(U)：　HNUFE\Administrator

密码(P)：

记住密码(M)

已注册的服务器

您可以用新名称和服务器说明(可选)替换已注册的服务器名称。

已注册的服务器名称(N)：

已注册的服务器说明(D)：

测试(E)　保存(V)　取消　帮助

图 4.11　新建服务器注册窗口

4.3.3 创建服务器组

在一个网络系统中,可能存在多个 SQL Server 服务器分别保存不同的数据,可以对这些 SQL Server 服务器进行分组管理。分组的原则通常是依据组织结构原则,如将公司内一个部门的几台 SQL Server 服务器分为一组,这就是服务器组。服务器组便于对不同类型和用途的 SQL Server 服务器进行管理。

创建服务器组由 SQL Server Management Studio 来进行。

(1) 启动 SQL Server Management Studio,选择"视图/已注册的服务器",显示"已注册的服务器"窗口。

(2) 在"已注册的服务器"窗口中,显示了当前系统中的服务器组和所有已在 SQL Server Management Studio 注册的服务器,选择某一服务器组,用鼠标右键单击,在出现的快捷菜单中选择"新建服务器组"选项。

(3) 在"新建服务器组"窗口中,设置要创建的服务器组名称和相关说明,单击"确定"按钮,则服务器组创建成功,如图 4.12 所示。

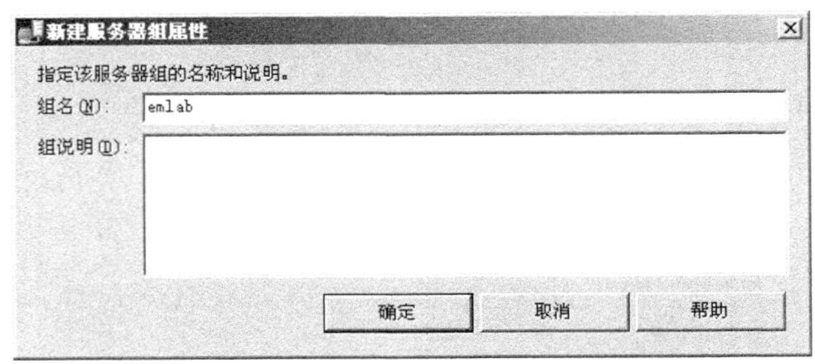

图 4.12 新建服务器组窗口

4.4 SQL Server 2008 主要管理工具

4.4.1 SQL Server 2008 管理平台

SQL Server Management Studio 是 SQL Server 2008 的集成可视化管理环境,用于访问、配置和管理所有 SQL Server 组件。SQL Server Management Studio 组合了大量图形工具和丰富的脚本编辑器,使各种技术水平的开发人员和管理员都能访问 SQL Server。

SQL Server Management Studio 将早期版本的 SQL Server 中包括的企业管理器和查询分析器的各种功能,组合到一个单一环境中。此外,SQL Server Management Studio 还提供了一种环境,用于管理 Analysis Services、Integration Services、Reporting Services 和 XQuery。此环境为数据库管理人员提供了一个单一的实用工具,使他们能够通过易用的图形工具和丰富的脚本完成任务。

1. 启动 SQL Server Management Studio

从"开始"菜单中,选择"所有程序"→ Microsoft SQL Server 2008 → SQL Server Management Studio,在图 4.13 所示的"连接服务器"对话框中,指定要连接的服务器的类型、服务器的名称和服务器的身份验证方式，然后单击“连接”按钮，启动 SQL Server Management Studio，如图 4.14 所示。

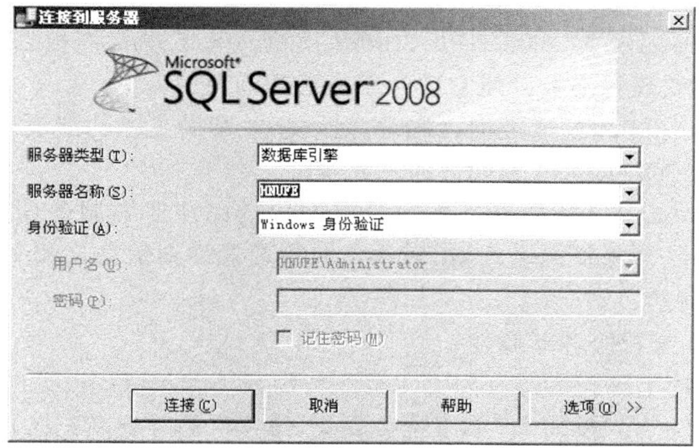

图 4.13　连接到服务器

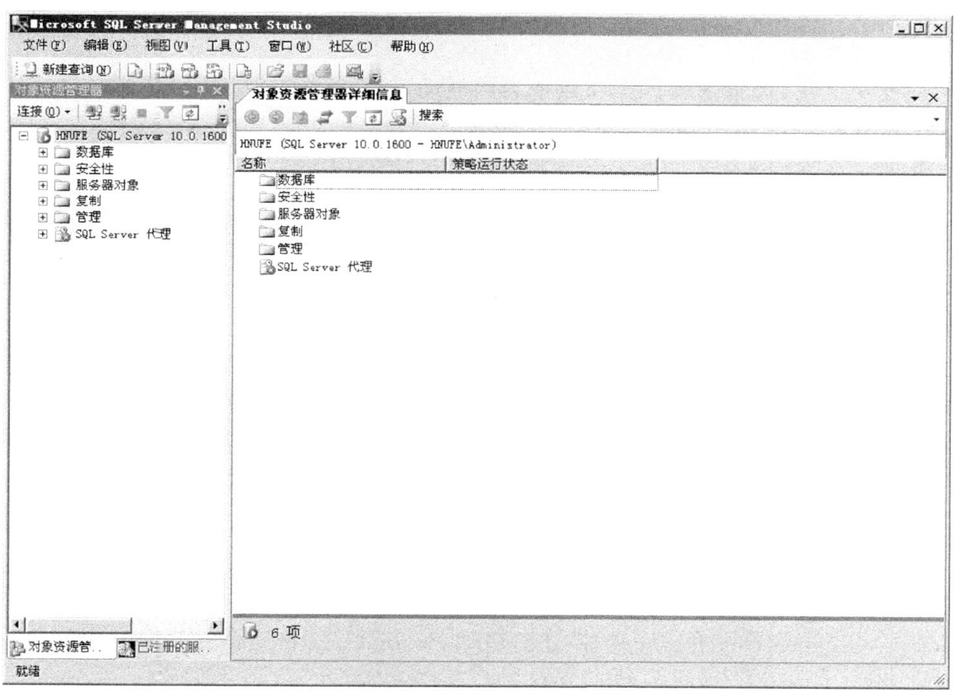

图 4.14　SQL Server Management Studio

2. SQL Server Management Studio 的工具窗口

SQL Server Management Studio 为所有开发和管理阶段提供了很多功能强大的工具窗口。这些工具窗口可以通过“视图”菜单获取，主要包括以下几项。

(1) 使用对象资源管理器。浏览服务器、创建和定位对象、管理数据源以及查看日志。

(2) 管理已注册的服务器。存储经常访问的服务器的连接信息。

(3) 使用解决方案资源管理器。在称为 SQL Server 脚本的项目中存储并组织脚本及相关连接信息。可以将几个 SQL Server 脚本存储为解决方案,并使用源代码管理工具管理随时间演进的脚本。

(4) 使用 SQL Server Management Studio 模板。基于现有模板创建查询。还可以创建自定义查询,或改变现有模板以使它适合您自己的需要。

(5) 动态帮助。单击组件或类型代码时,显示相关帮助主题的列表。

3. SQL Server Management Studio 的工具组件

SQL Server Management Studio 的工具组件包括已注册的服务器、对象资源管理器、解决方案资源管理器、模板资源管理器、对象资源管理器详细信息页和文档窗口。

主要实现以下功能:

- 注册服务器、配置服务器属性。
- 连接到数据库引擎、SSAS、SSRS、SSIS 或 SQL Server Compact 3.5 的一个实例。
- 管理数据库和 SSAS 对象(如多维数据集、维度和程序集等)。
- 创建对象,如数据库、表、多维数据集、数据库用户和登录名等。
- 管理文件和文件组。
- 附加或分离数据库。
- 启动脚本编写工具。
- 管理安全性、查看系统日志和监视当前活动。
- 配置复制。
- 管理全文索引。

4.4.2 商务智能开发平台

SQL Server 2008 商务智能开发平台(Business Intelligence Development Studio,BIDS)是一个集成的环境,主要用于开发商务智能构造(如多维数据集、数据源、报告和 Integration Services 软件包)。它重用了 Visual Studio 2008,包括了创建报表服务报表模型的模板和其他 BI 相关的项目模板。BIDS 是设计和创建 SQL Server 报表服务的主要开发工具。

Business Intelligence Development Studio 是用于开发商务解决方案的主要环境,其中包括 Analysis Services、Integration Services 和 Reporting Services 项目。每个项目类型都提供了用于创建商务智能解决方案所需对象的模板,并提供了用于处理这些对象的各种设计器、工具和向导。

从“开始”菜单中,选择“所有程序”→ Microsoft SQL Server 2008 → SQL Server Business Intelligence Development Studio,启动 Business Intelligence Development Studio,如图 4.15 所示。

4.4.3 SQL Server 分析器

SQL Server 分析器(SQL Server Profiler)是一个图形化的管理工具,用于监督、记录和检查 SQL Server 数据库的使用情况,并从服务器捕获 SQL Server 事件。事件保存在一个跟踪文件中,可在以后对该文件进行分析,也可以在试图诊断某个问题时,用它来重播某一系列的步骤。对系统管理员来说,它是一个连续实时地捕获用户活动情况的间谍。可以通过多种方法启动 SQL Server Profiler,以支持在各种情况下收集跟踪输出。

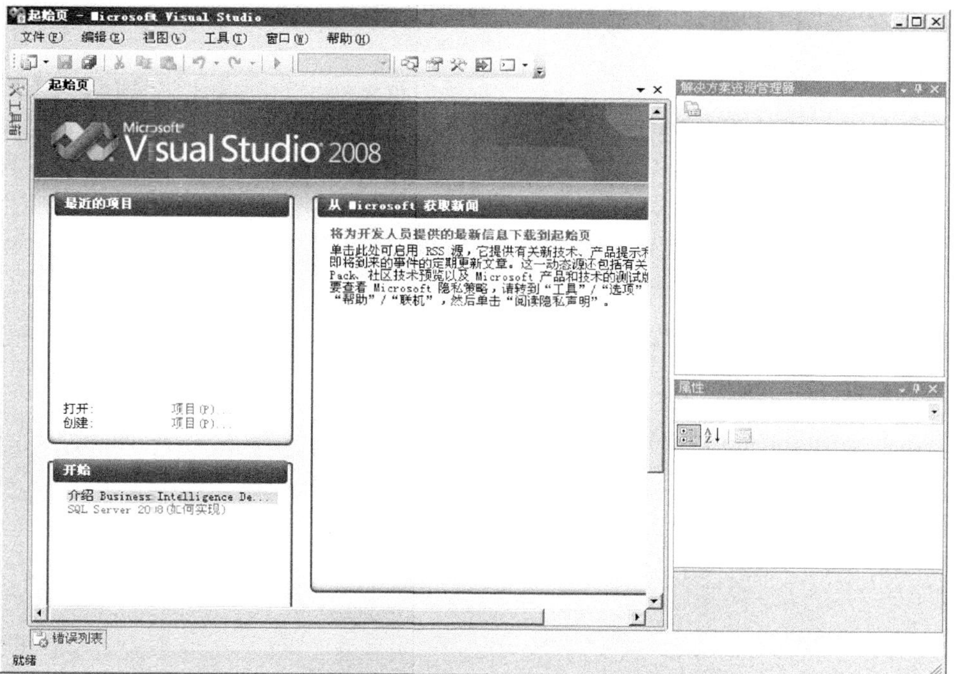

图 4.15 Business Intelligence Development Studio

在"开始"菜单中选择"所有程序"→Microsoft SQL Server 2008→"性能工具"→SQL Server Profiler,启动 SQL Server Profiler,如图 4.16 所示。

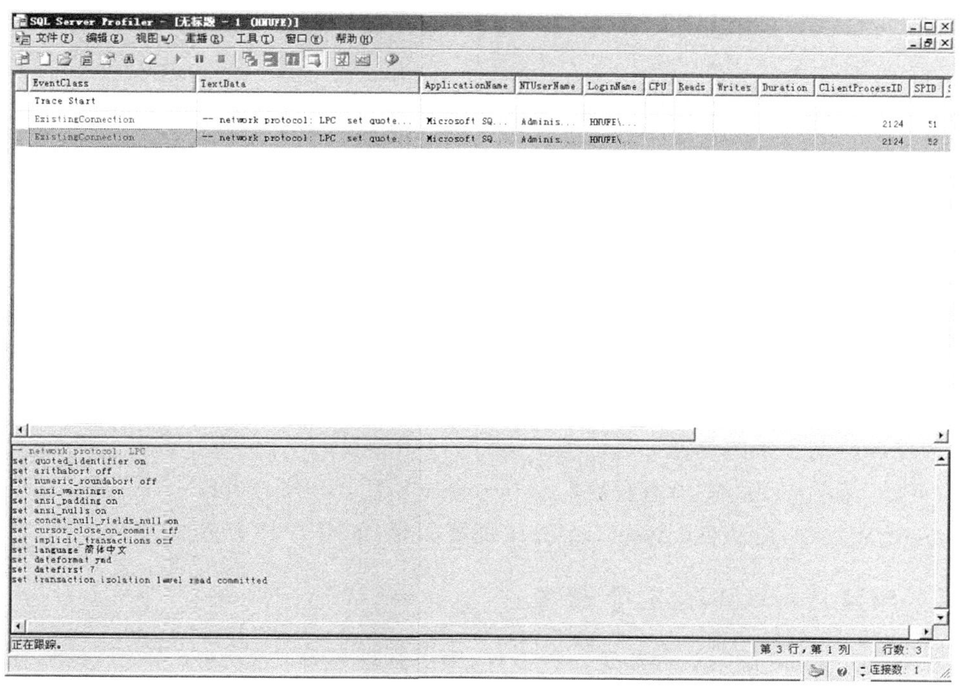

图 4.16 SQL Server Profiler

4.4.4 数据库引擎优化顾问

企业数据库系统的性能依赖于组成这些系统的数据库中物理设计结构的有效配置。这些物理设计结构包括索引、聚集索引、索引视图和分区，其目的在于提高数据库的性能和可管理性。SQL Server 2008 提供了数据库引擎优化顾问，这是分析一个或多个数据库上工作负荷的性能效果的工具。

从"开始"菜单中，选择"所有程序"→Microsoft SQL Server 2008→"性能工具"→"数据库引擎优化顾问"，启动数据库引擎优化顾问，如图 4.17 所示。

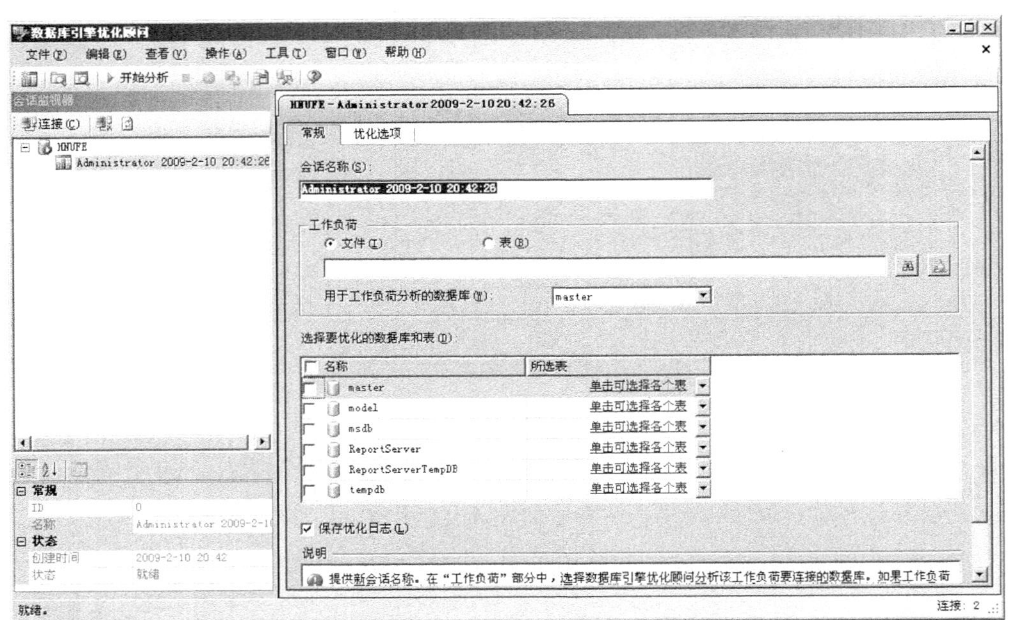

图 4.17 数据库引擎优化顾问

4.4.5 Analysis Services

Microsoft SQL Server 2008 Analysis Services(SSAS)为商务智能应用程序提供联机分析处理(OLAP)和数据挖掘功能。Analysis Services 允许设计、创建和管理包含从其他数据源(如关系数据库)聚合的数据的多维结构，以实现对 OLAP 的支持。对于数据挖掘应用程序，分析服务允许设计、创建和可视化处理那些通过使用各种行业标准数据挖掘算法，并根据其他数据源构造出来的数据挖掘模型。

从"开始"菜单中，选择"所有程序"→Microsoft SQL Server 2008→Analysis Services→Deployment Wizard，启动 Analysis Services 部署向导，如图 4.18 所示。

4.4.6 SQL Server 配置管理器

SQL Server 2008 配置管理器是一种工具，用于管理与 SQL Server 相关联的服务、配置 SQL Server 使用的网络协议以及从 SQL Server 客户端计算机管理网络连接配置。

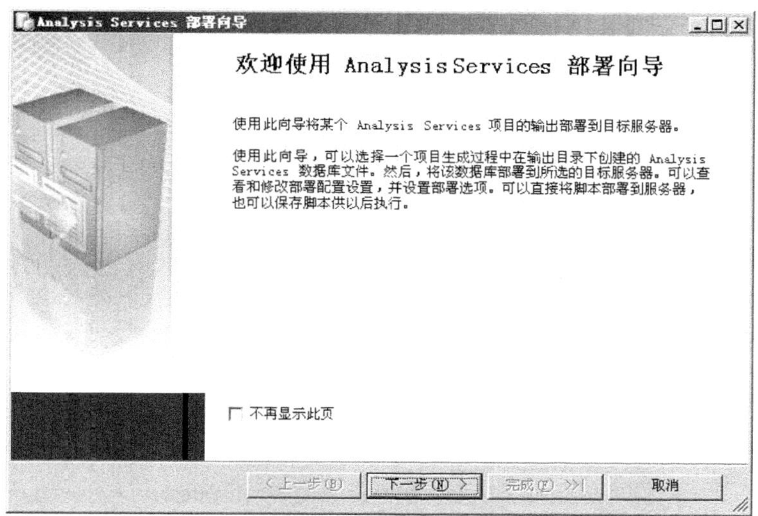

图 4.18　Analysis Services 部署向导

1. 启动 SQL Server 配置管理器

从“开始”菜单中，选择“所有程序”→Microsoft SQL Server 2008→SQL Server Management Studio→“配置工具”→“SQL Server 配置管理器”，启动 SQL Server 配置管理器，如图 4.19 所示。

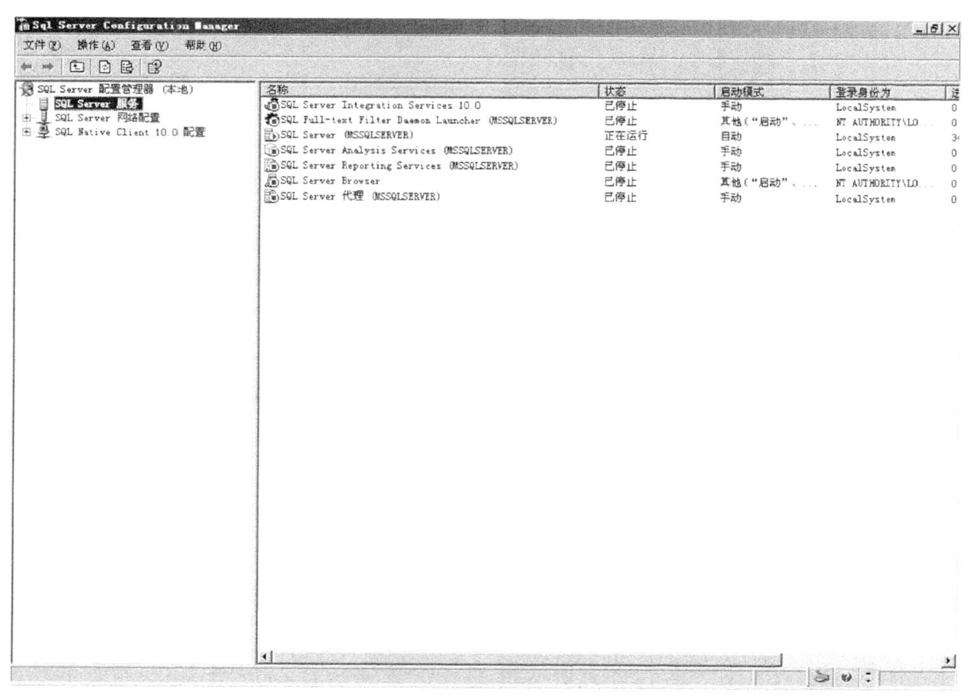

图 4.19　SQL Server 配置管理器

2. SQL Server 服务

SQL Server 服务包括 SQL Server 数据库服务器服务、服务器代理、全文检索、报表服务和分析服务等服务，使用配置管理器可以启动、暂停、恢复或停止这些服务，还可以查看或更改服务属性。

其操作步骤如下：

(1) 在 SQL Server 配置管理器中，单击“SQL Server 服务”选项，在右边的对话框里可以看到本地所有的 SQL Server 服务，包括不同实例的服务。

(2) 如果要启动、停止、暂停或重新启动 SQL Server 服务的话，右击服务名称，在弹出的快捷菜单里选择“启动”、“停止”、“暂停”或“重新启动”即可，如图 4.20 所示。

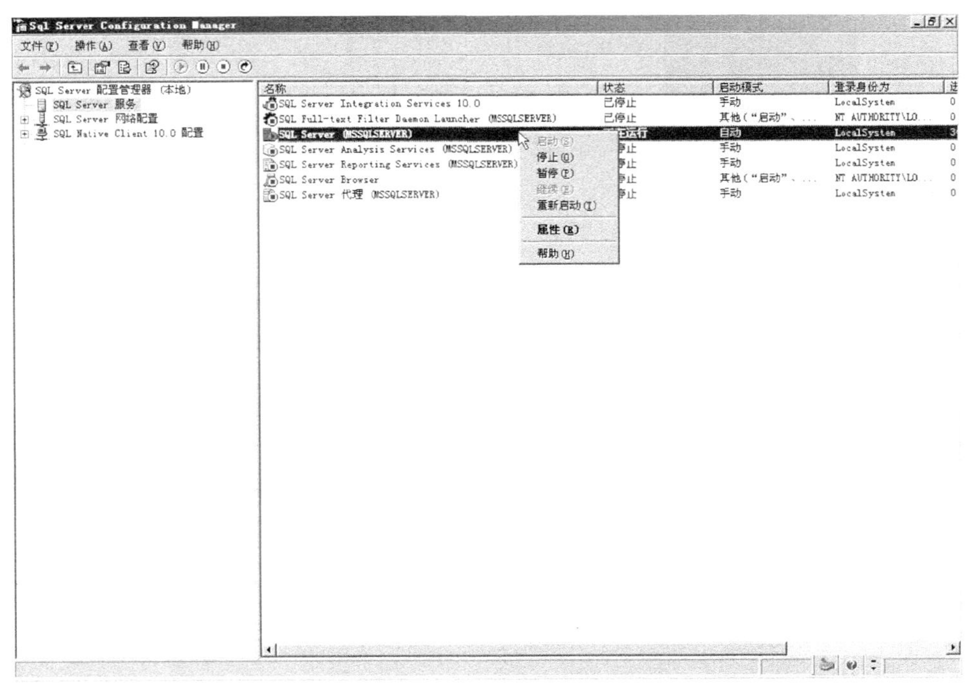

图 4.20 SQL Server 服务

(3) 如果要查看或更改 SQL Server 服务属性的话，右击服务名称，在弹出的快捷菜单里选择“属性”即可，如图 4.21 所示。

3. SQL Server 网络配置

SQL Server 网络配置指服务器端网络配置，通常在 SQL Server 正确安装之后，不需要更改服务器网络连接。但是如果需要重新配置服务器连接，以使 SQL Server 监听特定的网络协议、端口或管道，则可以使用 SQL Server 配置管理器对网络进行重新配置。

(1) 在 SQL Server 配置管理器中，单击“SQL Server 网络配置”选项，选择“MSSQLSERVER 的协议”，在右边的对话框里可以看到 SQL Server 2008 所支持的网络协议及其使用状态。

(2) 如果要启用或禁用 SQL Server 协议的话，右击协议名称，在弹出的快捷菜单里选择“启用”或“禁用”即可，如图 4.22 所示。

图 4.21 SQL Server(MSSQLSERVER) 属性

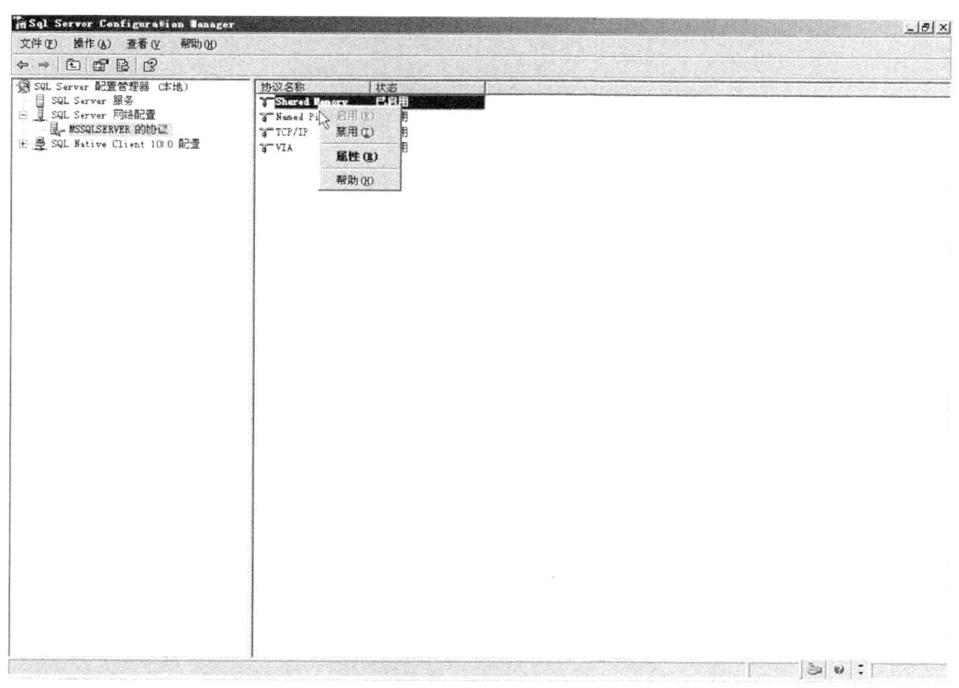

图 4.22 SQL Server 网络配置

(3) 如果要查看或更改 SQL Server 协议属性的话，右击协议名称，在弹出的快捷菜单里选择“属性”即可，如图 4.23 所示。

4. SQL Native Client 10.0 配置

SQL Native Client 10.0 配置是指运行客户端程序的计算机网络配置，配置过程与服务器端相似，这里不再赘述，如图 4.24 所示。

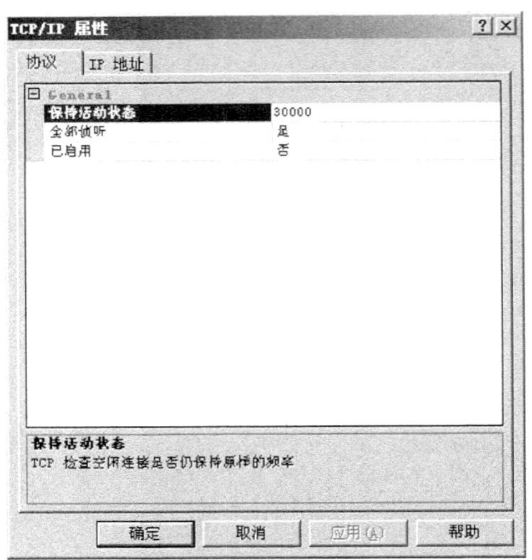

图 4.23　TCP/IP 属性

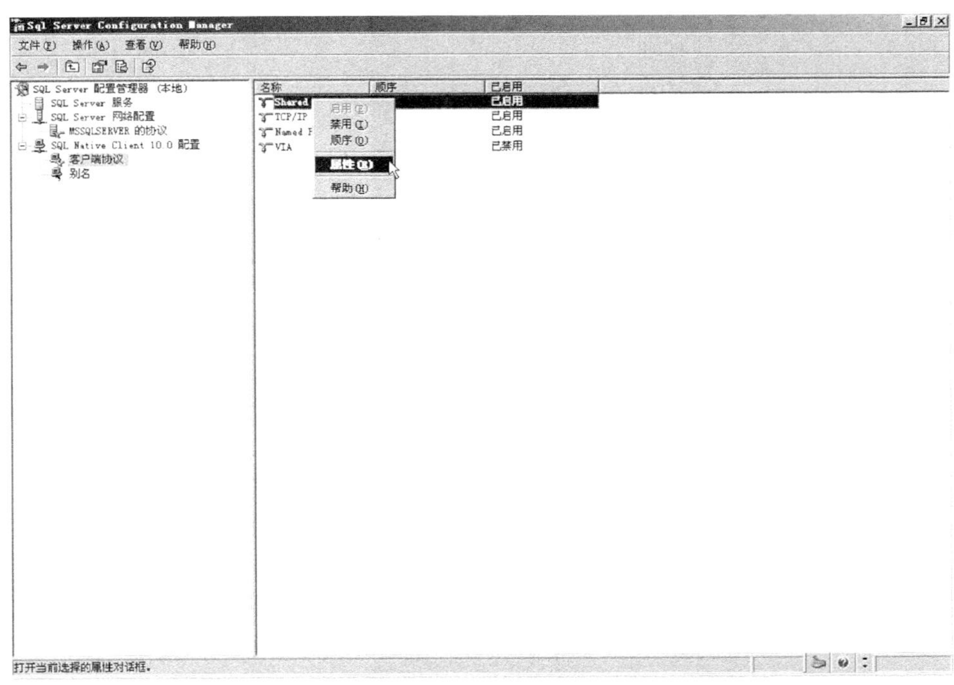

图 4.24　SQL Native Client 10.0 配置

注意：无论 SQL Server 使用什么协议，只有服务器端和客户端都使用了相同的协议，才能进行正常的通讯。因此，为 SQL Server 2008 配置协议必须分服务器端和客户端，并且要保证其一致性。

4.4.7 SQL Server 文档和教程

SQL Server 2008 提供了大量的联机帮助文档(Books Online),它具有索引和全文搜索能力,可根据关键词来快速查找用户所需信息。SQL Server 2008 中提供的教程可以帮助了解 SQL Server 技术和开始项目,如图 4.25 所示。

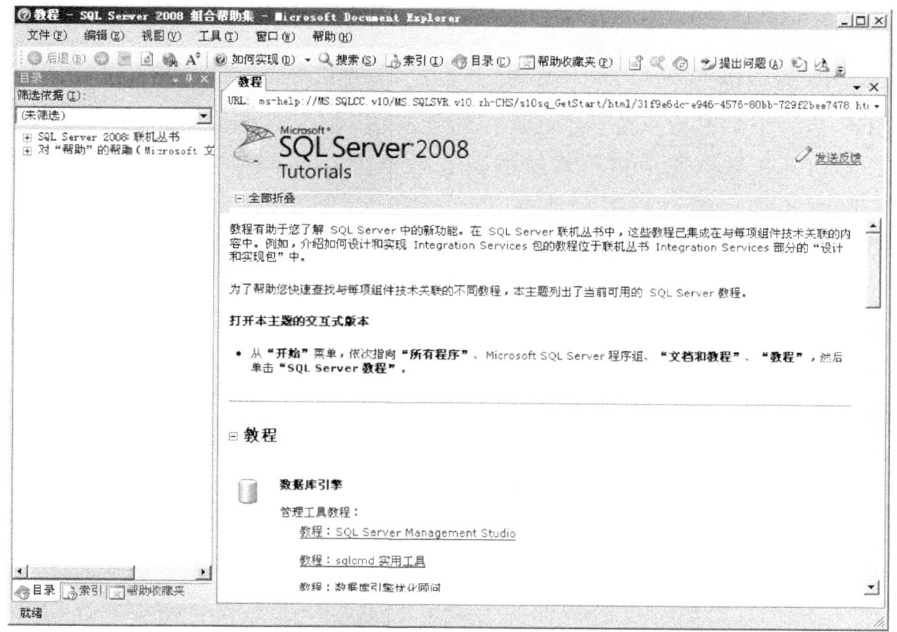

图 4.25 SQL Server 教程

4.5 系统数据库和示例数据库

SQL Server 数据库可分为系统数据库和用户数据库两种。其中系统数据库就是 SQL Server 自己使用的数据库,存储有关数据库系统的信息;而用户数据库是由用户自己建立的数据库,存储用户使用的数据信息。系统数据库是在 SQL Server 安装好时就被建立的。

4.5.1 系统数据库

SQL Server 2008 有 5 个系统数据库,它们分别为 Master、Model、MSDB、TempDB 和 Resource。

1. Master 数据库

Master 数据库是 SQL Server 系统最重要的数据库,它记录了 SQL Server 系统的所有系统信息。这些系统信息包括所有的登录信息、系统设置信息、SQL Server 的初始化信息和其他系统数据库及用户数据库的相关信息。因此,如果 Master 数据库被破坏,则 SQL Server 2008 将无法正常启动。

2. Model 数据库

Model 数据库是个比较特殊的系统数据库,用作在 SQL Server 实例上创建的所有数据库的模板。当发出 CREATE DATABASE(创建数据库)语句时，将通过复制 Model 数据库中的内容来创建数据库的第一部分，然后用空页填充新数据库的剩余部分。如果修改 Model 数据库，之后创建的所有数据库都将继承这些修改。例如，可以设置权限或添加对象在 Model 数据库中。

3. MSDB 数据库

MSDB 数据库是 SQL Server 2008 代理服务使用的数据库，为代理程序的报警、任务调度和记录操作员的操作提供存储空间。

4. TempDB 数据库

TempDB 是一个临时数据库，它为所有的临时表、临时存储过程及其他临时操作提供存储空间。TempDB 数据库由整个系统的所有数据库使用，不管用户使用哪个数据库，所建立的所有临时表和存储过程都存储在 TempDB 上。SQL Server 每次启动时，TempDB 数据库被重新建立。当用户与 SQL Server 断开连接时，其临时表和存储过程自动被删除。

5. Resource 数据库

Resource 数据库是只读数据库，它包含了 SQL Server 2008 中的所有系统对象。SQL Server 系统对象在物理上持续存在于 Resource 数据库中，但在逻辑上，它们出现在每个数据库的 sys 架构中。

4.5.2 示例数据库

在 SQL Server 2008 中，对应于 OLTP、数据仓库和 Analysis Services 解决方案，提供了 AdventureWorks、AdventureWorksDW、AdventureWorksAS 3 个示例数据库，可以作为学习 SQL Server 的工具。示例数据基于一个虚拟的 Adventure Works Cycles 公司，此公司及其业务方案、雇员和产品是示例数据库的基础。

默认情况下，SQL Server 2008 不安装示例数据库。如果需要，可以从微软网站下载安装。

4.6 本章小结

本章介绍了 SQL Server 2008 的相关知识，其内容主要包括 SQL Server 2008 的发展、版本体系和新特性，SQL Server 2008 的安装，以及 SQL Server 2008 主要管理工具。

通过本章的学习，读者应该掌握以下内容：

(1) SQL Server 2008 的版本体系和特性。

(2) SQL Server 2008 的安装。

(3) SQL Server 2008 的主要管理工具。

习题 4

1. 简述 SQL Server 的发展历史。
2. 简述 SQL Server 2008 的新特性。
3. 简述 SQL Server 2008 的安装过程。
4. 在 SQL Server 2008 提供了哪些实用工具，并说明其主要用途。

第5章 SQL Server 2008 数据库管理

本章学习目标

- 理解 SQL Server 2008 数据库的结构和组成；
- 熟练掌握用户数据库的创建、删除和修改等基本操作；
- 了解用户数据库的增缩、分离和附加等高级操作。

5.1 SQL Server 2008 数据库基本知识

5.1.1 数据库的结构

对于数据库，包括两个方面的含义：一方面，描述信息的数据存在数据库中并由 DBMS 统一管理；另一方面，描述信息的数据又是以文件的形式存储在物理磁盘上，由操作系统进行统一管理。同时，数据被 DBMS 管理与数据存储在物理磁盘上是数据库中两种完全不同的数据组织形式，分别称之为数据库的物理结构和数据库的逻辑结构。

SQL Server 2008 DBMS 将数据组织成数据表、视图等逻辑对象，这是从逻辑角度来组织与管理数据。为了数据库管理员管理数据的方便和与操作系统实际情况相一致，SQL Server 2008 又将数据库呈现为各种数据库的文件，这是从物理角度来组织与管理数据。

1. 数据库的逻辑结构

数据库逻辑结构主要应用于面向用户的数据组织和管理，从逻辑的角度，数据库由若干个用户可视的对象构成，如表、视图、角色等，由于这些对象都存在于数据库中，因此称为数据库对象。用户利用这些数据库对象存储或读取数据库中的数据，利用数据库对象直接或间接地用于不同应用程序的存储、操作、检索等工作。

SQL Server 数据库内含的数据库对象包括数据表、视图、约束、规则、默认、索引、存储过程、触发器等。通过 SQL Server 2008 对象资源管理器，可以查看当前数据库内的各种数据库对象，如图 5.1 所示。

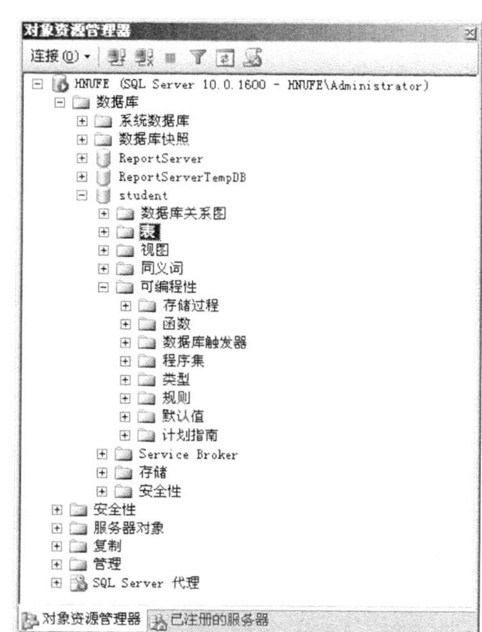

图 5.1 数据库对象

2. 数据库的物理结构

数据库物理结构主要应用于面向计算机的

数据组织和管理，如数据文件、表和视图的数据组织方式、磁盘空间的利用和回收、文本和图形数据的有效存储等。数据库的物理结构表现就是操作系统文件，一个数据库由一个或多个磁盘上的文件组成。这种物理实现只对数据库管理员是可见的，而对用户是透明的。

SQL Server 2008 将数据库映射为一组操作系统文件。数据和日志信息分别存储在不同的文件中，而且每个数据库都拥有自己的数据和日志信息文件。因此，SQL Server 数据库的文件有两种类型：数据文件和日志文件。在 SQL Server 2008 的默认安装路径 C:\Program Files\Microsoft SQL Server\MSSQL10.MSSQLSERVER\MSSQL\DATA 下可以看到数据库文件，如图 5.2 所示。

图 5.2 SQL Server 2008 物理文件

5.1.2 数据文件

1. 数据文件类型

SQL Server 数据库通过数据文件中保存与数据库相关的数据和对象。在 SQL Server 2008 中有两种类型的数据文件。

1）主数据文件

主数据文件是数据库的起点，其中包含了数据库的初始信息，并记录数据库还拥有哪些文件。每个数据库有且只能有一个主数据文件。主数据文件是数据库必需的文件，Microsoft 建议的主数据文件的扩展名是 .mdf。

2）次要数据文件

除主数据文件以外的所有其他数据文件都是次要数据文件。次要数据文件不是数据库必需的文件。但是如果需要存储的数据量很大，超过了 Windows 操作系统对单一文件大小的限制，就需要创建次要数据文件来保存主数据文件无法存储的数据。另外，如果系统中有多个物理磁盘，也可以在不同的磁盘上创建次要文件，以便将数据合理地分配在多个物理磁盘上，提高数据的读写效率。Microsoft 建议的次要数据文件的扩展名是 .ndf。

所有的 SQL Server 2008 数据文件都会拥有两个文件名：逻辑文件名和物理文件名。逻辑文件名是在 T-SQL 语句中引用物理文件时所使用的名称，SQL Server 要求逻辑文件名必须符合 SQL Server 标识符规则，而且逻辑文件名必须是唯一的；物理文件名则是包括路径在内的物理文件名，它必须符合操作系统文件的命名规则。

需要注意的是，在 SQL Server 2008 中文件扩展名 .mdf 和 .ndf 并不是强制使用的，但使用它们有助于标识文件的类型和用途。

同时，用户还可以指定数据文件的尺寸能够自动增长：在定义文件时，指定一个特定的增量，每次扩大文件尺寸时，均按此增量来增长。另外，每个文件可以指定一个最大尺寸，如果达到最大尺寸，文件就不再增长。如果没有指定最大尺寸，文件可以一直增长到磁盘没有可用空间为止。

2. 数据文件结构

数据文件的结构按照层次可以划分为页和区，每个数据文件由若干个大小为 64KB 的区组成，每个区由 8 个 8KB 大小的连续空间组成，这些连续空间称为页。

1）页

在 SQL Server 中，页是数据存储的基本单位。为数据库中的数据文件分配的磁盘空间可以从逻辑上划分成带有连续编号的页（编号从 0 开始）。磁盘 I/O 操作在页级执行，SQL Server 读取或写入的是所有的数据页。

数据文件中的页有 8 种类型：Data（数据）、Index（索引）、TEXT/IMAGE（文本/图像）、Global Allocation Map（全局分配表）和 Shared Global Allocation Map（共享全局映射表）、Page Free Space（页可用空间）、Index Allocation Map（索引分配映射表）、BULK Changed Map（大容量更改映射表）、Differential Changed Map（差异更改映射表）。

2）区

区是 SQL Server 分配给表和索引的基本单位。区有以下两种类型。

- 统一区：统一区只能由一个单一的对象拥有，其中的 8 个页只能用来存储这个对象的数据。
- 混合区：混合区最多可以被 8 个对象共享，区中的 8 个页可以分给不同的对象。

将数据合理的分配到统一区或混合区中可以科学地使用存储空间：不满 8 个数据页的数据尽量存放在混合区，这样可以节省存储空间；已满 8 个数据页的数据分配到统一区，这样可以提高存储空间的使用效率。

3. 文件组

为了有助于数据布局和管理任务，用户可以在 SQL Server 中将多个文件划分为一个文件集合，并用一个名称表示这一文件集合，这就是文件组。文件组是数据库中数据文件的逻辑组合。此时，这个文件集合就一个文件组。

文件组分为以下 3 种类型。

- 主要文件组：包含主要文件的文件组。所有系统表都被分配到主要文件组中。一个数据库有一个主要文件组。这个文件组包含主数据文件和未放入其他文件组的次数据文件。

- 用户定义文件组：用户首次创建数据库或修改数据库时自定义的文件组。创建用户定义文件组的目的主要是用于数据的分配。例如，用户可以将位于不同磁盘的文件划分为一个组，并在这个文件组上创建一个表，这样系统利用并行线程就可以提高表的读写效率。
- 默认文件组：如果在数据库中创建对象时没有指定对象所属的文件组，对象将被分配给默认文件组。任何时候，都只能将一个文件组指定为默认文件组。默认文件组中的保留必须足够大，能够容纳未分配给其他文件组的所有新对象。数据库创建后，主要文件组就是默认文件组。

5.1.3 事务日志文件

在 SQL Server 2008 中，每个数据库至少拥有一个自己的日志文件（也可以拥有多个日志文件）。日志文件的大小最少是 1MB，默认扩展名是 .ldf，用来记录数据库的事务日志，即记录了所有事务以及每个事务对数据库所做的修改。

SQL Server 2008 的日志文件从逻辑上看，记录的是一连串日志记录。每条日志记录都由日志序列号(LSN)标识。每条新的日志记录均写入日志的逻辑结尾处，并使用一个比前面记录的更高的日志序列号。

从物理结构上看，SQL Server 将每个日志文件都分成了多个虚拟日志文件。虚拟日志文件没有固定大小，并且日志文件所包含的虚拟日志文件数量也不固定。SQL Server 在创建或扩展日志文件时，动态选择虚拟日志文件的大小。管理员不能配置或设置虚拟日志文件的大小或数量。

事务日志是数据库的重要组件，如果系统出现故障，就需要使用事务日志将数据库恢复到正常状态。

5.2 SQL Server 2008 数据库基本管理

在 SQL Server 2008 中，所有类型的数据库管理操作都包括两种方法：一种方法是使用 SQL Server Management Studio 的对象资源管理器，以图形化的方式完成对于数据库的管理；另一种方法是使用 T-SQL 语句或系统存储过程，以命令方式完成对于数据库的管理。

5.2.1 创建用户数据库

1. 创建用户数据库的准备工作

由于数据库包括物理结构和逻辑结构，而数据库文件又包括数据文件和事务日志文件，因此，在创建数据库之前，需要对创建的数据库进行规划，如数据库的名称、数据库的大小和增幅等。如果数据库开始没有规划好，一旦创建了，再去修改数据库的选项定义将是一件吃力不讨好的事情。

在规划数据库时，通常需要考虑以下几方面问题：

(1) 数据库的逻辑结构，包括数据库名称、数据库所有者。

(2) 数据库的物理结构，包括数据文件和事务日志文件的逻辑名、物理名、初始大小、增长方式和最大容量。

(3) 数据库的用户，包括用户数量和用户权限问题。

(4) 数据库的性能，包括数据库大小与硬件配置的平衡、是否使用文件组。

(5) 数据库的维护，包括数据库的备份与恢复。

本书示例均采用 student 数据库，其选项参数如表 5.1 所示。

表 5.1 学生数据库选项参数

选项		参数
数据库名称		student
数据文件	逻辑文件名	studetn_data
	物理文件名	C:\Program Files\Microsoft SQL Server \MSSQL10.MSSQLSERVER \MSSQL\DATA\student_data. mdf
	初始容量	3MB
	最大容量	不受限制
	增长量	1MB
日志文件	逻辑文件名	studetn_log
	物理文件名	C:\Program Files\Microsoft SQL Server\MSSQL10.MSSQLSERVER \MSSQL\DATA\student_log. ldf
	初始容量	1MB
	最大容量	20MB
	增长量	10%

2. 利用对象资源管理器创建用户数据库

在 SQL Server Management Studio 中，利用图形化的方法可以非常方便地创建数据库。利用这种方法创建示例数据库——student 数据库。

(1) 选择"开始"→"程序"→Microsoft SQL Server 2008→SQL Server Management Studio 命令，打开 SQL Server Management Studio。

(2) 使用"Windows 身份验证"连接到 SQL Server 2008 数据库实例。

(3) 展开 SQL Server 实例，右击"数据库"，然后从弹出的快捷菜单中选择"新建数据库"命令，打开"新建数据库"对话框。

(4) 在"新建数据库"对话框中，可以定义数据库的名称、数据库的所有者、是否使用全文索引、数据文件和日志文件的逻辑名称和路径、文件组、初始大小和增长方式等。输入数据库名称 student，如图 5.3 所示。

这里，需要注意数据库的名称必须遵循 SQL Server 2008 命名规则：名字的长度在 1～128 个字符之间；名称的第一个字符必须是字母或"_"、"@"和"#"中的任意字符；名称中不能包含空格，也不能包含 SQL Server 2008 的保留字(如 master)。

(5) 如果接受所有默认值，可以单击"确定"按钮结束创建工作。因为 student 数据库没有完全使用默认值，因此还需要继续下面的可选步骤。

(6) 在"所有者"下拉列表框中可以选择数据库的所有者。数据库的所有者是对数据库有完全操作权限的用户，默认值表示当前登录 Windows 系统的是管理员账户，如果需要更改所有者名称。

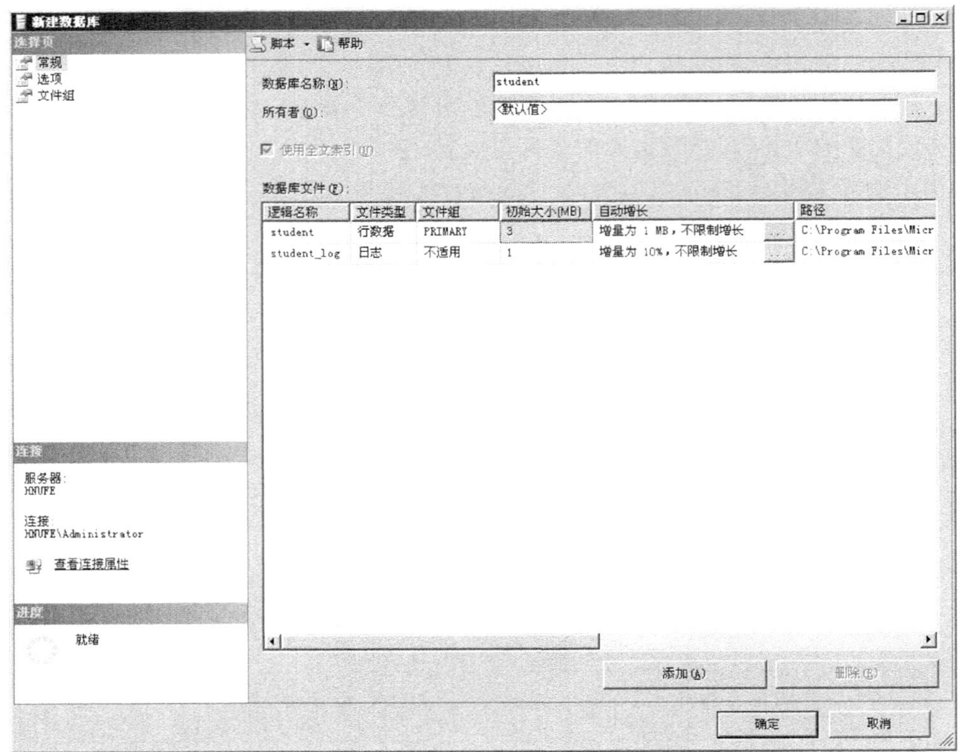

图 5.3　新建数据库"常规"页

(7) 选中"使用全文索引"复选框，启用数据库的全文搜索，使数据库中的变长复杂数据类型列也可以建立索引。

(8) 如果需要更改主数据文件和事务日志文件的默认值，可以在"数据库文件"列表框中单击相应的单元并输入新值。对于 student 数据库，需要在主数据文件的"初始大小"栏中输入新的初始大小值 3MB；接着单击"自动增长"栏中的"..."按钮，打开更改自动增长设置对话框，如图 5.4 所示，选中"按 MB"单选按钮，将值更改为 1MB，并选中"不限制文件增长"单选按钮，最后，单击"确定"按钮；单击"路径"栏中的"..."按钮，可以更改数据库文件的路径。

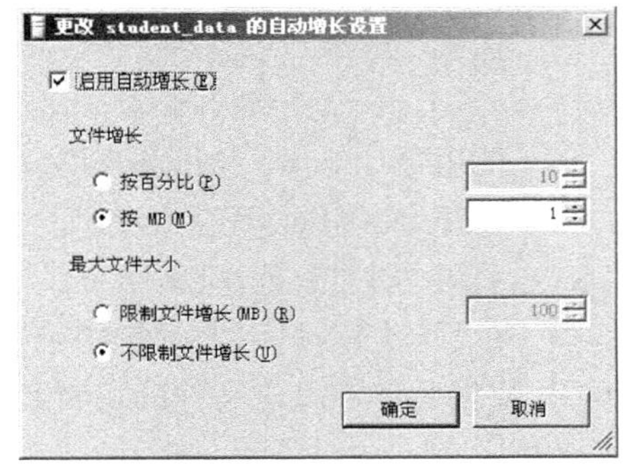

图 5.4　更改主数据文件自动增长设置

(9) 在数据库中如果需要添加新的数据文件，在"常规"页中单击"添加"按钮，在"数据库文件"列表框中会添加一个新行。

(10) 如果需要更改新建数据库的默认选项设置，可以选择"选项"页，如图 5.5 所示，对排序规则、恢复模式、兼容级别、恢复选项、游标选项等数据库选项进行设置。

(11) 如果需要对新建数据库添加新文件组，可以选择"文件组"页，单击"添加"按钮，添加其他的文件组，如图 5.6 所示。

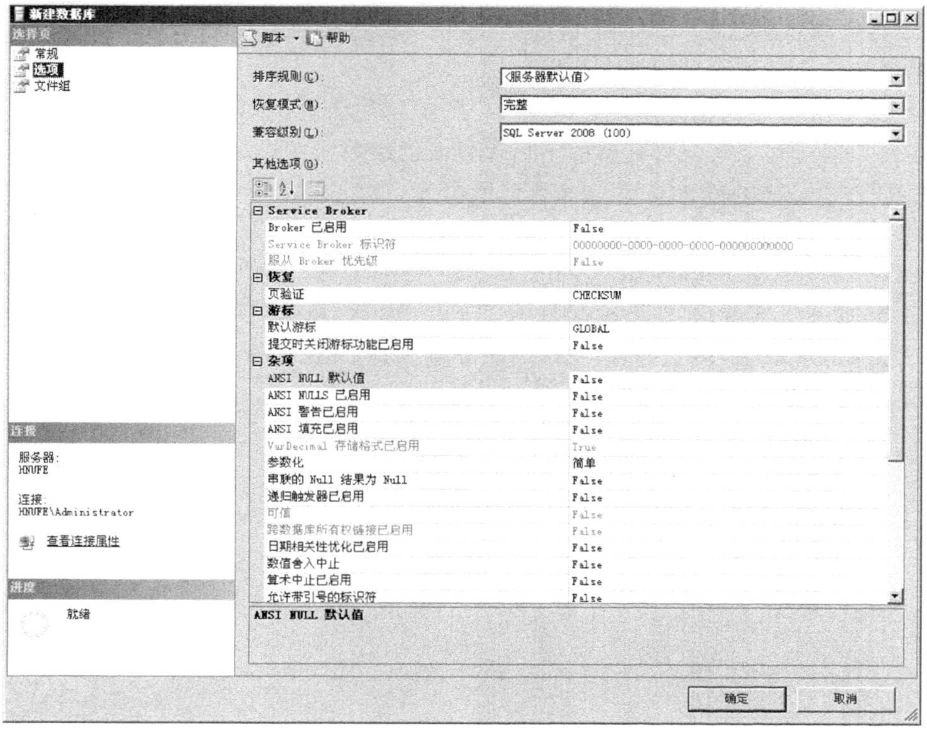

图 5.5　新建数据库“选项”页

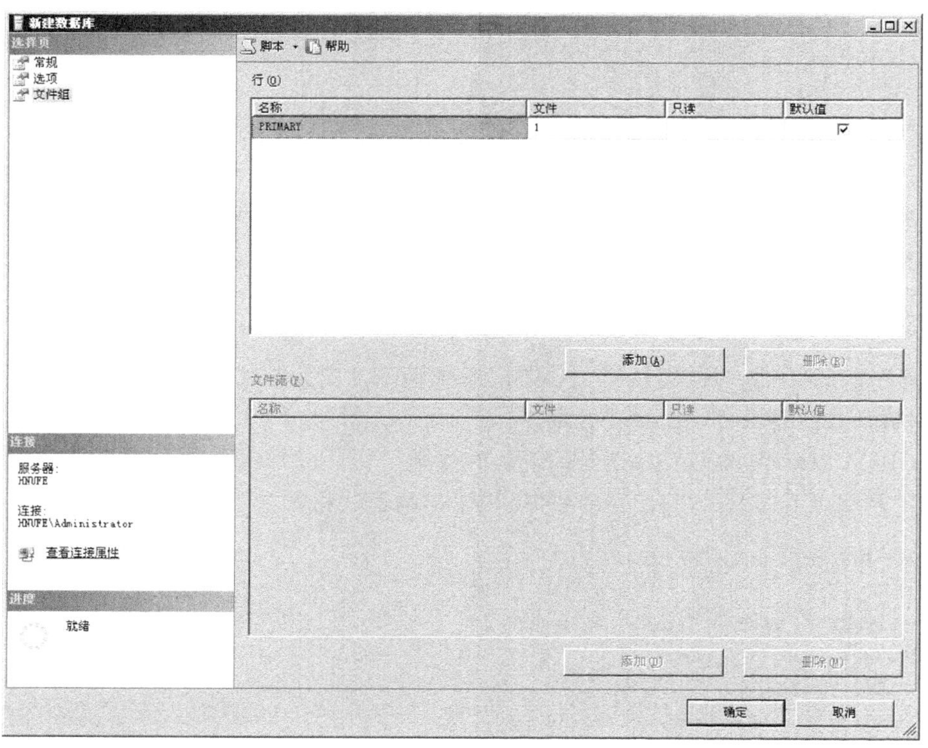

图 5.6　新建数据库“文件组”页

(12) 当完成新建数据库的各个选项后，单击"确定"按钮，SQL Server 数据库引擎会依据用户的设置完成数据库的创建。

3. 利用 T-SQL 语句创建用户数据库

除了可以通过对象资源管理器的图形化界面创建数据库外，还可以使用 T-SQL 语言所提供的 CREATE DATABASE 语句来创建数据库。对于具有丰富的编程经验的用户，后一种方法更加简单有效。

在 SQL Server Management Studio 中，单击标准工具栏的"新建查询"按钮，启动 SQL 编辑器窗口，如图 5.7 所示，在光标处输入 T-SQL 语句，单击"执行"按钮。SQL 编辑器就提交用户输入的 T-SQL 语句，然后发送到服务器执行，并返回执行结果。

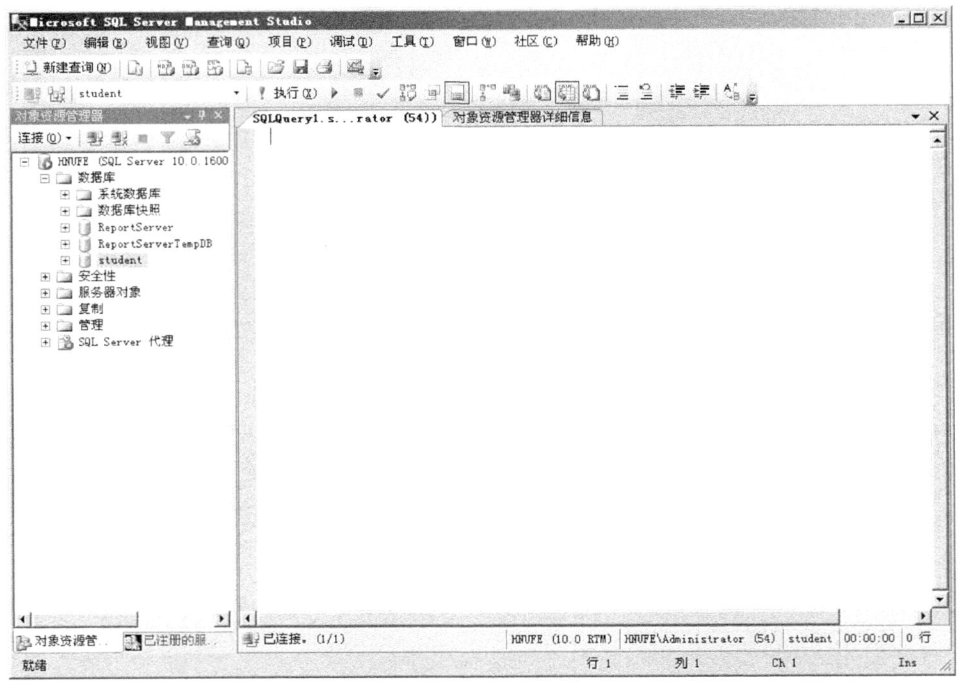

图 5.7 SQL 编辑器

下面首先介绍 CREATE DATABASE 语句的语法，接着利用 CREATE DATABASE 语句创建第 5.2.1 节中的 student 数据库。

1) CREATE DATABASE 语句的语法和参数

使用 T-SQL 的 CREATE DATABASE 语句的语法格式如下：

```
CREATE DATABASE database_name
ON
{ [ PRIMARY ] ( NAME = logical_file_name ,
FILENAME = 'os_file_name'
[ , SIZE = size]
[ , MAXSIZE = { max_size | UNLIMITED } ]
[ , FILEGROWTH = growth_increment ])
} [ ,...n ]
```

```
LOG ON
{ [ PRIMARY ] ( NAME = logical_file_name ,
FILENAME = 'os_file_name'
[ , SIZE = size]
[ , MAXSIZE = { max_size | UNLIMITED } ]
[ , FILEGROWTH = growth_increment ])
} [ ,...n ]
```

参数说明如下。

- database_name：新数据库的名称。
- ON：指定显式定义用来存储数据库数据部分的磁盘文件(数据文件)。
- PRIMARY：在主文件组中指定文件。
- LOG ON：指定显式定义用来存储数据库日志的磁盘文件(日志文件)。
- NAME：指定文件的逻辑名称。
- FILENAME：指定操作系统(物理)文件名称。os_file_name 是创建文件时由操作系统使用的路径和文件名，指定路径必须存在。
- SIZE：指定文件的大小。size 是文件的初始大小，用户可以以兆字节(MB)或千字节(KB)为单位。如果没有为主文件提供初始大小，则数据库引擎将使用 Model 数据库中的主文件的大小；如果指定了辅助数据文件或日志文件，但未指定该文件的初始大小，则数据库引擎将以 1MB 作为该文件的大小。
- MAXSIZE：指定文件可增大到的最大大小。可以使用 KB、MB 为单位，默认值为 MB。如果不指定文件的最大尺寸，则文件将增长到磁盘被充满为止。
- UNLIMITED：指定文件将增长到整个磁盘。在 SQL Server 2008 中，规定日志文件可增长的最大大小为 2TB，而数据文件的最大大小为 16TB。
- FILEGROWTH：指定文件的自动增量。文件的 FILEGROWTH 设置不能超过 MAXSIZE 设置。如果未指定 FILEGROWTH，则数据文件的默认值为 1MB，日志文件的默认增长比例为 10%，并且最小值为 64KB。

2) 使用 CREATE DATABASE 语句创建 student 数据库

使用 CREATE DATABASE 语句就可以创建数据库以及存储该数据库的文件。SQL Server 2008 通过使用以下步骤实现 CREATE DATABASE 语句：首先，SQL Server 2008 数据库引擎使用 Model 数据库的副本初始化该数据库及其元数据；接着，为数据库分配 Service Broker GUID；最后，使用空页填充数据库的剩余部分(包含记录数据库中空间使用情况的内部数据页除外)。在一个 SQL Server 的实例中最多可以指定 32 767 个数据库。

下面使用 CREATE DATABASE 语句重新创建第 5.2.1 节中创建的 student 数据库。具体步骤如下：

(1) 打开 SQL Server Management Studio，并用“Windows 身份验证”登录。

(2) 单击标准工具栏的“新建查询”按钮，打开查询编辑窗口。

(3) 在查询编辑窗口中输入如下的 T-SQL 语句：

```
CREATE DATABASE student
ON PRIMARY
(
NAME = student_data,
FILENAME = 'C:\Program Files\Microsoft SQL Server\MSSQL10.MSSQLSERVER\MSSQL\DATA\student_
data.mdf',
SIZE = 3,
MAXSIZE = UNLIMITED,
FILEGROWTH = 1
)
LOG ON
(
NAME = student_log,
FILENAME = 'C:\Program Files\Microsoft SQL Server\MSSQL10.MSSQLSERVER\MSSQL\DATA\student_
log.ldf',
SIZE = 1,
MAXSIZE = 20,
FILEGROWTH = 10%
)
```

(4) 单击工具栏上的“执行”按钮执行上面输入的 SQL 语句。

(5) 在查询执行后，查询结果窗口中会返回查询执行的结果。

5.2.2 修改用户数据库

在数据库创建之后，还可以使用 SQL Server Management Studio 和 T-SQL 语句来查看和修改数据库的配置信息。

1. 利用对象资源管理器修改用户数据库

如果想要查看或修改数据库的配置信息，打开 SQL Server Management Studio，在“对象资源管理器”窗口展开数据库实例下的“数据库”节点，接着选中需要查看或配置的数据库并单击鼠标右键，从弹出的快捷菜单中选择“属性”命令，如图 5.8 所示。

打开“数据库属性”对话框，如图 5.9 所示。在“数据库属性”对话框中，包括常规、文件、文件组、选项、更改跟踪、权限、扩展属性、镜像和事务日志传送 9 个选项卡，可以分别对相关问题进行设置。

- “常规”选项卡：使用此选项卡可以查看所选数据库的常规属性信息，此选项卡一般是不能修改的，它标识出了数据库的基本属性，如数据库备份情况、数据库状态、数据库所有者等。
- “文件”选项卡：使用此选项卡页可以查看或修改所选数据库的数据文件和日志文件属性，包括数据库文件占用空间的大小和增长的方式等信息。
- 文件组：使用此选项卡可以查看文件组，或为所选数据库添加新的文件组。
- 选项：使用此选项卡可以查看或修改所选数据库的选项，包括所选数据库的排序规则、恢复模式、兼容级别等信息。
- 更改跟踪：使用此选项卡可查看或修改所选数据库的更改跟踪设置，启用或禁用数据库的更改跟踪。若要启用更改跟踪，必须拥有修改数据库的权限。

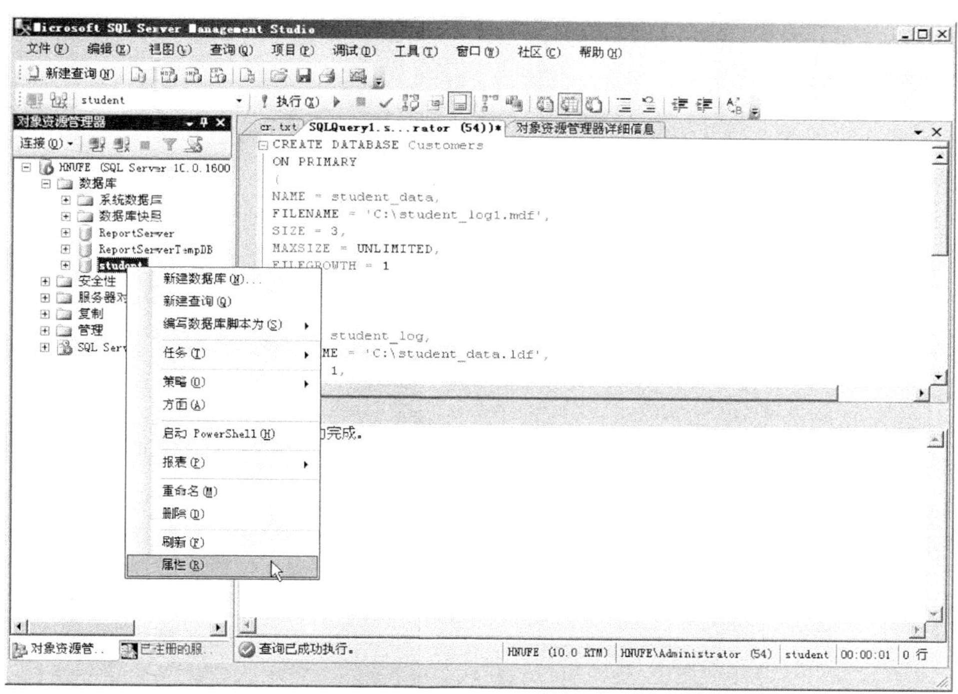

图 5.8　数据库快捷菜单

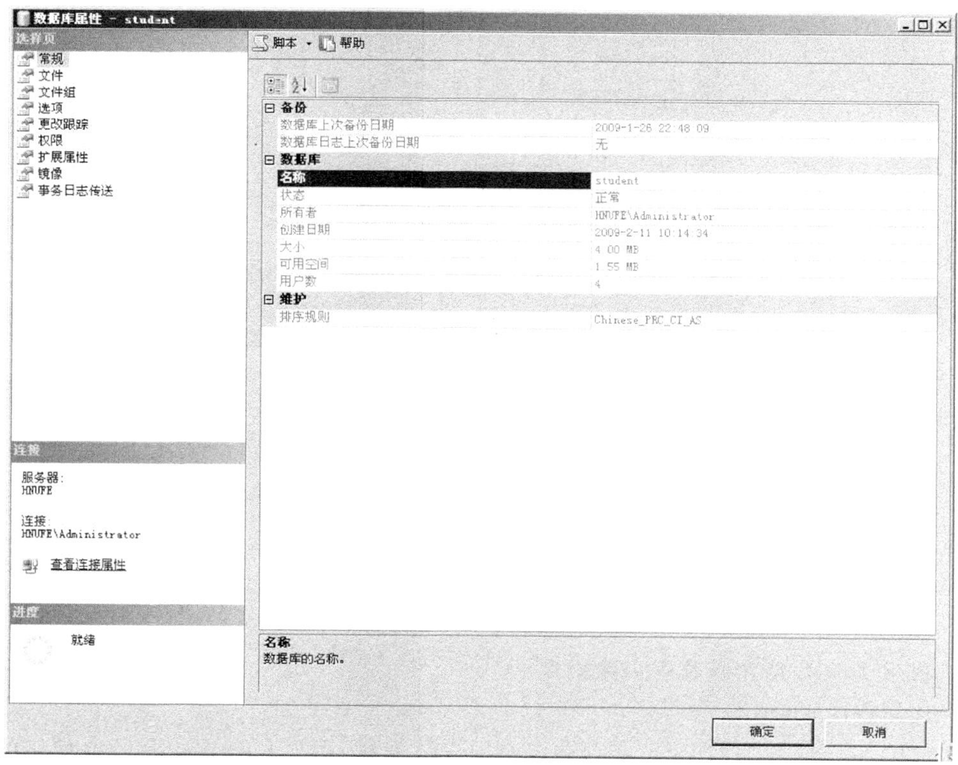

图 5.9　数据库属性

- 权限：使用此选项卡可以查看或设置安全对象的权限，包括用户、角色和权限信息。
- 扩展属性：用户可以通过使用扩展属性向数据库对象添加自定义属性，使用此选项卡可以查看或修改所选对象的扩展属性。
- 镜像：使用此选项卡可以查看或设置镜像的主体服务器、镜像服务器和见证服务器。开始镜像前必须先配置安全性。
- 事务日志传送：使用此选项卡可以配置和修改数据库的日志传送属性。

应用举例如下。

在某些情况下，通常是 DBA 为了对数据库进行维护时，不希望其他用户访问数据库，数据库管理员需要设置访问数据库的用户数或用户角色。在“数据库属性”的“选项”选项卡中，单击“限制访问”下拉框，如图 5.10 所示。其中，MULTI_USER 表示多用户访问，允许多个用户同时访问数据库(默认值)；SINGLE_USER 表示单用户访问，只能有一个用户访问数据库，其他用户被中断访问；RESTRICTED_USER 表示限制用户访问，只有 db_owner(数据库所有者)、dbcreater(数据库创建者)和 sysadmin(系统管理员)3 种角色可以访问数据库。

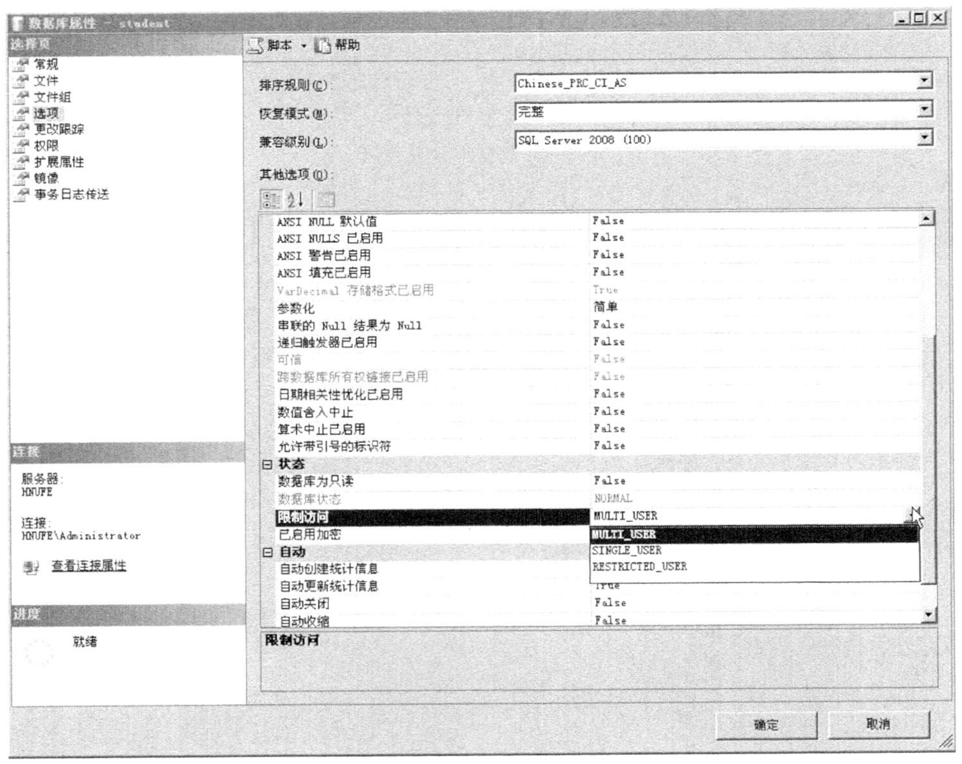

图 5.10　限制访问数据库的用户

2. 利用 T-SQL 语句修改用户数据库

1) 选择数据库

在 SQL Server 服务器上，可能存在多个用户数据库，用户只有连接上所要使用的数据库，才能对该数据库中的数据进行操作。默认情况下，用户连接 Master 系统数据库。用户在连接 SQL Server 服务器时需要指定连接的数据库，或在不同的数据库之间进行切换，可以通过在 SQL 编辑器中利用以下命令来完成。

选择数据库语句的语法格式如下：

```
USE database_name
```

其中，database_name 为选择的数据库名称。

2）查看数据库属性

数据库的属性信息都保存在系统数据库和系统数据表中，可以通过系统提供的存储过程来获取有关数据库的属性信息。

- sp_helpdb 显示有关数据库和数据库参数信息。
- sp_spaceused 查看数据库空间信息。
- sp_options 查看数据库选项信息。

【例 5-1】 查询数据库 student 的相关参数信息。

```
Exec sp_helpdb student
```

【例 5-2】 查询数据库 student 的空间信息。

```
Use student
Exec sp_spaceused
```

【例 5-3】 查询数据库 student 的选项信息。

```
Exec sp_dboption student
```

3）修改数据库

使用 ALTER DATABASE 语句就可以修改数据库以及存储该数据库的文件组和文件的属性信息。

ALTER DATABASE 语句的语法格式如下：

```
ALTER DATABASE database_name
{  ADD FILE <filespec> [ ,...n ] [ TO FILEGROUP { filegroup_name } ]
  | ADD LOG FILE <filespec> [ ,...n ]
  | REMOVE FILE logical_file_name
  | MODIFY FILE <filespec>
  | ADD FILEGROUP filegroup_name
  | REMOVE FILEGROUP filegroup_name
  | MODIFY FILEGROUP filegroup_name { filegroup_property | NAME = new_filegroup_name }
```

参数说明如下。

- ADD FILE：向指定的数据库文件组添加新的数据文件。
- ADD LOG FILE：向数据库添加事务日志文件。
- REMOVE FILE：从 SQL Server 的实例中删除逻辑文件说明并删除物理文件。除非文件为空，否则无法删除文件。
- MODIFY FILE：修改某一文件的属性。
- ADD FILEGROUP：向数据库添加文件组。

- REMOVE FILEGROUP：从 SQL Server 的实例中删除文件组。
- MODIFY FILEGROUP：修改某一文件组的属性。

【例 5-4】 为数据库 student 添加一个数据文件 student_data2 和一个事务日志文件 student_log2。

```
ALTER DATABASE student
ADD FILE
(
NAME = student_data2,
FILENAME = 'C:\Program Files\Microsoft SQL Server\MSSQL10.MSSQLSERVER\MSSQL\DATA\student_
data2.ndf',
SIZE = 3,
MAXSIZE = 10,
FILEGROWTH = 1
)
GO
ALTER DATABASE student
ADD LOG FILE
(
NAME = student_log2,
FILENAME = 'C:\Program Files\Microsoft SQL Server\MSSQL10.MSSQLSERVER\MSSQL\DATA\student_
log2.ldf',
SIZE = 1,
MAXSIZE = 20,
FILEGROWTH = 10%
)
GO
```

【例 5-5】 修改数据库 student 的数据文件 student_data2 的属性，将其初始大小改为 10MB，最大容量 100MB，增长幅度 5MB。

```
ALTER DATABASE student
MODIFY FILE
(
NAME = student_data2,
SIZE = 10,
MAXSIZE = 100,
FILEGROWTH = 5
)
GO
```

5.2.3 删除用户数据库

1. 利用对象资源管理器删除用户数据库

如果数据库再需要，为节省存储空间，可删除数据库。数据库一旦被删除，即被永久删除，文件和其数据都将从服务器上的磁盘中删除。具体步骤如下：

(1) 打开 SQL Server Management Studio 并连接到数据库实例。

(2) 在“对象资源管理器”窗口中展开数据库实例下的“数据库”项。

(3) 选中需要删除的数据库,并单击鼠标右键。

(4) 在弹出的快捷菜单中选择“删除”命令,打开“删除对象”对话框,如图 5.11 所示。

(5) 单击“确定”按钮,执行删除操作。数据库删除成功后,在“对象资源管理器”中将不会出现被删除的数据库。

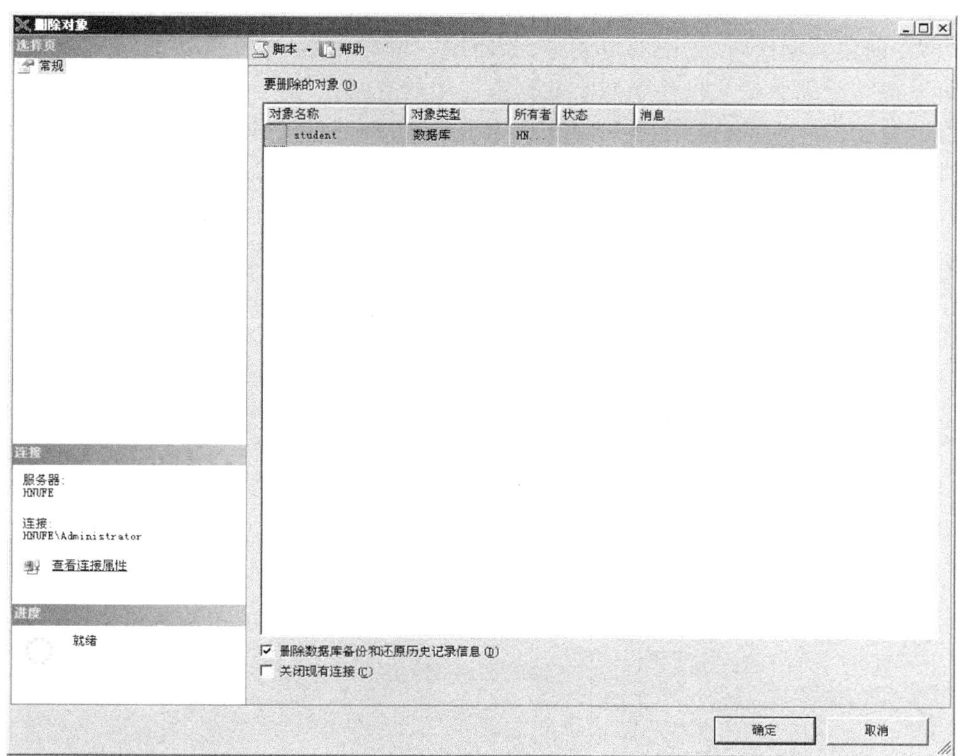

图 5.11 删除数据库

2. 利用 T-SQL 语句删除用户数据库

使用 T-SQL 的 DROP DATABASE 语句可以删除用户数据库,其语法格式如下:

```
DROP DATABASE database_name
```

说明如下。

database_name: 指定要删除的数据库的名称。

5.3 SQL Server 2008 数据库高级管理

5.3.1 收缩用户数据库

SQL Server 2008 采取预先分配空间的方法来建立数据库的数据文件或日志文件,比如数据文件的空间分配了 100MB,而实际上只占用了 50MB 空间,这样就会造成存储空间的浪费。为此,SQL Server 2008 提供了收缩数据库的功能,允许对数据库中的每个文件进行收缩,删除已经分配但没有使用的页。

但是,需要注意的是:不能将整个数据库收缩到比其原始大小还要小。因此,如果数据库创建时的大小为 10MB,后来增长到 100MB,则该数据库最小能够收缩到 10MB(假定已经删除该数据库中所有数据)。

1. 利用对象资源管理器收缩用户数据库

1) 自动收缩用户数据库

如果在创建数据库时,分配的空间过大,使用一段时间后,数据库可能占用多余的磁盘空间,可以执行收缩数据库操作来减小数据库占用的空间。

打开"数据库属性"窗口,选择"选项"选项卡,单击自动收缩旁的下拉列表框,选择 True 就可设定数据库为自动收缩,如图 5.12 所示。以后,DBMS 会定期检查每个数据库的空间使用情况,并自动收缩数据文件的大小。

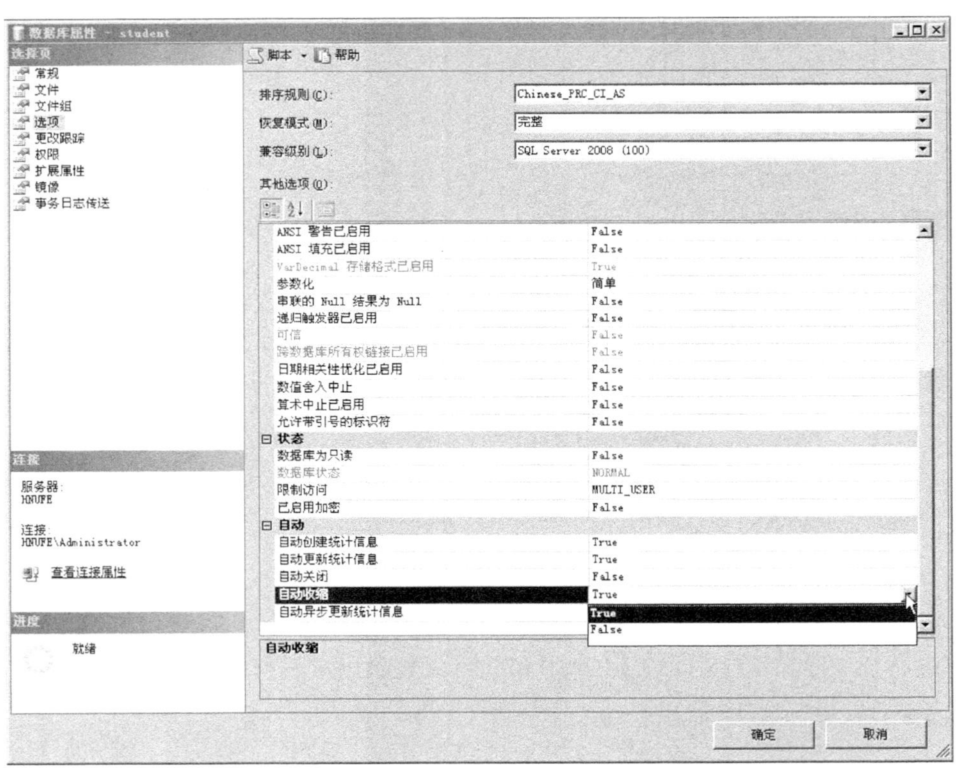

图 5.12 设置自动收缩数据库

2) 手动收缩用户数据库

用户也可以根据需要,选择手动收缩用户数据库。具体步骤如下:

(1) 打开 SQL Server Management Studio,并连接到数据库实例。

(2) 在"对象资源管理器"窗口中展开数据库实例下的"数据库"项。

(3) 选中需要收缩的数据库,并单击鼠标右键。

(4) 在弹出的快捷菜单中选择"任务"→"收缩"→"数据库"命令,打开"收缩数据库"对话框，如图 5.13 所示。

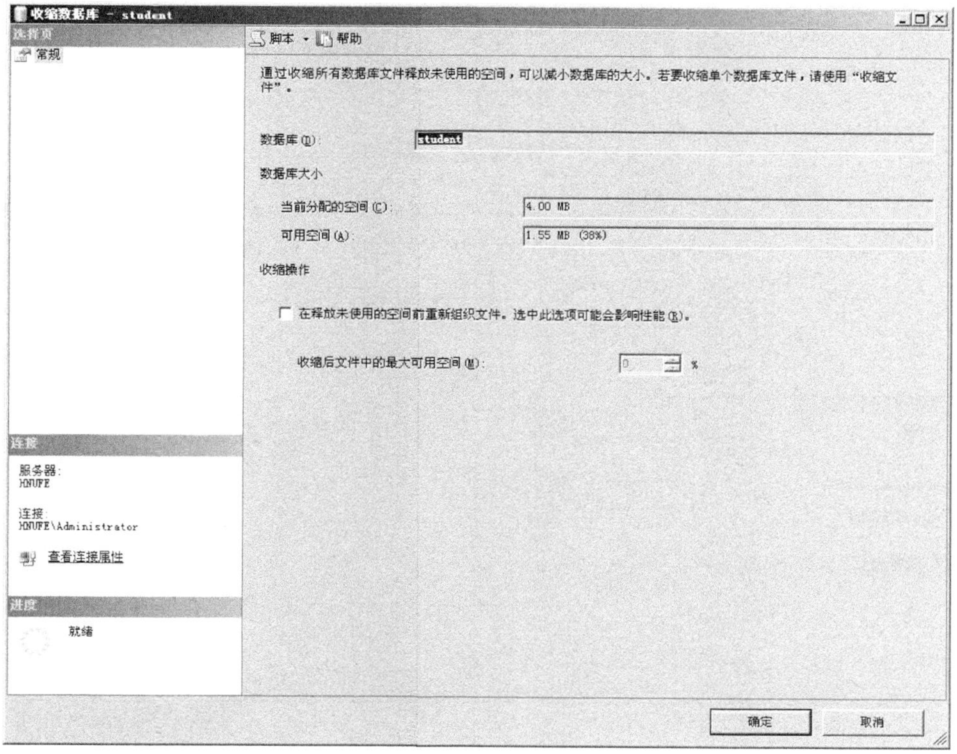

图 5.13　收缩数据库

(5) 在“收缩数据库”对话框中，“当前分配的空间”文本框中显示的是数据库当前占用的空间，“可用空间”文本框中显示的是数据库当前的可用空间。在“收缩后文件中的最大可用空间”文本框中输入一个整数值。这个值的取值范围是 0～99，表示数据库收缩后数据库文件可用空间占用的最大百分比。

(6) 完成设置后，单击“确定”按钮，执行收缩数据库任务。

3) 手动收缩数据文件

用户除了可以收缩数据库外，还可直接收缩数据文件。具体步骤如下：

(1) 打开 SQL Server Management Studio，并连接到数据库实例。

(2) 在“对象资源管理器”窗口中展开数据库实例下的“数据库”项。

(3) 选中需要收缩的数据库，并单击鼠标右键。

(4) 在弹出的快捷菜单中选择“任务”→“收缩”→“文件”命令，打开“收缩文件”对话框，如图 5.14 所示。

(5) 在“收缩文件”对话框中，“文件类型”下拉列表框中选择需要收缩数据文件还是日志文件，如果收缩的是数据文件，可以在“文件组”下拉列表框中选择文件所在的文件组。

(6) 在“文件名”下拉列表框中输入要收缩的文件的名称，则在“位置”文本框中显示所选择文件的路径。

(7) 在“收缩操作”选项组中选择一种操作模式。

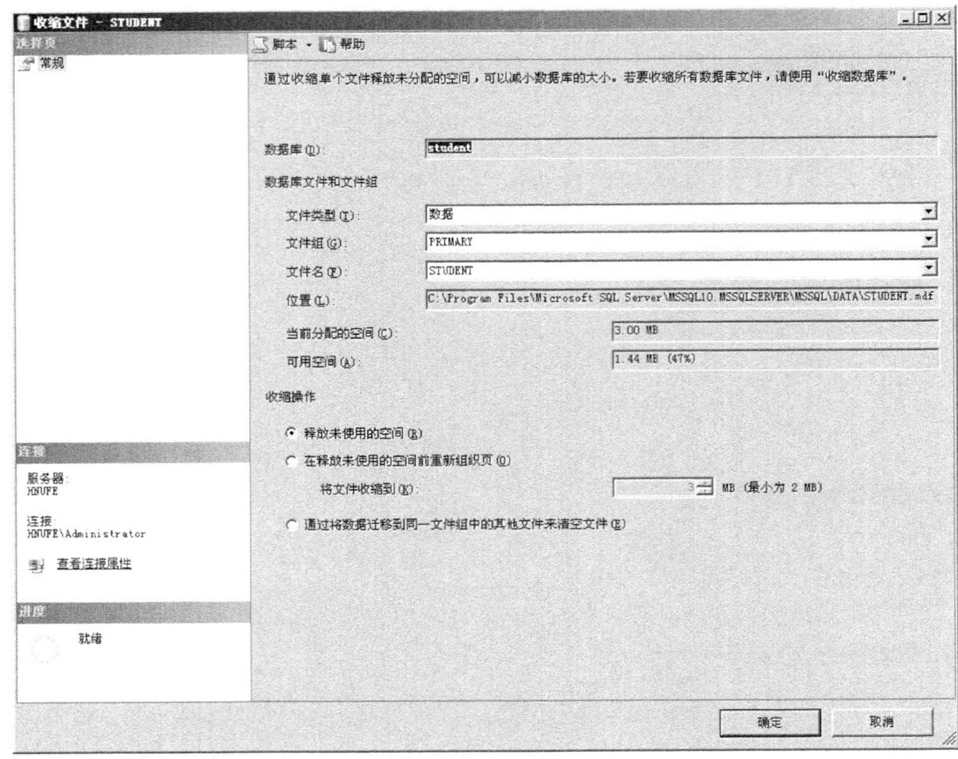

图 5.14 收缩文件

- 释放未使用的空间：直接释放文件中的未使用空间。执行这种收缩操作，可以不用移动数据。
- 在释放未使用的空间前重新组织页：为操作系统释放文件中所有未使用的空间，并尝试将行重新定位到未分配页。如果选中了这种操作模式，必须指定"将文件收缩到"值。
- 通过将数据迁移到同一文件组中的其他文件来清空文件：将文件中的所有数据移至同一文件组中的其他文件中，然后可以删除空文件。

(8) 完成设置后，单击"确定"按钮，执行收缩文件任务。

2. 利用 T-SQL 语句收缩用户数据库

在 SQL Server 中，收缩用户数据库包括自动收缩数据库、手动收缩数据库和收缩指定数据文件 3 种方式。

1) 自动收缩数据库

使用 ALTER DATABASE 语句可以实现用户数据库自动收缩，其语法格式如下：

```
ALTER DATABASE database_name
SET AUTO_SHRINK ON/OFF
```

参数说明如下。

ON：将数据库设为自动收缩。

OFF：将数据库设为不自动收缩。

2）手动收缩数据库

使用 DBCC SHRINKDATABASE 语句可以实现用户数据库手动收缩，其语法格式如下：

```
DBCC SHRINKDATABASE
( database_name | database_id | 0 [ , target_percent ]
[ , { NOTRUNCATE | TRUNCATEONLY } ]
)
```

参数说明如下。

- database_name：要收缩的数据库的名称或 ID。如果指定 0，则使用当前数据库。
- target_percent：数据库收缩后的数据库文件中所需的剩余可用空间百分比。
- NOTRUNCATE：通过将已分配的页从文件末尾移动到文件前面的未分配页来压缩数据文件中的数据。
- TRUNCATEONLY：将文件末尾的所有可用空间释放给操作系统，但不在文件内部执行任何页移动。如果与 TRUNCATEONLY 一起指定，将忽略 target_percent。

【例 5-6】 收缩数据库 student 的大小，使得数据库中的文件有 20%可用空间。

```
DBCC SHRINKDATABASE( student, 20 )
```

3）收缩指定数据文件

使用 DBCC SHRINKFILE 语句可以实现收缩指定数据文件，其语法格式如下：

```
DBCC SHRINKFILE
( { file_name | file_id } { [ , EMPTYFILE ] | [ [ , target_size ]
  [ , { NOTRUNCATE | TRUNCATEONLY } ] ] }
)
[ WITH NO_INFOMSGS ]
```

参数说明如下。

file_name：要收缩的文件的逻辑名称或文件的标识(ID)号。

target_size：用兆字节表示的文件大小(用整数表示)。如果未指定，则将文件大小减少到默认文件大小。默认大小为创建文件时指定的大小。

【例 5-7】 将数据库 student 中名为 student_data 的数据文件收缩到 7MB。

```
DBCC SHRINKFILE( student_data, 7 )
```

5.3.2 分离与附加用户数据库

在 SQL Server 中用户数据库可以从服务器的管理中分离出来，脱离服务器的管理，同时保持数据文件和日志文件的完整性和一致性，这样分离出来的数据库的日志文件和数据文件可以附加到其他 SQL Server 服务器上构成完整的数据库，附加的数据库和分离时完全一致。

与分离对应的是附加数据库操作。附加数据库可以很方便地在 SQL Server 2008 服务器之间利用分离后的数据文件和日志文件组织成新的数据库。

在实际工作中，分离数据库作为对数据基本稳定的数据库的一种备份的办法来使用。

1. 利用对象资源管理器分离与附加用户数据库

1）分离用户数据库

分离数据库是指将数据库从 SQL Server 服务器实例中删除，但是数据库的数据文件和事务日志文件在磁盘中依然存在。具体步骤如下：

(1) 打开 SQL Server Management Studio，并连接到数据库实例。

(2) 在“对象资源管理器”窗口中展开数据库实例下的“数据库”项。

(3) 选中需要分离的数据库，并单击鼠标右键。

(4) 在弹出的快捷菜单中选择“任务”→“分离”命令，打开“分离数据库”对话框，如图 5.15 所示。

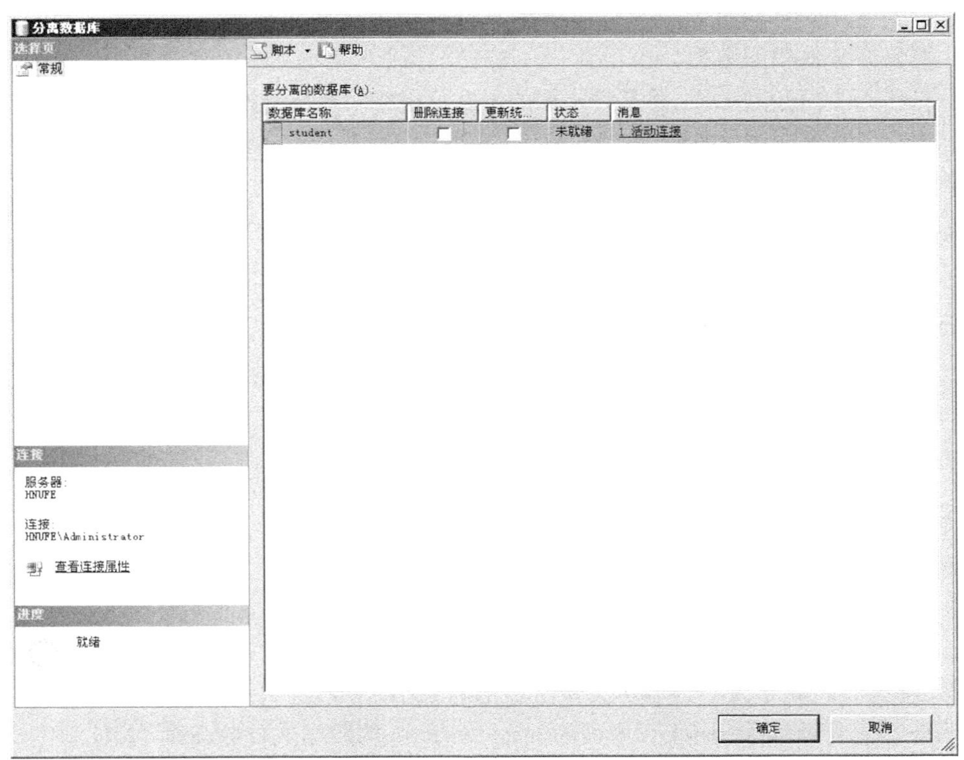

图 5.15　分离数据库

(5) 在“分离数据库”对话框中，“要分离的数据库”列表框中的“数据库名称”栏中显示了所选数据库的名称。另外，其他几项内容介绍如下。

- 更新统计信息：默认情况下，分离操作将在分离数据库时保留过期的优化统计信息；如果需要更新现有的优化统计信息，选中这个复选框。
- 保留全文目录：默认情况下，分离操作保留所有与数据库关联的全文目录。如果需要删除全文目录，则清除这个复选框。
- 状态：显示当前数据库的状态（“就绪”或“未就绪”）。
- 消息：数据库有活动连接时，消息列将显示活动连接的个数。

- 删除连接：如果消息列中显示有活动连接，必须选中这个复选框来断开与所有活动连接的连接。

(6) 设置完毕后，单击“确定”按钮。DBMS 将执行分离数据库任务。如果分离成功，在“对象资源管理器”中将不会出现被分离的数据库。

2) 附加用户数据库

在 SQL Server 中，用户可以在数据库实例上附加被分离的数据库。附加时，DBMS 会启动数据库。通常情况下，附加数据库时会将数据库重置为分离或复制时的状态。附加数据库的具体步骤如下：

(1) 打开 SQL Server Management Studio，并连接到数据库实例。

(2) 在“对象资源管理器”窗口中，选中数据库实例下的“数据库”项，并单击鼠标右键。

(3) 在弹出的快捷菜单中，选择“附加数据库”命令，打开“附加数据库”对话框，如图 5.16 所示。

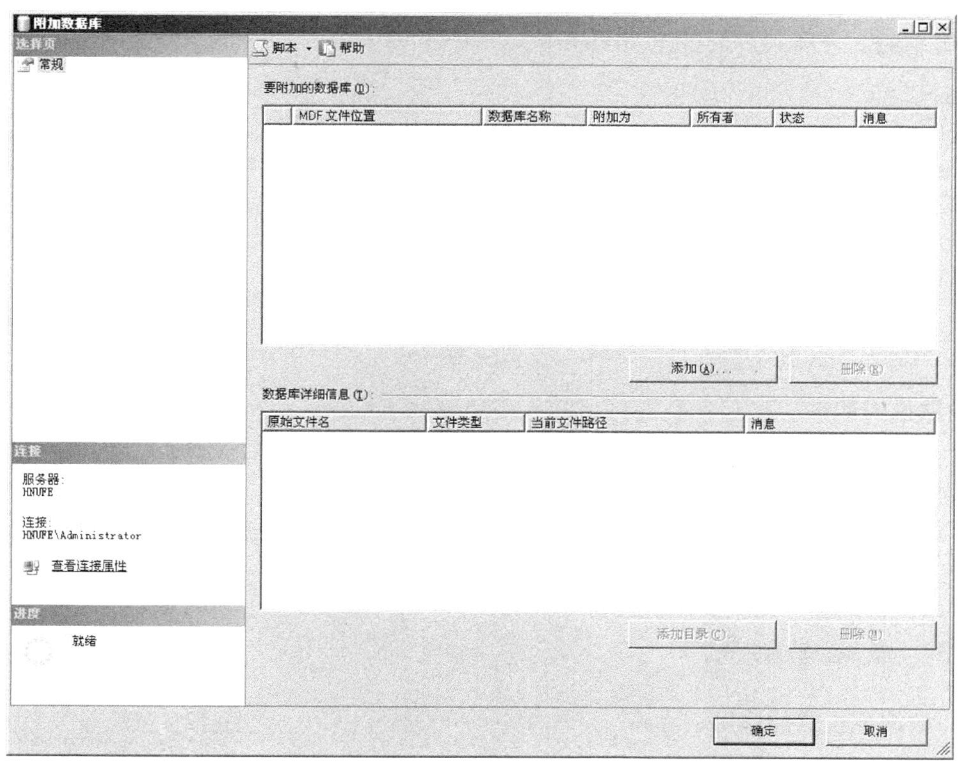

图 5.16 附加数据库

(4) 在“附加数据库”对话框中，单击“添加”按钮，打开“定位数据库文件”对话框。

(5) 在“定位数据库文件”对话框中，选择数据库所在的磁盘驱动器并展开目录树定位到数据库的 .mdf 文件。如果需要为附加的数据库指定不同的名称，可以在“附加数据库”对话框的“附加为”中输入名称。

(6) 如果需要更改所有者，可以在“所有者”栏中选择其他项，以更改数据库的所有者。

(7) 设置完毕后，单击“确定”按钮。DBMS 将执行附加数据库任务。如果附加成功，在

“对象资源管理器”中将会出现被附加的数据库。

2. 利用系统存储过程分离与附加用户数据库

1）分离用户数据库

使用系统存储过程 sp_detach_db 来执行分离用户数据库的操作，其语法格式如下：

```
sp_detach_db [ @dbname = ] 'database_name'
    [ , [ @skipchecks = ] 'skipchecks' ]
    [ , [ @keepfulltextindexfile = ] 'KeepFulltextIndexFile'
```

参数说明如下。

- [@dbname =] 'database_name'：要分离的数据库的名称。
- [@skipchecks =] 'skipchecks'：指定跳过还是运行 UPDATE STATISTIC。
- [@keepfulltextindexfile =] 'KeepFulltextIndexFile'：指定在数据库分离操作过程中不会删除与所分离的数据库关联的全文索引文件。

【例 5-8】 分离用户数据库 student。

```
USE master
GO
EXEC sp_detach_db @dbname = 'student'
GO
```

2）附加用户数据库

使用系统存储过程 sp_attach_db 来执行附加用户数据库的操作，其语法格式如下：

```
sp_attach_db [ @dbname = ] 'dbname', [ @filename1 = ] 'filename_n' [ ,...16 ]
```

参数说明如下。

- [@dbname=] 'dbnam '：要附加到该服务器的数据库的名称。该名称必须是唯一的。
- [@filename1=] 'filename_n'：数据库文件的物理名称，包括路径。文件名列表至少必须包括主文件。主文件中包含指向数据库中其他文件的系统表。

5.3.3 数据库快照

1. 数据库快照的作用

数据库快照就是数据库的一个只读副本，就像给数据库照了照片一样，这是从 SQL Server 2005 才新增的功能，只有 SQL Server 2005 Enterprise Edition 和更高版本才提供数据库快照功能。

数据库快照是数据库(源数据库)的只读、静态视图。多个快照可以位于一个源数据库中，并且可以作为数据库始终驻留在同一服务器实例上。创建快照时，每个数据库快照在事务上与源数据库一致。因此如果源数据库出现错误，可利用快照将源数据库恢复到创建快照时的状态，丢失的数据仅限于创建快照后数据库更新的数据。所有恢复模式都支持数据库快照。

2. 创建用户数据库快照

任何能创建数据库的用户都可以创建数据库快照。SQL Server Management Studio 不支持创建数据库快照,创建快照的唯一方式是使用 T-SQL 语句。

通过使用 AS SNAPSHOT OF 子句对文件执行 CREATE DATABASE 语句来完成数据库快照的创建,同时创建快照需要指定源数据库的每个数据文件的逻辑名称。

其语法格式如下:

```
CREATE DATABASE database_snapshot_name ON
  ( NAME = logical_file_name,
   FILENAME = 'os_file_name' ) [ ,...n ]
AS SNAPSHOT OF source_database_name
```

参数说明如下。

- database_snapshot_name:新数据库快照的名称。
- NAME = logical_file_name:源数据库中数据文件逻辑名称。
- FILENAME = 'os_file_name':新数据库快照的物理文件名称。
- AS SNAPSHOT OF source_database_name:指定要创建的数据库快照所对应的源数据库名称 source_database_name,快照和源数据库必须位于同一实例中。

【例 5-9】 对 student 数据库创建数据库快照。快照名称 student_dbss 及其稀疏文件的名称 student_data. ss。

```
CREATE DATABASE student_dbss ON
( NAME = student_Data,
FILENAME = 'C:\Program Files\Microsoft SQL Server \MSSQL10.MSSQLSERVER \MSSQL\Data\student_
data.ss' )
AS SNAPSHOT OF student ;
GO
```

3. 删除用户数据库快照

在数据库中,任何具有 DROP DATABASE 权限的用户都可以使用 T-SQL 删除数据库快照。删除数据库快照会终止所有到此快照的用户连接。

【例 5-10】 删除名为 student_dbss 的数据库快照,而不影响源数据库。

```
DROP DATABASE student_dbss
```

5.4 本章小结

本章介绍了 SQL Server 数据库的相关知识,其内容主要包括数据库的基本概念、数据库的创建和管理方法。在 SQL Server 中,数据库的构成包括数据文件和日志文件的物理结构。

通过本章的学习,读者应该掌握以下内容:

(1) 数据库的结构和组成。

(2) 数据库的创建、修改和删除方法。

(3) 数据库的收缩、分离与附加方法。

习 题 5

1. 在 SQL Server 中,有哪些类型的数据库?
2. 简述 SQL Server 中数据库的结构。
3. 创建用户数据库的方法有哪些?具体操作步骤是什么?
4. 试说明创建一个用户数据库的语句格式中各个选项的含义。
5. 数据库的收缩包括哪些实现方法?
6. 简述数据库快照的优点。

第6章 SQL Server 2008 数据表管理

本章学习目标

- 熟练掌握数据表的创建、修改和删除方法；
- 熟练掌握表数据的插入、修改和删除方法；
- 熟练数据表的约束及其使用。

6.1 数 据 表

6.1.1 数据表的基本概念

数据库是保存数据的集合，其目的在于存储和返回数据。如果没有数据库的表所提供的结构，这些任务是不可能完成的。数据库中包含一个或多个表，表是数据库的基本构造块。同时，表是数据的集合，是用来存储数据和操作数据的逻辑结构。表由行和列构成。行被称为记录，是组织数据的单位；列被称为字段，每一列表示记录的一个属性。

在 SQL Server 中，数据表分为永久数据表和临时数据表两种。永久数据表在创建后一直存储在数据库文件中，直至用户删除为止；而临时数据表用户退出或系统修复时被自动删除。临时表又分为局部临时表和全局临时表。局部临时表只能由创建它的用户使用，在该用户连接断开时，它被自动删除；全局临时表对系统当前的所有连接用户来说都是可用的，在使用它的一个会话结束时它被自动删除。在创建表时，系统根据表名来确定是创建临时表还是永久表。临时表的表名以＃号开头，除此之外为永久表。局部临时表的表名开头包含一个＃号，而全局临时表的表名开头包含两个＃号。

6.1.2 数据类型

在数据表中的每一个数据列都会有特定的属性，而这些属性中最重要的就是数据类型(Data Type)，数据类型是用来定义储存在数据列中的数据，其限制了一个列中可以存储的数据的类型，在某些情况下甚至限制了该列中的可能值的取值范围。

在 SQL Server 中，数据类型可以是系统提供的数据类型，也可以是用户自定义的数据类型。

1. 系统数据类型

SQL Server 系统数据类型有 7 类，如表 6.1 所示。

表 6.1 SQL Server 的 7 类数据类型

数据类型分类	基本目的
精确数字	存储带小数或不带小数的精确数字
近似数字	存储带小数或不带小数的数值
货币	存储带小数位的数值；专门用于货币值，最多可以有 4 个小数位
日期和时间	存储日期和时间信息，并强制实施特殊的年代规则
字符	存储基于字符的可变长度的值
二进制	存储以严格的二进制(0 和 1)表示的数据
专用数据类型	要求专门处理的复杂数据类型，诸如 XML 文档

1) 精确数字数据类型

精确数字数据类型用来存储没有小数位或有多个小数位的数值。使用任何算术运算符都可以操纵这些数据类型中存储的数值，而不需要任何特殊处理。精确数字数据类型的存储也是精确定义的，表 6.2 列出了 SQL Server 支持的精确数字数据类型。

表 6.2 精确数字数据类型

数据类型	存储	值域	作用
bigint	8 字节	−2E63～2E63−1	存储非常大的正负整数
int	4 字节	−2E31～2E31−1	存储正负整数
smallint	2 字节	−32 768～32 767	存储正负整数
tinyint	1 字节	0～255	存储小范围的正整数
decimal(p,s)	依据不同的精度，需要 5～17 字节	−10E38+1～10E38−1	最大可以存储 38 位十进制数
numeric(p,s)	依据不同的精度，需要 5～17 字节	−10E38+1～10E38−1	功能上等价于 decimal，并可以与 decimal 交换使用

2) 近似数字数据类型

近似数字数据类型可以存储十进制值。然而，其只能精确到数据类型定义中指定的精度，不能保证小数点右边的所有数字都被正确存储，因此会引入误差。由于这些数据类型是不精确的，所以几乎不使用它们。只有在精确数据类型不够大，不能存储数值时，才可以考虑使用 float。表 6.3 列出了 SQL Server 支持的近似数字数据类型。

表 6.3 近似数字数据类型

数据类型	存储	取值范围	作用
float(p)	4 或 8 个字节	−2.23E308～2.23E308	存储大型浮点数，超过十进制数据类型的容量
real	4 个字节	−3.4E38～3.4E38	仍然有效，但为了满足 SQL-92 标准，已经被 float 替换了

3) 货币数据类型

货币数据类型用于存储精确到 4 个小数位的货币值。表 6.4 列出了 SQL Server 支持的货币数据类型。

表 6.4 货币数据类型

数据类型	存储空间	取值范围	作　用
money	8 字节	－922 337 203 685 477 5808～922 337 203 685 477.5807	存储大型货币值
smallmoney	4 字节	－214 748.3648～214 748.3647	存储小型货币值

4）日期和时间数据类型

日期和时间数据类型用于存储日期和时间数。表 6.5 列出了 SQL Server 支持的日期和时间数据类型。

表 6.5 日期和时间数据类型

日期类型	存储空间	取值范围	作　用
date	3B	0001-01-01～9999-12-31	存储日期值
time	3～5B	00:00:00.0000000～23:59:59.9999999	存储时间值
datetime	8B	1753-01-01～9999-12-31，精度为 3.33 毫秒	存储大型日期和时间值
smalldatetime	4B	1900-01-01～2079-01-01，精度为 1 分钟	存储较小范围的日期和时间值

5）字符数据类型

存储字符数据时，选择一种为此目的而设计的数据类型。每种字符数据类型使用 1 个或 2 个字节存储每个字符，具体取决于该数据类型使用 ANSI（American National Standards Institute）编码还是 Unicode 编码，其中 ANSI 编码使用一个字节来表示每个字符，Unicode 标准使用 2 个字节来表示每个字符。表 6.6 列出了 SQL Server 支持的字符数据类型。

表 6.6 字符数据类型

数据类型	存储空间	字　符　数	作　用
char(n)	1～8000B	最多 8000 个字符	固定宽度的 ANSI 数据类型
nchar(n)	2～8000B	最多 4000 个字符	固定宽度的 Unicode 数据类型
varchar(n)	1～8000B	最多 8000 个字符	可变宽度的 ANSI 数据类型
varchar(max)	最大 2GB	最多 1 073 741 824 个字符	可变宽度的 ANSI 数据类型
nvarchar(n)	2～8000B	最多 4000 个字符	可变宽度的 Unicode 数据类型
nvarchar(max)	最大 2GB	最多 536 870 912 个字符	可变宽度的 Unicode 数据类型
text	最大 2GB	最多 1 073 741 824 个字符	可变宽度的 ANSI 数据类型
ntext	最大 2GB	最多 536 870 912 个字符	可变宽度的 Unicode 数据类型

6）二进制数据类型

有很多时候需要存储二进制数据。因此，SQL Server 提供了 3 种二进制数据类型，允许在一个表中存储各种数量的二进制数据。表 6.7 列出了 SQL Server 支持二进制数据类型。

表 6.7 二进制数据类型

数据类型	存储空间	作　用
binary(n)	1～8000B	存储固定大小的二进制数据
varbinary(n)	1～8000B	存储可变大小的二进制数据
varbinary(max)	最多 2GB	存储可变大小的二进制数据
image	最多 2GB	存储可变大小的二进制数据

7）特殊数据类型

除了上述标准数据类型外，SQL Server 还提供了另外 7 种特殊数据类型。表 6.8 描述了这些特殊数据类型。

表 6.8 特殊数据类型

数据类型	作　用
bit	存储 0,1 或 null。用于基本标记值。TRUE 被转换为 1，而 FALSE 被转换为 0
timestamp	一个自动生成的值。每个数据库都包含一个内部计数器，指定一个不与实际时钟关联的相对时间计数器。一个表只能有一个 timestamp 列，并在插入或修改行时被设置到数据库时间戳
uniqueidentifier	一个 16 位 GUID，用来全局标识数据库、实例和服务器中的一行
sql_variant	可以根据其中存储的数据改变数据类型。最多存储 8000B
cursor	供声明游标的应用程序使用。它包含一个可用于操作的游标的引用。该数据类型不能在表中使用
table	用来存储随后进行的处理的结果集。该数据类型不能用于列。该数据类型的唯一使用时机是在触发器、存储过程和函数中声明表变量时
Xml	存储一个 XML 文档，最大大小为 2GB。可以指定选项，强制只能存储格式良好的文档

对一个列的数据类型进行选择，是对数据库做出的最关键的决策。如果选择的数据类型限制性太强，应用程序就不能存储它们应该处理的数据，浪费大量的设计精力。如果选择的数据类型太宽，就会消耗比所需的更多的磁盘和内存空间，从而引起资源和性能方面的问题。

因此，为一个列选择数据类型时，应选择允许期望存储的所有数据值的数据类型，同时使所需的空间量最小。

2. 用户自定义数据类型

在系统数据类型的基础上，用户可以根据需要定制数据，称之为用户自定义数据类型。当用户自定义数据类型时，需要指定该类型的名称、建立在其上的系统数据类型以及是否允许空值（NULL）等特性。

所谓空值是数据库的一种特殊构造，表示某个值不存在，类似于"未知的"或"不可应用的"。空值不是一个值，也不占用任何存储空间。

利用对象资源管理器或系统存储过程可以非常方便地创建用户自定义数据类型。例如，在 student 数据库中，有很多数据表都要用到"学号"信息，因此可以创建一个名为 stu_id、基于 char 数据类型、长度为 10、不允许为空值的自定义数据类型来表示"学号"信息。

1）利用对象资源管理器创建用户自定义数据类型

（1）使用"Windows 身份验证"连接到 SQL Server 2008 数据库实例。

（2）展开需要创建用户自定义数据类型的数据库，选择"可编程性"→"类型"，单击鼠标右键，然后从弹出的快捷菜单中选择"新建"→"用户定义数据类型"命令，如图 6.1 所示，打开"新建用户定义数据类型"对话框。

(3) 在"新建用户定义数据类型"对话框中，可以定义类型的架构、名称、数据类型、精度、允许为空值等。输入名称 stu_id，选择数据类型 char 和精度 10，如图 6.2 所示。

(4) 完成设置后，单击"确定"按钮，创建用户自定义数据类型。

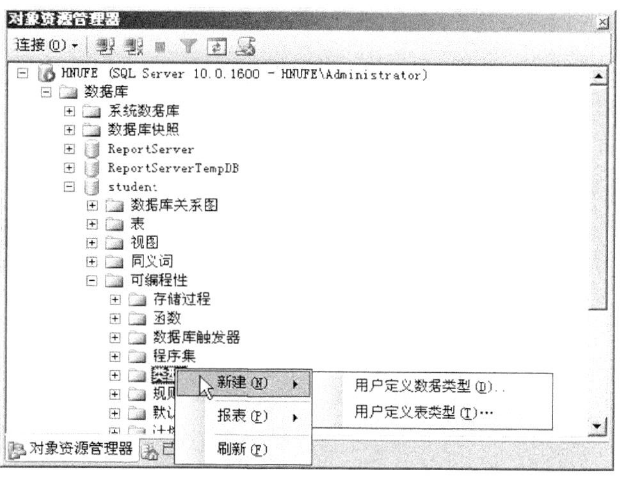

图 6.1　创建用户自定义数据类型

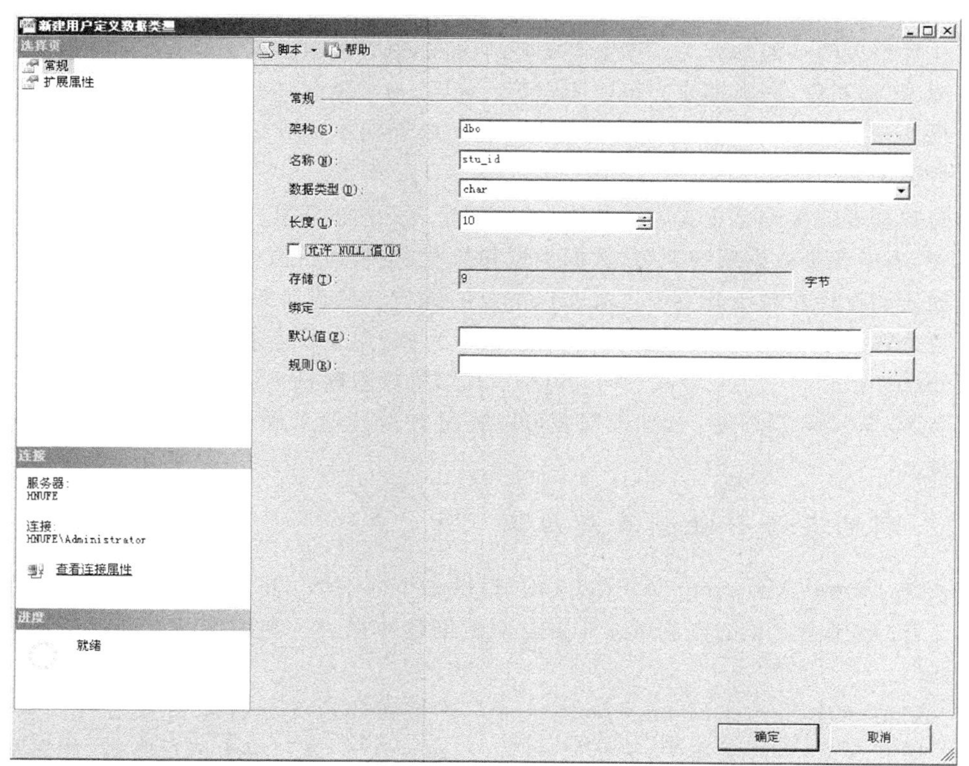

图 6.2　新建用户定义数据类型

2）利用 T-SQL 语句创建用户自定义数据类型

使用 CREATE TYPE 来执行创建用户自定义数据类型的操作，其语法格式如下：

```
CREATE TYPE type_name
{
      FROM base_type
      [( precision [ , scale ] ) ]
      [ NULL | NOT NULL ]
} [ ; ]
```

参数说明如下。

- base_type：用户自定义数据类型所基于的数据类型由 SQL Server 提供。
- precision：指定数据类型的精度。
- scale：对于 decimal 或 numeric，指示小数点位数，它必须小于或等于精度值。
- NULL | NOT NULL：指定此类型是否可容纳空值。如果未指定，则默认值为 NULL。

【例 6-1】 创建用户自定义数据类型 stu_id。

```
CREATE TYPE stu_id
FROM varchar(10) NOT NULL ;
```

6.2 创建数据表

创建数据表的一般步骤为：首先定义表结构，即给表的每一列取列名，并确定每一列的数据类型、数据长度、列数据是否可以为空等；然后，为了限制某列数据的取值范围，以保证输入数据的正确性和一致性而设置约束；当表结构和约束建立完成之后，最后就可以向表中输入数据了。

创建数据表的关键是定义表的结构，通常创建表之前的重要工作是设计表结构，即确定表的名字、表中各个数据项的列名、数据类型和长度、是否为空值等。

数据表的设计在系统开发中占有非常重要的地位。其设计理论在第 3 章中已作介绍，这里不再赘述。本书所有实例以 student 数据库为例，包括学生信息表(stu_info)、课程信息表(course_info)和学生成绩表(stu_grade)，其结构参看附录 A。

在 SQL Server 2008 中，创建数据表可以通过表设计器来操作，也可以利用 T-SQL 语句来实现。

6.2.1 利用表设计器创建数据表

在 SQL Server Management Studio 中，提供一个前端的、填充式的表设计器以简化表的设计工作，利用图形化的方法可以非常方便地创建数据表。利用这种方法创建学生信息表 stu_info。

(1) 启动 SQL Server Management Studio，连接到 SQL Server 2008 数据库实例。

(2) 展开 SQL Server 实例，选择"数据库→student→"表"，单击鼠标右键，然后从弹出的快捷菜单中选择"新建表"命令，如图 6.3 所示，打开"表设计器"。

(3) 在“表设计器”中，可以定义各列的名称、数据类型、长度、是否允许为空等属性，如图 6.4 所示。

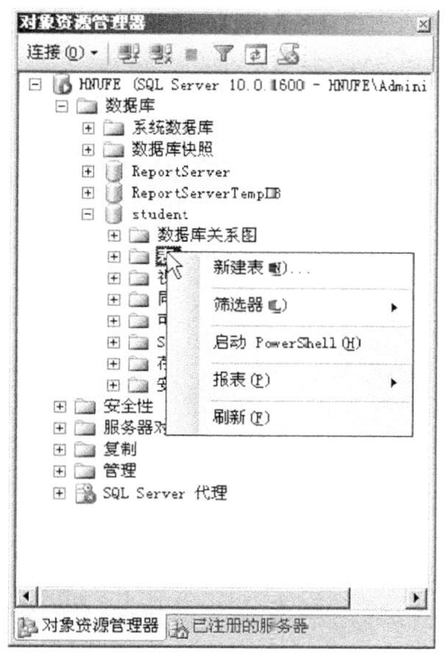

图 6.3 新建表

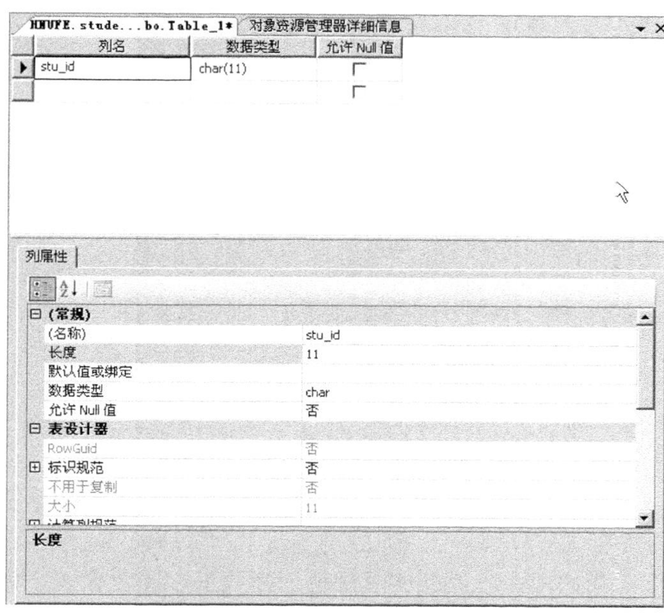

图 6.4 表设计器

(4) 当完成新建表的各个列的属性设置后，单击工具栏上的“保存”按钮，弹出“选择名称”对话框，输入新建表名 stu_info，SQL Server 数据库引擎会依据用户的设置完成新表的创建。

6.2.2 利用 T-SQL 语句创建数据表

利用 CREATE TABLE 语句可以创建数据表，该命令的基本语法如下：

```
CREATE TABLE [ database_name . [ schema_name ]. | schema_name. ] table_name
( { <column_definition> }
   [ <table_constraint> ] [ ,...n ] )
   [ ON { filegroup | "default" } ]
[ ; ]

<column_definition> :: =
column_name <data_type> [ NULL | NOT NULL ]
    [
        [ CONSTRAINT constraint_name ] DEFAULT constant_expression ]
      | [ IDENTITY [( seed ,increment ) ] [ NOT FOR REPLICATION ]
    ]
```

参数说明如下。

- database_name：是创建表的数据库的名称，必须指定现有数据库的名称。如果未指定，则 database_name 默认为当前数据库。
- table_name：新表的名称。表名必须遵循标识符规则。

- column_name：表中列的名称。列名必须遵循标识符规则并且在表中是唯一的。
- ON { filegroup | "default" }：指定存储表的文件组。如果指定了 "default"，或根本未指定 ON，则表存储在默认文件组中。

【例 6-2】 创建学生信息表 stu_info。

```
CREATE TABLE stu_info(
   Stu_id char(10) NOT NULL,
   name nvarchar(20) NOT NULL,
   birthday date NULL,
   sex nchar(2) NULL,
   address nvarchar(20) NULL,
   mark int NULL,
   major nvarchar(20) NULL,
   sdept nvarchar(20) NULL
);
```

6.3 完整性与约束

我们现在已经能够成功地创建数据库和数据表了，但是，在创建的数据表中还存在着很多的问题。例如，在现实生活中，我们可以用“男”和“女”来区分性别，也可以用 male 和 female，甚至可以用 0 和 1，在我们先前建立的 stu_info 数据表中，用户可以随意输入，只要满足我们对于数据类型的定义就可以了。当然，这种多义性是不允许的，将来会给我们的统计分析带来非常致命的影响。类似的例子还有很多，这就说明一个问题，数据库中的数据现实世界的反映，数据库的设计必须能够满足现实情况的实现，即满足现实商业规则的要求，这也就是数据完整性的要求。

在数据库管理系统中，约束是保证数据库中的数据完整性的重要方法。

6.3.1 完整性

数据完整性是数据库设计方面一个非常重要的问题，数据完整性代表数据的正确性、一致性与可靠性。实施完整性的目的在于确保数据的质量。

在 SQL Server 中，根据数据完整性措施所作用的数据库对象和范围不同，可以将数据完整性分类为实体完整性、域完整性和参照完整性等。

1. 实体完整性

实体完整性把数据表中的每行看作一个实体，它要求所有行都具有唯一标识。在 SQL Server 中，可以通过建立 PRIMARY KEY 约束、UNIQUE 约束、唯一索引，以及列 IDENTITY 属性等措施来实施实体完整性。

2. 域完整性

域完整性要求数据表中指定列的数据具有正确的数据类型、格式和有效的数据范围。域完整性通过默认值、FOREIGN KEY、CHECK 等约束，以及默认、规则等数据库对象来实现。

3. 参照完整性

参照完整性维持被参照表和参照表之间的数据一致性。在 SQL Server 中，参照完整性通过主键与外键或唯一键与外键之间的关系来实现，通过建立 FOREIGN KEY 约束来实施。在被参照表中，当其主键值被其他表所参照时，该行不能被删除，也不允许改变。在参照表中，不允许参照不存在的主键值。

6.3.2 约束

约束是数据库中的数据完整性实现的具体方法。在 SQL Server 中，包括 5 种约束类型：PRIMARY KEY 约束、FOREIGN KEY 约束、UNIQUE 约束、CHECK 约束和 DEFAULT 约束。

在 SQL Server 中，约束作为数据表定义的一部分，在 CREATE TABLE 语句中定义声明。同时，约束独立于数据表的结构，可以在不改变数据表结构的情况下，使用 ALTER TABLE 语句来添加或删除。

1. PRIMARY KEY 约束

表中经常有一列或多列的组合，其值能唯一地标识表中的每一行。这样的一列或多列称为表的主键(Primary Key)，通过它可以强制表的实体完整性。一个表只能有一个主键，而且主键约束中的列不能为空值。如将学生信息表(stu_info)中学生的“学号”设为该表的主键，因为它能唯一标识该表，且该列的值不为空。如果主键约束定义在不止一列上，则一列中的值可以重复，但主键约束定义中的所有列的组合值必须唯一，因为该组合列将成为表的主键，如学生成绩表(stu_grade)中学生的“学号”和课程的“课程号”组合作为主键。

1) 使用表设计器创建 PRIMARY KEY 约束

在表设计器中可以创建、修改和删除 PRIMARY KEY 约束。操作步骤如下：

在表设计器中，选择需要设置主键的列(如需要设置多个列为主键，则选中所有需要设置为主键的所有列)，单击鼠标右键，然后从弹出的快捷菜单中选择“设置主键”命令，完成主键设置，这时主键列的左边会显示“黄色钥匙”图标启动。

2) 使用 T-SQL 语句创建 PRIMARY KEY 约束

创建主键约束的语法形式如下：

```
[ CONSTRAINT constraint_name] PRIMARY KEY [ CLUSTERED | NONCLUSTERED ]
( column_name [, ...n ])
```

其中，CLUSTERED | NONCLUSTERED 表示所创建的 UNIQUE 约束是聚集索引还是非聚集索引，默认为 CLUSTERED 聚集索引。

【例 6-3】 创建课程信息表 course_info，其中 course_id 字段设为主键。

```
CREATE TABLE course_info(
   course_id char(3)  CONSTRAINT pk_course_id PRIMARY KEY,
   course_name nvarchar(20) NOT NULL,
   course_type nvarchar(20),
   course_mark int,
   course_time int
);
```

其中,pk_course_id 为主键约束名。

2. FOREIGN KEY 约束

外键(Foreign Key)用于建立和加强两个表(主表与从表)的一列或多列数据之间的链接,当数据添加、修改或删除时,通过外键约束保证它们之间数据的一致性。

定义表之间的参照完整性是先定义主表的主键,再对从表定义外键约束。FOREIGN KEY 约束要求列中的每个值在所引用的表中对应的被引用列中都存在,同时 FOREIGN KEY 约束只能引用在所引用的表中是 PRIMARY KEY 或 UNIQUE 约束的列,或所引用的表中在 UNIQUE INDEX 内的被引用列。

例如在学生成绩表(stu_grade)中的“学号”(外键)的取值必须参照学生基本信息表(stu_info)中的“学号”(主键)的有效值,与其保持一致性。

1) 使用表设计器创建 FOREIGN KEY 约束

在表设计器中可以创建、修改和删除 FOREIGN KEY 约束。以设置学生成绩表(stu_grade)中的“学号”为外键,其取值参照学生基本信息表(stu_info)中“学号”取值为例,其操作步骤如下:

(1) 在 stu_grade 的表设计器中,选择需要设置外键的列 stu_id,单击鼠标右键,然后从弹出的快捷菜单中选择“关系”命令,打开“外键关系”对话框,如图 6.5 所示。

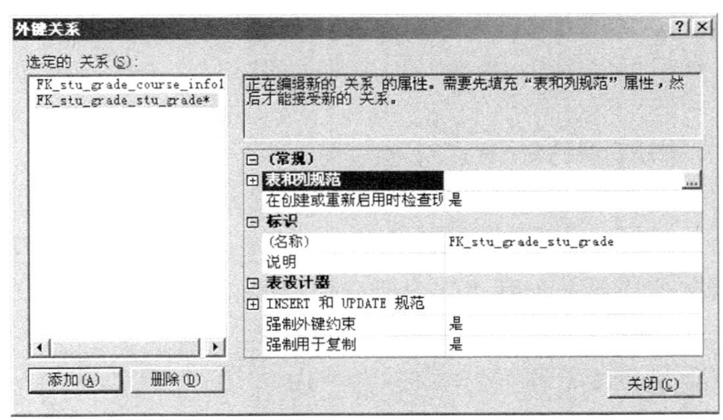

图 6.5 外键关系

(2) 在“外键关系”对话框中,单击“添加”按钮,增加新的外键关系。对新增外键关系进行设置,单击“表和规范”栏右边的“...”按钮,打开“表和列”对话框。

(3) 在“表和列”对话框中,如果想重新命名外键约束名,可以在“关系名”文本输入框中输入新的名称;在“主键表”下拉列表框中选择 stu_info 表,并单击“主键表”下的下拉按钮选择其中的 stu_id 作为被参照列;在“外键表”文本框中已经填入当前表名 stu_grade,并单击“外键表”下的下拉按钮选择其中的 stu_id 作为参照列,如图 6.6 所示。

(4) 设置完成后,单击“确定”按钮返回“外键关系”对话框,主键设置,检查表和列规范、关系名等属性设置无误后,再次单击“确定”按钮,即完成外键约束的创建。

在 SQL Server 2008 中,也可以通过“数据库关系图”来建立外键约束,其操作方法与上述操作类似,这里不再赘述。

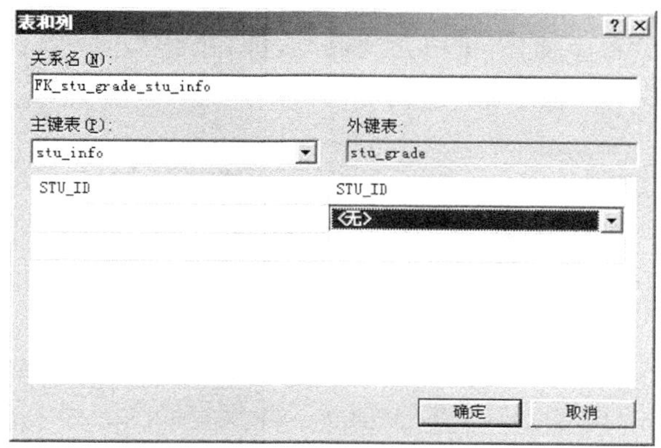

图 6.6 选择外键关系中约束列

2）使用 T-SQL 语句创建 FOREIGN KEY 约束

创建外键约束的语法形式如下：

```
[ CONSTRAINT constraint_name] [ FOREIGN KEY ]
REFERENCES referenced_table_name [([, ...n ]) ]
```

参数说明如下。

- referenced_table_name：FOREIGN KEY 约束引用的表的名称。
- column_name：FOREIGN KEY 约束所引用的表中的某列。

【例 6-4】 创建成绩表 stu_grade，其中 stu_id 列的取值参考学生信息表 stu_info 中 stu_id 的取值。

```
CREATE TABLE stu_grade(
    stu_id char(10) CONSTRAINT fk_stu_id FOREIGN KEY REFERENCES
stu_info( stu_id) ,
    course_id char(3) NOT NULL,
    grade int,
    CONSTRAINT pk_stu_course PRIMARY KEY( stu_id, course_id)
);
```

其中，pk_stu_course 为主键约束名；fk_stu_id 为外键约束名。

3. UNIQUE 约束

UNIQUE 约束用于确保表中某个列或某些列（非主键列）没有相同的列值。与 PRIMARY KEY 约束类似，UNIQUE 约束也强制唯一性，但 UNIQUE 约束用于非主键的一列或多列组合，而且一个表中可以定义多个 UNIQUE 约束，另外 UNIQUE 约束可以用于定义允许空值的列。例如在课程表（course_info）中已经定义“课程号”作为主键，而现在对于“课程名”也不允许出现重复，就可以通过设置“课程名”为 UNIQUE 约束来确保其唯一性。

1）使用表设计器创建 UNIQUE 约束

在表设计器中可以创建、修改和删除 UNIQUE 约束。以设置课程表（course_info）中的“课程名称”列不能重复为例，其操作步骤如下：

(1) 在 course_info 的表设计器中,选择需要设置唯一性的列 course_name,单击鼠标右键,然后从弹出的快捷菜单中选择"索引/键"命令,打开"索引/键"对话框,如图 6.7 所示。

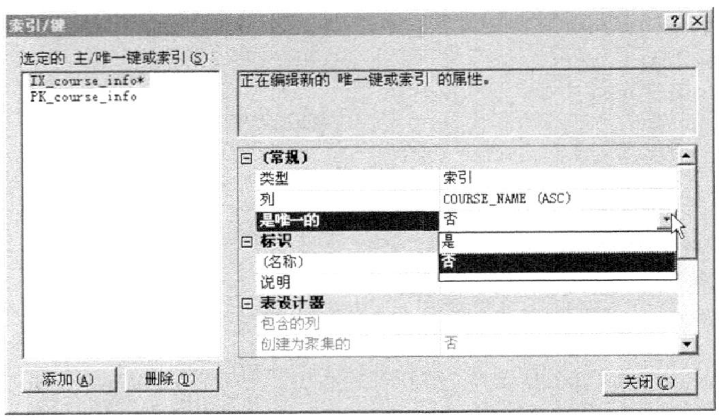

图 6.7 "索引/键"对话框

(2) 在"索引/键"对话框中,单击"添加"按钮,增加新的索引/键关系。对新增索引/键关系进行设置,如果想重新命名约束名,可以在"名称"文本输入框中输入新的名称;在"是唯一的"下拉列表框中选择"是";在"列"栏中选择需要建立索引的列。

(3) 设置完成后,单击"关闭"按钮返回表设计器窗口,再次单击工具栏中的"保存"按钮,即完成唯一性约束的创建。

2) 使用 T-SQL 语句创建 UNIQUE 约束

创建唯一性约束的语法形式如下:

```
[ CONSTRAINT constraint_name] UNIQUE [ CLUSTERED | NONCLUSTERED ]
```

其中,CLUSTERED | NONCLUSTERED 表示所创建的 UNIQUE 约束是聚集索引还是非聚集索引,默认为 NONCLUSTERED 非聚集索引。

【例 6-5】 创建课程信息表 course_info,其中 course_id 字段设为主键,并且 course_name 不能重复。

```
CREATE TABLE course_info(
   course_id char(3)   CONSTRAINT pk_course_id PRIMARY KEY,
   course_name nvarchar(20) CONSTRAINT un_name UNIQUE NOT NULL,
   course_type nvarchar(20),
   course_mark int,
   course_time int
);
```

其中,pk_course 为主键约束名;un_name 为唯一性约束名。

4. CHECK 约束

CHECK 约束用于限制输入到一列或多列的值的范围,从逻辑表达式判断数据的有效性,也就是一个列的输入内容必须满足 CHECK 约束的条件,否则,数据无法正常输入,从而强制数据的域完整性。例如在学生成绩表(stu_grade)中的"成绩"来讲,应该保证在 0~100 之间,又如在课程信息表(course_info)中的"学时"来讲,应该保证在 0~80 之间,而只用 int 数据类型是无法实现的，可以通过 CHECK 约束来完成。

1）使用表设计器创建 CHECK 约束

在表设计器中可以创建、修改和删除 UNIQUE 约束。以设置课程表(course_info)中的"学时"列在 0～80 之间为例，其操作步骤如下：

(1) 在 course_info 的表设计器中，选择需要设置检查约束的列 course_time，单击鼠标右键，然后从弹出的快捷菜单中选择"CHECK 约束"命令，打开"CHECK 约束"对话框，如图 6.8 所示。

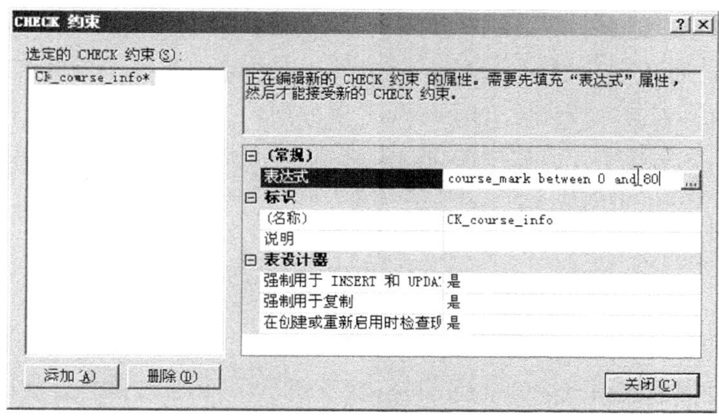

图 6.8 "CHECK 约束"对话框

(2) 在"CHECK 约束"对话框中，单击"添加"按钮，增加新的 CHECK 约束。对新增 CHECK 约束进行设置，如果想重新命名约束名，可以在"名称"文本输入框中输入新的名称；在"表达式"文本输入框中输入 CHECK 表达式"course_time between 0 and 80"。

(3) 设置完成后，单击"关闭"按钮返回表设计器窗口，再次单击工具栏中的"保存"按钮，即完成 CHECK 约束的创建。

2）使用 T-SQL 语句创建 CHECK 约束

创建检查约束的语法形式如下：

```
[ CONSTRAINT constraint_name] CHECK( check_expression )
```

其中，check_expression 为检查表达式。

【例 6-6】 创建课程信息表 course_info，其中 course_id 字段设为主键，course_name 字段不能重复，且 course_time 字段取值在 0～80 之间。

```
CREATE TABLE course_info(
    course_id char(3)  CONSTRAINT pk_course_id PRIMARY KEY,
    course_name nvarchar(20) CONSTRAINT un_name UNIQUE NOT NULL,
    course_type nvarchar(20),
    course_mark int,
    course_time int CONSTRAINT ck_course_time CHECK( course_time
between 0 and 80 )
    );
```

其中,pk_course 为主键约束名；un_name 为唯一性约束名；ck_course_time 为检查约束名。

5. DEFAULT 约束

若将表中某列定义了 DEFAULT 约束后,用户在插入新的数据行时,如果没有为该列指定数据,那么系统将默认值赋给该列,当然该默认值也可以是空值(NULL)。例如,假设学生信息表(stu_info)中的同学绝大多数都来自于“信息学院”,就可以通过设置“系别”字段的 DEFALUT 约束来实现,简化用户的输入。

1) 使用表设计器创建 DEFAULT 约束

在表设计器中可以创建、修改和删除 DEFAULT 约束。其操作步骤如下：

在表设计器中,选择需要设置 DEFAULT 值的列,在下面“列属性”的“默认值或绑定”栏中输入默认值,然后单击工具栏中的“保存”按钮,即完成 DEFAULT 约束的创建。

2) 使用 T-SQL 语句创建 DEFAULT 约束

创建默认值约束的语法形式如下：

```
[ CONSTRAINT constraint_name] DEFAULT( constraint_expression )
```

其中,constraint _expression 为默认值。

【例 6-7】 创建课程信息表 course_info,其中 course_id 字段设为主键,course_name 字段不能重复,且 course_time 字段取值在 0～80 之间,course_mark 字段默认值为 3。

```
CREATE TABLE course_info(
   course_id char(3)  CONSTRAINT pk_course_id PRIMARY KEY,
   course_name nvarchar(20) CONSTRAINT un_name UNIQUE NOT NULL,
   course_type nvarchar(20),
   course_mark int CONSTRAINT de_course_mark DEFAULT 3,
   course_time int CONSTRAINT ck_course_time CHECK( course_time
between 0 and 80 ),
   pre_course_id char(3)
   );
```

其中,pk_course 为主键约束名；un_name 为唯一性约束名；ck_course_time 为检查约束名；de_course_mark 为默认约束名。

6.4 管理数据表

在数据库的使用过程中,经常会发现原来创建的表可能存在结构、约束等方面的问题或缺陷。如果用一个新表替换原来的表,将造成表中数据的丢失。因此,需要有修改数据表而不删除数据的方法。另外,一个数据表如果不再具有使用价值,则可以删除。

6.4.1 修改数据表

1. 利用表设计器修改数据表

(1) 启动 SQL Server Management Studio,连接到 SQL Server 2008 数据库实例。

(2) 展开 SQL Server 实例，选择“数据库”→student→“表”→stu_info，单击鼠标右键，然后从弹出的快捷菜单中选择“设计”命令，如图 6.9 所示，打开“表设计器”。

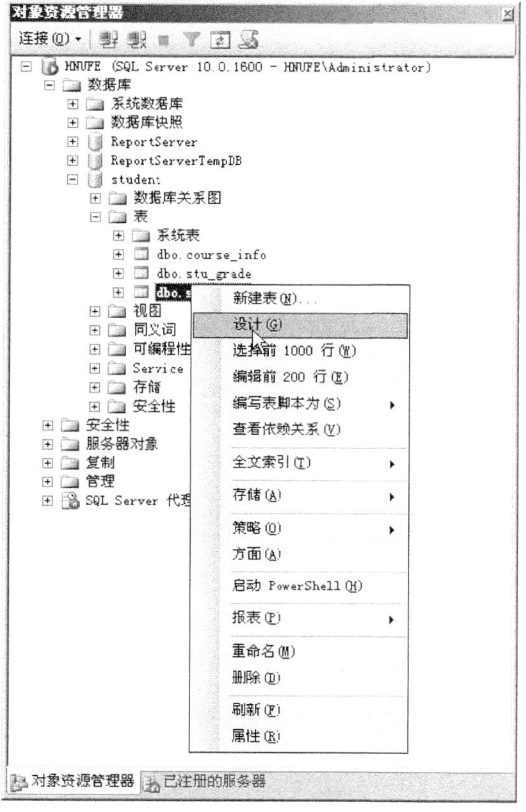

图 6.9 设计表

(3) 在“表设计器”中，可以新增列、删除列和修改列的名称、数据类型、长度、是否允许为空等属性，如图 6.10 所示。

① 增加列。

在 stu_info 表窗口中单击一行，输入增加列的名称、数据类型、长度、是否允许为空等属性。

② 修改列。

可以修改列的属性信息，包括列的名称、数据类型、长度、是否允许为空等属性，也可以增加约束条件。

- 设置主键：在 stu_info 表中，stu_id 是不能重复且不能为空的，因此应将其设置为主键。操作如下：在 stu_info 表窗口中，选择 stu_id 列，单击工具栏上的“设置主键”按钮。
- 设置 CHECK 约束：在 stu_info 表中，mark 表示学生入学成绩，应该大于 500 分，因此应将其设置 CHECK 约束。操作如下：在 stu_info 表窗口中，单击工具栏上的“管理 Check 约束”按钮，弹出“CHECK 约束”对话框，单击“添加”按钮，在表达式中输入 mark>500，如图 6.11 所示。

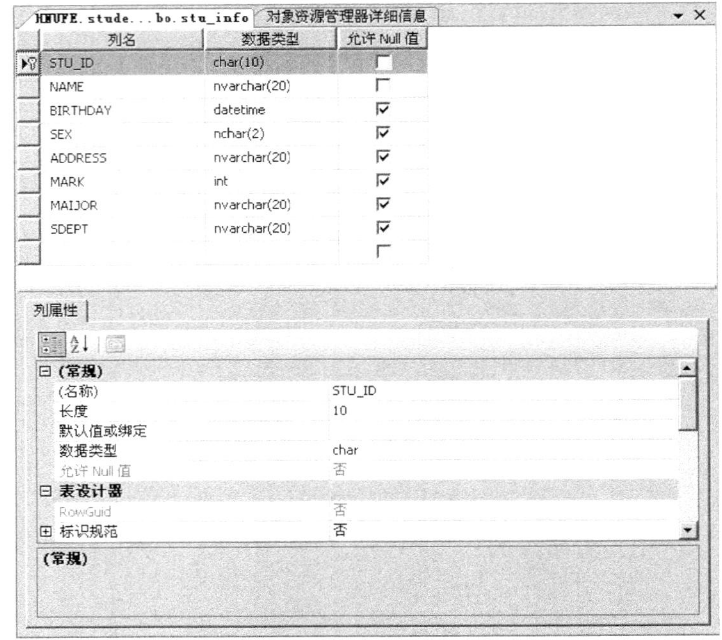

图 6.10　表设计器

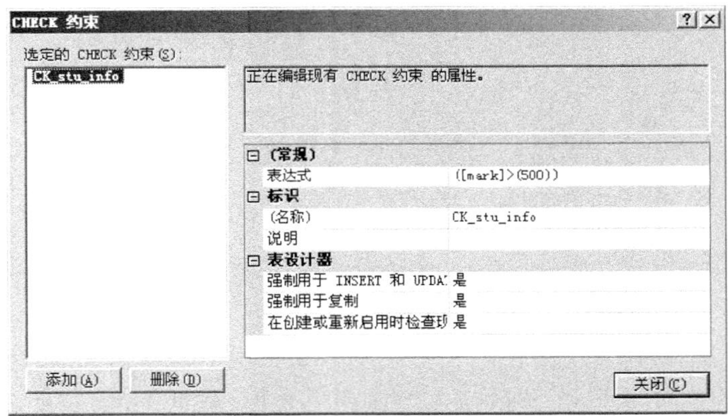

图 6.11　CHECK 约束

③ 删除列。

在 stu_info 表窗口中选择要删除的列，单击鼠标右键，从弹出的快捷菜单中选择“删除列”命令。

(4) 当完成修改表的操作后，单击工具栏上的“保存”按钮，SQL Server 数据库引擎会依据用户的设置完成表的修改。

当表中已经存在记录时，不要轻易修改表的结构，特别是修改列的长度和据类型，以免造成错误。

2. 利用 T-SQL 语句修改数据表

修改数据表的语法格式如下：

```
ALTER TABLE table_name
{ [ ALTER COLUMN column_name
{ new data type [( precision [,scale ] ) ]
[NULL | NOT NULL]
| ADD
{ [ < column_definition > ] [,... n ]
| DROP { [ CONSTRAINT ] constraint_name | COLUMN column_name }[,... n ]
```

参数说明如下。

- table_name：所要修改的表的名称。
- ALTER COLUMN：修改列的定义。
- ADD：增加新列或约束。
- DROP：删除列或约束。

【例 6-8】 在学生信息表 stu_info 中增加表示学生电话的列，数据类型 varchar，长度 11，允许为空。

```
ALTER TABLE stu_info
    ADD phone_code varchar(11) NULL
```

【例 6-9】 在学生信息表 stu_info 中增加主键约束。

```
ALTER TABLE stu_info
    ADD CONSTRAINT pk_id PRIMARY KEY( stu_id )
```

【例 6-10】 在学生信息表 stu_info 中删除表示学生电话的列。

```
ALTER TABLE stu_info
    DROP COLUMN phone_code
```

6.4.2 删除数据表

1. 利用对象资源管理器删除数据表

(1) 启动 SQL Server Management Studio，连接到 SQL Server 2008 数据库实例。

(2) 展开 SQL Server 实例，选择“数据库”→student→“表”→stu_info，单击鼠标右键，然后从弹出的快捷菜单中选择“删除”命令，打开“删除对象”对话框。

(3) 在“删除对象”对话框中，显示出删除对象的属性信息，单击“确定”按钮，SQL Server 数据库引擎会依据用户的设置完成表的删除。

2. 利用 T-SQL 语句删除数据表

删除数据表的语法格式如下：

```
DROP TABLE table_name [,... n ]
```

其中，table_name 为所要删除的表的名称。

【例 6-11】 删除学生信息表 stu_info。

```
DROP TABLE stu_info
```

删除表只能删除用户表，不能删除系统表。删除表一旦操作完成，表中数据也一并被删除，而且是无法恢复的。

6.5 管理表数据

创建表的目在于利用表进行数据的存储和管理。对数据进行管理的前提是数据的存储，向表中添加数据，没有数据的表是没有任何实际意义的；添加完成后，用户也可以根据自己的需要对表中数据进行修改和删除。

在 SQL Server 2008 中，对于数据的管理包括插入、修改和删除，通过 Management Studio 来操作，也可以利用 SQL 语句来实现。

6.5.1 插入表数据

1. 利用对象资源管理器插入表数据

(1) 启动 SQL Server Management Studio，连接到 SQL Server 2008 数据库实例。

(2) 展开 SQL Server 实例，选择"数据库"→student→"表"→stu_info，单击鼠标右键，然后从弹出的快捷菜单中选择"编辑前 200 行"命令，如图 6.12 所示，打开表的窗口。

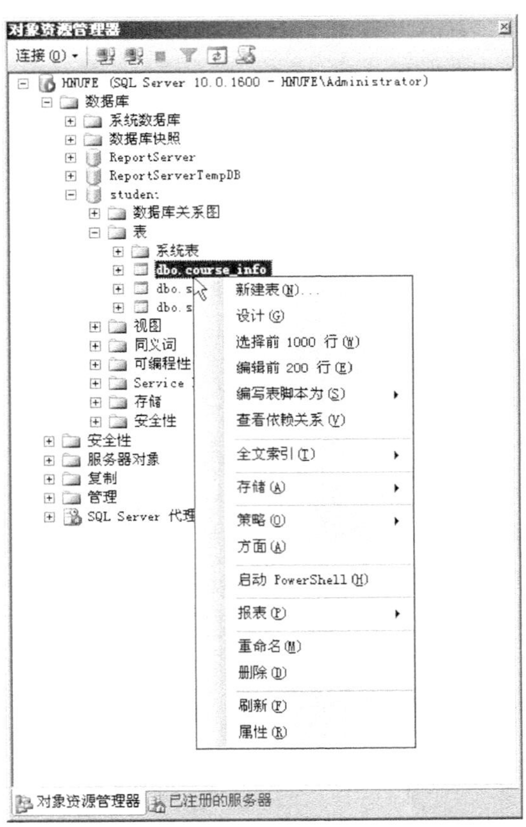

图 6.12 编辑前 200 行

(3) 在表窗口中，显示出当前表中数据，单击表格中最后一行，填写相应数据信息，如图 6.13 所示。

HNUFE.stude...bo.stu_info　对象资源管理器详细信息

	STU_ID	NAME	BIRTHDAY	SEX	ADDRESS	MARK
▶	2007070101	张元	1985-10-09	男	河南郑州	560
	2007070102	张红	1985-01-14	女	河南开封	565
	2007070103	王明	1986-07-08	男	河南洛阳	570
	2007070104	李伟	1986-03-11	男	河南郑州	564
	2007070201	郑澜	1985-12-01	女	河南平顶山	567
	2007070202	赵恒	1986-02-03	男	河南周口	566
	2007070203	张兰	1986-04-06	女	河南许昌	571
	2007080101	李伟	1985-09-12	男	河南郑州	578
	2007080102	钱丽	1985-11-23	女	河南安阳	573
	2007080201	孙楠	1986-11-19	男	河南南阳	577
*	NULL	NULL	NULL	NULL	NULL	NULL

1 /10

图 6.13　表窗口

2. 利用 T-SQL 语句插入表数据

插入表数据的语法格式如下：

```
INSERT INTO table_name [(column_name [,... n ] ) ]
VALUES( expression | NULL | DEFAULT [,... n ] )
```

参数说明如下。

- table_name：所要插入数据的表的名称。
- column_name：要插入数据所对应的字段名。
- expression：与 column_name 所对应的字段的值，字符型和日期型的值需要单引号。

【例 6-12】 在学生信息表 stu_info 中增加一条记录(2007070105，孙强，1986-2-14，男，河南许昌，566，计算机科学与技术，信息学院)。

```
INSERT INTO stu_info(stu_id, name, birthday, sex, address, mark, major, sdept)
VALUES('2007070105','孙强','1986-2-14','男','河南许昌',566,'计算机科学与技术','信息学院
')
```

如果向表中所有列都要插入数据时，字段名表可以省略，但必须保证 VALUES 后的各数据项位置和类型与表结构的定义完全一致。因此，上例也可以写为：

```
INSERT INTO stu_info
```

```
VALUES('2007070105','孙强','1986-2-14','男','河南许昌',566,'计算机科学与技术','信息学院
')
```

在插入数据时，对于允许空值的列，可以使用 NULL 插入空值；对于具有默认值的列，可以使用 DEFAULT 插入默认值。

INSERT INTO 除了能够实现一次插入一条记录以外，也可以通过子查询实现一次插入多条记录。例如创建了新表 stu_computer_info 用于存储所有信息学院的学生。

【例 6-13】 将学生信息表 stu_info 中的信息学院学生信息存储到信息学院学生信息表 stu_computer_info 中。

```
INSERT INTO stu_computer_info
SELECT * FROM stu_info WHERE sdept = '信息学院'
```

6.5.2 修改表数据

1. 利用对象资源管理器修改表数据

利用对象资源管理器修改表数据，与插入表数据操作类似，鉴于篇幅，这里不再赘述，参见第 6.5.1 节。

2. 利用 T-SQL 语句修改表数据

更改表数据的语法格式如下：

```
UPDATE table_name
SET column_name = expression [,... n ]
[ WHERE search_conditions]
```

参数说明如下。

- table_name：所要更改数据的表的名称。
- column_name：要更改数据所对应的字段名。
- expression：要更新的值。
- search_conditions：更新条件，只有满足条件的记录才会被更新，如果不设置，则更新所有记录。

【例 6-14】 将学生信息表 stu_info 中的所有学生的专业信息修改为“计算机科学与技术”。

```
UPDATE stu_info
SET major = '计算机科学与技术'
```

【例 6-15】 将学生信息表 stu_info 中的 2007070701 同学的姓名改为“张圆圆”。

```
UPDATE stu_info
SET name = '张圆圆' WHERE stu_id = '2007070701'
```

6.5.3 删除表数据

1. 利用对象资源管理器删除表数据

利用对象资源管理器删除表数据，与插入表数据操作类似，鉴于篇幅，这里不再赘述，参

见第 6.5.1 节。

2. 利用 T-SQL 语句删除表数据

使用 DELETE 语句可以从表中删除一条或多条记录，删除表数据的语法格式如下：

```
DELETE FROM table_name
[ WHERE search_conditions]
```

参数说明如下。

- table_name：所要删除数据的表的名称。
- search_conditions：删除条件，只有满足条件的记录才会被删除，如果不设置，则删除所有记录。

【例 6-16】 将学生信息表 stu_info 中的所有同学信息删除。

```
DELETE FROM stu_info
```

【例 6-17】 将学生信息表 stu_info 中的所有"计算机科学与技术"专业的学生信息删除。

```
DELETE FROM stu_info WHERE major = '计算机科学与技术'
```

在使用 DELETE 语句删除表中记录时，如果有关联表存在，那么应当先删除外键表中的相关记录，才能删除主键表中记录。

6.6 本章小结

本章介绍了 SQL Server 中数据表的相关知识，其内容主要包括数据表的基本概念、数据表的创建和管理、约束和完整性，以及如何管理表数据。数据表是一种重要的数据库对象，由行和列所构成，用于存储关系数据库中的数据。

通过本章的学习，读者应该掌握以下内容：

(1) 数据表的基本概念。

(2) 数据表的创建和管理方法。

(3) 完整性和约束的概念和意义。

(4) 表数据的管理方法。

习 题 6

1. 在 SQL Server 中有哪些数据类型？
2. 创建用户数据表的方法有哪些？具体操作步骤是什么？
3. 试说明创建一个用户数据表的语句格式和其中各个选项的含义。
4. 简述 SQL Server 中约束的种类。

第7章 数据查询

本章学习目标

- 熟练掌握 SELECT 数据查询语句的语法;
- 熟练掌握 SELECT 语句相关子句的使用;
- 熟练利用 SELECT 语句进行简单查询、连接查询和嵌套查询。

7.1 查询语句

数据查询是数据库系统最重要的功能。无论是创建数据库,还是创建数据表等,最终的目的都是为了利用数据,而利用数据的前提是需要从数据库中查询出所需要的数据。所谓查询就是根据客户端的要求,数据库服务器搜寻出用户所需要的信息资料,并按用户规定的格式进行整理后返回给客户端。

查询语句 SELECT 在 SQL Server 中是使用频率最高的语句,可以说 SELECT 语句是 SQL 语言的灵魂。SELECT 语句具有强大的查询功能,由一系列灵活的子句组成,这些子句共同确定检索哪些数据。用户使用 SELECT 语句除可以查看普通数据库中的表格和视图的信息外,还可以查看 SQL Server 的系统信息。

在介绍 SELECT 语句的使用之前,有必要对 SELECT 语句的基本语法结构及执行过程作一下介绍。

7.1.1 SELECT 语句的语法结构

虽然 SELECT 语句的完整语法非常复杂,但其主要子句可归纳如下:

```
SELECT select_list
[ INTO new_table]
FROM table_source
[ WHERE search_condition]
[ GROUP BY group_by_expression]
[ HAVING search_condition]
[ ORDER BY order_expression [ ASC|DESC ] ]
```

参数说明如下。

- SELECT 子句:指定由查询结果返回的列。
- INTO 子句:将查询结果存储到新表或视图中。
- FROM 子句:用于指定数据源,即引用的列所在的表或视图。如果对象不止一个,那么它们之间必须用逗号分开。

- WHERE 子句：指定用于限制返回的行的搜索条件。如果 SELECT 语句没有 WHERE 子句，DBMS 假设目标表中的所有行都满足搜索条件。
- GROUP BY 子句：指定用来放置输出行的组，并且如果 SELECT 子句 select_list 中包含聚合函数，则计算每组的汇总值。
- HAVING 子句：指定组或聚合函数的搜索条件。HAVING 通常与 GROUP BY 子句一起使用。
- ORDER BY 子句：指定结果集的排序方式。ASC 关键字表示升序排列结果，DESC 关键字表示降序排列结果。如果没有指定任何一个关键字，那么 ASC 就是默认的关键字。如果没有 ORDER BY 子句，DBMS 将根据输入表中数据的存放位置来显示数据。

在这一系列的子句中，SELECT 子句和 FROM 子句是必需的，其他的子句根据需要都是可选的。

7.1.2 SELECT 各子句的顺序及功能

在 SELECT 语句中，子句的顺序非常重要。可以根据需要省略可选子句，但这些子句在使用时必须按适当的顺序出现。

它们在 SELECT 查询语句中的排列顺序及主要作用如表 7.1 所示。

表 7.1 SELECT 查询语句各子句的顺序及作用

顺序序号	子句关键词	子句功能
1	SELECT	从指定表中取出指定列的数据
2	FROM	指定要查询操作的数据源表
3	WHERE	指定行的搜索条件
4	GROUP BY	对结果集进行分组，常与聚合函数一起使用
5	HAVING	指定分组的搜索条件
6	ORDER BY	指定结果集的排序方式

如果在同一个 SELECT 查询语句中，用到了表 7.1 中所示的一些查询子句，则各查询子句的排列就依照它们的顺序序号由低到高的顺序。

7.1.3 SELECT 语句各子句的执行

当执行 SELECT 语句时，DBMS 的执行步骤可表示如下：

(1) 首先执行 FROM 子句，组装来自不同数据源的数据，即根据 FROM 子句中的一个或多个表创建工作表。如果在 FROM 子句中有两个或多个表，DBMS 将执行 CROSS JOIN 运算对表进行交叉连接，作为工作表。

(2) 如果有 WHERE 子句，实现基于指定的条件对记录行进行筛选，即 DBMS 将 WHERE 子句列出的搜索条件作用于第一步生成的工作表。DBMS 将保留那些满足搜索条件的行，删除那些不满足搜索条件的行。

(3) 如果有 GROUP BY 子句，它将把数据划为多个分组。DBMS 将第(2)步生成的结果表中的行分成多个组，每个组中所有行的 group_by_expression 字段具有相同的值。接着，DBMS将每组减少到单行，而后将其添加到新的结果表中，用以代替第(1)步的工作表。DBMS将NULL值看作是相等的，而且把所有NULL值都放在同一组中。

(4) 如果有HAVING子句，它将筛选分组。DBMS将HAVING子句列出的搜索条件作用于第(3)步生成的“组合”表中的每一行。DBMS将保留那些满足搜索条件的行，删除那些不满足搜索条件的行。

(5) 将SELECT子句作用于结果表。删除结果表中不包含在select_list中的列。如果SELECT子句包含DISTINCT关键字，DBMS将从结果中删除重复的行。

(6) 如果有ORDER BY子句，则按指定的排序规则对结果进行排序。

(7) 对于交互式的SELECT语句，在屏幕上显示结果，对于嵌入式SQL，使用游标将结果传递给宿主程序。

以上就是SELECT语句的基本执行过程。对于初学者来讲，可能很难理解。之所以在这里就提出，是为了让读者对SELECT语句有一个整体的了解。

下面就开始从简单的查询开始，详细讲解SELECT查询语句的具体使用。

7.2 简单查询

7.2.1 查询列

当执行SELECT查询语句时，利用SELECT子句可以获取数据源中指定字段信息。

1. 查询指定列

数据表中有很多列，通常情况下并不需要查看全部的列，因为不同的用户所关注的内容不同。

【例7-1】 查询所有同学学号、姓名和入学成绩信息。

```
SELECT stu_id, name, mark
FROM stu_info
```

在指定列查询中，列的显示顺序由SELECT子句指定，与数据在表中的存储顺序无关；同时，在查询多列时，用“,”将各字段隔开。

2. 查询所有列

除了能够进行指定列查询以外，使用SELECT语句还可以查询表中的所有列，这是通过星号(*)通配符实现的。使用“*”通配符，查询结果将列出表中所有列的值，而不必指明各列的列名，这在用户不清楚表中各列的列名时非常有用。服务器会按用户创建表格时声明列的顺序来显示所有的列。

【例7-2】 查询所有同学的所有信息。

```
SELECT *
FROM stu_info
```

使用“*”通配符时要慎重，在不需要查询所有列时，尽量采用前面介绍的指定列查询，以免占用过多的资源。

3. 使用运算列

在数据查询时，经常需要对表中的列进行计算，才能获得所需要的结果。在 SELECT 子句中可以使用各种运算符和函数对指定列进行运算。

【例 7-3】 查询所有同学的年龄信息。

```
SELECT  stu_id, name, YEAR(GETDATE( ))-YEAR(birthday)
FROM stu_info
```

在这里，YEAR 为系统函数，获取指定日期的年份；GETDATE()为系统函数，获取当前日期和时间。

4. 改变列标题显示

通常，在查询结果中显示的列标题就是创建表时所使用的列名，但是，这在实际使用中往往会带来一些不便，如在上例中，普通用户不知道运算列所代表的含义。因此，可以利用'列标题'=列名 或 列名 AS'列标题'来根据需要修改列标题的显示。

【例 7-4】 查询所有同学的年龄信息。

```
SELECT name AS '姓名', YEAR(GETDATE( )) - YEAR(birthday) AS '年龄'
FROM stu_info
```

5. 去除结果的重复信息

前面介绍的查询方式会返回从表格中搜索到的所有行的数据，而不管这些数据是否重复，这常常不是所希望看到的。使用 DISTINCT 关键字就能够从返回的结果数据集合中删除重复的行，使返回的结果更简洁。

【例 7-5】 查询所有的院系信息。

```
SELECT DISTINCT sdept
FROM stu_info
```

在使用 DISTINCT 关键字后，去除的是 SELECT 子句查询的列的重复信息。如果 SELECT 子句查询的列为多列，那么只有这些列的信息同时重复的记录才被去除；另外，如果表中有多个为 NULL 的数据，服务器会把这些数据视为相等。

6. 返回查询的部分数据

在 SQL Server 2008 中，提供了 TOP 关键字让用户指定返回一定数量的数据。当查询到的数据量非常庞大时，如有 100 万行，但没有必要对所有数据进行浏览时，使用 TOP 关键字查询可以大大减少查询花费的时间。

【例 7-6】 查询前 5 位同学的学号、姓名和入学成绩信息。

```
SELECT TOP 5 stu_id, name, mark
FROM stu_info
```

【例 7-7】 查询前 50%同学的学号、姓名和入学成绩信息。

```
SELECT TOP 50 PERCENT stu_id, name, mark
FROM stu_info
```

TOP n 表示返回最前面的 n 行，n 表示返回的行数；TOP n PERCENT 表示返回前面的 n%行。

在 SQL Server 2008 中，TOP 表达式可用在 SELECT、INSERT、UPDATE 和 DELETE 语句中。

7.2.2 选择行

在一个数据表中通常存放着大量相关的记录数据。实际使用时，大部分查询并不是针对所有数据记录的查询，往往只需要其中满足要求的部分记录，这时就需要用到 WHERE 条件子句。WHERE 子句用于指定查询条件，使得 SELECT 语句的结果表中只包含那些满足查询条件的记录。

使用 WHERE 子句可以限制查询的范围，提高查询效率。在使用时，WHERE 子句必须紧跟在 FROM 子句后面。WHERE 子句中的条件表达式包括算术表达式和逻辑表达式两种，SQL Server 对 WHERE 子句中的查询条件的数目没有限制。

1. 使用比较表达式

在 WHERE 子句中，可以使用比较表达式作为搜索条件。

WHERE 子句中比较表达式允许使用的比较操作符包括：=（等于）、<（小于）、>（大于）、<>（不等于）、! >（不大于）、! <（不小于）、>=（大于等于）、<=（小于等于）、!=（不等于）。

【例 7-8】 查询所有的男同学学号、姓名、生日和性别信息。

```
SELECT stu_id, name, birthday, sex
FROM stu_info
WHERE sex = '男'
```

【例 7-9】 查询所有总分大于 550 分的同学学号、姓名、生日和性别信息。

```
SELECT stu_id, name, birthday, sex
FROM stu_info
WHERE mark > 550
```

2. 使用逻辑比较表达式

在 WHERE 子句中，可以使用多个搜索条件选择记录（行），即通过逻辑运算符（NOT、AND 或 OR）将多个单独的搜索条件结合在一个 WHERE 子句中，形成一个复合的搜索条件。当对复合搜索条件求值时，DBMS 对每个单独的搜索条件求值，然后执行布尔运算来决定整个 WHERE 子句的值是 TRUE 还是 FALSE。只有那些满足整个 WHERE 子句的值是 TRUE 的记录才出现在结果表中。

【例 7-10】 查询所有总分大于 550 分的男同学信息。

```
SELECT stu_id, name, birthday, sex
FROM stu_info
WHERE mark > 550 AND sex = '男'
```

【例 7-11】 查询所有总分大于 550 分或男同学信息。

```
SELECT stu_id, name, birthday, sex
FROM stu_info
WHERE mark > 550 OR sex = '男'
```

在查询中，各种逻辑运算符可以组合使用，即 AND、OR、NOT 运算符可以同时使用，但是需要注意运算的优先级的问题。这 3 种逻辑运算符中，NOT 运算符的优先级最高，而后是 AND，最后是 OR。其中 AND 和 OR 运算符同时使用时，要特别注意。为了增强程序可读性，一般采用括号()来实现需要的执行顺序，而不考虑其默认的优先级顺序。

【例 7-12】 查询所有信息学院和会计学院并且总分大于 550 分的同学信息。

```
SELECT *
FROM stu_info
WHERE ( sdept = '信息学院' OR sdept = '会计学院' )
      AND mark > 550
```

3. 空值(NULL)的判断

如果在创建数据表时没有指定 NOT NULL 约束，那么数据表中某些列的值就可以为 NULL。所谓 NULL，就是空，在数据库中，其长度为 0。它与 0、空字符串、空格都不同，等价于没有任何值，是未知数。

在 WHERE 子句中，利用 IS [NOT] NULL 判别式来判断一个值是否为 NULL。

【例 7-13】 查询所有籍贯为空的同学信息。

```
SELECT *
FROM stu_info
WHERE address IS NULL
```

4. 限定数据范围

在 WHERE 子句中，使用 BETWEEN 关键字可以方便地限制查询数据的范围。当然，还可以使用 NOT BETWEEN 关键字查询限定数据范围之外的记录。

使用 BETWEEN 限制查询数据范围时同时包括了边界值，而使用 NOT BETWEEN 进行查询时没有包括边界值。

【例 7-14】 查询总分在 530～560 分之间的同学信息。

```
SELECT *
FROM stu_info
WHERE mark BETWEEN 530 AND 560
```

实际上，使用 BETWEEN 表达式进行查询的效果完全可以用含有“>=”和“<=”的逻辑表达式来代替，使用 NOT BETWEEN 进行查询的效果完全可以用含有“>”和“<”的逻辑表达式来代替。

5. 限制检索数据的范围

对于列值不在一个连续的取值区间，而是一些离散的值，利用 BETWEEN 关键字就无能为力了，可以利用 SQL Server 提供的另一个关键字 IN。IN 的引入更方便地限制了检索数据的范围，灵活使用 IN 关键字，可以用简洁的语句实现结构复杂的查询。

【例 7-15】 查询所有在信息学院或会计学院就读的同学信息。

```
SELECT *
FROM stu_info
WHERE sdept IN( '信息学院', '会计学院')
```

在大多数情况下，OR 运算符与 IN 运算符可以实现相同的功能。但是，使用 IN 运算符更为简洁，特别是当选择的条件很多时，只需在括号内用逗号间隔各条件即可，其运行效率也比 OR 运算符要高。另外，使用 IN 运算符，其后面所有的条件可以是另一条 SELECT 语句，即子查询。

6. 模糊查询

在实际的应用中，用户不会总是能够给出精确的查询条件。因此，经常需要根据一些并不确切的线索来搜索信息。SQL Server 提供了 LIKE 子句来进行这类模糊搜索。

LIKE 子句在大多数情况下会与通配符配合使用。SQL Server 提供了 4 种通配符供用户灵活实现复杂的模糊查询条件，如表 7.2 所示。

表 7.2 SQL Server 提供的通配符及功能

通配符	功能
%(百分号)	可匹配任意类型和长度的字符
_(下划线)	可匹配任意单个字符，它常用来限制表达式的字符长度
[ ](封闭方括号)	表示方括号里列出的任意一个字符
[^]	任意一个没有在方括号里列出的字符

所有通配符都只有在 LIKE 子句中才有意义，否则通配符会被当作普通字符处理。

1) 通配符%

通配符%表示任意字符的匹配，而且不计字符的多少，甚至可以为 NULL。如“计算机%”表示匹配以字符串“计算机”开头的任意字符串。

【例 7-16】 查询所有姓“张”的同学信息。

```
SELECT *
FROM stu_info
WHERE name LIKE '张%'
```

另外，“%”通配符还经常用在 NOT LIKE 语句中实现排除查询。

2) 通配符_

与通配符“%”不同，通配符“_”只能匹配任何单个字符。比如，“_oom”表示将查找以“oom”结尾的所有 4 个字母的字符串（“Room”、“doom”、“3oom”等）。当然，要表示两个字符的匹配，就需要使用两个“_”通配符。

通常，只有在用户确定所要查询的字符串的长度，只是不确定其中的一个或几个字符的确切值时，才能使用“_”通配符。

【例 7-17】 查询所有姓“张”，而且姓名是两个字的同学信息。

```
SELECT *
FROM stu_info
WHERE name LIKE '张_'
```

3）通配符[]

通配符“[]”用于指定范围（如[a-z]）或集合（如[abcdef]）中的任何单个字符。只要满足这些字符其中之一，且位置出现在“[]”通配符位置的字符串就满足查询条件。比如[A-Z]pple，将查找以 pple 结尾，并且以介于 A～Z 之间的任何单个字符开始的字符串，如 Apple、Dpple、Zpple 等。

当然，各通配符也可以组合使用，实现复杂的模糊查询。

【例 7-18】 查询所有姓“张”或姓“王”的同学信息。

```
SELECT *
FROM stu_info
WHERE name LIKE '[张王]%'
```

4）通配符[^]

与通配符“[]”相反，“[^]”通配符用于匹配没有在方括号中列出的字符。其用法与通配符“[]”完全相同。

【例 7-19】 查询所有不姓“张”也不姓“王”的同学信息。

```
SELECT *
FROM stu_info
WHERE name LIKE '[^张王]%'
```

5）ESCAPE 定义转义符

在使用 LIKE 进行模糊查询时，当“%”、“_”和“[]”符号单独出现时，都会被作为通配符进行处理。但有时可能需要搜索的字符串包含一个或多个特殊通配符，例如，数据表中可能存储含百分号（%）的折扣值。若要搜索作为字符而不是通配符的百分号，必须提供 ESCAPE 关键字和转义符。

如下面的语句：

```
LIKE  '%B%'   ESCAPE  'B'
```

就使用了 ESCAPE 关键字定义了转义字符 B，因此，B 就成为转义符，将字符串“%B%”中的第二个百分号（%）作为实际值，而不是通配符。当然，第一个百分符（%）仍然被看作是通配符，因此满足该查询条件的字符串为所有以“%”结尾的字符串。

7.2.3 排序查询结果

SELECT 语句获得的查询数据一般是没有排序的（使用 DISTINCT 关键字除外），而是按照其在数据表的存储顺序输出。在实际应用中，为了方便阅读和使用，往往希望查询结果是以某种符合实际的顺序输出，比如，学生成绩表按照从高分到低分的排列顺序列出来，因此需要对查询的结具进行一次排序。

在SQL语言中，ORDER BY子句用于排序。ORDER BY子句总是在WHERE子句（如果有的话）后面说明的，可以包含一个或多个列，每个列之间以逗号分隔。可以选择使用ASC|DESC关键字指定按照升序|降序排序。如果没有特别说明，值是以升序序列进行排序的。如果用于多列进行排序，各列在ORDER BY子句中的顺序决定了排序过程中的优先级。

在SQL Server中，使用ORDER BY子句，需要注意下面几点：

- ntext、text、image或xml类型的列，不能用于ORDER BY子句。
- 在默认的情况下，ORDER BY按升序进行排列，即默认使用的是ASC关键字。如果用户特别要求按降序进行排列，必须使用DESC关键字。
- 除非同时指定TOP，否则ORDER BY子句在视图、内联函数、派生表和子查询中无效。
- 空值(NULL)被视为最低的可能值。
- 在与SELECT...INTO语句一起使用以从另一来源插入行时，ORDER BY子句不能保证按指定的顺序插入这些行。
- ORDER BY子句一定要放在所有子句(除COMPUTER BY子句外)的最后(无论包含多少子句)。

【例7-20】 查询所有同学课程编号701的课程成绩，并按由大到小的顺序输出。

```
SELECT *
FROM stu_grade
WHERE course_id = '701'
ORDER BY grade DESC
```

运行该代码，得到的查询结果如图7.1所示。

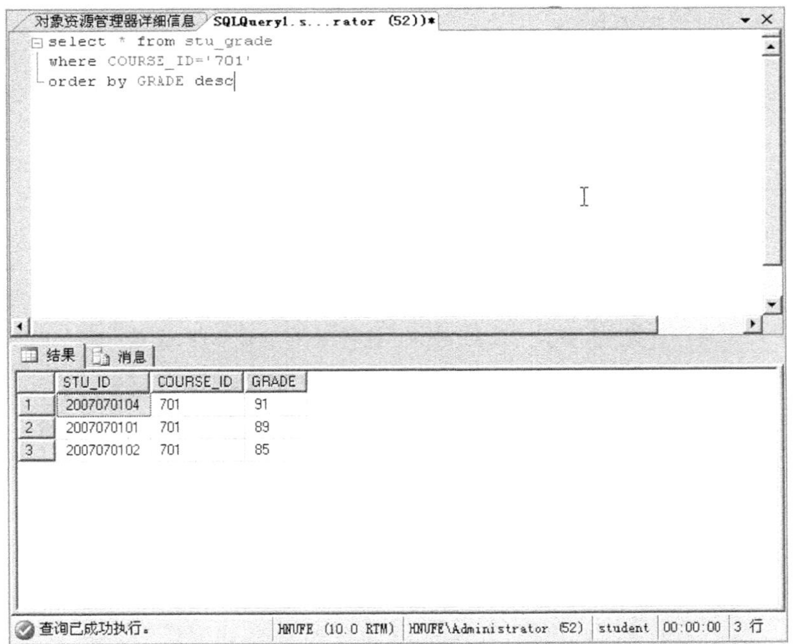

图7.1 按照grade降序排序的查询结果

在排序过程中，对于时间、数值类型的字段排序，其排序规则就是按照时间的早晚、数值的大小进行的；对于字符型，则是依照其ASCII码的先后顺序进行的。

使用ORDER BY子句也可以根据两列或多列的结果进行排序，并用逗号分隔开不同的排序关键字。其实际排序结果是根据ORDER BY子句后面列名的顺序确定优先级的。即查询结果首先以第一列的顺序进行排序，而只有当第一列出现相同的信息时，这些相同的信息再按第二列的顺序进行排序，依此类推。

【例7-21】 查询所有同学课程编号701的课程成绩，并按由大到小的顺序输出，如果成绩相同，则按学号由小到大排列。

```
SELECT *
FROM stu_grade
WHERE course_id = '701'
ORDER BY grade DESC, stu_id
```

另外，ORDER BY子句除了可以根据列名进行排序外，还支持根据列的相对位置（即序号）进行排序。

【例7-22】 查询所有同学课程编号701的课程成绩，并按由大到小的顺序输出，如果成绩相同，则按学号由小到大排列。

```
SELECT  stu_id, course_id, grade
FROM stu_grade
WHERE course_id = '701'
ORDER BY 3 DESC, 1
```

这里，ORDER BY子句后面的序号实际上就是SELECT关键词后面的列名的序号。当ORDER BY所需要的列不在SELECT语句所选的范围内时，采用列的序号是行不通的，可以将列别与序号混合起来解决这个问题。

7.2.4 分组与汇总

在实际的应用中，有时候不仅需要按照要求进行数据查询，常常还需要对查询所得到的数据进行分类、统计和汇总等操作，因此SQL Server提供了多种对数据进行统计分析的方法。

1. 聚合函数

聚合函数是T-SQL所提供的系统函数，可以返回一列、几列或全部列的汇总数据，用于计数或统计。这类函数（除COUNT外）仅作用于数值型列，并且在列上使用聚合函数时，不考虑NULL值。

常见的聚合函数如表7.3所示。

表7.3 聚合函数

函数名称	功　　能	函数名称	功　　能
MIN	求一列中的最小值	AVG	按列计算平均值
MAX	求一列中的最大值	COUNT	按列值计个数
SUM	按列计算值的总和		

【例 7-23】 统计学生信息表中学生人数。

```
SELECT  COUNT( * )  AS  '学生人数'
FROM stu_info
```

【例 7-24】 统计学生成绩表中学号为 2007070102 同学的最高分、最低分、平均分和总分。

```
SELECT  MAX(grade), MIN(grade), AVG(grade), SUM(grade)
FROM stu_grade
WHERE stu_id = '2007070102'
```

2. 分组汇总

使用聚合函数只返回单个汇总,而在实际应用中,更多的是需要进行分组汇总数据,如汇总每个同学的平均分、总分等。使用 GROUP BY 子句可以进行分组汇总,为结果集中的每一行产生一个汇总值。GROUP BY 子句与聚合函数有密切关系,在某种意义上说,如果没有聚合函数,GROUP BY 子句也没多大用处了。

GROUP BY 关键字后面跟着的列名称为分组列,分组列中的每个重复值将被汇总为一行。

GROUP BY 子句的语法如下:

```
GROUP BY [ALL] group_by_expression [,... n]
```

参数说明如下。

- ALL: 表示对所有列和结果集(包括不满足 WHERE 子句的列)进行分组。但是 ALL 关键字不支持远程表查询。对组中不满足搜索条件的汇总列将返回空值。
- group_by_expression: 对其执行分组的表达式,也称为分组列。在选择列表内定义的列的别名不能用于指定分组列,text、ntext 和 image 类型的列不能用于分组列。

【例 7-25】 统计学生成绩表中每个同学的最高分、最低分、平均分和总分。

```
SELECT  stu_id, MAX(grade), MIN(grade), AVG(grade), SUM(grade)
FROM stu_grade
GROUP BY stu_id
```

运行该代码,得到的查询结果如图 7.2 所示。

在使用 GROUP BY 时,需要注意以下几点:

- 使用 GROUP BY 子句为每一个组产生一个汇总结果,每个组只返回一行,不返回详细信息。
- SELECT 子句中指定的列必须是 GROUP BY 子句中指定的列,或是和聚合函数一起使用。
- 如果包含 WHERE 子句,则只对满足 WHERE 条件的行进行分组汇总。
- 如果 GROUP BY 子句使用关键字 ALL,则 WHERE 子句将不起作用。
- HAVING 子句可进一步排除不满足条件的组。

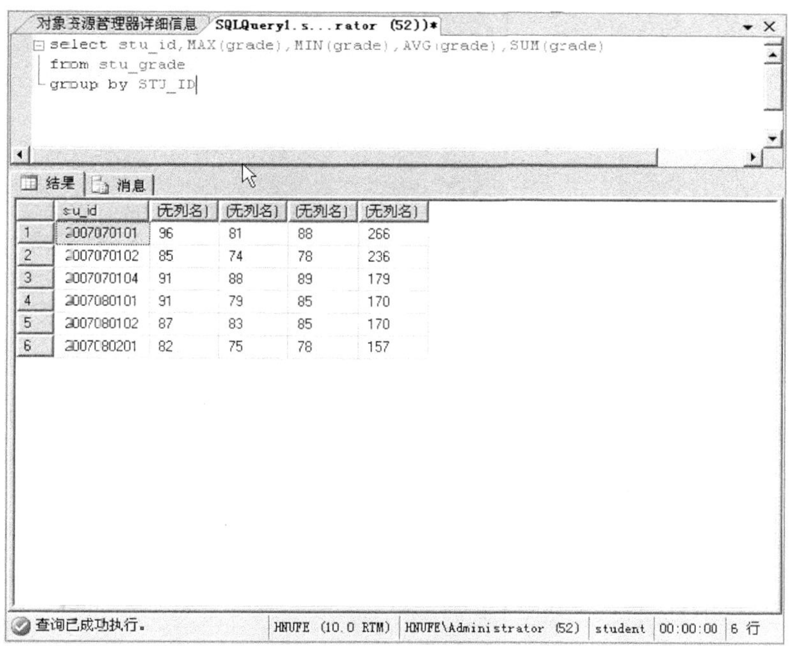

图 7.2　按照学号分组汇总的查询结果

【例 7-26】 统计学生成绩表中每个同学的最高分、最低分、平均分和总分，80 分以下的成绩不参与统计。

```
SELECT stu_id, MAX(grade), MIN(grade), AVG(grade), SUM(grade)
FROM stu_grade
WHERE grade >= 80
GROUP BY stu_id
```

3. 分组筛选

如果使用 GROUP BY 子句分组，则还可用 HAVING 子句对分组后的结果进行过滤筛选。HAVING 子句通常与 GROUP BY 子句一起使用，用于指定组或合计的搜索条件，其作用与 WHERE 子句相似，二者的区别如下。

- 作用对象不同：WHERE 子句作用于表和视图中的行，而 HAVING 子句作用于形成的组。WHERE 子句限制查找的行，HAVING 子句限制查找的组。
- 执行顺序不同。若查询语句中同时有 WHERE 子句和 HAVING 子句，执行时，先去掉不满足 WHERE 条件的行，然后分组，分组后再去掉不满足 HAVING 条件的组。
- WHERE 子句中不能直接使用聚合函数，但 HAVING 子句的条件中可以包含聚合函数。

HAVING 子句的语法如下：

```
HAVING < search_condition >
```

其中，< search_condition >用于指定组或汇总应满足的搜索条件。

【例 7-27】 统计学生成绩表中每个同学的最高分、最低分、平均分和总分，并输出平均分大于 87 分的信息。

```
SELECT stu_id, MAX(grade), MIN(grade), AVG(grade), SUM(grade)
FROM stu_grade
GROUP BY stu_id
HAVING AVG(grade)>87
```

该例先用 GROUP BY 子句对 stu_id 进行分组汇总，然后用 HAVING 子句限定返回分组汇总后 AVG(grade)>87 的组，即只输出那些 AVG(grade)>87 的分组记录。

执行结果如图 7.3 所示。

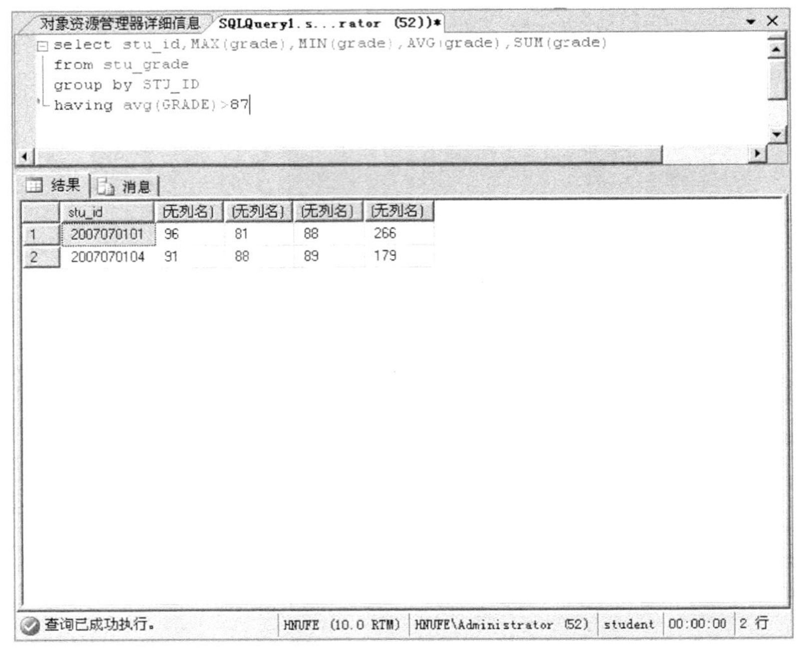

图 7.3 按照平均成绩分组筛选的查询结果

对于那些用在分组之前或之后都不影响返回结果集的搜索条件，在 WHERE 子句中指定较好。因为这样可以减少 GROUP BY 子句分组的行数，使得程序更为有效。此外，查询优化器可能无法识别在分组之前使用 HAVING 子句定义的搜索条件。

4. 明细汇总

使用 GROUP BY 子句对查询数据进行分组汇总，为每一个组产生一个汇总结果，每个组只返回一行，无法看到详细信息。使用 COMPUTE 和 COMPUTE BY 子句既能够看到统计汇总的结果又能够浏览详细数据。

COMPUTE 和 COMPUTE BY 子句的语法如下：

```
COMPUTE aggregate_function(column_name) [,... n]
[ BY column_name [,... n] ]
```

其中，aggregate_function 表示聚合函数。

【例 7-28】 使用 COMPUTE 子句对所有学生的人数进行明细汇总。

```
SELECT *
FROM stu_info
COMPUTE COUNT(stu_id)
```

该例在输出所有学生信息的同时，输出所有学生人数，即 COUNT(stu_id)的统计结果，COMPUTE 类似总计。

执行结果如图 7.4 所示。

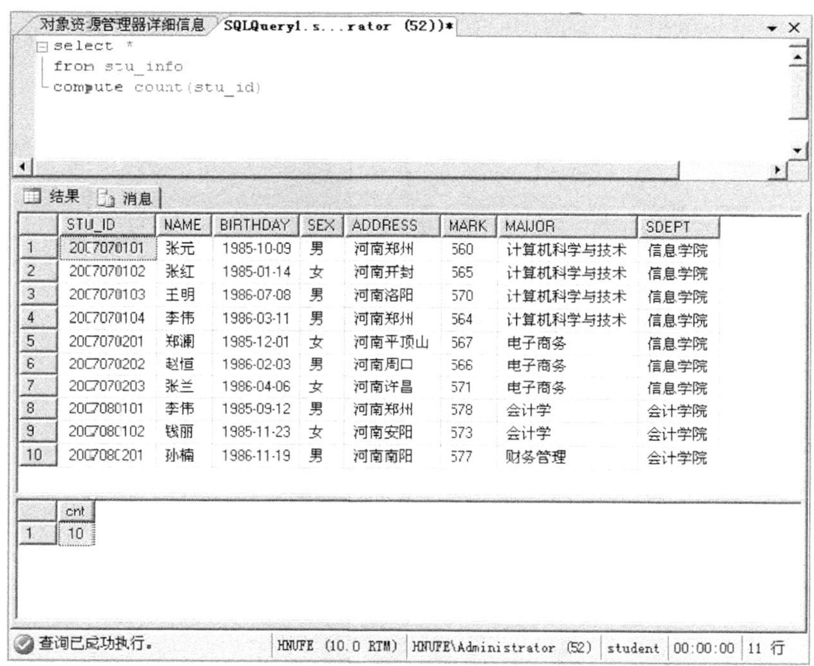

图 7.4 按照 COMPUTE 子句的查询结果

【例 7-29】 使用 COMPUTE BY 子句按照院系对所有学生的人数进行明细汇总。

```
SELECT *
FROM stu_info
ORDER BY sdept
COMPUTE COUNT(stu_id)
BY sdept
```

该例在输出所有学生信息的同时，并依据院系信息，输出每个院系 COUNT(stu_id)的统计结果，COMPUTE BY 类似于小计。

执行结果如图 7.5 所示。

在使用 COMPUTE 和 COMPUTE BY 时，需要注意以下几点：

- COMPUTE [BY]子句不能与 SELECT INTO 子句一起使用。
- COMPUTE 子句中的列必须在 SELECT 子句的字段列表中出现。

- COMPUTE BY 表示按指定的列进行明细汇总，使用 BY 关键字时必须同时使用 ORDER BY 子句，并且 COMPUTE BY 中出现的列必须具有与 ORDER BY 后出现的列相同的顺序，且不能跳过其中的列。

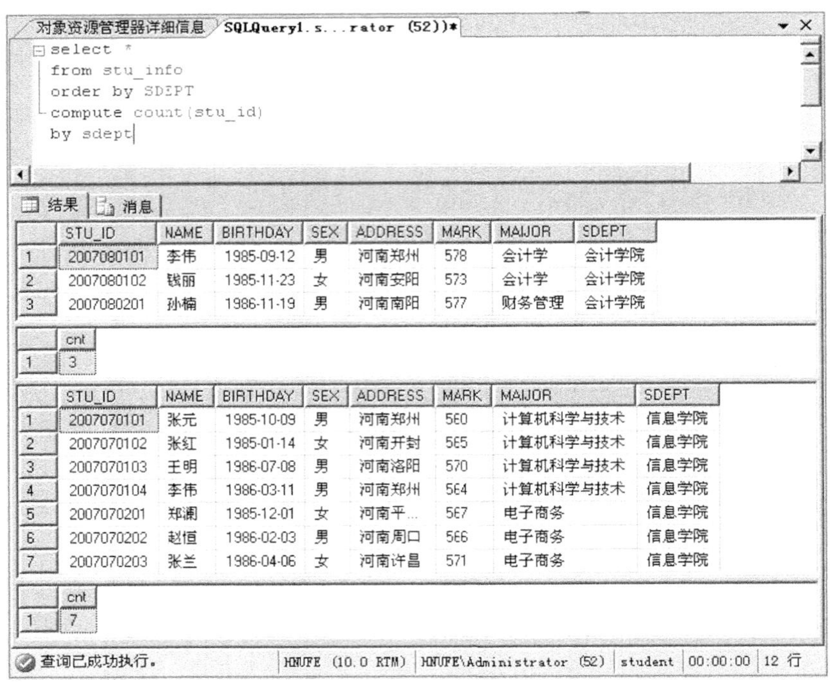

图 7.5　按照 COMPUTE BY 子句的查询结果

7.3　连接查询

7.3.1　连接的概念

前面介绍的查询都是针对单一的表，而在数据库管理系统中，考虑到数据的冗余度低、数据一致性等问题，通常对数据表的设计要满足范式的要求，因此也会造成一个实体的所有信息保存在多个表中。当检索数据时，往往在一个表中不能够得到想要的所有信息，例如从 student 数据库中想获“张元”同学“计算机基础”的成绩。通过连接操作，可以查询出存放在多个表中同一实体的不同信息，给用户带来很大的灵活性。

多表连接实际上就是实现如何使用一个表中的数据来选择另一个表中的行。而连接条件则主要通过以下方法定义两个表在查询中的关联方式：

- 指定每个表中要用于连接的列。典型的连接条件在一个表中指定外键，在另一个表中指定与其关联的键。
- 指定比较各列的值时要使用的比较运算符（=、<>等）。

假定有两个表 Table1 和 Table2，其包含的列和数据分别如表 7.4 和表 7.5 所示。

表 7.4　数据表 Table1

ColumnA	ColumnB	ColumnC
X1	Y1	Z1
X2	Y2	Z2
X3	Y3	Z3

表 7.5　数据表 Table2

ColumnA	ColumnD	ColumnE
X1	D1	E1
X2	D2	E2
X3	D3	E3

Table1 和 Table2 表共有的列为 ColumnA，如果通过 ColumnA 列的值连接 Table1 和 Table2 两个表，即连接条件为 Table1. ColumnA＝Table2. ColumnA，此时得到的连接结果如表 7.6 所示。

表 7.6　连接数据表 Table1 和数据表 Table2

ColumnA	ColumnB	ColumnC	ColumnD	ColumnE
X1	Y1	Z1	D1	E1
X2	Y2	Z2	D2	E2
X3	Y3	Z3	D3	E3

在 SELECT 语句中通过多表连接所实现的查询结果，并不是一个物理存在的实体，换句话说，它在数据库表中并不存在。它只是由数据库系统在需要的时候创建的，只在查询、检索数据期间有效。

7.3.2　连接的类型

表的连接有多种类型，当连接表时，创建的连接类型影响出现在结果集内的行。在 SQL 中，表的连接类型主要有下面几种。

1. 内部连接

内部连接（Inner Join）为典型的连接运算，使用类似于"＝"或"＜＞"的比较运算符，它是组合两个表的常用方法。内部连接使用比较运算符根据每个表的通用列中的值匹配两个表中的行，常用的内部连接包括等值连接和自然连接。

2. 外部连接

在内部连接中，只有在两个表中匹配的行才能在结果集中出现。而在外部连接（Outer Join）中可以只限制一个表，而对另外一个表不加限制（即所有的行都出现在结果集中）。

外部连接分为左外连接、右外连接和全外连接。左外连接是对连接条件中左边的表不加限制；右外连接是对右边的表不加限制；全外连接对两个表都不加限制，两个表中的所有行都会包括在结集集中。

3. 交叉连接

没有 WHERE 子句的交叉连接（Cross Join）将产生连接所涉及表的笛卡儿积。第一个表的行数乘以第二个表的行数等于笛卡儿积得到的结果集的大小。

7.3.3 连接的实现

表的连接的实现可以通过两种方法：

- 利用 SELECT 语句的 WHERE 子句。
- 在 FROM 子句中使用 JOIN(INNER JOIN、CROSS JOIN、OUTER JOIN、LEFT OUTER JOIN、FULL OUTER JOIN 等)关键字。

1. 使用 WHERE 子句实现表的连接

```
SELECT column_list
FROM table_name [ ,...n ]
WHERE { search_condition AND join_condition }[ ,...n ]
```

其中,join_condition 表示连接条件。

【例 7-30】 查询所有选修课程编号 701 的同学学号、姓名和成绩。

```
SELECT stu_info.stu_id, name, grade
   FROM stu_info, stu_grade
   WHERE stu_info.stu_id = stu_grade.stu_id AND course_id = '701'
```

在实例中,WHERE 子句给出了 stu_info 和 stu_grade 两个表进行连接所依据的条件,即根据两个表中的学号字段进行匹配连接。执行过程可表示如下:

(1) DBMS 首先执行 FROM 子句,根据 FROM 子句列出的两个表 stu_info 和 stu_grade,计算这两个表的笛卡儿积,列出这两个表中行的所有可能组合,形成一个中间表,中间表中的每条记录包含了两个表中的所有行。

(2) 随后,DBMS 将执行 WHERE 子句,根据 stu_info. stu_id=stu_grade. stu_id AND course_id='701'条件对中间表进行搜索,去除那些不满足该关系的记录。

(3) 最后系统执行 SELECT 语句,从执行 WHERE 子句后得到的中间表的每条记录中,提取需要的字段信息作为结果表显示。

由于连接是涉及多个表及其之间的引用,所以列的引用必须明确指出,对于重复的列名必须用表名限定,即 Table_name. Column_name 的完整表达方式。例如学号 stu_id 在数据表 stu_info 和 stu_grade 中都存在,必须通过 stu_info. stu_id 来表示学生信息表中的学号字段。

再来看一个稍微复杂的例子。

【例 7-31】 查询所有选修课程的同学选修课程的成绩。

```
SELECT stu_info.stu_id, name,course_name, grade
   FROM stu_info, stu_grade, course_info
   WHERE stu_info.stu_id = stu_grade.stu_id and
           course_info.course_id = stu_grade.course_id
```

执行结果如图 7.6 所示。

然而,有时表名比较烦琐,使用起来很麻烦,为了程序的简洁明了,在 SQL 中,也可以通过 AS 关键字为表定义别名。

	stu_id	name	course_name	grade
1	2007070101	张元	计算机基础	89
2	2007070101	张元	操作系统	81
3	2007070101	张元	计算机网络	96
4	2007070102	张红	计算机基础	85
5	2007070102	张红	操作系统	74
6	2007070102	张红	计算机网络	77
7	2007070104	李伟	计算机基础	91
8	2007070104	李伟	操作系统	88
9	2007080101	李伟	宏观经济学	79
10	2007080101	李伟	初级会计	91
11	2007080102	钱丽	宏观经济学	87
12	2007080102	钱丽	初级会计	83
13	2007080201	孙楠	财政学	75
14	2007080201	孙楠	会计电算化	82

图 7.6　连接的查询结果

【例 7-32】 查询所有同学所有课程的成绩。

```
SELECT A.stu_ic, name,course_name, grade
    FROM stu_info AS A, stu_grade AS B, course_info AS C
    WHERE A.stu_id = B.stu_id and B.course_id = C.course_id
```

在某些表的连接中，为表定义别名是必需的，如表的自连接。所谓自连接是指在信息查询时，需要将表与其自身进行连接，这就需要为表定义别名。下面通过一个具体的实例来说明自连接的使用。

如果需要从 stu_info 表中查询入学分数比学号为 2007070101 同学高的所有同学信息，这时就可采用表的自连接方式实现，实现代码如下：

```
SELECT R1.stu_id, R1.name, R1.mark
FROM stu_info AS R1, stu_info AS R2
WHERE R2.stu_id = '2007070701'   AND R1.mark>R2.mark
```

在代码中，FROM 子句中的两个表实际上都是表 stu_info。为了独立地使用它们，必须采用表别名方法，分别为其定义别名 R1 和 R2。这样就可以在 WHERE 子句中，使用 R2 查询学号为 2007070101 同学信息；而在 SELECT 子句中，使用 R1 查询满足条件的结果。

2. 使用 JOIN 关键字实现表的连接

在 SELECT 语句的 FROM 子句中，通过指定不同类型的 JOIN 关键字可以实现不同的表的连接方式，而在 ON 关键字后指定连接条件。

基本连接语法如下：

```
SELECT column_list
FROM   join_table
JOIN_TYPE   join_table
ON( join_condition )
```

参数说明如下。

- join_table：指出参与连接操作的表名。
- JOIN_TYPE 为连接类型，可分为 3 种：内部连接、外部连接和交叉连接，如表 7.7 所示。

表 7.7　连接类型

连接类型		分　　类
内部连接		[INNER] JOIN
外部连接	左外连接	LEFT OUTER JOIN 或 LEFT JOIN
	右外连接	RIGHT OUTER JOIN 或 RIGHT JOIN
	全外连接	FULL OUTER JOIN 或 FULL JOIN
交叉连接		CROSS JOIN

- ON(join_condition) 子句指出连接条件，它由被连接表中的列和比较运算符、逻辑运算符等构成。

1) 内部连接 INNER JOIN

内部连接是使用比较运算符比较要连接列中的值的连接，下面通过实例说明其使用。

【例 7-33】 查询所有选修课程的同学学号、姓名和成绩。

```
SELECT stu_info.stu_id, name, grade
FROM stu_info INNER JOIN stu_grade
ON stu_info.stu_id = stu_grade.stu_id
```

使用 INNER JOIN 关键字同样可以实现自连接，如下面的实例。

【例 7-34】 从 stu_info 表中查询入学分数比学号为 2007070101 同学高的所有同学信息。

```
SELECT R1.stu_id, R1.name, R1.mark
FROM stu_info AS R1 INNER JOIN stu_info AS R2
ON R2.stu_id = '2007070101'   AND R1.mark>R2.mark
```

2) 外部连接 OUTER JOIN

仅当两个表中都至少有一行符合连接条件时，内部连接才返回行。内部连接消除了与另一个表中的行不匹配的行。而外部连接会返回 FROM 子句中提到的至少一个表或视图中的所有行，只要这些行符合任何 WHERE 或 HAVING 搜索条件。将检索通过左外部连接引用的左表中的所有行，以及通过右外部连接引用的右表中的所有行；在全外部连接中，将返回两个表的所有行。

(1) 左外部连接 LEFT OUTER JOIN。

与内部连接相比，左外部连接除了包含两个表的匹配行外，还包括了 FROM 子句中 JOIN 关键字左边表的不匹配行，缺少的右边表中的列值用 NULL 表示。

下面给出一个左外部连接的实例。

【例 7-35】 查询所有同学的选修课程信息。

```
SELECT stu_info.stu_id, name, grade
  FROM stu_info LEFT OUTER JOIN stu_grade
  ON stu_info.stu_id = stu_grade.stu_id
```

执行结果如图 7.7 所示。

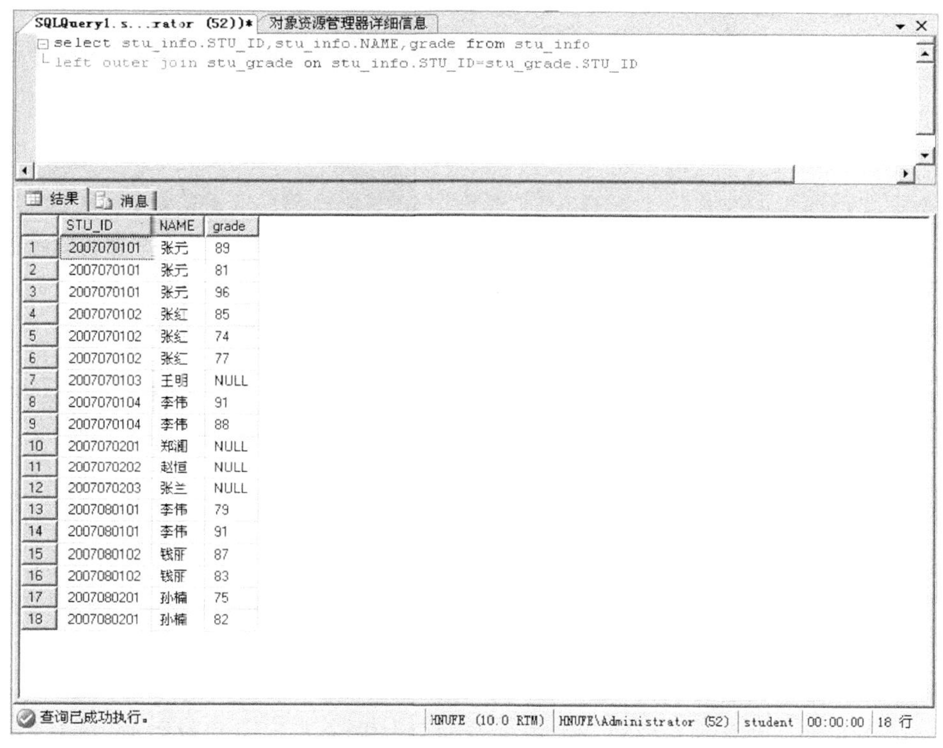

	STU_ID	NAME	grade
1	2007070101	张元	89
2	2007070101	张元	81
3	2007070101	张元	96
4	2007070102	张红	85
5	2007070102	张红	74
6	2007070102	张红	77
7	2007070103	王明	NULL
8	2007070104	李伟	91
9	2007070104	李伟	88
10	2007070201	郑阔	NULL
11	2007070202	赵恒	NULL
12	2007070203	张兰	NULL
13	2007080101	李伟	79
14	2007080101	李伟	91
15	2007080102	钱丽	87
16	2007080102	钱丽	83
17	2007080201	孙楠	75
18	2007080201	孙楠	82

图 7.7 左外连接的查询结果

在最终得到的结果表中，除了包括两个表匹配的行外，还包括了左边表 stu_info 中的不匹配行，缺少的右边表，即 stu_grade 表中的列值用 NULL 表示，即那些没有选课的学生信息也被检索。

(2) 右外部连接 RIGHT OUTER JOIN。

与内部连接相比，右外部连接除了包含两个表的匹配行外，还包括了 FROM 子句中 JOIN 关键字右边表的不匹配行。

下面给出一个右外部连接的实例。

【例 7-36】 查询所有同学的选修课程信息。

```
SELECT stu_info.stu_id, name, grade
  FROM stu_grade RIGHT OUTER JOIN stu_info
  ON stu_info.stu_id = stu_grade.stu_id
```

在最终得到的结果表中，除了包括两个表匹配的行外，还包括了右边表 stu_info 中的不匹配行，缺少的左边表，即 stu_grade 表中的列值用 NULL 表示。

(3) 全外部连接 FULL OUTER JOIN

与内部连接相比,全外部连接除了包含两个表的匹配行外,还包括了 FROM 子句中 JOIN 关键字左边表和右边表的不匹配行。

3) 交叉连接 CROSS JOIN

没有 WHERE 子句的交叉连接将产生连接所涉及的表的笛卡儿积。笛卡儿积结果集的大小为第一个表的行数乘以第二个表的行数。

实际上交叉连接没有实际意义,通常只是用于测试所有可能的情况。

7.4 嵌套查询

所谓嵌套查询指的是在一个 SELECT 查询语句中包含另一个(或多个)SELECT 查询语句。其中,外层的 SELECT 查询语句叫外部查询,内层的 SELECT 查询语句叫子查询。

嵌套查询的执行过程:首先执行子查询语句,得到的子查询结果集传递给外层主查询语句,作为外层主查询的查询项或查询条件使用。子查询也可以再嵌套子查询。

使用子查询时需注意以下几个问题:

- 子查询可以嵌套多层。
- 子查询需用圆括号括起来。
- 子查询中不能使用 COMPUTE [BY]和 INTO 子句。
- 子查询的 SELECT 语句中不能使用 image、text 或 ntext 数据类型。

7.4.1 单列单值嵌套查询

如果子查询的字段列表只有一项,而且根据检索限定条件只有一个值相匹配,即子查询返回结果是单列单值,这样的查询称为单列单值嵌套查询。

由于子查询仅返回单列单值,因此,在主查询中与它的匹配也相对简单,可直接使用比较运算符进行匹配筛选。

【例 7-37】 查询选修“计算机基础”的学生成绩信息。

```
SELECT *
FROM stu_grade
WHERE course_id =
(SELECT course_id
FROM course_info
WHERE course_name = '计算机基础')
```

该查询的执行过程:首先对子查询求值(仅一次),求出 course_name 为“计算机基础”的 course_id 为 701,外部查询依赖于子查询的结果。

【例 7-38】 查询比“2007070101”同学年龄大的同学信息。

```
SELECT *
FROM stu_info
WHERE birthday <
(SELECT birthday
FROM stu_info
WHERE stu_id = '2007070101')
```

7.4.2 单列多值嵌套查询

如果子查询的字段列表只有一项，但是根据检索限定条件有多个值相匹配，即子查询返回结果是单列多值，这样的查询称为单列多值嵌套查询。

由于子查询返回单列多值，因此，在主查询中不能够直接使用比较运算符进行匹配筛选。

1. 关键字[NOT] IN

在单列多值嵌套查询中，经常使用关键字 IN 或 NOT IN 用于确定查询条件是否在(或不在)子查询的返回值列表中。

【例 7-39】 查询所有会计学院的同学成绩信息。

```
SELECT *
FROM stu_grade
WHERE stu_id IN
(SELECT stu_id
FROM stu_info
WHERE sdept = '会计学院')
```

该查询的执行过程：首先对子查询求值，返回 sdept 为“会计学院”的学生学号 stu_id (2007080101，2007080102，2007080201)，然后，外部查询依赖于子查询的结果，在 stu_grade 中查找 stu_id 与之相匹配的学生成绩信息。

2. 关键字 ALL 或 ANY

在单列多值嵌套查询中，除了关键字 IN 或 NOT IN，还经常使用关键字 ALL 或 ANY 用于确定查询条件是否满足子查询的返回值。

使用关键字 ANY 或 ALL 时则必须同时使用比较运算符，如表 7.8 所示。

表 7.8 关键字 ANY 和 ALL

关键字	含　义	应　用	
ALL	子查询中所有值	>ALL	大于子查询结果中的所有值
		<ALL	小于子查询结果中的所有值
		>=ALL	大于等于子查询结果中的所有值
		<=ALL	小于等于子查询结果中的所有值
		=ALL	等于子查询结果中的所有值
		!=(或<>)ALL	不等于子查询结果中的任何一个值
ANY	子查询中任一值	>ANY	大于子查询结果的某个值
		<ANY	小于子查询结果中的某个值
		>=ANY	大于等于子查询结果中的某个值
		<=ANY	小于等于子查询结果中的某个值
		=ANY	等于子查询结果中的某个值
		!=(或<>)ANY	不等于子查询结果中的某个值

【例 7-40】 查询其他系中比会计学院某一学生入学分数少的学生学号和姓名。

```
SELECT stu_id, name
FROM stu_info
WHERE mark < ANY
( SELECT mark
FROM stu_info
WHERE sdept = '会计学院' )
AND sdept <> '会计学院'
```

执行此查询时，首先处理子查询，找出会计学院中所有学生的入学分数，构成一个集合(578,573,577)。然后处理主查询，找所有不是会计学院且入学分数小于578,573或577的学生。

7.4.3 多列多值嵌套查询

如果子查询的返回结果是一个多行多列的表，这样的查询称为多列多值嵌套查询。由于子查询返回多列多值，因此，在主查询中只能够使用关键字 EXISTS 或 NOT EXISTS 进行匹配筛选。

[NOT] EXISTS 用于测试是否存在满足子查询条件的数据行，如果子查询至少返回一行数据记录，则判断存在，EXISTS 为 TRUE，NOT EXISTS 为 FALSE；反之，如果子查询没有一行数据记录返回，则 NOT EXISTS 为 TRUE，EXISTS 为 FALSE。

【例 7-41】 查询选修"计算机基础"的学生成绩信息。

```
SELECT *
FROM stu_grade
WHERE EXISTS
(SELECT *
FROM course_info
WHERE stu_grade.course_id = course_id AND course_name = '计算机基础')
```

执行此查询时，首先，外部查询考虑 course_info 表的第一行(2007070101)；接着，计算 EXISTS 子查询，从而确定在 course_info 表中是否存在这样的行，要求行中 course_id 和外部查询中当前行的 course_id 相匹配，而且要求该行的 course_name 为"计算机基础"。因为 2007070101 选修了"计算机基础"，所以内部查询的结果不为空，EXISTS 返回 TRUE。因此，学号 2007070101 的同学属于最终结果集。使用上述过程，检验 course_info 表中的所有行，并显示最终的结果集。

【例 7-42】 查询没有选修"计算机基础"的学生成绩信息。

```
SELECT *
FROM stu_grade
WHERE NOT EXISTS
(SELECT *
FROM course_info
WHERE stu_grade.course_id = course_id AND course_name = '计算机基础')
```

从集合的角度来看，EXISTS 和 NOT EXISTS 可以用来表示“交”和“差”两个集合运算：EXISTS 表示主查询与子查询的交集；NOT EXISTS 则表示主查询与子查询的差集。

使用[NOT] EXISTS 时，需要注意以下几点：

- [NOT] EXISTS 关键字前没有列名、常量或表达式。
- 由[NOT] EXISTS 关键字引入的子查询的字段列表通常都是(*)。

7.5 集合查询

如果有多个不同的查询结果数据集，但又希望将它们按照一定的关系连接在一起，组成一组数据，这就可以使用集合运算来实现。在 SQL Server 2008 中，T-SQL 提供的集合运算符有 UNION、EXCEPT 和 INTERSECT。

7.5.1 集合并运算 UNION

使用 UNION 运算符可以将两个或更多查询的结果合并为单个结果集，该结果集包含集合查询中所有查询的全部行。

其基本使用语法如下：

```
< query expression >
UNION [ ALL ]
< query expression >
[ UNION [ ALL ] < query expression > [ ...n ] ]
```

参数说明如下。

- < query expression >：查询表达式，用以返回与另一个查询表达式所返回的数据合并的数据。
- UNION：指定合并多个结果集并将其作为单个结果集返回。
- ALL：将全部行并入结果中，其中包括重复行。如果未指定该参数，则删除重复行。

使用 UNION 合并两个查询结果集，必须满足下面的基本准则：

- 在用 UNION 运算符组合的语句中，所有选择列表中的表达式(如列名称、算术表达式、聚合函数等)数目必须相同。
- 用 UNION 组合的结果集中的对应列，或各个查询中所使用的列都必须具有相同的数据类型，并且可以在两种数据类型之间进行隐式数据转换，或可以提供显式转换。例如，datetime 数据类型的列和 binary 数据类型的列之间的 UNION 运算符将不执行运算，直接进行了显式转换。但是，money 数据类型的列和 int 数据类型的列之间的 UNION 运算符将执行运算，因为它们可以进行隐式转换。
- 用 UNION 运算符组合的各语句中对应结果集列的顺序必须相同，因为 UNION 运算符按照各个查询中给定的顺序一对一地比较各列。
- 使用 UNION 运算符对集合进行并运算，得到的结果集的记录自动按其第一列的值的升序的顺序进行排列。

【例 7-43】 查询 stu_info 表中信息学院或入学分数大于 550 分的学生信息。

```
SELECT stu_id, name, mark, sdpt
FROM stu_info
WHERE sdept = '信息学院'
UNION
SELECT stu_id, name, mark, sdpt
FROM stu_info
WHERE mark>550
```

首先从 stu_info 表中查询信息学院学生的相关信息，作为一个集合（中间表），而后从 stu_info 表中查询入学分数大于 550 分的学生相关信息，作为另一个集合（中间表），最后对这两个集合进行 UNION 运算，即并运算，从而得到了最终的结果表。

7.5.2 集合差运算 EXCEPT

使用 EXCEPT 运算符可以实现集合差操作，即从左查询中返回右查询没有找到的所有非重复值。

其使用语法如下：

```
< query_expression >
EXCEPT
< query_expression >
```

使用 EXCEPT 比较的结果集必须具有相同的结构，即它们的列数必须相同，并且相应的结果集列的数据类型必须兼容。

【例 7-44】 查询 stu_info 表中信息学院而且入学分数大于 550 分的学生信息。

```
SELECT stu_id, name, mark, sdpt
FROM stu_info
WHERE sdept = '信息学院'
EXCEPT
SELECT stu_id, name, mark, sdpt
FROM stu_info
WHERE mark< = 550
```

7.5.3 集合交运算 INTERSECT

使用 INTERSECT 运算符可实现集合交操作，即返回 INTERSECT 操作符左右两边的两个查询都返回的所有重复值。

其使用语法如下：

```
< query_expression >
INTERSECT
< query_expression >
```

使用 INTERSECT 比较的结果集必须具有相同的结构，即它们的列数必须相同，并且相应的结果集列的数据类型必须兼容。

【例 7-45】 查询 stu_info 表中信息学院而且入学分数大于 550 分的学生信息。

```
SELECT stu_id, name, mark, sdpt
FROM stu_info
WHERE sdept = '信息学院'
INTERSECT
SELECT stu_id, name, mark, sdpt
FROM stu_info
WHERE mark>550
```

使用 EXCEPT 和 INTERSECT 运算符也可以组合两个以上的表，但如果 INTERSECT 运算符和 EXCEPT 运算符同时使用，则 INTERSECT 运算符优先于 EXCEPT 运算符。

7.6 本章小结

本章介绍了 SELECT 语句的相关知识，其内容主要包括 SELECT 语句的组成和 SELECT 语句的各种查询方法。SELECT 语句是 SQL 语言中功能最为强大、应用最为广泛的语句之一，用于查询数据库中符合条件的数据记录。利用 SELECT 语句既可进行简单的数据查询，又可进行涉及多表的连接查询、嵌套查询和集合查询。

通过本章的学习，读者应该掌握以下内容：

(1) SELECT 语句的基本语法结构。

(2) SELECT 语句的简单查询。

(3) SELECT 语句的嵌套查询。

(4) SELECT 语句的集合查询。

习题 7

1. 简述 SELECT 语句包括哪些子句和相应的功能。

2. LIKE 的通配字符包括哪些？分别代表什么含义？

3. 简述连接查询中的连接类型。

4. 简述嵌套查询的执行过程。

5. 利用 SELECT 语句完成下列操作。

(1) 查询信息学院学生的学号、姓名、所在系。

(2) 查询所有生日在 1987-1-1 以前的学生姓名以及年龄。

(3) 查询在信息学院或在会计学院学习的学生的姓名和性别。

(4) 查询所有姓张且全名为 3 个汉字的学生的姓名、学号和性别。

(5) 查询姓名中第 2 个字为“小”字的学生的姓名和学号。

(6) 查询选修了 701 号课程的学生的学号及其成绩，查询结果按分数的降序排列。

(7) 统计学生总人数。

(8) 查询选修了课程的学生人数。

(9) 计算 701 号课程的学生平均成绩。

(10) 查询选修了两门以上课程的学生学号。

(11) 查询每个学生及其选修课程的情况。

(12) 查询每个学生的学号、姓名、选修的课程名和成绩。

第8章 视 图

本章学习目标

- 熟练掌握视图的概念和特点；
- 熟练掌握视图的创建；
- 熟练掌握视图的管理。

8.1 视图概述

在数据查询中，可以看到数据表设计过程中，考虑到数据的冗余度低、数据一致性等问题，通常对数据表的设计要满足范式的要求，因此也会造成一个实体的所有信息保存在多个表中。当检索数据时，往往在一个表中不能够得到想要的所有信息，例如从 student 数据库中想获取每位同学每门课程的成绩，可以通过连接查询或嵌套查询来实现，但是如果经常需要查询相同的字段内容，那么每次都重复地写这么一大串相同的代码，无疑会增加工作量和影响工作效率。

为了解决这种矛盾，在 SQL Server 中提供了视图。

8.1.1 视图的概念

视图是一种数据库对象，为用户提供了一种检索数据表中数据的方式，其中保存的是对一个或多个数据表(或其他视图)的查询定义。因此，视图可看作是从一个或多个数据表(或视图)中导出的虚拟表，它所对应的数据并不真正地存储在视图中，而是存储在所引用的数据表中，被引用的表称为基表，视图的结构和数据是对基表进行查询的结果。

和真实的表一样，视图在显示时也包括被定义的数据列和多个数据行。在视图中，这些字段可从一个或多个基表中来。视图的记录数只受基表中被引用的记录数的限制。

根据创建视图时给定的条件，视图可以是一个基表的一部分，也可以是多个基表的联合。视图可以用来访问整个表、表的一部分或多个表，这取决于视图的定义。视图的内容可以是基表中字段或记录的子集、两个或多个基表的联合或连接、基表的统计汇总数据、视图的视图以及视图和基表的混合等。

视图被定义后便存储在数据库中。对视图中数据的操作与对表的操作一样，可以进行查询、修改和删除等，但要满足一定的条件。当对视图中的数据进行修改时，相应基表的数据也将发生变化，同样，若基表的数据发生变化也会自动地反映到视图中来。

8.1.2 视图的特点

视图具备了数据表的一些特性，数据表可以完成的功能，如查询、修改(虽然在修改记录时有些限制)、删除等操作,在视图中都可以完成。同时,视图也和数据表一样能成为另一个视图所引用的表。

使用视图有以下几个优点。

1. 简化查询语句

通过视图可以将复杂的查询语句变得很简单。利用视图,用户不必了解数据库及实际表的结构,就可以方便地使用和管理数据。因为可以把经常使用的联接、投影和查询语句定义为视图,这样在每一次执行相同查询时,不必重新编写这些复杂的语句,只要一条简单的查询视图语句就可以实现相同的功能。

因此,视图向用户隐藏了对基表数据筛选或表与表之间联接等复杂的操作,简化了对用户操作数据的要求。

2. 增加可读性

由于在视图中可以只显示有用的字段,并且可以使用字段别名,因此能方便用户浏览查询的结果。在视图中可以使用户只关心自己感兴趣的某些特定数据,而那些不需要的或无用的数据则不在视图中显示出来。视图还可以让不同的用户以不同的方式看同一个数据集内容,体现数据库的"个性化"要求。

3. 保证数据逻辑独立性

视图对应数据库的外模式。如果应用程序使用视图来存取数据,那么当数据表的结构发生改变时,只需要更改视图定义的查询语句即可,不需要更改程序,方便程序的维护,保证了数据的逻辑独立性。

4. 增加数据的安全性和保密性

针对不同的用户,可以创建不同的视图,此时的用户只能查看和修改其所能看到的视图中的数据,而真正的数据表中的数据甚至连数据表都是不可见不可访问的,这样可以限制用户浏览和操作的数据内容。另外视图所引用的表的访问权限与视图的权限设置也是相互不影响的,同时视图的定义语句也可加密。

8.2 创建视图

用户可以根据自己的需要创建视图。在创建视图时,需要注意以下几点:

- 视图的名称必须满足 SQL Server 2008 中规定的标识符的命名规则,且对每个架构必须是唯一的。此外,该名称不得与该架构中的数据表的名称相同。
- 视图只能创建在当前数据库中。
- 一个视图中最多只能引用 1024 个列,视图中记录行的数目限制只由其表中的记录数决定。
- 如果视图中某一列是函数、数学表达式或常量,则必须为列定义名称。如果来自多个表的列名相同,也必须为列定义名称。
- 如果视图引用的基表或视图被删除,则该视图也不能再被使用,直到创建新的基表或视图。
- 不能在视图上创建全文索引,不能在规则和默认对象定义中引用视图。
- 当通过视图查询数据时,SQL Server 要进行检查,以确保语句中涉及的所有数据库对象都存在且每个数据库对象在语句的上下文中有效。

• 通过视图修改表中数据时，不能违反数据完整性规则。

创建视图与创建数据表一样，在 SQL Server 2008 中可以使用 SQL Server Management Studio 的对象资源管理器和 T-SQL 语句两种方法。

8.2.1 利用对象资源管理器创建视图

在 SQL Server Management Studio 中创建视图的方法与创建数据表的方法不同，下面举例说明如何在 SQL Server Management Studio 中创建视图。

(1) 启动 SQL Server Management Studio，连接到 SQL Server 2008 实例。

(2) 在对象资源管理器窗口里，展开 SQL Server 实例，选择"数据库"→student→"视图"，单击鼠标右键，然后从弹出的快捷菜单中选择"新建视图"命令，如图 8.1 所示，打开"视图设计器"。

(3) 视图设计器如图 8.2，其上有"添加表"对话框，可以将要引用的表添加到视图设计对话框上，在本例中，添加 stu_info、course_info 和 stu_grade 3 个表。

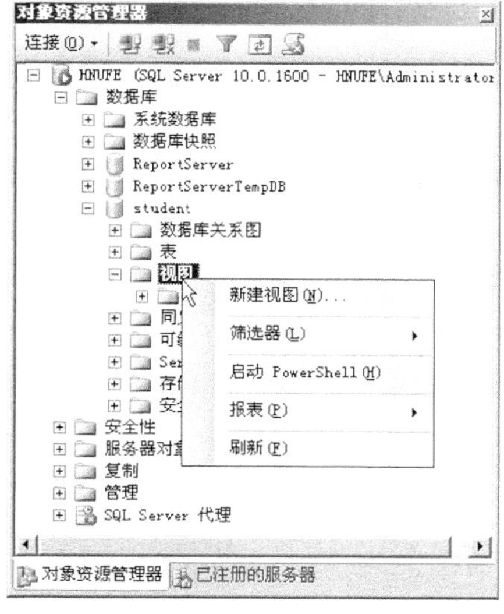

图 8.1 新建视图

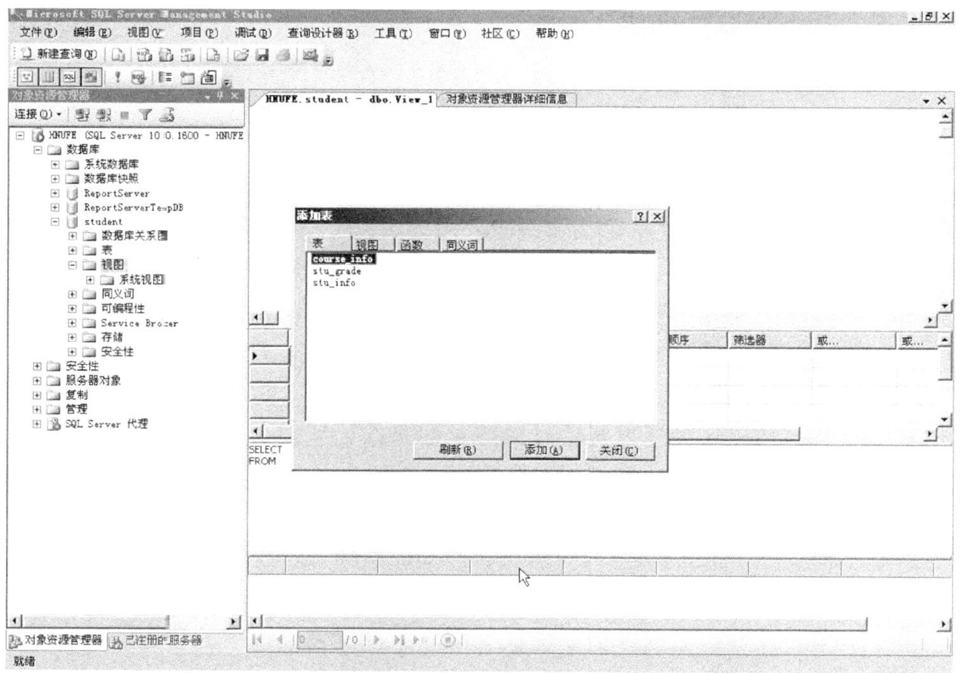

图 8.2 视图设计对话框

(4) 添加完数据表之后，单击"关闭"按钮，返回到"视图设计器"窗口如图 8.3 所示。如果还要添加新的数据表，可以在"关系图窗格"的空白处单击鼠标右键，从弹出的快捷菜单里选择"添加表"命令，则会弹出如图 8.2 中所示的"添加表"对话框，然后继续为视图添加引用表或视图。如果要移除已经添加的数据表或视图，可以在"关系图窗格"里选择要移除的数据表或视图，单击鼠标右键，在弹出的快捷菜单里选择"移除"命令，或选中要移除的数据表或视图后，直接按 Delete 按钮移除。

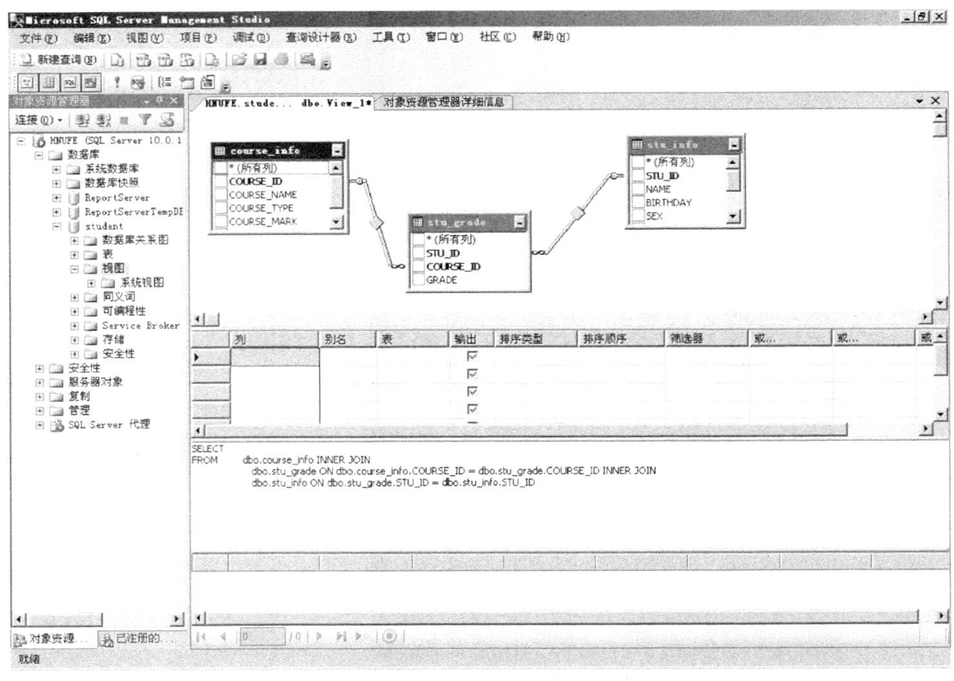

图 8.3　视图设计器

(5) 在"关系图窗口"里，可以建立表与表之间的 JOIN…ON 关系，如 stu_info 表的 stu_id 与 stu_grade 表中的 stu_id，那么只要将 stu_info 表中的 stu_id 字段拖拽到 stu_grade 表中的 stu_id 字段上即可，此时两个表之间将会有一根线连着的。

(6) 在"关系图窗口"里选择数据表字段前的复选框，可以设置视图要输出的字段，同样，在"条件窗格"里也可设置要输出的字段。

(7) 在"条件窗口"里还可以设置要过滤的查询条件。

(8) 设置完后的 SQL 语句，会显示在"SQL 窗口"里，这个 SELECT 语句也就是视图所要存储的查询语句。

(9) 所有查询条件设置完毕之后，单击"执行 SQL"按钮，试运行 SELECT 语句是否正确。

(10) 在一切测试都正常之后，单击"保存"按钮，在弹出的对话框里输入视图名称，再单击"确定"按钮，SQL Server 数据库引擎会依据用户的设置完成视图的创建。

8.2.2　利用 T-SQL 语句创建视图

利用 CREATE VIEW 语句可以创建视图，该命令的基本语法如下：

```
CREATE VIEW [ schema_name . ] view_name
    [(column [ ,...n ] ) ]
[ WITH ENCRYPTION ]
AS SELECT_statement
[ WITH CHECK OPTION ]
```

参数说明如下。

- schema_name：为视图所属架构名。
- view_name：为视图名。
- column：视图中所使用的列名，一般只有列是从算术表达式、函数或常量派生出来的，或列的指定名称不同于来源列的名称时，才需要使用。
- WITH ENCRYPTION：加密视图。
- SELECT_statement：搜索语句。
- WITH CHECK OPTION：强制针对视图执行的所有数据修改语句都必须符合在 SELECT_ statement 中设置的 WHERE 条件。

在 SELECT_ statement 子句中不允许使用 ORDER BY 子句和 DISTINCT 关键字，如果需要排序，可在视图定义后，对视图查询时进行排序。

【例 8-1】 创建一个视图，用于查看信息学院的学生学号、姓名和性别信息，并用 WITH CHECK OPTION 强制选项。

```
CREATE VIEW v_example1
AS
SELECT stu_id, name, sex
FROM stu_info
WHERE sdept = '信息学院'
WITH CHECK OPTION
```

语句中使用 WITH CHECK OPTION 选项，即对视图 v_example1 执行的所有数据修改语句都必须使 sdept = '信息学院'，详见第 8.4.2 节中的实例。

【例 8-2】 创建一个视图，用于查看学生学号、姓名和性别信息，并修改其字段名。

```
CREATE VIEW v_example2(学号, 姓名, 性别)
AS
SELECT stu_id, name, sex
FROM stu_info
```

【例 8-3】 创建一个视图，用于查看学生学号、姓名、课程和成绩信息，并用 WITH ENCRYPTION 加密。

```
CREATE VIEW v_example3
WITH ENCRYPTION
AS
SELECT stu_info.stu_id, name, course_name, grade
FROM stu_info, course_info, stu_grade
WHERE stu_info.stu_id = stu_grade.stu_id
AND course_info.course_id = stu_grade.course_id
```

语句中使用 WITH ENCRYPTION 选项，即对包含 CREATE VIEW 语句文本的项进行加密，这样在查看视图定义时 AS 之后的视图定义内容就无法看见了。

利用 CREATE VIEW 语句创建视图时，视图可以创建在已建立的视图基础之上，即视图可以嵌套。

【例 8-4】 创建一个视图，用于查看学生学号、姓名和平均成绩。

```
CREATE VIEW v_example4( 学号, 姓名, 平均成绩)
AS
SELECT stu_id, name, AVG(grade)
FROM v_examples3
GROUP BY stu_id, name
```

8.3 管理视图

视图创建之后，可以利用 SQL Server Management Studio 或 T-SQL 语句对视图进行管理。例如，在视图使用过程中，可能经常会发生基表改变，而使视图无法正常工作的情况，那么就需要重新修改视图的定义。另外，一个视图如果不再具有使用价值，则可以将其删除。

8.3.1 查看视图定义

1. 利用对象管理器查看视图定义

在 SQL Server Management Studio 中，可以通过对象管理器来查看视图的定义内容的方法与查看数据表内容的方法几乎一致，下面以查看视图 v_example1 为例介绍如何查看视图。

(1) 启动 SQL Server Management Studio，连接到 SQL Server 2008 实例。

(2) 在对象资源管理器窗口里，展开 SQL Server 实例，选择“数据库”→student→“视图”→v_example1，单击鼠标右键，然后从弹出的快捷菜单中选择“设计”命令，出现“视图设计器”，如图 8.3 所示，可以查看视图 v_example1 的定义信息。

如果视图在定义过程中，选择了 WITH ENCRYPTION 选项，则视图前的小图标与其他视图的不同，上面有一把小锁，代表该视图是加密视图，快捷菜单里“设计”命令不能使用，无法查看视图定义。

2. 利用系统存储过程查看视图定义

视图的定义和属性信息都保存在系统数据库和系统数据表中，可以通过系统提供的存储过程来获取有关视图的定义信息。

- sp_help 用于返回视图的特征信息。
- sp_helptext 查看视图的定义文本。
- sp_depends 查看视图对表的依赖关系和引用的字段。

【例 8-5】 查询视图 v_example1 的相关特征信息。

```
Exec sp_help v_example1
```

运行该代码,得到的查询结果如图 8.4 所示。

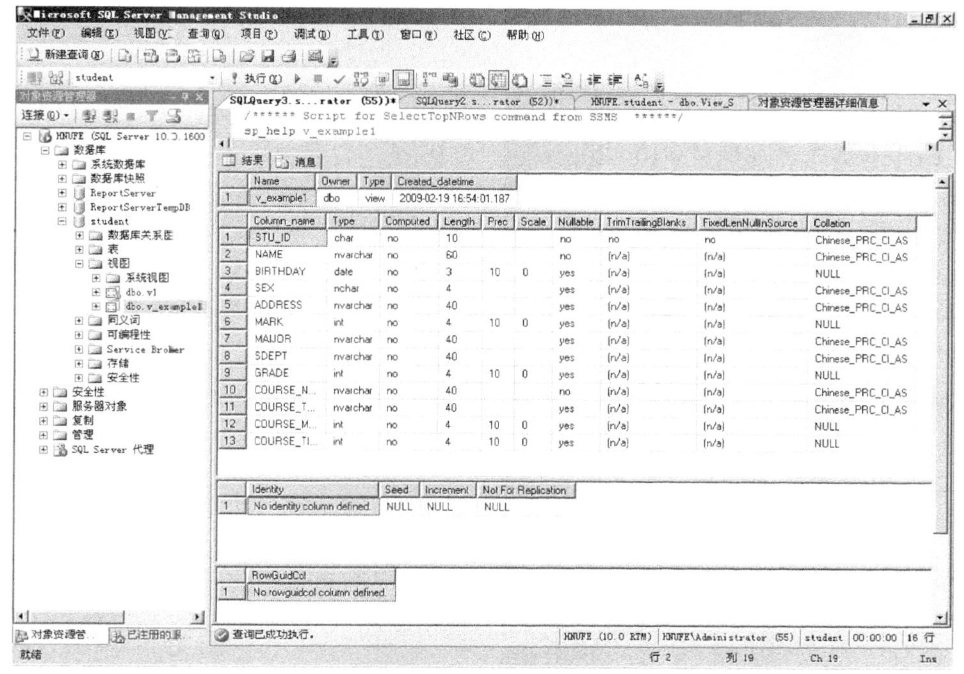

图 8.4 视图 v_example1 的相关特征信息

【例 8-6】 查询视图 v_example1 的定义信息。

```
Exec sp_helptext v_example1
```

【例 8-7】 查询视图 v_example1 的参照对象。

```
Exec sp_depends v_example1
```

8.3.2 修改视图定义

1. 利用对象管理器修改视图定义

(1) 启动 SQL Server Management Studio,连接到 SQL Server 2008 实例。

(2) 在对象资源管理器窗口里,展开 SQL Server 实例,选择"数据库"→student→"视图"→ 所要修改视图,单击鼠标右键,然后从弹出的快捷菜单中选择"设计"命令,出现"视图设计器",如图 8.3 所示,可以查看并修改所选视图的定义信息。

(3) 修改完成后,单击"保存"按钮,SQL Server 数据库引擎会依据用户的设置完成视图的修改。

同样,如果视图在定义过程中,选择了 WITH ENCRYPTION 选项,则视图定义也无法修改。

2. 利用 T-SQL 语句修改视图定义

利用 ALTER VIEW 语句可以修改视图定义,该命令的基本语法如下:

```
ALTER VIEW [ schema_name . ] view_name
    [(column [ ,...n ] ) ]
[ WITH ENCRYPTION ]
AS SELECT_statement
[ WITH CHECK OPTION ]
```

其中,参数的含义与创建视图 CREATE VIEW 命令中的参数含义相同。

【例 8-8】 修改视图 v_example1 定义,增加查看学生院系信息。

```
ALTER VIEW v_example1
AS
SELECT stu_id, name, sex, sdept
FROM stu_info
```

虽然在对象管理器中不能修改加密视图,但是使用 ALTER VIEW 语句可以修改加密视图,因为使用 ALTER VIEW 语句修改视图和使用对象管理器 SQL Server Management Studio 修改视图不同,它不需要先显示视图的代码。

【例 8-9】 修改视图 v_example3 定义,去除加密性。

```
ALTER VIEW v_example3
AS
SELECT stu_info.stu_id, name, course_name, grade
FROM stu_info, course_info, stu_grade
WHERE stu_info.stu_id = stu_grade.stu_id
AND course_info.course_id = stu_grade.course_id
```

8.3.3 更名视图

1. 利用对象管理器更名视图

(1) 启动 SQL Server Management Studio,连接到 SQL Server 2008 实例。

(2) 在对象资源管理器窗口里,展开 SQL Server 实例,选择"数据库"→student→"视图"→所要更名视图,单击鼠标右键,然后从弹出的快捷菜单中选择"重命名"命令。

(3) 所要更名视图的视图名处于编辑状态,输入新的视图名称,确认无误后在任意空白区域单击鼠标左键,SQL Server 数据库引擎会依据用户的设置完成视图的重命名。

2. 利用系统存储过程更名视图

利用系统提供的存储过程 sp_rename 可以对视图进行重命名,其语法格式如下:

```
sp_rename [ @objname = ] 'object_name',
[ @newname = ] 'new_name'
[, [@objtype = ] 'object_type' ]
```

参数说明如下。

- [@objname =] 'object_name' 表示现有用户对象或数据类型的名称,如表、视图、列、存储过程、触发器、默认值、数据库、对象或规则等的名称。
- [@newname =] 'new_name' 表示对指定对象进行重命名的新名称。新命名的视图名称必须符合标识符的命名规则。

- [@objtype =] 'object_type' 表示将要被重命名的对象的类型，默认类型为NULL。

【例 8-10】 将视图 v_example1 更名为 v_stu。

```
Exec sp_rename 'v_example1' ,'v_stu'
```

8.3.4 删除视图

当一个视图不再需要时，可对其进行删除操作，以释放存储空间。删除视图的方法与删除数据表的方法类似，既可以使用对象资源管理器，也可以使用 T-SQL 语句。

1. 利用对象管理器删除视图

(1) 启动 SQL Server Management Studio，连接到 SQL Server 2008 数据库实例。

(2) 展开 SQL Server 实例，选择"数据库"→student→"视图"→所要删除视图，单击鼠标右键，然后从弹出的快捷菜单中选择"删除"命令，打开"删除对象"对话框。

(3) 在"删除对象"对话框中，显示出删除对象的属性信息，单击"确定"按钮，SQL Server 数据库引擎会依据用户的设置完成视图的删除。

2. 利用 T-SQL 语句删除视图

删除视图的语法格式如下：

```
DROP VIEW view_nane [,... n ]
```

其中，view_name 为所要删除的视图的名称。

【例 8-11】 删除视图 v_example1。

```
DROP VIEW v_example1
```

视图删除后，只会删除视图在数据库中的定义，而与视图有关的数据表中的数据不会受到任何影响，同时由此视图导出的其他视图依然存在，但已无任何意义。

8.4 利用视图管理数据

在创建视图之后，可以通过视图来对基表的数据进行管理。但是无论在什么时候对视图的数据进行管理，实际上都是在对视图对应的数据表中的数据进行管理。如果满足一些限制条件，可以通过视图自由地查询、插入、删除和更新数据。如果要防止用户通过视图对数据库中不属于视图范围内的数据表数据进行修改操作，可以在视图定义时增加 WITH CHECK OPTION 子句。这样利用视图对数据进行管理时，SQL Server 2008 数据库引擎会检查视图定义中子查询的 WHERE 条件，若操纵的记录不满足条件，则拒绝执行相应操作。

8.4.1 利用视图查询数据

1. 利用对象管理器查询视图数据

在 SQL Server Management Studio 中查看视图数据的方法与查看数据表内容的方法

几乎一致，下面以查看视图 v_example3 为例介绍如何查看视图：

(1) 启动 SQL Server Management Studio，连接到 SQL Server 2008 数据库实例。

(2) 展开 SQL Server 实例，选择“数据库”→student→“视图”→v_example3，单击鼠标右键，然后从弹出的快捷菜单中选择“选择前 1000 行”命令，出现查看视图数据的窗口，如图 8.5 所示，该窗口与查看数据表的窗口一致，在此就不再赘述了。

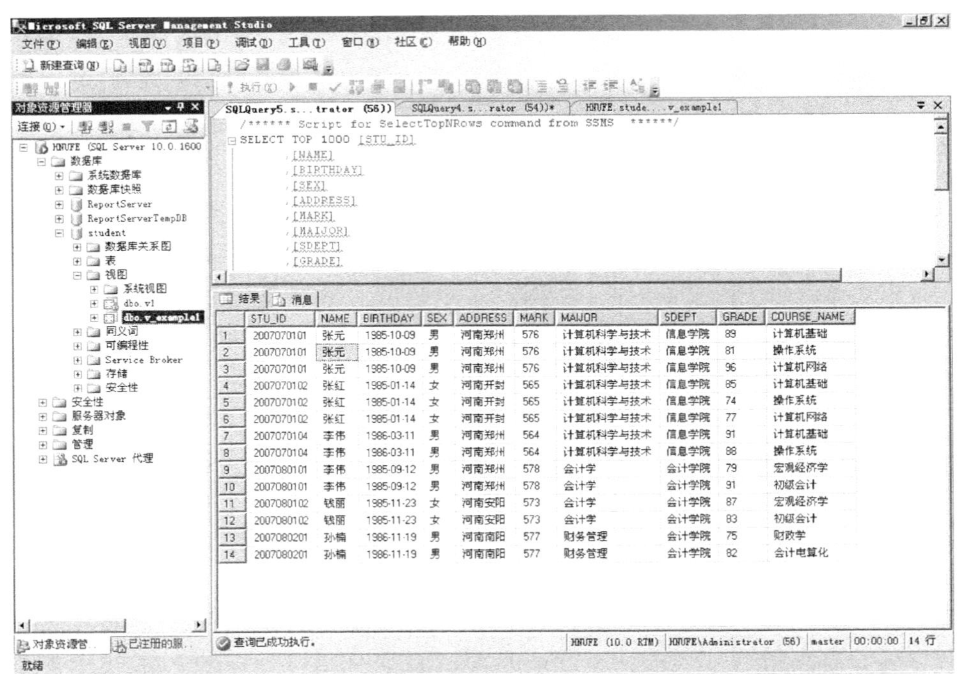

图 8.5　查看视图 v_example3 的数据

2. 利用 T-SQL 语言查询视图数据

在 SQL 语句里，使用 SELECT 语句可以查看视图的内容，其用法与查看数据表内容的用法一样，区别只是把数据表名改为视图名，在此也不再赘述了。

【例 8-12】 查询 2007070101 同学的“计算机基础”课程成绩。

```
SELECT *
FROM v_example3
WHERE stu_id = '2007070101' AND course_name = '计算机基础'
```

从这个实例可以看出，当对一个数据表进行复杂的查询时，可以先对数据表建立一个视图。然后只需对此视图进行查询，这样就不再需要复杂的查询语句，而将一个复杂查询转化为一个简单查询，从而简化了查询操作。

8.4.2 利用视图插入数据

利用视图向基表插入数据时，必须满足下面的限制条件：

- 因为视图只是选取基表中的部分列，所以通过视图添加的记录也只能传递这些选取的列，因此要求其他在视图中不存在的列必须允许为空(NULL)，或有默认值以及其他能自动计算或自动赋值(如 IDENTITY)的属性。否则,不能向视图插入数据。

- 如果在定义视图的查询语句中使用了聚合函数或 GROUP BY、HAVING 子句,则不允许对视图进行插入或更新。
- 如果在定义视图的查询语句中使用了 DISTINCT 选项,也不允许对视图进行插入或更新。
- 如果在视图定义中使用了 WITH CHECK OPTION 选项,则在视图上插入的数据必须符合定义视图的 SELECT 语句所设定的条件。
- 不能在一个插入语句中向多个基表插入数据。如果视图引用了多个数据表,通过该视图向这些基表添加数据时应书写多个插入语句。

在满足以上要求的情况下,可以利用对象管理器或使用 SQL 语句向视图插入数据,其操作方式与数据表的操作方式相同,区别只是将数据表对象改为视图对象。

1. 利用对象管理器插入数据

在 SQL Server Management Studio 中插入数据的方法与对数据表插入数据的方法几乎一致,下面以视图 v_example1 为例介绍如何插入数据:

(1) 启动 SQL Server Management Studio,连接到 SQL Server 2008 数据库实例。

(2) 展开 SQL Server 实例,选择"数据库"→student→"视图"→v_example1,单击鼠标右键,然后从弹出的快捷菜单中选择"编辑前 200 行"命令,打开视图数据窗口。

(3) 在视图数据窗口中,显示出当前视图中所有数据,单击表格中最后一行,填写相应数据信息。

2. 利用 T-SQL 语言插入数据

在 SQL 语句里,也是通过 INSERT 语句向视图插入数据,其用法与向数据表插入数据的用法一样,区别只是把数据表名改为视图名,在此也不再赘述了。

【例 8-13】 利用视图 v_example1,插入记录("2007070105","程芳","女")。

```
INSERT INTO v_example1
VALUES( '2007070105' , '程芳' , '女' )
```

该 INSERT 语句在执行时会失败,因为定义视图 v_example1 的查询语句中使用了 WITH CHECK OPTION 选项,所有插入的数据信息都必须满足查询语句中 sdept='信息学院'这个条件,显然记录("2007070105","程芳","女")是不满足的。

【例 8-14】 利用视图 v_example4,插入记录("2007070105","程芳",85)。

```
INSERT INTO v_example4
VALUES( '2007070105' , '程芳' , 85 )
```

该 INSERT 语句在执行时会失败,因为定义视图 v_example4 的查询语句中使用了聚合函数 AVG(grade)。

8.4.3 利用视图更新数据

要更新视图中的数据信息,必须要注意以下几点:

- TIMESTAMP 和 BINARY 类型的字段不能编辑。
- 如果字段的值是自动产生的，如 IDENTITY、计算字段等也不能编辑。
- 经编辑的字段内容必须符合引用表的字段定义。
- 在引用表的中可以不用输入内容的字段，如可以为 NULL 的或有默认值的字段，在视图中也可以不输入内容。
- 在视图中修改的字段最好是同一个引用表中的字段，避免出现一些未知的结果。
- 在视图中修改的字段内容，实际上就是在数据表中修改的字段内容。

1. 利用对象管理器更新数据

在 SQL Server Management Studio 中插入数据的方法与对数据表插入数据的方法几乎一致，下面以视图 v_example1 为例介绍如何插入数据：

(1) 启动 SQL Server Management Studio，连接到 SQL Server 2008 数据库实例。

(2) 展开 SQL Server 实例，选择"数据库"→student→"视图"→v_example1，单击鼠标右键，然后从弹出的快捷菜单中选择"编辑前 200 行"命令，打开视图数据窗口。

(3) 在视图数据窗口中，显示出当前视图中所有数据，找到要修改的数据信息，在数据上直接修改字段内容，修改完毕之后，只需将光标从该数据上移开，定位到其他数据上，SQL Server 数据库引擎就会将修改的数据保存。

2. 利用 T-SQL 语言更新数据

在 SQL 语句里，也是通过 UPDATE 语句更新视图中的数据，其用法与更新数据表中数据的用法一样，区别只是把数据表名改为视图名。同时，如果视图数据来自两个或两个以上的数据表，UPDATE 语句一次只允许修改一个数据表中的数据。

【例 8-15】 利用视图 v_example1，将学号 2007070101 的学生姓名改为"张林"。

```
UPDATE v_example1
SET name = '张林'
WHERE stu_id = '2007070101'
```

8.4.4 利用视图删除数据

1. 利用对象管理器删除数据

在 SQL Server Management Studio 中插入数据的方法与对数据表插入数据的方法几乎一致，下面以视图 v_example1 为例介绍如何插入数据：

(1) 启动 SQL Server Management Studio，连接到 SQL Server 2008 数据库实例。

(2) 展开 SQL Server 实例，选择"数据库"→student→"视图"→v_example1，单击鼠标右键，然后从弹出的快捷菜单中选择"编辑前 200 行"命令，打开视图数据窗口。

(3) 在视图数据窗口中，显示出当前视图中所有数据，选择要删除的记录，单击鼠标右键，在弹出的快捷菜单里选择"删除"命令，然后在弹出的警告对话框里单击"是"按钮，完成删除操作。

2. 利用 T-SQL 语言删除数据

在 SQL 语句里，删除视图中的数据也可利用 DELETE 语句，其用法与删除数据表中数据的用法一样，区别也只是把数据表名改为视图名。同时，如果视图数据来自两个或两个以上的数据表，则不允许删除该视图数据。

【例 8-16】 利用视图 v_example1，将学号 2007070101 的学生信息删除。

```
DELETE FROM v_example1
WHERE stu_id = '2007070101'
```

8.5 本章小结

本章介绍了视图的相关知识，其内容主要包括视图的概念和优点、视图的创建和管理，以及如何利用视图进行数据管理。视图是一个虚拟的表，该表中的记录是由一个查询语句执行后得到的查询结果所构成。因此视图中存储的只是一个查询语句，视图中的数据并不是存在于视图中，而是存在于被引用的数据表中，当被引用的数据表中的记录内容改变时，视图中的记录内容也会随之改变。

通过本章的学习，读者应该掌握以下内容：

(1) 视图的概念和视图的优点。

(2) 视图的创建、管理方法。

习 题 8

1. 试述视图的优点，并举例说明。
2. 创建视图的方法有哪些？具体操作步骤是什么？
3. 试说明创建视图语句格式中各个选项的含义。
4. 利用视图管理数据，需要注意哪些问题？

第9章 索　　引

本章学习目标

- 理解索引的作用和分类；
- 熟练掌握索引的创建、编辑和删除；
- 熟练掌握索引的管理方法。

9.1 索引概述

9.1.1 索引的概念

在应用系统中，尤其在联机事务处理系统中，对数据查询及处理速度已成为衡量应用系统成败的标准。而采用索引来加快数据处理速度通常是最普遍采用的优化方法。

数据库中的索引类似于图书中的目录。在一本书中，使用目录可以迅速找到信息，而不必读完全书。在一个数据库中，数据库程序使用索引可以找到表中的数据，而不必扫描整个表。书中的目录是一个字词以及各字词所在页码的列表，数据库中的索引是表中的值以及各值存储位置（在表中所在的行）的列表。

在良好的数据库设计基础上，有效地使用索引是 SQL Server 取得高性能的基础，SQL Server 采用基于代价的优化模型，它对每一个提交的有关表的查询，决定是否使用索引或用哪一个索引。因为查询执行的大部分开销是磁盘 I/O，使用索引提高性能的一个主要目标是避免全表扫描，因为全表扫描需要从磁盘上读取表的每一个数据页，如果有索引指向数据值，则查询只需读少数几次磁盘就可以了。所以如果建立了合理的索引，就可以利用索引加速数据的查询过程。

但是，索引并不总是提高系统的性能，带索引的表需要在数据库中占用更多的存储空间；同样，用来插入、更新或删除数据的命令的运行时间以及维护索引所需的处理时间会更长。因此，对于索引必须合理规划：在适当的地方增加适当的索引并从不合理的地方删除次优的索引，将有助于优化那些性能较差的 SQL Server 应用。

9.1.2 索引的设计原则

对于一张数据表，索引的有无和建立方式的不同将会导致不同的查询效果，选择什么样的索引基于用户对数据的查询条件，这些条件体现于 WHERE 子句和 JOIN 表达式中。

一般来说建立索引的原则包括以下内容：

- 主键经常作为 WHERE 子句的条件，应在表的主键列上建立聚集索引，尤其当经常用它作为连接的时候。

- 有大量重复值且经常有范围查询和排序、分组发生的列，或非常频繁地被访问的列，可考虑建立聚集索引。
- 经常同时存取多列，且每列都含有重复值可考虑建立复合索引来覆盖一个或一组查询，并把查询引用最频繁的列作为前导列，如果可能尽量使关键查询形成覆盖查询。
- 如果知道索引键的所有值都是唯一的，那么确保把索引定义成唯一索引。
- 在一个经常做插入操作的表上建索引时，使用 fillfactor（填充因子）来减少页分裂，同时提高并发度降低死锁的发生。如果在只读表上建索引，则可以把 fillfactor 置为 100。
- 在选择索引键时，设法选择那些采用小数据类型的列作为键以使每个索引页能够容纳尽可能多的索引键和指针，通过这种方式，可使一个查询必须遍历的索引页面降到最小。此外，尽可能地使用整数为键值，因为它能够提供比任何数据类型都快的访问速度。

9.1.3 索引的分类

在 SQL Server 2008 中，提供了多种索引类型。如果以存储结构来区分，则有"聚集索引"（Clustered Index，也称聚类索引、簇集索引）和"非聚集索引"（Nonclustered Index，也称非聚类索引、非簇集索引）的区别；如果以数据的唯一性来区别，则有"唯一索引"（Unique Index）和"非唯一索引"（Nonunique Index）的不同；若以键列的个数来区分，则有"单列索引"与"多列索引"的分别。

1. 聚集索引

在日常生活中经常用到汉语字典，其正文本身就是一个聚集索引。比如，要查"安"字，就会很自然地翻开字典的前几页，因为"安"的拼音是"an"，而按照拼音排序汉字的字典是以英文字母"a"开头并以"z"结尾的，那么"安"字就自然地排在字典的前部。如果翻完了所有以"a"开头的部分仍然找不到这个字，那么就说明字典中没有这个字。也就是说，字典的正文部分本身就是一个目录，您不需要再去查其他目录来找到您需要找的内容。这种正文内容本身就是一种按照一定规则排列的目录称为"聚集索引"。

聚集索引是一种对磁盘上实际数据重新组织以按指定的一个或多个列的值排序。由于聚集索引的索引页面指针指向数据页面，所以使用聚集索引查找数据几乎总是比使用非聚集索引快。每张表只能建一个聚集索引，并且建聚集索引需要至少相当该表 120%的附加空间，以存放该表的副本和索引中间页。

在聚集索引下，数据在物理上按顺序排在数据页上，重复值也排在一起，因而在那些包含范围检查（BETWEEN、＜、＜＝、＞、＞＝）或使用 GROUP BY 或 ORDER BY 的查询时，一旦找到具有范围中第一个键值的行，具有后续索引值的行保证物理上毗连在一起而不必进一步搜索，避免了大范围扫描，可以大大提高查询速度。

聚集索引存储结构如图 9.1 所示。

但是，由于数据在物理上按顺序排在数据页上，因此在聚集索引中不要包含经常修改的列，否则列值修改后，数据行就必须移动到新的位置，从而影响整个 SQL Server 系统的性能。

在选择聚集索引列时，应基于 WHERE 子句和连接操作的类型。聚集索引的候选列通常包括以下内容：

• 主键列，该列在 WHERE 子句中使用并且插入是随机的。
• 按范围存取的列，如 mark > 100 and mark < 200。
• 在 GROUP BY 或 ORDER BY 中使用的列。
• 不经常修改的列。
• 在连接操作中使用的列。

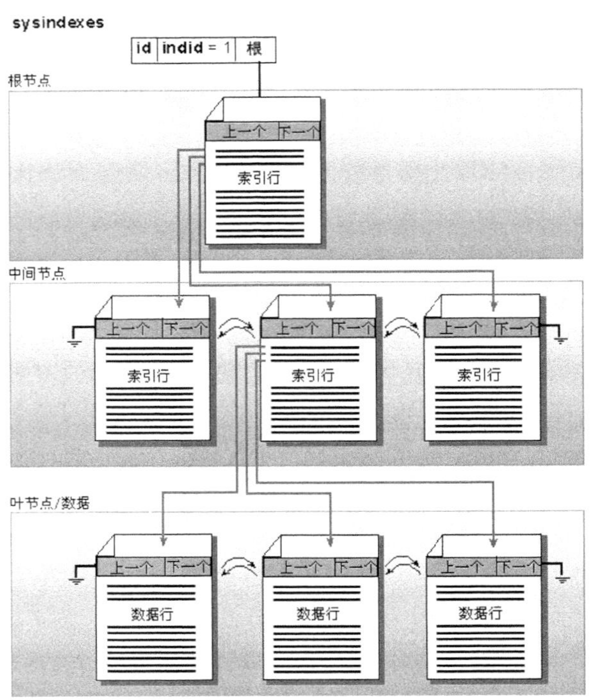

图 9.1　聚集索引存储结构

2. 非聚集索引

在我们的日常生活中，也可能会遇到不认识的字，不知道它的发音，这时候，就不能按照刚才的方法找到要查的字，而需要去根据“偏旁部首”查到要找的字，然后根据这个字后的页码直接翻到某页来找到要找的字。这种结合“部首目录”和“检字表”而查到的字的排序并不是真正的正文的排序方法，比如“张”字，在查部首之后的检字表中“张”的页码是 672 页，检字表中“张”的上面是“驰”字，但页码却是 63 页，“张”的下面是“弩”字，页面是 390 页。这些字在正文内容中并不是真正的分别位于“张”字的上下方，在检字表中看到的连续的 3 个字实际上就是它们在非聚集索引中的排序，是字典正文内容中的字在非聚集索引中的映射。我们可以通过这种方式来找到所需要的字，但需要两个过程，先找到目录中的结果，然后再翻到您所需要的页码。这种目录纯粹是目录，正文纯粹是正文的排序方式称为“非聚集索引”。

SQL Server 默认情况下建立的索引是非聚集索引，由于非聚集索引不重新组织表中的数据，而是对每一行存储索引列值并用一个指针指向数据所在的页面。换句话说非聚集索引具有在索引结构和数据本身之间的一个额外级。一个表可以拥有多个非聚集索引，每个非聚集索引提供访问数据的不同排序顺序。

非聚集索引存储结构如图 9.2 所示。

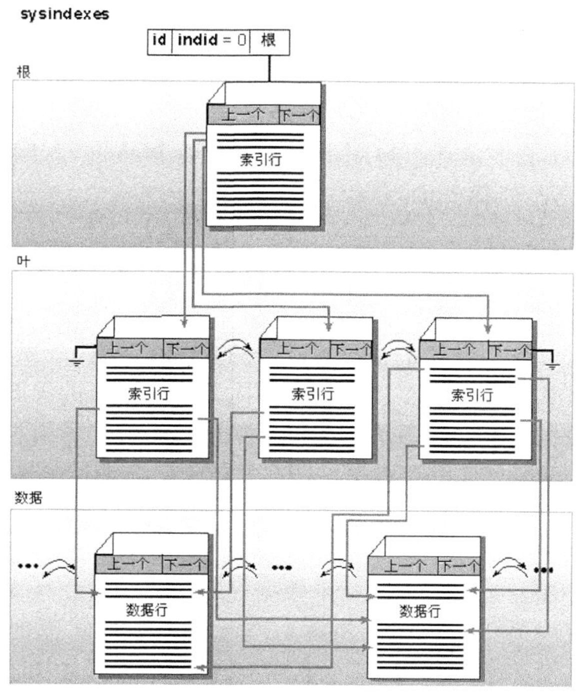

图 9.2　非聚集索引存储结构

在建立非聚集索引时，要权衡索引对查询速度的加快与降低修改速度之间的利弊。另外，还要考虑索引需要使用多少空间、索引键如何选择、是否有许多重复值等问题。

在实际数据库管理中，聚集索引和非聚集索引的选择，如表 9.1 所示。

表 9.1　聚集索引与非聚集索引选择

动作描述	使用聚集索引	使用非聚集索引
列经常被分组排序	应	应
返回某范围内的数据	应	不应
一个或极少不同值	不应	不应
小数目的不同值	应	不应
大数目的不同值	不应	应
频繁更新的列	不应	应
外键列	应	应
主键列	应	应
频繁修改索引列	不应	应

3. 唯一索引

唯一索引是指索引值必须是唯一的。例如，在学生信息表 stu_info 中 stu_id 列不允许重复，可以通过创建唯一索引来保证。

聚集索引和非聚集索引均可用于强制表内的唯一性，方法是在现有表上创建索引时指定 UNIQUE 关键字。确保表内唯一性的另一种方法是使用 UNIQUE 约束。如同唯一索引，UNIQUE 约束强制一组列中各值的唯一性。实际上，UNIQUE 约束的赋值自动创建基础唯一索引，以利于强制该约束。由于唯一性可以作为 CREATE TABLE 语句的一部分来加以定义和记录，因此，UNIQUE 约束通常优先于单独唯一索引的创建。

4. 索引视图

视图也称为虚拟表，标准视图的结果集不是永久地存储在数据库中。每次查询引用标准视图时，SQL Server 都会在内部将视图的定义替换为该查询，直到修改后的查询仅引用基表。然后，它将照常运行所得到的查询。

对于标准视图而言，为每个引用视图的查询动态生成结果集的开销很大，特别是对于那些涉及对大量行进行复杂处理（如聚合大量数据或连接许多行）的视图。如果在查询中频繁地引用这类视图，可通过对视图创建唯一聚集索引来提高性能。对视图创建唯一聚集索引后，结果集将存储在数据库中，就像带有聚集索引的表一样，这样的视图称为索引视图，即是为了实现快速访问而将其结果持续存放于数据库内并创建索引的视图。

索引视图在基础数据不经常更新的情况下效果最佳。维护索引视图的成本可能高于维护表索引的成本。如果基础数据更新频繁，索引视图数据的维护成本就可能超过使用索引视图带来的性能收益。

5. 全文索引

全文索引可以对存储在数据库中的文本数据进行快速检索。全文索引是一种特殊类型的基于标记的功能性索引，它是由 SQL Server 全文引擎生成和维护的。生成全文索引的过程不同于生成其他类型的索引，不是基于索引行中存储的值来构造 B 树结构，而是基于要编制索引的文本中的各个标记来生成倒排、堆积且压缩的索引结构。在 SQL Server 2008 中，全文索引与数据库引擎集成在一起，而全文索引的大小仅受运行 SQL Server 实例的计算机的可用内存资源限制。

每个表只允许有一个全文索引。若要对某个表创建全文索引，该表必须具有一个唯一且非 NULL 的列。通常情况下，可以对 CHAR、VARCHAR、TEXT、NCHAR、NVARCHAR、NTEXT 文本数据类型的列创建全文索引，也可以对 IMAGE、XML 和 VARBINARY 数据类型的列创建全文索引。

9.2 创建索引

9.2.1 SQL Server 2008 创建索引的方法

在 SQL Server 2008 中，索引可以由系统自动创建，也可以由用户手工创建。

1. 系统自动创建索引

系统在创建表中的其他对象时可以附带地创建新索引。通常情况下，在创建 UNIQUE 约束或 PRIMARY KEY 约束时，SQL Server 会自动为这些约束列创建聚集索引。

2. 用户创建索引

除了系统自动生成的索引外，也可以根据实际需要，使用对象资源管理器或利用 SQL 语句中的 CREATE INDEX 命令直接创建索引。

9.2.2 利用对象资源管理器创建索引

在 SQL Server Management Studio 中，可以利用对象资源管理器创建索引。

(1) 启动 SQL Server Management Studio，连接到 SQL Server 2008 实例。

(2) 在对象资源管理器窗口里，展开 SQL Server 实例，选择“数据库”→student→“表”→要创建索引的表→“索引”，在对象资源管理器中会列出当前所选数据表中已建立的索引，包括索引的名称和类型，如图 9.3 所示。

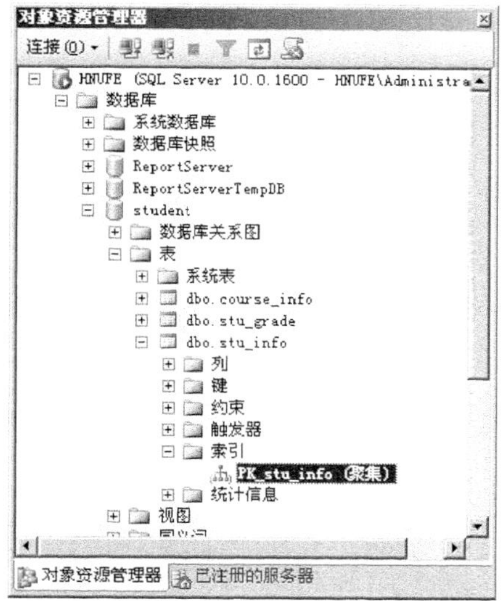

图 9.3 索引

(3) 选择“索引”，单击鼠标右键，然后从弹出的快捷菜单中选择“新建索引”命令，打开“新建索引”对话框。

(4) 在“新建索引”对话框中，通过“索引名称”文本框输入所要创建的索引名，利用“索引类型”下拉列表框选择“聚集”或“非聚集”，勾选“唯一”复选框来决定是否设置唯一索引。

(5) 单击“添加”按钮，弹出“选择列”对话框，如图 9.4 所示，在对话框表列中选择需要创建索引的列。然后，单击“确定”按钮，返回“新建索引”对话框，可以继续设置索引列的排序顺序。

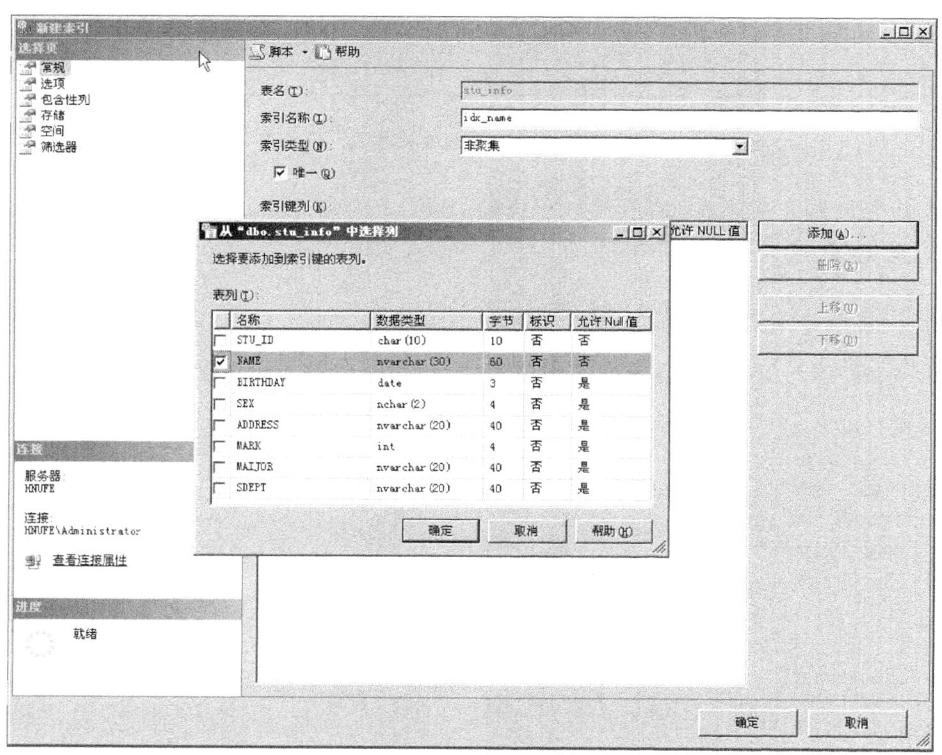

图 9.4 新建索引

(6) 选择“新建索引”对话框的“选项”标签页，可以根据需要选择各复选框按钮来设置各索引选项，如图 9.5 所示。

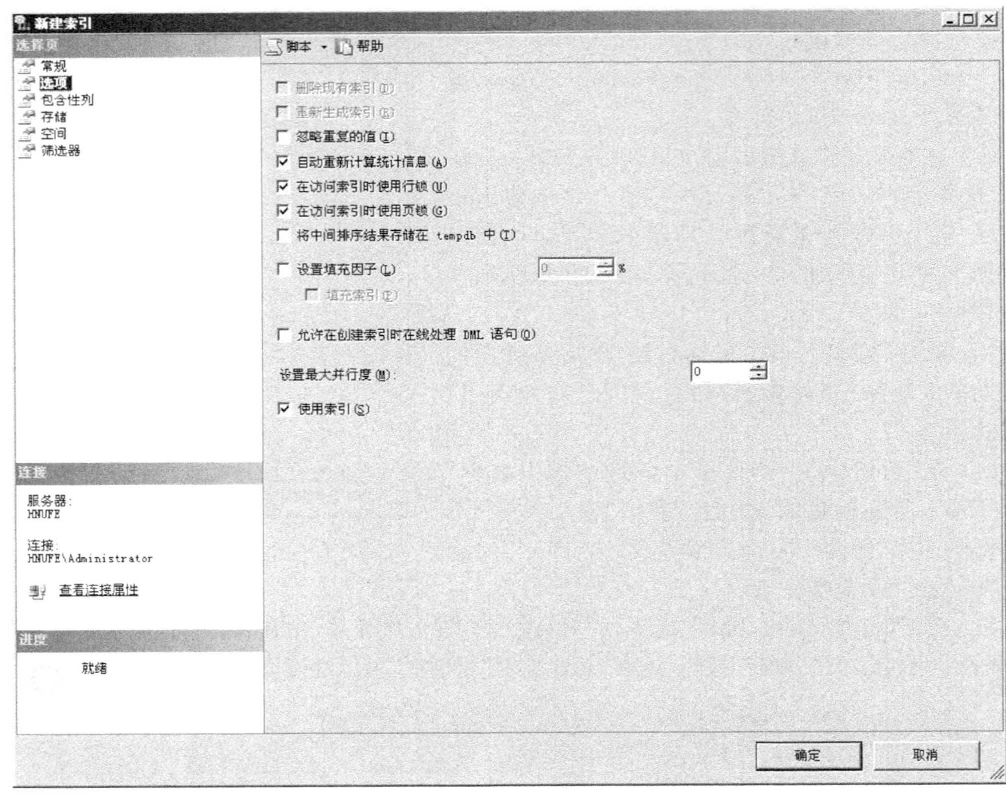

图 9.5 索引选项标签页

(7) 所有设置完毕之后，单击“确定”按钮，SQL Server 数据库引擎会依据用户的设置完成索引的创建。

9.2.3 利用 T-SQL 语句创建索引

利用 CREATE INDEX 语句可以创建索引，该命令的基本语法如下：

```
CREATE [UNIQUE] [CLUSTERED|NONCLUSTERED] INDEX index_name
ON { table_name | view_name }(column_name [ASC | DESC] [,...n] )
[WITH [PAD_INDEX] [[,] FILLFACTOR = fillfactor ]
[[,] IGNORE_DUP_KEY ]
[[,] DROP_EXISTING ]
[[,] STATISTICS_NORECOMPUTE ]
[[,] SORT_IN_TEMPDB ]
]
[ON filegroup ]
```

参数说明如下。

- UNIQUE：用于指定为表或视图创建唯一索引，即不允许存在索引值相同的两行。在列包含重复值时，不能创建唯一索引。如要使用此选项，应确定索引所包含的列均不含有 NULL 值，否则在使用时会经常出错。
- CLUSTERED：用于指定创建的索引为聚集索引。如果此选项省略，则创建的索引默认为非聚集索引。
- NONCLUSTERED：用于指定创建的索引为非聚集索引。其索引数据页中包含了指向数据库中实际的表数据页的指针。
- index_name：用于指定所创建的索引名称。索引名称在一个表或视图中必须唯一，但在数据库中不必唯一。索引名必须遵循 SQL Server 2008 中标识符的命名规则。
- table_name：用于指定创建索引的表名称，必要时可以选择指定的数据库名称和所有者名称。
- view_name：用于指定创建索引的视图名称，必须使用 SCHEMABINDING 选项定义视图才能在视图上创建索引。
- ASC|DESC：用于指定某个具体索引列的升序或降序排序方式。默认值为升序 ASC。
- column_name：用于指定被索引的列。指定两个或多个列名组成一个索引时，可以为指定列的组合值创建组合索引，在 table_name 后圆括号中列出组合索引中要包括的列(按排序优先级排列)，这种索引称为复合索引。
- PAD_INDEX：用于指定索引中间级中每个页(节点)上保持开放的空间。
- FILLFACTOR：填充因子。指定在 SQL Server 创建索引的过程中，各索引页叶级的填满程度。
- IGNORE_DUP_KEY：当向包含于一个唯一聚集索引的列中插入重复数据时，用于控制 SQL Server 所作的反应。
- DROP_EXISTING：用于指定应删除并重新创建同名的先前存在的聚集索引或非聚集索引。
- STATISTICS_NORECOMPUTE：用于指定过期的索引统计不自动重新计算。
- SORT_IN_TEMPDB：用于指定创建索引时的中间排序结果将存储在 TempDB 数据库中。如果 TempDB 数据库与用户数据库位于不同的磁盘设备上，使用此选项可以减少创建索引所需的时间，但会增加创建索引时使用的磁盘空间。
- ON filegroup：用于指定存入索引的文件组。

如果不指定索引类型，SQL Server 将使用非聚集索引作为默认索引类型。当在同一张表中同时建立聚集索引和非聚集索引时，应先建立聚集索引后再建立非聚集索引。

【例 9-1】 使用 CREATE INDEX 语句为表 stu_info 创建一个非聚集索引，索引字段为 name，索引名为 idx_name。

```
CREATE INDEX idx_name
ON stu_info( name )
```

【例 9-2】 使用 CREATE INDEX 语句为表 course_info 创建一个唯一聚集索引，索引字段为 course_id，索引名为 idx_course_id，要求成批插入数据时忽略重复值，不重新计算统计信息，填充因子取 40。

```
CREATE UNIQUE CLUSTERED INDEX idx_course_id
ON course_info( course_id )
WITH PAD_INDEX,
FILLFACTOR = 40,
IGNORE_DUP_KEY ,
STATISTICS_NORECOMPUTE
```

9.3 管理索引

索引创建之后，可以利用 SQL Server Management Studio 的对象资源管理器或 SQL 语句对索引进行管理。

9.3.1 查看索引定义

1. 利用对象资源管理器查看索引定义

在 SQL Server Management Studio 中，利用对象资源管理器查看索引定义信息，下面以查看索引 idx_name 为例介绍如何查看索引定义。

(1) 启动 SQL Server Management Studio，连接到 SQL Server 2008 实例。

(2) 在对象资源管理器窗口里，展开 SQL Server 实例，选择“数据库”→student→“表”→dbo. stu_info→“索引”→idx_name，单击鼠标右键，然后从弹出的快捷菜单中选择“属性”命令，出现“索引属性”窗口，如图 9.6 所示，可以查看索引 idx_name 的定义信息。

(3) 在“索引属性”窗口的“常规”页中，可以查看或修改所选择的表或视图的索引的类型、索引列等属性信息。

(4) 在“索引属性”窗口的“选项”页中，可以查看或修改所选索引的属性。

(5) 在“索引属性”窗口的“包含性列”页中，可以修改以非键列的形式包含在非聚集索引中的列集。

(6) 在“索引属性”窗口的“存储”页中，可以查看或修改所选索引的文件组或分区方案属性。此页仅对聚集索引可用。

(7) 在“索引属性”窗口的“空间”页中，可以查看或修改索引的空间属性。修改任何空间属性后，将会删除并重新创建该空间索引。

(8) 在“索引属性”窗口的“碎片”页中，可以查看索引碎片的状态和重新组织索引。

2. 利用系统存储过程查看索引定义

利用系统提供的存储过程 sp_helpindex 可以查看索引信息，其语法格式如下：

```
sp_helpindex [ @objname = ] 'object_name',
```

其中，[@objname =] 'object_name' 表示所要查看的当前数据库中表的名称。

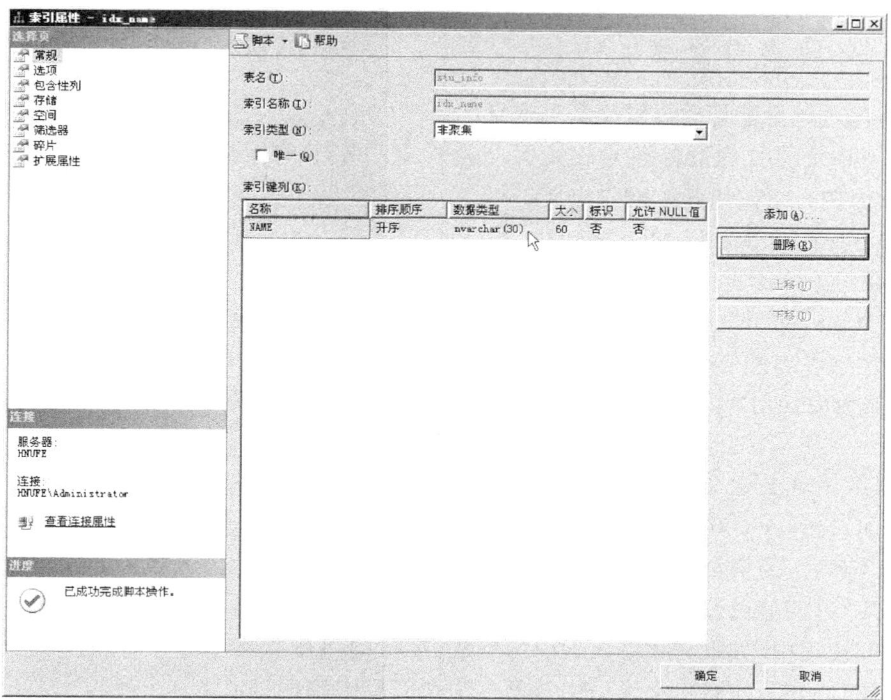

图 9.6　索引属性

【例 9-3】　查看 student 数据库中 stu_info 表的索引信息。

```
Exec sp_helpindex stu_info
```

运行该代码,得到的查询结果如图 9.7 所示。

	index_name	index_description	index_keys
1	idx_name	nonclustered located on PRIMARY	NAME
2	PK_stu_info	clustered, unique, primary key located on PRIMARY	STU_ID

图 9.7　表 stu_info 的索引信息

9.3.2 修改索引定义

1. 利用对象资源管理器修改索引定义

利用对象资源管理器修改索引定义与查看索引定义的操作相类似，下面以修改索引 idx_name 为例介绍如何修改索引定义：

(1) 启动 SQL Server Management Studio，连接到 SQL Server 2008 实例。

(2) 在对象资源管理器窗口里，展开 SQL Server 实例，选择"数据库"→student→"表"→dbo. stu_info→"索引"→idx_name，单击鼠标右键，然后从弹出的快捷菜单中选择"属性"命令，也出现"索引属性"窗口，如图 9.6 所示，可以按要求修改索引 idx_name 的定义。

(3) 修改完成后，单击"确定"按钮，SQL Server 数据库引擎会依据用户的设置完成索引的修改。

2. 利用 T-SQL 语句修改索引定义

在 SQL Server 2008 中，虽然提供了 SQL 语句 ALTER INDEX，但是此语句与索引维护有关，而与索引结构则没有任何关系。它不能用于修改索引定义，如添加或删除列，或更改列的顺序，只能够通过重新组织索引或重新生成索引来修复索引碎片。

在实际使用中，如果需要修改索引的组成，往往通过删除索引然后重新定义索引，再利用 ALTER INDEX 使新定义索引生效的方法来完成修改索引定义。

9.3.3 更名索引

1. 利用对象资源管理器更名索引

(1) 启动 SQL Server Management Studio，连接到 SQL Server 2008 实例。

(2) 在对象资源管理器窗口里，展开 SQL Server 实例，选择"数据库"→student→"表"→dbo. stu_info→"索引"→idx_name，单击鼠标右键，然后从弹出的快捷菜单中选择"重命名"命令。

(3) 所要更名索引的索引名处于编辑状态，输入新的索引名称，确认无误后在任意空白区域单击鼠标左键，SQL Server 数据库引擎会依据用户的设置完成索引的重命名。

2. 利用系统存储过程更名索引

利用系统提供的存储过程 sp_rename 可以对索引进行重命名，其用法与更名视图的操作相同，这里不再赘述。

【例 9-4】 将 stu_info 表中的索引 idx_name 更名为 idx_stu_name。

```
Exec sp_rename 'stu_info.idx_name' ,'idx_stu_name'
```

9.3.4 删除索引

当一个索引不再需要时，可对其进行删除操作，以释放存储空间。删除索引的方法与删除视图的方法类似，既可以使用对象资源管理器，也可以使用 SQL 语句。

1. 利用对象管理器删除索引

(1) 启动 SQL Server Management Studio，连接到 SQL Server 2008 数据库实例。

(2) 在对象资源管理器窗口里，展开 SQL Server 实例，选择"数据库"→student→"表"→

dbo.stu_info→"索引"→idx_name,单击鼠标右键,然后从弹出的快捷菜单中选择"删除"命令,打开"删除对象"对话框。

(3) 在"删除对象"对话框中,显示出删除对象的属性信息,单击"确定"按钮,SQL Server 数据库引擎会依据用户的设置完成索引的删除。

2. 利用 T-SQL 语句删除索引

删除索引的语法格式如下:

```
DROP INDEX table_name.index_name [,... n ]
```

其中,index_name 为所要删除的索引的名称。删除索引时,不仅要指定索引,而且必须要指定索引所属的表。

【例 9-5】 删除 stu_info 表中的 idx_name 索引。

```
DROP INDEX stu_info.idx_name
```

DROP INDEX 不能删除系统自动创建的索引,如主键或唯一性约束索引,也不能删除系统表中的索引。

9.4 维护索引

某些不合适的索引影响到 SQL Server 的性能,随着应用系统的运行,数据不断地发生变化,当数据变化达到某一个程度时将会影响到索引的使用。这时需要对索引进行维护。索引的维护包括重建索引和更新索引统计信息。

9.4.1 重建索引

随着另外应用在执行大块 I/O 的时候,重建非聚集索引可以降低分片,重建索引实际上是重新组织 B-树空间。

无论何时对基础数据执行插入、更新或删除操作,SQL Server 2008 数据库引擎都会自动维护索引。随着时间的推移,数据行的插入、删除和数据页的分裂,有些索引页可能只包含几页数据,也可能会导致索引中的信息分散在数据库中(含有碎片)。当索引包含的页中的逻辑排序(基于键值)与数据文件中的物理排序不匹配时,就存在碎片。碎片非常多的索引可能会降低查询性能,导致应用程序响应缓慢。

在 SQL Server 2008 中,可以通过重新组织索引或重新生成索引来修复索引碎片,维护大块 I/O 的效率。

SQL Server 提供了多种维护索引的方法。

1. 检查整理索引碎片

使用 DBCC SHOWCONTIG 检查有无索引碎片,或使用 DBCC INDEXDEFRAG 整理索引碎片。

DBCC SHOWCONTIG 语句用来显示指定表的数据和索引的碎片信息。当对表进行大量的修改或添加数据之后,应该执行此语句来查看有无碎片。其语法格式如下:

```
DBCC SHOWCONTIG
  ( [ { table_name | table_id | view_name | view_id }, index_name | index_id ] )
```

【例 9-6】 检查 student 数据库中 stu_info 表的索引 idx_name 的碎片信息。

```
DBCC SHOWCONTIG( stu_info, idx_name )
```

DBCC INDEXDEFRAG 语句的作用是整理表中的索引碎片，其语法格式如下：

```
DBCC INDEXDEFRAG
( [{ database_name | database_id}, { table_name | table_id | view_name | view_id }, index_name
| index_id ] )
```

【例 9-7】 整理 student 数据库中 stu_info 表的索引 idx_name 上的碎片。

```
DBCC INDEXDEFRAG( student, stu_info, idx_name )
```

2. 重新组织索引

重新组织索引是通过对叶级页进行物理重新排序，使其与叶节点的逻辑顺序（从左到右）相匹配，从而对表或视图的聚集索引和非聚集索引的叶级别进行碎片整理，使页有序可以提高索引扫描的性能。

使用 ALTER INDEX REORGANIZE 按逻辑顺序重新排序索引的叶级页。由于这是联机操作，因此在语句运行时仍可使用索引。此方法的缺点是在重新组织数据方面不如索引重新生成操作的效果好，而且不更新统计信息。

3. 重新生成索引

重新生成索引将删除原索引并创建一个新索引。此过程中将删除碎片，通过使用指定的或现有的填充因子设置压缩页来回收磁盘空间，并在连续页中对索引行重新排序（根据需要分配新页）。这样可以减少获取所请求数据所需的页读取数，从而提高磁盘性能。

可以使用两种方法重新生成聚集索引和非聚集索引：

- 带 REBUILD 子句的 ALTER INDEX。
- 带 DROP_EXISTING 子句的 CREATE INDEX。

这种方法的缺点是索引在删除和重新创建周期内为脱机状态，并且操作属原子级。如果中断索引创建，则不会重新创建该索引。

9.4.2 索引统计信息的更新

当在一个包含数据的表上创建索引的时候，SQL Server 会创建分布数据页来存放有关索引的两种统计信息：分布表和密度表。优化器利用这个页来判断该索引对某个特定查询是否有用。当表的数据改变之后，统计信息有可能是过时的，从而影响优化器追求最有工作的目标。因此，需要对索引统计信息进行更新。

数据库选项 AUTO_UPDATE_STATISTICS_ASYNC 提供了统计信息异步更新功能。当此选项设置为 ON 时，查询不等待统计信息更新，即可进行编译。而过期的统计信息置于队列中，由后台进程中的工作线程来更新；用户也可以通过执行 UPDATE STATISTICS 语句手动更新统计信息。

其语法格式如下：

```
UPDATE STATISTICS table_or_indexed_view_name
    [
        {
                { index_or_statistics__name }
            |( { index_or_statistics_name } [ ,...n ] )
                    }
    ]
    [     WITH
        [
            [ FULLSCAN ]
            | SAMPLE number { PERCENT | ROWS } ]
            | RESAMPLE
            | <update_stats_stream_option> [ ,...n ]
        ]
        [ [ , ] [ ALL | COLUMNS | INDEX ]
        [ [ , ] NORECOMPUTE ]
    ] ;
```

参数说明如下。

- table_or_indexed_view_name：要更新其统计信息的表或索引视图的名称。
- index_or_statistics_name：要更新其统计信息的索引的名称，或要更新的统计信息的名称。
- FULLSCAN：通过扫描表或索引视图中的所有行来计算统计信息。
- SAMPLE number { PERCENT | ROWS }：当查询优化器更新统计信息时要使用的表或索引视图中近似的百分比或行数。
- RESAMPLE：使用最近的采样速率更新每个统计信息。
- ALL | COLUMNS | INDEX：指定 UPDATE STATISTICS 语句是否影响列统计信息、索引统计信息或所有现有统计信息。
- NORECOMPUTE：指定不自动重新计算过期统计信息。

【例 9-8】 更新 student 数据库中 stu_info 表中全部索引的统计信息。

```
UPDATE STATISTICS stu_info
```

9.5 本 章 小 结

本章介绍了索引的相关知识，其内容主要包括索引的概念、优点、索引的创建和索引的管理，以及索引的维护。索引是一种特殊类型的数据库对象，可以用来提高表中数据的访问速度，并且能够强制施某些数据完整性（如记录的唯一性）。通常只在那些在查询条件中使用的字段上建立索引。

通过本章的学习，读者应该掌握以下内容：

(1) 索引的概念和索引的建立原则。

(2) 索引的分类。

(3) 索引的创建、管理和维护方法。

习　题　9

1. 引入索引的主要目的是什么?
2. 设计索引时,需要考虑哪些问题?
3. 聚集索引与非聚集索引之间有哪些不同点?
4. 试说明创建索引的语句格式和其中各个选项的含义。

第10章 T-SQL编程基础

本章学习目标：

- 掌握常量和变量的使用方法；
- 掌握运算符和表达式的使用；
- 掌握函数的定义和使用方法；
- 掌握流程控制语句的使用。

10.1 概 述

SQL是结构化查询语言，是一种数据库应用语言。SQL最早是IBM的圣约瑟研究实验室为其关系数据库管理系统System R开发的一种查询语言，由于其结构简洁，功能强大，简单易学，所以得到了广泛的应用，目前大多数数据库供应商都支持SQL语言作为查询语言。

美国国家标准局(ANSI)在1986年制定了SQL标准，称为ANSI SQL-86，并于1989年和1992年对其进行了扩充和完善，即ANSI SQL-89和ANSI SQL-92。Microsoft公司采用Transact-SQL作为SQL Server的核心组件，简称T-SQL。T-SQL遵循ANSI制定的SQL-92标准，并对其进行了扩展，加入了程序流程控制结构、变量和其他一些元素，增强了可编程性和灵活性。

T-SQL语言包括以下4个部分。

- 数据定义语言(DDL)：定义和管理数据库及其对象，例如Create、Alter和Drop等语句。
- 数据操作语言(DML)：操作数据库中各对象，例如Insert、Update、Delete和Select语句。
- 数据控制语言(DCL)：进行安全管理和权限管理等，例如Grant、Revoke、Deny等语句。
- 附加的语言元素：T-SQL语言的附加语言元素，包括变量、运算符、函数、注释和流程控制语句等。

其中，数据定义语言、数据操作语言和数据控制语言在本书相应的章节中分别进行介绍，本章重点介绍T-SQL语言的附加语言元素。

10.2 表 达 式

表达式是指将常量、变量、函数等,用运算符按一定的规则连接起来的有意义的式子。

10.2.1 常量

常量,也称为文字值或标量值,是表示一个特定数据值的符号,在程序运行过程中其值保持不变,例如 12,23,'good luck'等。常量的格式取决于它所表示的值的数据类型,下面介绍几种常用的常量格式。

1. 字符串常量

字符串常量括在单引号内并包含字母、数字字符(a～z、A～Z 和 0～9)以及特殊字符,如!、@ 和 #。如果已为某个连接将 QUOTED_IDENTIFIER 选项设置成 Off,则字符串也可以使用双引号括起来,但建议使用单引号。

如果单引号中的字符串包含一个嵌入的引号,可以使用两个单引号表示嵌入的单引号,空字符串用中间没有任何字符的两个单引号表示。

Unicode 字符串的格式与普通字符串相似,但它前面有一个 N 标识符。N 前缀必须是大写字母。例如,'Mike' 是字符串常量而 N'Mike' 则是 Unicode 常量。

2. 数值常量

数值常量以没有用引号括起来的数字字符串来表示,包括 Integer 常量、Decimal 常量、Float 和 Real 常量等,其中 Integer 常量没有小数点,例如 100,54 等; Decimal 常量包含小数点,例如 123.45,5.6 等; Float 和 Real 常量使用科学记数法来表示,例如 123E2,0.3E-3 等。

如果要表示一个数是正数还是负数,可以对数值常量应用+或-运算符。

3. 日期时间常量

日期时间常量使用特定格式的字符日期时间值来表示,并被单引号括起来,例如'12/8/2008','December 8, 2008','21:14:20'等。

另外,二进制常量用加前缀 0x 的十六进制形式表示,例如 0x23EA5、0xBF23A 等。Bit 常量用不加引号的数字 0 和 1 表示,如果使用大于 1 的数字表示,则转换为 1。

4. 空值

空值是一个特殊的量,表示值未知,不同于空白或零值,用 Null 来表示。比较两个空值或将空值与任何其他值相比均返回未知,这是因为每个空值均为未知。若要在查询中测试是否为空值,应该在 Where 语句中使用 is Null 或 is not Null,而不能使用=Null。在往表中添加记录时,如果不对某一列赋值则系统自动让该列取空值,或也可以在 Insert 语句或 Update 语句中显式地对某列赋空值。

10.2.2 变量

变量是可以对其赋值并参与运算的一个实体,其值在运行过程中可以发生改变。变量可以分为全局变量和局部变量两类,其中全局变量由系统定义并维护,局部变量由用户定义并赋值。局部变量的用法非常广泛,除了可以参加运算构成表达式之外,还可以在程序中保存中间结果、控制循环执行次数、保存存储过程的输出结果和函数的返回值等。

1. 全局变量

全局变量由系统定义，通常用来跟踪服务器范围和特定会话期间的信息，不能被用户显式地定义和赋值，但是我们可以通过访问全局变量来了解系统目前的一些状态信息，表 10.1 给出了 SQL Server 中较常用的一些全局变量。另外，一些书中把全局变量称为系统函数。

表 10.1 SQL Server 中较常用的全局变量

变 量	说 明	变 量	说 明
@@error	上一条 SQL 语句报告的错误号	@@nestlevel	当前存储过程或触发器的嵌套级别
@@rowcount	上一条 SQL 语句处理的行数	@@servername	本地服务器的名称
@@identity	最后插入的标识值	@@spid	当前用户进程的会话 id
@@fetch_status	上一条游标 Fetch 语句的状态	@@cpu_busy	SQL Server 自上次启动后的工作时间

2. 声明局部变量

局部变量一般出现在批处理、存储过程和触发器中，必须在使用前用 Declare 语句声明，声明的时候有以下 3 个初始操作。

- 指定局部变量名称。名称的第一个字符必须是@。
- 指定变量的数据类型，可以是系统提供的数据类型或用户自定义数据类型。对于字符型变量，还可以指定长度；数值型变量，指定精度和小数位数。
- 赋初值 Null。

Declare 语句的语法如下：

```
Declare @local_variable [AS] data_type | [ = value ][,...]
```

【例 10-1】 下面的 Declare 语句声明一个 datetime 类型的变量，名称为@rq：

```
Declare @rq datetime
```

可以使用一条 Declare 语句同时声明多个变量，各变量定义之间用逗号隔开，如下例所示。

【例 10-2】 声明多个变量。

```
Declare @name varchar(10), @num int
```

3. 变量赋值

第一次声明变量时，其值设为 Null。如果要为变量赋值，可以使用 Set 语句，赋给变量的值可以是常量、变量、函数和表达式，还可以是子查询。例如，下面的例子中将 2 赋给变量@num，将当前系统日期赋值给变量@date，将学号为 2007070102 的姓名赋值给@name。

【例 10-3】 利用 set 语句对变量赋值。

```
Declare @num int, @date datetime, @name varchar(10)
Set @num = 2
Set @date = Getdate()
Set @name = (Select name From stu_info Where stu_id = '2007070102')
```

也可以在 SELECT 语句的选择列表中将查询结果赋值给变量，例如下面的例子将学生的英语平均成绩赋值给变量@Avgscore，英语最高成绩赋值给变量@Maxscore。

【例 10-4】 利用 SELECT 语句对变量赋值。

```
Declare @Avgscore decimal(4,1), @Maxscore decimal(4,1)
Select @Avgscore = avg(grade), @Maxscore = max(grade)
From stu_grade, couse_info
Where stu_grade.course_id = course_info.course_id and course_name = '英语'
```

如果 SELECT 语句中给变量赋值的那列的查询结果为一列值，则变量的值为查询结果集的最后一个值。可以使用排序规则来改变返回值的顺序，例如下面的例子不用聚合函数 Max 来求英语成绩的最高分。

【例 10-5】 将查询结果赋给变量。

```
Declare  @Maxscore decimal(4,1)
Select  @Maxscore =  grade
From stu_grade, couse_info
Where stu_grade.course_id = course_info.course_id and course_name = '英语'
Order by grade asc
```

10.2.3 运算符

Microsoft SQL Server 2008 提供了 7 种类型的运算符，分别是算术运算符、赋值运算符、按位运算符、比较运算符、逻辑运算符和一元运算符。

1. 算术运算符

算术运算符对两个表达式执行数学运算，参与运算的表达式必须是数值数据类型或能够进行算术运算的其他数据类型。SQL Server 2008 提供的算术运算符如表 10.2 所示。加(+)和减(−)运算符也可用于对 datetime、smalldatetime、money 和 smallmoney 值执行算术运算。

表 10.2 算术运算符

运算符	名称	语　法
+	加	Expression1 + Expression2
−	减	Expression1 − Expression2
*	乘	Expression1 * Expression2
/	除	Expression1/Expression2
%	取余	Expression1 % Expression2

2. 赋值运算符

等号(=)是唯一的 T-SQL 赋值运算符。例如，在下面的例子中使用赋值运算符对变量进行赋值：

```
Declare @name varchar(10)
Set @name = 'mike'
```

3. 字符串串联运算符

加号(＋)是字符串串联运算符,可以用它将字符串串联起来。其他所有字符串操作都使用字符串函数进行处理。例如'good' ＋ '　' ＋ 'luck'的结果是'good　luck'。

4. 比较运算符

比较运算符用来比较两个表达式值之间的大小关系,可以用于除了 text、ntext 或 image 数据类型之外的所有数据类型。运算的结果为 True、False,通常用来构造条件表达式。表 10.3 列出了 T-SQL 的比较运算符。

表 10.3　比较运算符

运算符	名　称	语　法
＝	等于	Expression1 ＝ Expression2
＞	大于	Expression1 ＞ Expression2
＞＝	大于等于	Expression1 ＞＝ Expression2
＜	小于	Expression1 ＜ Expression2
＜＝	小于等于	Expression1 ＜＝ Expression2
＜＞或!＝	不等于	Expression1 ＜＞ Expression2
! ＞	不大于	Expression1 ! ＞ Expression2
! ＜	不小于	Expression1 ! ＜ Expression2

当参与比较运算的操作数中有空值(Null)时,根据运算符的不同,比较结果也不相同:

(1) 对于＞、＜、＜＝、! ＞、＜＞和!＝,当参与比较的操作数中任何一个计算出的结果为 Null 时,比较结果为 Null。

(2) 对于＝、＞＝、! ＜,与 Null 的比较结果取决于系统 ANSI_NULLS 设置:

- 如果 ANSI_NULLS 设置为 On,则根据 ANSI 有关一个 Null(或未知)值与另一个 Null 或未知值不相等的约定,结果为 Null。
- 如果 ANSI_NULLS 设置为 Off,则 Null 与 Null 的比较结果为 True。将 Null 与非 Null 值比较,结果始终为 False。

5. 逻辑运算符

逻辑运算符用来对多个条件进行运算,运算的结果为 True 或 False,通常用来表示复杂的条件表达式。表 10.4 列出了 T-SQL 的逻辑运算符。

表 10.4　逻辑运算符

运算符	说　明	语　法
Not	对表达式的值取反	Not Expression
And	与,如果表达式的值都为 True,结果为 True,否则为 False	Expression1 and Expression2
Or	或,如果表达式的值都为 False,结果为 False,否则为 True	Expression1 or Expression2
Between...and	如果操作数在某个范围内,结果为 True	Expression between A and B
In	如果操作数等于值列表中的任何一个,结果为 True	Expression in(值表或子查询)

续表

运算符	说　明	语　法
Like	如果字符型操作数与某个模式匹配，结果为 True	Expression1 like Expression2
Exists	如果子查询结果不空，结果为 True	Exists(子查询)
Any 或 Some	如果操作数与一列值中的任何一个比较结果为 True，结果为 True	Expression >any(值表或子查询)
All	如果操作数与一列值中所有值的比较结果为 True，结果为 True	Expression <all(值表或子查询)

6. 按位运算符

按位运算符对两个二进制数据或整数数据进行位操作，但是两个操作数不能同时为二进制数据，必须有一个为整数数据。SQL Server 2008 提供的按位运算符如表 10.5 所示。

表 10.5　比较运算符

<table>
<tr><th>运算符</th><th>说　明</th><th>语　法</th></tr>
<tr><td>&</td><td>按位与</td><td>Expression1 & Expression2</td></tr>
<tr><td>|</td><td>按位或</td><td>Expression1 | Expression2</td></tr>
<tr><td>^</td><td>按位异或</td><td>Expression1 ^ Expression2</td></tr>
</table>

7. 一元运算符

一元运算符只对一个表达式进行运算，SQL Server 2008 提供的一元运算符如表 10.6 所示。

表 10.6　一元运算符

运算符	说　明	语　法
+	正	+Numeric_Expression
—	负	—Numeric_Expression
～	按位取反	～Expression

10.2.4　运算符的优先级

不同的运算符有不同的优先级，当一个表达式中含有不同的运算符时，运算符的优先级决定了表达式的计算顺序。优先级高的先运算，相同优先级的运算符按照自左向右的顺序依次进行运算。SQL Server 2008 中运算符的优先级顺序如下：

- ～(按位取反)
- *(乘)、/(除)、%(取余)
- +(正)、—(负)、+(加)、(+字符串串联)、—(减)、&(按位与)、^(按位异或)、|(按位或)
- =、>、<、>= 、<= 、<> 、!=，!> 、!<(比较运算符)
- Not
- And

- All、Any、Between、In、Like、Or、Some
- =(赋值)

10.3 内置函数

函数是能够完成特定功能并返回处理结果的一组 T-SQL 语句,处理结果称为"返回值",处理过程称为"函数体"。函数可以用来构造表达式,可以出现在 SELECT 语句的选择列表中,也可以出现在 Where 子句的条件中。SQL Server 提供了许多系统内置函数,同时也允许用户根据需要自己定义函数。

SQL Server 提供的常用的内置函数主要有以下几类:数学函数、字符串函数、日期函数、convert 函数、聚合函数等,其中聚合函数在第 7 章已经介绍。

10.3.1 数学函数

数学函数用来实现各种数学运算,如三角运算、指数运算、对数运算等,要求操作数为数值型数据,例如 decimal、integer、float、real、money、smallmoney、smallint 和 tinyint 等。T-SQL 语言中提供的常用的数学函数如下。

- Abs(numeric_expression):返回指定数值表达式的绝对值。
- Round(numeric_expression, length [,function]):返回一个舍入到指定长度或精度的数值。
- Floor(numeric_expression):返回小于或等于指定数值表达式的最大整数。
- Ceiling(numeric_expression):返回大于或等于指定数值表达式的最小整数。
- Power(float_expression, y):返回指定表达式的指定幂的值。
- Sqrt(float_expression):返回指定表达式的平方根。
- Square(float_expression):返回指定表达式的平方。
- Exp(float_expression):返回指定的表达式的指数值。
- Log(float_expression):返回指定表达式的自然对数。
- Log10(float_expression):返回指定表达式的以 10 为底的对数。
- Sin(float_expression):返回指定角度(以弧度为单位)的三角正弦值。
- Cos(float_expression):返回指定角度(以弧度为单位)的三角余弦值。

【例 10-6】 求 2 的 3 次方。

```
Declare @value int
Select @value = power(2,3)
```

10.3.2 字符串函数

字符串函数对字符串进行处理,返回字符串或数值。SQL Server 提供的常用的字符串函数如下。

- Ascii(character_expression):返回字符表达式中最左侧的字符的 ASCII 代码值。
- Char(integer_expression):将 int 按 ASCII 代码转换为字符。

- Substring(value_expression,start_expression, length_expression)：返回字符表达式的从 start_expression 位置开始的长度为 length_expression 的子串。
- Left(character_expression, integer_expression)：返回字符串中从左边开始指定个数的字符。
- Right(character_expression, integer_expression)：返回字符串中从右边开始指定个数的字符。
- Len(string_expression)：返回指定字符串表达式的字符数,其中不包含尾随空格。
- Ltrim(character_expression)：返回删除了前导空格之后的字符表达式。
- Rtrim(character_expression)：截断所有尾随空格后返回一个字符串。
- Str(float_expression [, length [, decimal]])：返回由数值数据转换来的字符数据。

【例 10-7】 返回'Microsoft SQL Server 2008'的长度：

```
Print Len('Microsoft SQL Server 2008')
```

10.3.3 日期和时间函数

日期和时间函数处理日期和时间,返回日期或时间值、数字或字符串。T-SQL 语言中提供下列日期时间函数。

- Getdate( )：返回系统当前的日期和时间。
- Year(date)：返回表示指定 date 的"年"部分的整数。
- Month(date)：返回表示指定 date 的"月"部分的整数。
- Day(date)：返回表示指定 date 的"日"部分的整数。
- Datename(datepart, date)：返回表示指定 date 的指定 datepart 的字符串。
- Datepart(datepart, date)：返回表示指定 date 的指定 datepart 的整数。
- Datediff(datepart, startdate, enddate)：根据指定 datepart 返回两个指定日期之间的差值。
- Dateadd(datepart, number, date)：根据 datepart 将一个时间间隔与指定 date 的相加,返回一个新的 datetime 值。

上述函数中 datepart 参数可以取的有效值如表 10.7 所示。

表 10.7 datepart 参数值

datepart	缩　写	datepart	缩　写
year	yy, yyyy	hour	hh
quarter	qq, q	minute	mi, n
month	mm, m	second	ss, s
dayofyear	dy, y	millisecond	ms
day	dd, d	microsecond	mcs
week	wk, ww	nanosecond	ns

【例 10-8】 日期函数使用举例，查询年龄大于 20 的学生的情况。

```
Select *
From stu_info
Where datediff('year', birthday, getdate())> = 20
```

10.3.4 Convert 函数

SQL Server 中经常需要进行数据类型转换，转换的方式有隐式转换和显式转换两种。隐式转换是 SQL Server 自动将数据从一种数据类型转换为另一种数据类型，用户不可见。例如执行 123 + '456'时，系统会自动地将'456'转换为 Integer 数据类型。

Convert 函数可以将一种数据类型的表达式强制转换为另一种数据类型的表达式。两种数据类型必须能够进行转换，例如，Char 值可以转换为 Binary，但是不能转换为 Image。Convert 函数的语法格式如下：

```
Convert( data_type [( length ) ] , expression [ , style ] )
```

参数说明如下。

- expression：任何有效的表达式。
- data_type：目标数据类型。
- length：指定目标数据类型长度的可选整数。
- style：用于日期时间型数据类型和字符数据类型的转换，参数取值如表 10.8 所示。

表 10.8 style 参数取值

不带世纪数位	带世纪数位	格 式
	0 或 100	mon dd yyyy hh:miAM(或 PM)
1	101	mm/dd/yyyy
2	102	yy. mm. dd
3	103	dd/mm/yyyy
4	104	dd. mm. yy
5	105	dd-mm-yy
6	106	dd mon yy
7	107	mon dd, yy
8	108	hh:mi:ss
	9 或 109	mon dd yyyy hh:mi:ss:mmmAM(或 PM)
10	110	mm-dd-yy
11	111	yy/mm/dd
12	112	Yymmdd
	13 或 113	dd mon yyyy hh:mi:ss:mmm(24h)
14	114	hh:mi:ss:mmm(24h)
	20 或 120	yyyy-mm-dd hh:mi:ss(24h)
	21 或 121	yyyy-mm-dd hh:mi:ss. mmm(24h)

【例 10-9】 可以利用 Convert 函数将 Datetime 值转换为字符型,同时控制显示格式。

```
Select convert(varchar(10), getdate(), 1), convert(varchar(10), getdate(), 105)
```

该语句执行结果图 10.1 所示,将当前系统时间转换为不同的格式显示。

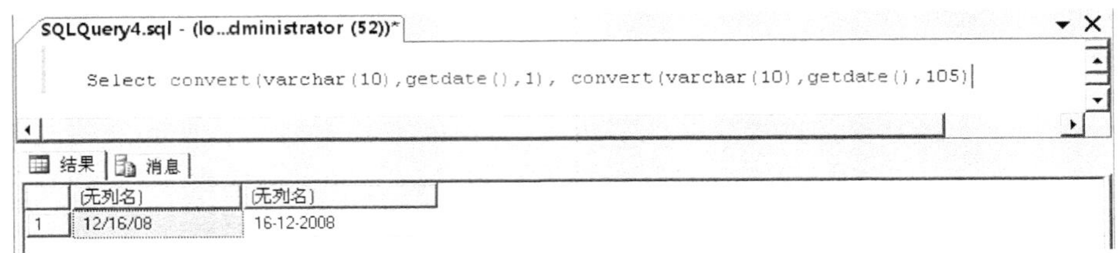

图 10.1 Convert 函数示例

10.4 创建自定义函数

和其他编程语言一样,SQL Server 2008 提供了用户自定义函数的功能。通过用户自定义函数可以接受参数,执行复杂的操作并将操作的结果以值的形式返回。根据函数返回值的类型,可以把 SQL Server 用户自定义函数分为标量值函数(数值函数)和表值函数(内联表值函数和多语句表值函数)。数值函数返回结果为单个数据值;表值函数返回结果集(table 数据类型)。

10.4.1 使用 Create Function 创建函数

根据函数返回值不同,利用 Create Function 创建自定义函数的方法也有所不同,下面分别介绍利用 Create Function 创建标量值函数和表值函数的方法。

1. 创建标量值函数

标量值函数的函数体由一条或多条 T-SQL 语句组成,这些语句以 Begin 开始,以 End 结束。创建标量值函数的语法如下:

```
Create  Function  function_name
([ { @parameter_name [ As ] parameter_data_type  [ = default ] [ Readonly ] }
   [ ,...n ]
  ]
)
Returns return_data_type
  [ With Encryption ]
[ As ]
Begin
function_body
Return scalar_expression
End
```

参数说明如下。

- function_name:函数名。

- @parameter_name：参数名，必须以@开头，可以定义多个参数，中间以逗号分开。
- parameter_data_type：参数的数据类型。
- [= default]：参数的默认值。如果定义了 default 值，则无须指定此参数的值即可执行函数。
- Readonly：指示函数定义中不能更新或修改参数。如果参数类型为用户定义的表类型，则应指定 Readonly。
- return_data_type：函数返回值的类型，不能是 text、ntext、image 和 timestamp 等类型。
- With Encryption：函数选项，当使用 Encryption 选项时，函数被加密，函数定义的文本将以不可读的形式存储在 Syscomments 表中，任何人都不能查看该函数的定义，包括函数的创建者和系统管理员在内。
- Begin...End 语句块之间的语句是函数体，其中必须有一条 Return 语句返回函数值。

【例 10-10】 定义函数 Num_Unpassed 求某个学生不及格的课程数，输入参数为学生学号，返回不及格课程个数。

```
/* 函数说明：标量值函数示例
功能：求某学生不及格课程数
输入参数：@sno 学号
返回结果：不及格课程数
*/
Create Function Num_Unpassed
(
  @sno varchar(12)
)
Returns smallint
As
  Begin
    Declare @num smallint                /* 声明返回值变量 */
    Select @num = count(*)
    From stu_grade
    Where stu_id = @sno and grade<60     /* 根据学号查询该生不及格课程数 */
    Return @num                          /* 返回返回值变量 */
  End
```

函数定义之后，就可以跟使用系统内置函数一样了，需要注意的是调用的时候需要在函数名的前面加上该函数的所有者(如本例中函数的所有者为 dbo)，否则服务器会返回“不是可以识别的内置函数名称。”的编译错误消息。例如，下例利用上面定义的 Num_Unpassed 函数查询学号为 2007070102 的学生不及格的课程数，如图 10.2 所示。

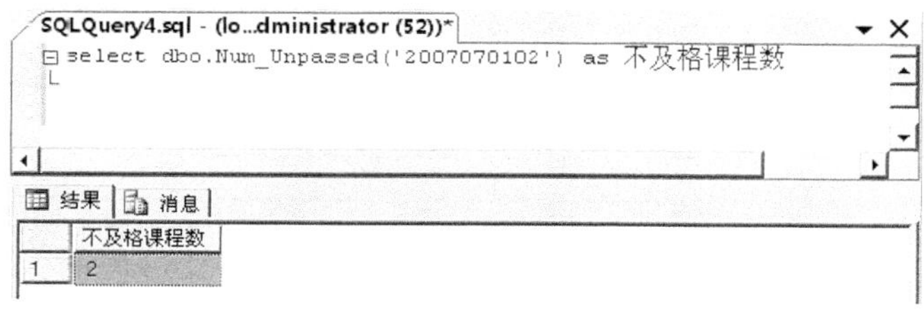

图 10.2 标量值函数示例

2. 创建内联表值函数

创建内联表值函数的语法如下：

```
Create  Function  function_name
( [ { @parameter_name [ As ] parameter_data_type  [ = default ] [ Readonly ] }
    [ ,...n ]
  ]
)
Returns Table
[ With Encryption ]
[ As ]
Return(select_statement)
```

参数说明如下。

- 内联表值函数没有函数体。
- Return Table 子句指明该用户自定义函数的返回值是一个表。
- Return 子句中的 Select 语句决定了返回表中的数据。

【例 10-11】 定义函数 Course_Unpassed 求某个学生不及格的课程名及成绩，输入参数为学生学号，返回由不及格课程和成绩组成的表。

```
/* 函数说明：内联值函数示例
   功能：求某学生不及格课程和成绩
   输入参数：@sno 学号
   返回结果：不及格课程和成绩表
 */
Create Function Course_Unpassed
(
   @sno varchar(12)
)
Returns Table
As
   Return
   ( Select course_name,grade
     From stu_grade, course_info
     Where stu_grade.stu_id = @sno and
             stu_grade.course_id = course_info.course_id
             and grade<60
   )
```

因为内联表值函数的返回值是一个表，所以可以像普通表一样使用。调用内联表值函数时不需要指明函数的所有者，服务器会自动分析执行。调用的例子如图 10.3 所示，查询学生 2007070102 不及格的课程和成绩。

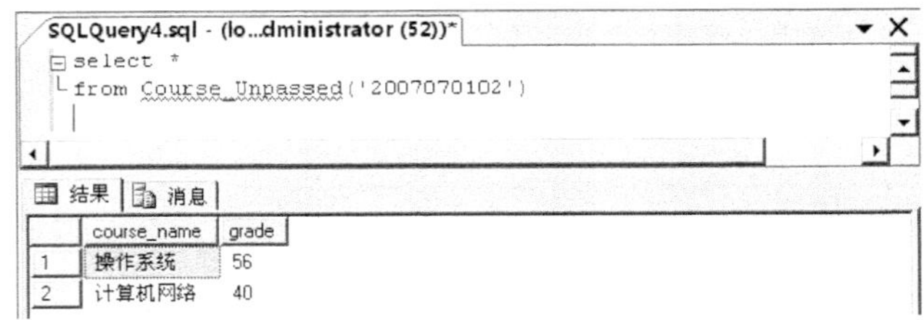

图 10.3　内联表值函数调用示例

3. 多语句表值函数

与内联表值函数不同的是，多语句表值函数在返回语句之前还有其他的 T-SQL 语句，具体的语法如下：

```
Create  Function  function_name
( [ { @parameter_name [ As ] parameter_data_type  [ = default ] [ Readonly ] }
   [ ,...n ]
 ]
)
Returns @return_variable Table <table_type_definition>
[ With Encryption ]
[ As ]
  Begin
    function_body
    Return
  End
```

参数说明如下。

- Returns @return_variable 子句指明该函数的返回值是一个局部变量，该变量的数据类型是 Table，而且在该子句中还需要对返回的表进行表结构的定义。
- Begin...End 语句块之间的语句是函数体，该函数体中必须包括一条不带参数的 Return 语句用于返回表，在函数体中可以通过 Insert 语句往表中添加记录。

【例 10-12】 定义多语句表值函数 Course_Unpassed_1 求某个学生不及格的课程名及成绩，输入参数为学生学号，返回由不及格课程和成绩组成的表。

```
/* 函数说明：多语句表值函数示例
  功能：求某学生不及格课程和成绩
  输入参数：@sno 学号
  返回结果：不及格课程和成绩表
*/
Create Function Course_Unpassed_1
(
  @sno varchar(12)
)
Returns @t1 Table /* 定义返回变量@t1，存放函数返回的表，下面是表的定义 */
  (
    Course_name varchar(20),
    Grade decimal(4,1)
)
As  /* 生成表 */
  Begin
    Insert into @t1
    Select course_name,grade
    From stu_grade, course_info
    Where stu_grade.stu_id = @sno and
          stu_grade.course_id = course_info.course_id
          and grade<60
    Return
  End
```

多语句表值函数的调用跟内联表值函数类似,如图 10.4 所示。

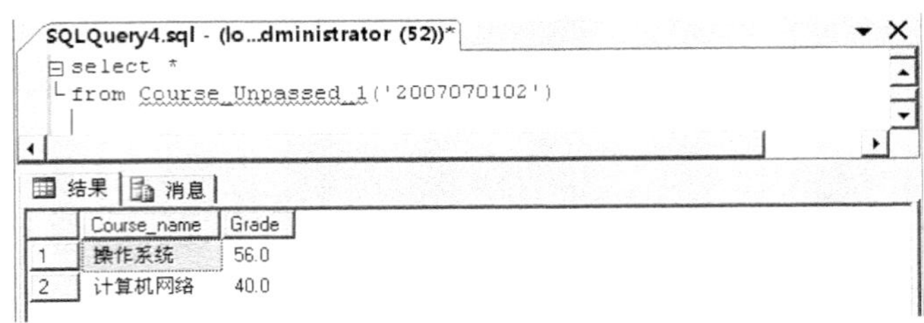

图 10.4　多语句表值函数调用示例

10.4.2　使用对象资源管理器创建函数

在“对象资源管理器”中也可以完成创建函数的操作,具体步骤为:

(1) 在选定的数据库下打开“可编程性”节点。

(2) 找到“函数”节点,可以看到“标量值函数”和“表值函数”节点。

(3) 在相应的节点上单击鼠标右键,在弹出的快捷菜单中选择“新建...函数”,如图 10.5 所示。

(4) 在新建的查询窗口中可以看到关于自定义函数的语句模板,如图 10.6 所示。在其中添上相应的内容,单击工具栏上的“执行”按钮即可。

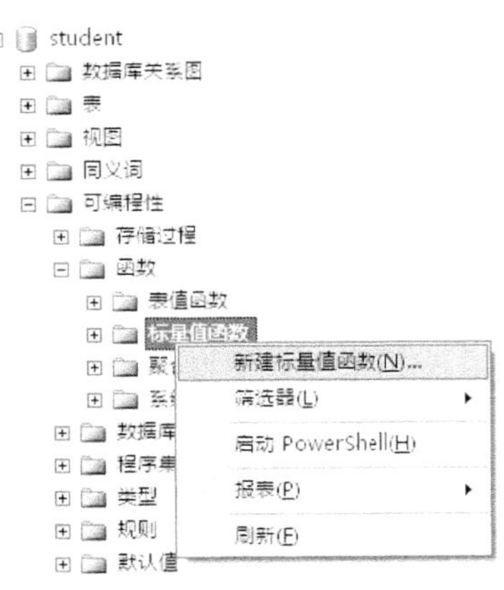

图 10.5　新建自定义函数菜单

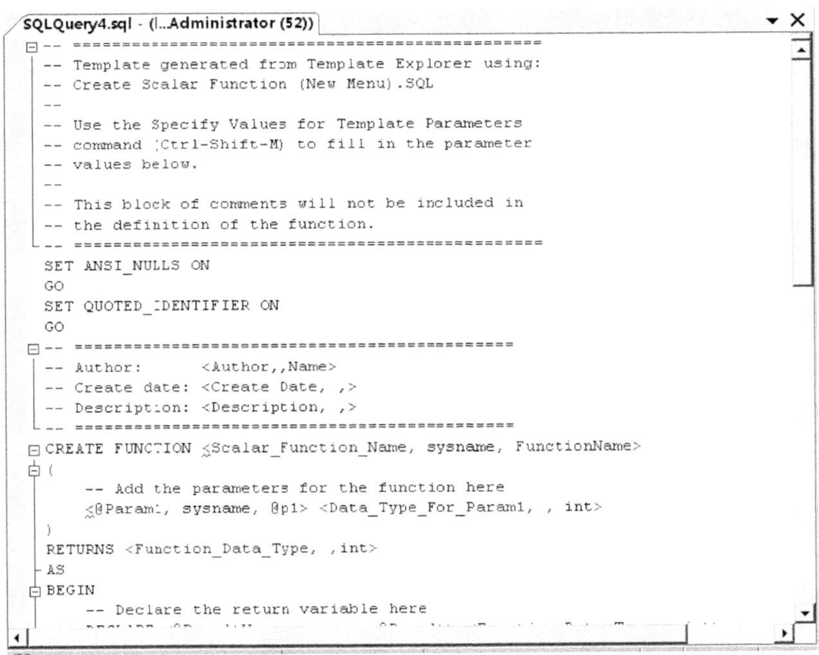

图 10.6　新建自定义函数窗口

10.5 修改和删除自定义函数

函数定义之后可以根据实际需要进行修改和删除，本节介绍具体的修改和删除函数的方法。

10.5.1 修改自定义函数

跟创建自定义函数一样，函数的修改可以通过 Alter Function 语句进行，也可以通过对象资源管理器进行。

1. 利用对象资源管理器修改函数

利用对象资源管理器修改函数，可以在已有的函数的基础上进行修改，不需要重新编写，具体步骤为：

(1) 在“对象资源管理器”中，找到需要修改的函数节点，在其上单击鼠标右键，弹出快捷菜单，如图 10.7 所示。

图 10.7 修改菜单

(2) 在快捷菜单中，选择“修改”命令，弹出修改窗口，可以在现有函数定义的基础上进行修改，如图 10.8 所示。

```
SQLQuery2.sql - (l...Administrator (54))
USE [student]
GO
/****** Object:  UserDefinedFunction [dbo].[Num_Unpassed]
SET ANSI_NULLS ON
GO
SET QUOTED_IDENTIFIER ON
GO
ALTER Function [dbo].[Num_Unpassed]
(
  @sno varchar(12)
)
Returns smallint
As
  Begin
    Declare @num smallint    /*声明返回值变量*/
    Select @num=count(*)
    From stu_grade
    Where stu_id=@sno and grade<60  /*根据学号查询该生不及格
    Return @num  /*返回返回值变量*/
  End
```

图 10.8 修改窗口

(3) 修改完成后，单击工具栏上的"执行"按钮，即可完成函数的修改。

需要说明的是，如果在创建函数的时候使用了 With Encryption 子句，按照上面的步骤进行修改，会弹出提示函数已加密不能进行修改的消息窗口，如图 10.9 所示。因此对于已加密的函数，只能采用 Alter Function 语句修改。

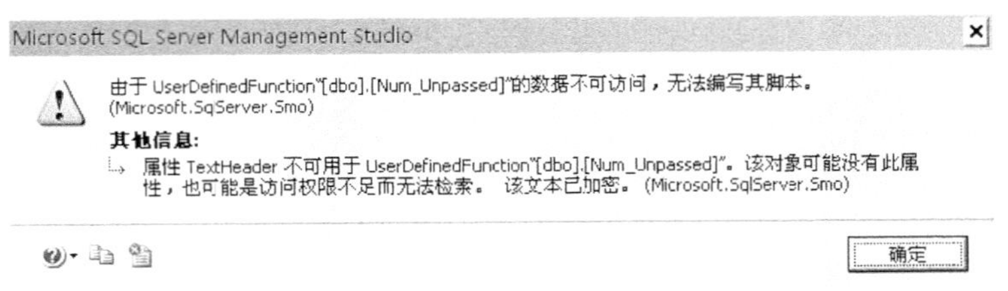

图 10.9 加密函数提示信息

2. 利用 Alter Function 语句修改

和创建自定义函数类似，Alter Function 语句也有 3 种语法定义，分别实现标量值函数、内联表值函数和多语句表值函数的修改，主要区别也在返回值的定义上面。Alter Function 语句的语法和 Create Function 语句类似，只要掌握了 Create Function 语句，学会使用 Alter Function 语句就很容易了。本节仅给出修改标量值函数的 Alter Function 语法，表值函数的修改语句读者可以类推。

```
Alter  Function  function_name
( [ { @parameter_name [ As ] parameter_data_type  [ = default ] [ Readonly ] }
    [ ,...n ]
  ]
)
Returns return_data_type
[ With Encryption ]
[ As ]
  Begin
    function_body
    Return scalar_expression
  End
```

需要说明的是，使用上述两种方法修改函数时不能修改函数的名称，也不能修改函数的类型，即不能将标量值函数修改为表值函数，反之亦然。

10.5.2 删除自定义函数

通过对象资源管理器和 Drop Function 语句都可以删除自定义函数。

1. 利用对象资源管理器删除函数

在对象资源管理器中删除函数的步骤如下：

(1) 在"对象资源管理器"中，找到需要删除的函数节点，在其上单击鼠标右键，弹出快捷菜单，如图 10.10 所示。

(2) 在快捷菜单中，单击"删除"命令，弹出确认删除窗口，选择"确定"即可删除，如图 10.11 所示。

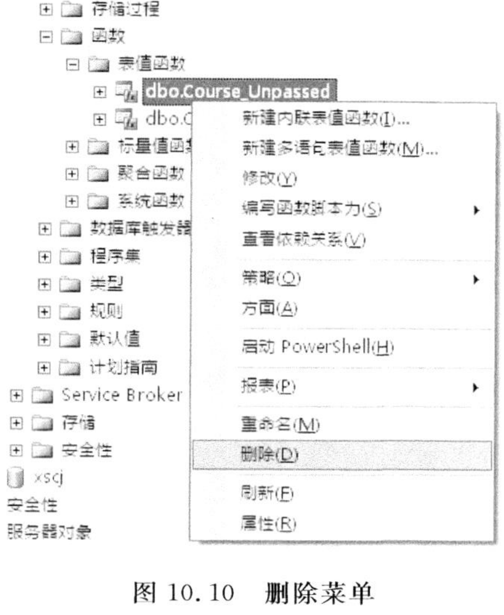

图 10.10　删除菜单

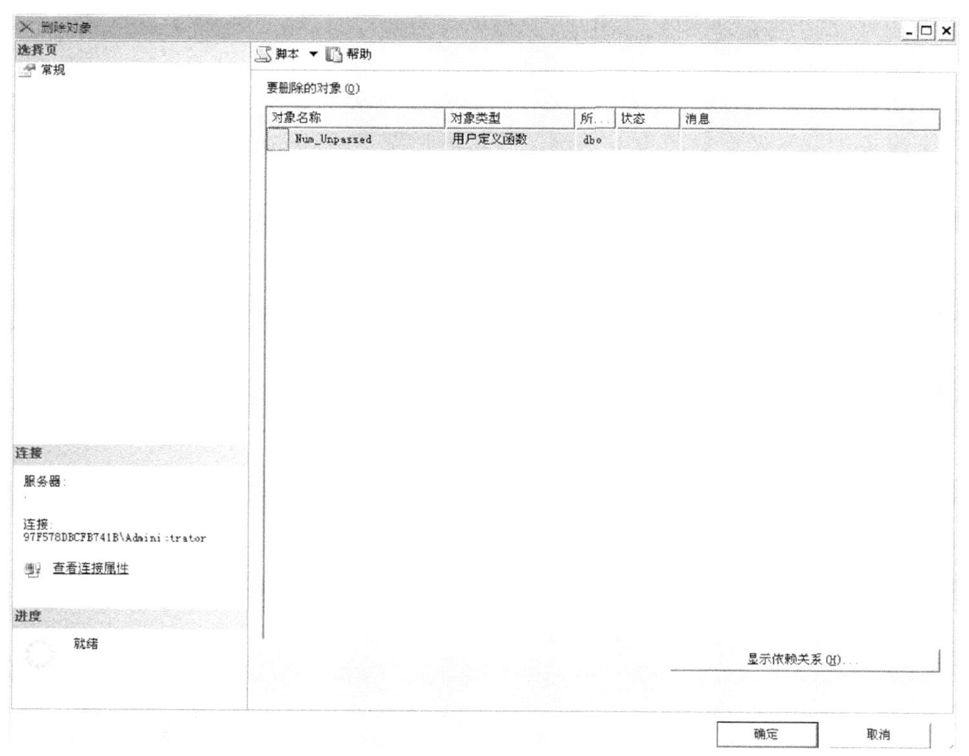

图 10.11　确认删除窗口

2. 使用 Drop Function 语句删除函数

使用 Drop Function 语句可以从当前数据库中删除一个或多个用户自定义函数，具体的语法形式如下：

```
Drop Function function_name [,...n]
```

例如，要删除 Num_Unpassed 函数，可以使用下面的语句：


```
Drop Function Num_Unpassed
```

10.6 批处理和流程控制语句

10.6.1 批处理

批处理是同时从应用程序发送到 SQL Server 并得以执行的单条或多条 T-SQL 语句。SQL Server 将批处理的语句编译为单个可执行单元，称为执行计划。执行计划中的语句每次执行一条。

编译错误(如语法错误)可使执行计划无法编译。因此，不会执行批处理中的任何语句。诸如算术溢出或约束冲突之类的运行时错误具有下面的影响：

- 大多数运行时错误将停止执行批处理中当前语句和它之后的语句。
- 某些运行时错误(如违反约束)仅停止执行当前语句，而继续执行批处理中其他所有语句。
- 在遇到运行时错误的语句之前执行的语句不受影响。唯一例外的情况是批处理位于事务中并且错误导致事务回滚。在这种情况下，所有在运行时错误之前执行的未提交数据修改都将回滚。

例如，假定批处理中有 10 条语句。如果第 5 条语句有一个语法错误，则不执行批处理中的任何语句。如果批处理经过编译，并且第 2 条语句在运行时失败，则第 1 条语句的结果不会受到影响，因为已执行了该语句。例如：

```
Create Table t3(a int) ;
Insert Into t3 Values(1) ;
Insert Into t3 Values(1,1) ;
Insert Into t3 Values(3) ;
Go
Select * From t3 ;
```

首先，对批处理进行编译。对 Create Table 语句进行编译，但由于表 t3 尚不存在，因此，未编译 Insert 语句。

然后，批处理开始执行。表已创建，编译第 1 条 Insert，然后立即执行。t3 表现在具有一个行。然后，编译第 2 条 Insert 语句，编译失败，批处理终止。Select 语句返回一个行。

批处理应该遵守以下规则：

- Create Default、Create Function、Create Procedure、Create Rule、Create Schema、Create Trigger 和 Create View 语句不能在批处理中与其他语句组合使用。
- 不能在同一个批处理中更改表，然后引用新列。
- 如果 Execute 语句是批处理中的第一句，则不需要 Execute 关键字。如果 Execute 语句不是批处理中的第 1 条语句，则需要 Execute 关键字。

10.6.2 流程控制语句

前面介绍的常量、变量、运算符、表达式和函数等是程序的组成元素，本小节介绍控制程序执行顺序的流程控制语句，灵活地使用这些语句可以编写出满足要求的程序。

T-SQL 提供的流程控制语句如表 10.9 所示。

表 10.9 流程控制语句

语句	功能说明	语句	功能说明
Begin...End	定义语句块	Break	推出循环语句
If...Else	条件语句	Continue	重新开始循环语句
Case	Case 函数	Return	返回语句
Goto	无条件跳转语句	Waitfor	延迟语句
While	循环语句		

1. Begin...End 语句

Begin...End 语句用于将多条 T-SQL 语句组成一个语句块，作为一个整体来执行。Begin...End 语句的语法格式为：

```
Begin
  sql_statement | statement_block
End
```

参数说明如下。

- sql_statement | statement_block：任何有效的 SQL 语句或语句块。
- Begin...End 语句块中至少要包含一条 SQL 语句。
- 关键字 Begin 和 End 必须成对出现，不能单独使用。
- Begin...End 语句块常用在 If 条件语句和 While 循环语句中
- Begin...End 语句允许嵌套。例如：

【例 10-13】 Begin...End 嵌套示例。

```
Begin
  If @a>@b
    Begin
      Set @max = @a
      Print '较大的值为：'
      Print @max
    End
  Else
    Begin
      Set @max = @b
      Print '较大的值为：'
      Print @max
    End
End
```

2. If...Else 语句

程序中经常需要根据特定条件执行不同的操作和运算，T-SQL 提供了 If...Else 语句实现不同的条件分支，具体的语法格式如下：

```
If Boolean_expression
sql_statement | statement_block
[Else
sql_statement | statement_block ]
```

参数说明如下。

- Boolean_expression：返回 True 或 False 的表达式。如果布尔表达式中含有 SELECT 语句，则必须用括号将 Select 语句括起来。
- sql_statement | statement_block：有效的 T-SQL 语句或语句块。如果是语句块，必须用 Begin...End 语句，否则 If 或 Else 条件只能影响其后的一条 T-SQL 语句的执行。
- 可以在 If 之后或在 Else 下面，嵌套另一个 If 语句，嵌套级数的限制取决于可用内存。
- If...Else 语句可以用在批处理、函数、存储过程和触发器中。

If...Else 语句的执行流程是：如果 If 后面的布尔表达式的值为 True，则执行 If 后面的语句或语句块，否则执行 Else 后面的语句或语句块；如果没有 Else 语句，则执行整个 If 语句后面的其他语句。

【例 10-14】 查询学生 2007070102 的英语成绩是否及格。

```
Delcare @grade decimal(4,1)
Select @grade = grade
From stu_grade, course_info
Where stu_grade.course_id = course_info.course_id
      and stu_id = '2007070102'
      and course_info.course_name = '英语'
If @grade<60
  Print '不及格'
Else
  Print '及格'
```

上面的例子也可以直接用 Select 语句作为查询条件，即：

```
If(Select grade
   From stu_grade, course_info
   Where stu_grade.course_id = course_info.course_id
        and stu_id = '2007070102'
        and course_info.course_name = '英语'
  )<60
  Print '不及格'
Else
  Print '及格'
```

有时我们用 Select 语句作为查询条件并不关心具体的查询结果，而只是关心查询结果是否存在。这时可以使用 Exists 运算符，例如：

【例 10-15】 利用 Exists 查询学生 2007070102 是否有不及格课程。

```
If Exists(Select * From stu_grade Where stu_id = '200707102' and grade<60)
  Print '有不及格课程'
Else
  Print '无不及格课程'
```

3. Case 函数

Case 函数是特殊的 T-SQL 表达式,它允许按列显示可选值,用于计算多个条件并为每个条件返回单个值,通常用于将含有多重嵌套的 If...Else 语句替换为可读性更强的代码。Case 表达式有两种形式:简单 Case 表达式和搜索 Case 表达式。

1) 简单 Case 表达式

简单 Case 表达式将一个测试表达式与一组简单表达式进行比较,如果某个简单表达式与测试表达式的值相等,则返回相应结果表达式的值。简单 Case 表达式的语法格式如下:

```
Case input_expression
When when_expression Then result_expression
[ ...n ]
[
Else else_result_expression
]
End
```

参数说明如下。

- input_expression: 测试表达式,用于条件判断。
- when_expression: 测试值,用于和测试表达式进行比较。
- result_expression: 返回表达式,如果测试表达式和某个测试值相等,则返回该测试值对应的返回表达式的值。
- 简单 Case 表达式必须以 Case 开始,以 End 结束。

简单 Case 表达式的执行流程为:用测试表达式的值依次与每一个 When 子句的测试值做比较,直到找到第一个与测试表达式的值完全相同的测试值时,便将该 Then 子句指定的结果表达式的值返回。如果没有任何一个 When 子句的测试值与测试表达式相同,则返回 Else 子句之后的结果表达式结果,如果没有 Else 子句,则返回 Null 值。

【例 10-16】 根据学生的学制输出学生的类别:本科、专科、专升本。

```
Select stu_id, stu_name, 类别 = Case stu_xz
                                 when '2' then '专升本'
                                 when '3' then '专科'
                                 when '4' then '本科'
                                 End
From stu_info
```

在一个简单 Case 表达式中,只能有一个 When 子句指定的结果表达式的值返回。如果同时有多个测试值与测试表达式的值相同,则只有第一个与测试表达式的值相同的 When 子句制定的结果表达式的值返回。

2）搜索 Case 表达式

搜索 Case 表达式中，Case 后面不跟任何表达式，而各个 When 子句后都是布尔表达式。搜索 Case 表达式的语法格式如下：

```
Case
When Boolean_expression Then result_expression
[ ...n ]
[
Else else_result_expression
]
End
```

搜索 Case 表达式的执行流程为：测试每个 When 子句中的布尔表达式，如果结果为 True，便将该 When 子句指定的结果表达式的值返回。如果没有任何一个 When 子句的布尔表达式的值为 True，则返回 Else 子句之后的结果表达式结果，如果没有 Else 子句，则返回 Null 值。

在一个搜索 Case 表达式中，一次只能有一个 When 子句指定的结果返回。如果有多个 When 子句的布尔表达式为 True，则只返回第一个为 True 的 When 子句指定的结果表达式。

【例 10-17】 根据学生的百分制成绩，输出成绩对应的 5 个类别：优秀、良好、中等、及格和不及格。

```
Select stu_id,Course_id,成绩类别 = Case
                                    when grade> = 90 then '优秀'
                                    when grade > = 80 and grade <90   then '良好'
                                    when grade > = 70 and grade <80   then '中等'
                                    when grade > = 60 and grade <70   then '及格'
                                    when grade <60   then '不及格'
                                    End
From stu_grade
```

4. Goto 语句

Goto 跳转语句的作用是跳过 Goto 语句后面的 SQL 语句，并从标号所定义的位置处继续执行。

参数说明如下。

- 标号由标识符和冒号“：”组成。
- Goto 语句虽然增加了程序的灵活性，但是破坏了结构化程序设计的基本特点，应该尽量避免使用。

【例 10-18】 利用 Goto 语句实现从 1 加到 100 的和。

```
Declare @count int, @sum int
Set @count = 1
Set @sum = 0
Loop:
Set @sum = @sum + @count
Set @count = @count + 1
If @count< = 100
  Goto loop
Select @count, @sum
```

程序的运行结果如图 10.12 所示。

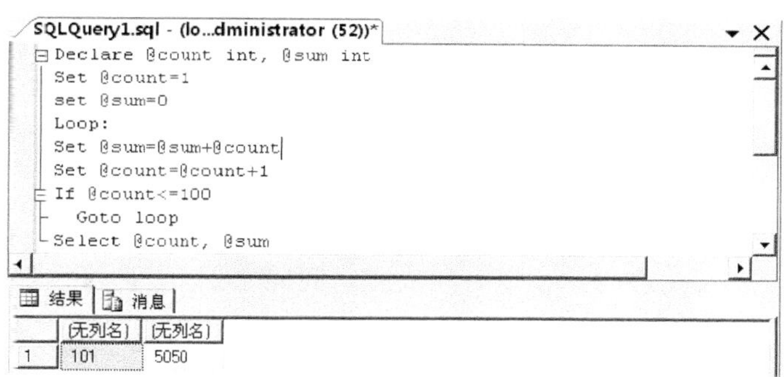

图 10.12　Goto 语句示例

5. While 语句

While 语句用来实现多次执行同一个 SQL 语句或语句块，具体的语法格式如下：

```
While Boolean_expression
sql_statement   statement_block | Break | Continue
```

参数说明如下。

- Boolean_expression：返回 True 或 False 的表达式，用来设置循环的条件。如果使用 Select 语句，则必须用括号括起来。
- sql_statement | statement_block：SQL 语句或语句块。如果是语句块，则必须使用 Begin...End 语句，否则 While 循环只对第一条语句有效。
- Break 子句：导致从最内层的 While 循环中退出，将执行出现在 End 关键字（循环结束的标记）后面的任何语句。如果嵌套了两个或多个 While 循环，则内层的 Break 将退出到下一个外层循环，将首先运行内层循环结束之后的所有语句，然后重新开始下一个外层循环。
- Continue 子句：使 While 循环重新开始执行，忽略 Continue 关键字后面的任何语句。

【例 10-19】 利用 While 语句实现从 1 加到 100 的和。

```
Declare @count int, @sum int
Set @count = 1
Set @sum = 0
While @count< = 100
  Begin
      Set @sum = @sum + @count
      Set @count = @count + 1
  End
Select @count, @sum
```

6. Return 语句

Return 语句从查询或过程中无条件退出，Return 语句的执行是即时且完全的，可在任何时候用于从过程、批处理或语句块中退出，Return 之后的语句是不执行的。具体的语法格式如下：

```
Return [ integer_expression ]
```

其中，integer_expression 表示返回的整数值。存储过程可向执行调用的过程或应用程序返回一个整数值。返回值是可以省略的，这时系统将根据存储过程的执行情况返回一个整数，其中 0 表示存储过程执行成功，非 0 值则表示失败。

7. Waitfor 语句

Waitfor 延迟语句用于在到达指定时间或时间间隔之前，阻止执行批处理、存储过程或事务。具体的语法格式如下：

```
Waitfor Delay 'time_to_pass' | Time 'time_to_execute'
```

其中，Delay 关键字后为 time_to_pass，指定可以继续执行批处理、存储过程或事务之前必须经过的时间，等待的最长时间为 24 小时。Time 关键字后为 time_to_execute，指定运行批处理、存储过程或事务的时间。time_to_pass 和 time_to_execute 的格式为 hh:mm:ss，不能指定日期。例如：

```
Waitfor Delay '01:00'
Create Database test
```

以上代码指定延迟 1 小时之后创建 test 数据库。

```
Waitfor Time '01:00 '
Create Database test
```

而上面代码则指定在 1 点的时候创建 test 数据库。

8. 屏幕输出语句

在程序运行过程中或程序调试时，经常需要显示一些中间结果。Print 语句用于向屏幕输出信息，其语法格式如下：

```
Print msg_str | @local_variable | string_expr
```

参数说明如下。

- msg_str：字符串或 Unicode 字符串常量。
- @local_variable：任何有效的字符数据类型的局部变量。@local_variable 的数据类型必须为 char 或 varchar，或必须能够隐式转换为这些数据类型。
- string_expr：输出的字符串的表达式。可由字符串连接运算符串联的常量、函数和变量组成。

9. 注释语句

注释是对程序的说明解释。SQL Server 2008 提供了以下两类注释符。

- --：单行注释。
- /*...*/：多行注释，“/*”在开头，“*/”在结尾。

对程序的注释可以书写为单独的一行，也可以书写在一个完整的 T-SQL 语句的后面。一般使用注释对程序进行说明，例如变量的含义、程序的功能描述、基本思想等，增加程序的可读性。另外，在调试程序的过程中，使用注释可以指定注释符作用范围内的语句不执行，便于对程序的修改和调试。

10.7 本章小结

本章讲述了SQL语言和T-SQL语言的基础内容,重点介绍了T-SQL语言中的附加元素,包括常量、变量、运算符和表达式、函数和流程控制语句。通过本章的学习,读者应该掌握以下内容:

(1) 常量的使用。

(2) 变量的定义和赋值。

(3) 各种运算符的使用与表达式的用法。

(4) 系统函数的使用以及自定义函数的创建和使用。

(5) 流程控制语句的使用。

习题 10

1. 简述SQL Server中各种数据类型常量的表示方法。
2. 简述SQL Server中变量的定义和赋值方法。
3. 练习运算符和表达式的应用。
4. 练习自定义函数的创建和使用。
5. 简述T-SQL语言中各种流程控制语句的语法和使用方法。

第11章 事务和游标

本章学习目标：

- 理解事务的概念；
- 掌握事务控制的使用；
- 理解游标的概念；
- 掌握游标的定义和使用方法。

11.1 事 务

在SQL Server中，事务是完成一个应用处理的最小单元，由一个或多个对数据库操作的语句组成。事务作为一个完整的执行单元，如果执行成功，事务中进行的数据更新会全部提交；如果事务中有一个语句执行失败，则取消全部操作，并将数据库恢复到事务执行之前的状态。

11.1.1 事务概述

事务的概念对于维护数据库的一致性非常重要。例如在学生信息管理系统中，如果一个学生的学号改变了，则需要对数据库中学生表和成绩表同时进行学号的修改，这两个操作要么都执行，要么都不执行。如果学生表中的学号改变了，修改成绩表中的学号时发生了错误，那么对学生表的修改也应该撤销，否则就会造成数据的不一致，从而造成该学生成绩信息的丢失。再比如在银行转账工作中，从账号A提款并存入账号B，这两个操作要么都执行，要么都不执行。如果从账号A提款的工作成功完成了，存入账号B时发生了错误，那么提款操作的结果也应被撤销，否则就会造成账号A的款少了，账号B的款却没有增加的情况。

在SQL Server中，事务作为单个逻辑工作单元来执行一系列操作，具有4个特点(ACID属性)：原子性、一致性、隔离性和持久性。

- 原子性：事务必须是原子工作单元，事务中的操作要么全都执行，要么全都不执行。
- 一致性：事务在完成时，必须使所有的数据都保持一致状态。在相关数据库中，所有规则都必须应用于事务的修改，以保持所有数据的完整性。事务结束时，所有的内部数据都必须是正确的。
- 隔离性：由并发事务所做的修改必须与任何其他并发事务所做的修改隔离。事务操作数据时数据的状态，要么是另一个并发事务修改它之前的状态，要么是另一个事务修改它之后的状态，事务不会处理中间状态的数据。
- 持久性：事务完成之后，它对于系统的影响是永久性的。

SQL Server 中的事务分为自动提交事务、显式事务和隐式事务，下面分别介绍这 3 类常见的事务。

11.1.2 自动提交事务

自动提交模式是 SQL Server 数据库引擎的默认事务管理模式。每个 T-SQL 语句在完成时，都被提交或回滚。如果一个语句成功地完成，则提交该语句；如果遇到错误，则回滚该语句。只要没有显式事务或隐式事务覆盖自动提交模式，与数据库引擎实例的连接就以此默认模式操作。在与 SQL Server 连接之后，直接进入自动事务模式，直到使用 Begin Transaction 语句启动一个显式事务，或执行 Set IMPLICIT_TRANSACTIONS On 语句将隐式事务模式开启为止。

当提交或回滚显式事务，或执行 Set IMPLICIT_TRANSACTIONS Off 关闭隐性事务模式时，连接又返回到自动提交模式。

11.1.3 显式事务

显式事务是指由用户通过 T-SQL 事务语句定义的事务。常用的 T-SQL 事务语句如下。

- Begin Transaction 语句：标记一个本地事务的开始。
- Commit Transaction 语句：标记一个显式事务或隐式事务的结束，表明事务已经成功执行，并将事务内所做的全部修改保存到数据库中。
- Rollback Transaction：回滚显式事务或隐式事务到事务的起点或事务内部的保存点。
- Save Transaction 语句：在事务内部设置保存点，这个保存点是在取消事务的某一部分后，该事务可以返回的一个位置。

1. Begin Transaction

Begin Transaction 语句定义一个本地显式事务的起点，并将全局变量@@TranCount 的值加 1，具体的语法格式如下：

```
Begin Tran | Transaction [ transaction_name | @tran_name_variable]
```

参数说明如下。

- transaction_name：事务的名称。transaction_name 必须符合标识符规则，但标识符所包含的字符数不能大于 32。在一系列嵌套的事务中，用一个事务名或多个事务名对该事务并没有什么影响，系统仅登记第一个(最外层)事务名。
- @tran_name_variable：由用户定义的、含有有效事务名称的变量的名称。必须用 char、varchar、nchar 或 nvarchar 数据类型声明变量。如果传递给该变量的字符多于 32 个，则仅使用前面的 32 个字符，其余的字符将被截断。

Begin Transaction 定义事务的开始点，由连接引用的数据在该点逻辑和物理上都一致的。如果遇上错误，在 Begin Transcation 之后的所有数据改动都能进行回滚，以将数据返回到已知的一致状态。每个事务继续执行直到它无误地完成并且用 Commit Transaction 对数据库作永久的改动，或遇上错误并且用 Rollback Transaction 语句撤销所有改动。

Begin Transaction 为发出本语句的连接启动一个本地事务。根据当前事务隔离级别的设置，为支持该连接所发出的 T-SQL 语句而获取的许多资源被该事务锁定，直到使用 Commit Transaction 或 Rollback Transaction 语句完成该事务为止。

2. Commit Transaction

Commit Transaction 语句标志一个事务成功执行的结束。如果全局变量@@TranCount 的值为 1，则 Commit Transaction 将提交从事务开始以来所执行的所有数据修改，释放事务处理所占用的资源，并使@@TranCount 的值为 0。如果@@TranCount 的值大于 1，则 Commit Transaction 命令将使@@TranCount 的值减 1，并且事务将保持活动状态。具体的语法如下：

```
Commit Tran | Transaction [ transaction_name | @tran_name_variable ]
```

参数说明如下。

- transaction_name：transaction_name 指定由前面的 Begin Transaction 分配的事务名称。transaction_name 必须符合标识符规则，但不能超过 32 个字符。transaction_name 通过向程序员指明 Commit Transaction 与哪些 Begin Transaction 相关联，可作为帮助阅读的一种方法。
- @tran_name_variable：由用户定义的、含有有效事务名称的变量的名称。必须用 char、varchar、nchar 或 nvarchar 数据类型声明变量。如果传递给该变量的字符多于 32 个，则仅使用前面的 32 个字符；其余的字符将被截断。
- 当在嵌套事务中使用时，内部事务的提交并不释放资源或使其修改成为永久修改。只有在提交了外部事务时，数据修改才具有永久性，而且资源才会被释放。当 @@TranCount 大于 1 时，每发出一个 Commit Transaction 命令只会使 @@TranCount 按 1 递减。当 @@TRANCOUNT 最终递减为 0 时，将提交整个外部事务。
- 当@@TranCount 为 0 时发出 Commit Transaction 将会导致出现错误，因为没有相应的 Begin Transaction。

3. Rollback Transaction

Rollback Transaction 语句回滚显式事务或隐式事务到事务的起始位置，或事务内部的保存点，同时释放由事务控制的资源。具体语法格式如下：

```
Rollback  Tran | Transaction [ transaction_name | @tran_name_variable savepoint_name | @
savepoint_variable ]
```

参数说明如下。

- transaction_name：transaction_name 和@tran_name_variable 的含义和 Begin Transaction 语句中的含义相同。
- savepoint_name：Save Transaction 语句定义的保存点的名称。savepoint_name 必须符合标识符规则。当回滚只影响事务的一部分时，可使用 savepoint_name。
- @savepoint_variable：是用户定义的、包含有效保存点名称的变量的名称。必须用 char、varchar、nchar 或 nvarchar 数据类型声明变量。
- 不能在发出 Commit Transaction 命令之后回滚事务，因为数据修改已经成为了数据库的一个永久部分。

4. Save Transaction

Save Transaction 语句在事务内设置一个保存点，当事务执行到该保存点时，SQL Server 存储所有被修改的数据到数据库中，具体的语法格式如下：

```
Save Tran | Transaction savepoint_name | @savepoint_variable
```

参数说明如下。

- savepoint_name：定义的保存点的名称。savepoint_name 必须符合标识符规则。
- @savepoint_variable：是用户定义的、包含有效保存点名称的变量的名称。必须用 char、varchar、nchar 或 nvarchar 数据类型声明变量。
- 用户可以在事务内设置保存点或标记。保存点可以定义在按条件取消某个事务的一部分后，该事务可以返回的一个位置。如果将事务回滚到保存点，则根据需要必须完成其他剩余的 T-SQL 语句和 Commit Transaction 语句，或必须通过将事务回滚到起始点完全取消事务。
- 在事务中允许有重复的保存点名称，但指定保存点名称的 Rollback Transaction 语句只将事务回滚到使用该名称的最近的 Save Transaction。

11.1.4 隐式事务

当连接以隐式事务模式进行操作时，SQL Server 将在提交或回滚当前事务后自动启动新事务。因此，隐式事务不需要使用 Begin Transaction 语句标志事务的开始，只需要用户使用 Rollback Transaction 语句或 Commit Transaction 语句回滚或提交事务。

当使用 Set 语句将 IMPLICIT_TRANSACTIONS 设置为 On 将隐式事务模式打开之后，SQL Server 执行下列任何语句都会自动启动一个事务：Alter Table、Create、Delete、Drop、Fetch、Grant、Insert、Open、Revoke、Select、Truncate Table、Update。在发出 Commit 或 Rollback 语句之前，该事务将一直保持有效。在第一个事务被提交或回滚之后，下次当连接执行以上任何语句时，数据库引擎实例都将自动启动一个新事务。该实例将不断地生成隐式事务链，直到隐式事务模式关闭为止。

11.1.5 错误处理语句

在事务处理过程中，如果系统出现故障，系统恢复后会自动回滚数据库状态。但是，大多数情况下，事务处理中断并不是由系统故障引起的，而是由操作中引起的数据不完整导致的，例如对数据表中记录的操作违反了约束，访问的对象不存在等。SQL Server 提供了 Try...Catch 语句捕获系统错误，与业务处理相关的语句包含在 Try 块中，如果 Try 块内部发生错误，系统会将控制传递给 Catch 块中的语句。Try...Catch 语句的具体语法格式如下：

```
Begin Try
sql_statement | statement_block
  End Try
Begin Catch
  [sql_statement | statement_block ]
End Catch
```

参数说明如下。

- sql_statement：任何 T-SQL 语句。
- statement_block：批处理或包含于 Begin...End 块中的任何 T-SQL 语句组。
- Try 块后必须紧跟相关联的 Catch 块。在 End Try 和 Begin Catch 语句之间放置任何其他语句都将生成语法错误。
- 如果 Try 块所包含的代码中没有错误，则当 Try 块中最后一个语句完成运行时，会将控制传递给紧跟在相关联的 End Catch 语句之后的语句。如果 Try 块所包含的代码中有错误，则会将控制传递给相关联的 Catch 块的第一个语句。如果 End Catch 语句是存储过程或触发器的最后一个语句，控制将回到调用该存储过程或运行该触发器的语句。
- 当 Catch 块中的代码完成时，会将控制传递给紧跟在 End Catch 语句之后的语句。由 Catch 块捕获的错误不会返回到调用应用程序。如果错误消息的任何部分都必须返回到应用程序，则 Catch 块中的代码必须使用 Select 结果集或 Raiserror 和 Print 语句之类的机制执行此操作。
- Try...Catch 构造可以嵌套。

【例 11-1】 事务与错误处理示例。

```
Begin Transaction
Begin Try
  Insert into stu_grade Values('2007070102','801',87)
  Select * From stu_grade
  -- 向成绩表中添加记录，成绩小于 0，违反约束
  Insert Into stu_grade Values('2007070103','801',-76)
End Try
Begin Catch
  Select  ERROR_NUMBER() as ErrorNumber
        ,ERROR_SEVERITY() as ErrorSeverity
        ,ERROR_STATE() as ErrorState
        ,ERROR_PROCEDURE() as ErrorProcedure
        ,ERROR_LINE() as ErrorLine
        ,ERROR_MESSAGE() as ErrorMessage
   IF @@TRANCOUNT > 0
      Rollback Transaction
End Catch
IF @@TRANCOUNT > 0
     Commit Transaction
Select * from stu_grade
```

执行结果如图 11.1 所示。事务的第一条 Insert 语句成功执行，结果可以从接下来的 Select 语句的返回结果看出。而第二条 Insert 语句添加的记录违反了表中定义的“成绩必须大于等于 0”的约束，发生错误，系统将控制转移到 Catch 块执行。在 Catch 块中使用 Rollback Transaction 语句将事务回滚，并将发生的错误信息使用 Select 语句返回，事务结束。从事务结束之后的 Select 语句返回结果可以看出，第一条记录并没有真正地添加到数据库中。

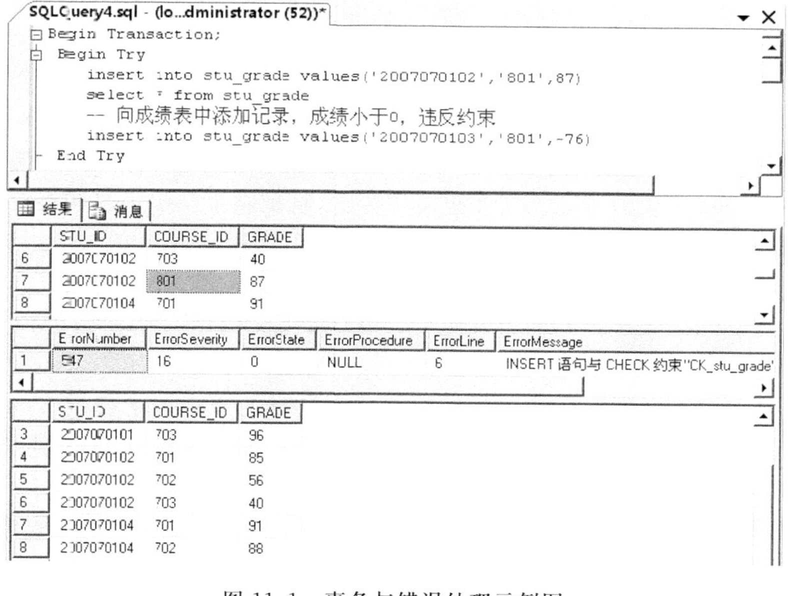

图 11.1　事务与错误处理示例图

11.2　游　　标

由 SELECT 语句返回的行集包括满足该语句的 Where 子句中条件的所有行，这种由语句返回的完整行集称为结果集。但是有时候应用程序并不总能将整个结果集作为一个单元来有效地处理，这些应用程序需要一种机制以便每次处理一行或一部分行。游标就是提供这种机制的对结果集的一种扩展。使用游标具有以下优点：

- 允许程序对由查询语句 SELECT 返回的行集合中的每一行执行相同或不同的操作，而不是对整个行集合执行同一个操作。
- 提供对基于游标位置的表中的行进行删除和更新的能力。
- 游标实际上作为面向集合的数据库管理系统(RDBMS)和面向行的程序设计之间的桥梁，使这两种处理方式通过游标沟通起来。

11.2.1　游标类型

Microsoft SQL Server 2008 支持以下两种请求游标的方法。

- T-SQL：使用 T-SQL 语句定义的游标。
- 数据库应用程序编程接口(Application Programming Interface，API)游标函数：SQL Server 支持以下数据库 API 的游标功能：
  - ADO(Microsoft ActiveX 数据对象)。
  - OLE DB。
  - ODBC(开放式数据库连接)。

应用程序不能混合使用这两种请求游标的方法。已经使用 API 指定游标行为的应用程序不能再执行 T-SQL 的 Declare Cursor 语句请求一个 T-SQL 游标。应用程序只有在将所有的 API 游标特性设置回默认值后，才可以执行 Declare Cursor。如果既未请求 T-SQL 游标也未请求 API 游标，则默认情况下 SQL Server 将向应用程序返回一个完整的结果集。

根据游标实现的位置不同，游标可以分为服务器游标和客户端游标。使用 T-SQL 语句，或 OLE DB、ODBC 和 ADO API 函数定义的游标都在服务器上实现，成为服务器游标。ODBC 支持在客户端实现的游标。在客户端游标中，将把整个结果集高速缓存在客户端上，所有的游标操作都针对此客户端高速缓存来执行，而不使用 Microsoft SQL Server 的任何服务器游标功能。

根据游标检测结果集变化的能力和消耗资源（如在 TempDB 中所占的内存和空间）的情况的不同，SQL Server 支持的 API 服务器游标又分为以下 4 种。

- 静态游标：该游标使用数据的临时复本。对游标的所有请求都从 TempDB 中的这一临时表中得到应答；因此，在对该游标进行提取操作时不反映对结果集所做的更改。
- 动态游标：动态游标与静态游标相对。当滚动游标时，动态游标反映结果集中所做的所有更改。结果集中的行数据值、顺序和成员在每次提取时都会改变。所有用户做的全部 Update、Insert 和 Delete 语句均通过游标可见。如果使用 API 函数或 T-SQL Where Current of 子句通过游标进行更新，它们将立即可见。在游标外部所做的更新直到提交时才可见。
- 只进游标：只进游标不支持滚动，它只支持游标从头到尾顺序提取。行只在从数据库中提取出来后才能检索。对所有由当前用户发出或由其他用户提交并影响结果集中的行的 Insert、Update 和 Delete 语句，其效果在这些行从游标中提取时是可见的。由于游标无法向后滚动，则在提取行后对数据库中的行进行的大多数更改通过游标均不可见。
- 由键集驱动的游标：打开由键集驱动的游标时，该游标中各行的成员身份和顺序是固定的。由键集驱动的游标由一组唯一标识符（键）控制，这组键称为键集。键是根据以唯一方式标识结果集中各行的一组列生成的。键集是打开游标时来自符合 SELECT 语句要求的所有行中的一组键值。由键集驱动的游标对应的键集是打开该游标时在 TempDB 中生成的。当用户滚动游标时，对非键集列中的数据值所做的更改是可见的。在游标外对数据库所做的插入在游标内不可见，除非关闭并重新打开游标。使用 API 函数通过游标所做的插入在游标的末尾可见。如果试图提取打开游标后已删除的行，@@FETCH_STATUS 将返回“缺少行”状态。对键列进行更新与删除旧键值然后插入新键值作用相同。如果未通过游标进行更新，则新键值不可见；如果使用 API 函数或 T-SQL Where Current of 子句通过游标进行更新，并且 SELECT 语句的 From 子句中不包含 Join 条件，则新键值在游标的末尾可见。

静态游标在滚动期间很少或根本检测不到变化，但消耗的资源相对很少。动态游标在滚动期间能检测到所有变化，但消耗的资源却较多。由键集驱动的游标介于二者之间，能检测到大部分变化，但比动态游标消耗更少的资源。

尽管数据库 API 游标模式将只进游标看成一种独立的游标类型，但 SQL Server 却不这样。SQL Server 将只进和滚动都作为能应用到静态游标、由键集驱动的游标和动态游标的选项。

11.2.2 使用游标

本节只介绍 T-SQL 语句使用游标的方法，利用数据库编程应用接口请求游标的方法在相应的开发工具中均有介绍。利用 T-SQL 语句使用游标的操作包括声明游标、打开游标、提取数据、利用游标更新和删除数据、关闭游标和释放游标。

1. 声明游标

游标在使用之前，必须先声明。Declare Cursor 既接受基于 ISO 标准的语法，也接受 T-SQL 扩展的语法，下面分别对这两种语法结构介绍。

ISO 标准语法如下：

```
Declare cursor_name [ Insensitive ] [ Scroll ] Cursor
For select_statement
[ For Read Only| Update [ Of column_name [ ,...n ] ] ]
```

参数说明如下。

- cursor_name：所定义的 T-SQL 服务器游标的名称。cursor_name 必须符合标识符规则。
- Insensitive：使用 Insensitive 定义的游标，把提取出来的数据存入一个在 TempDB 数据库中创建的临时表里。任何通过这个游标进行的操作，都在这个临时表中进行，所有对基本表的更改都不会在用游标进行的操作中体现出来。若不用 Insensitive 关键字，则所有用户对基本表的删除和更新则会反映在后面的提取操作中。
- Scroll：指定以下提取方式均可用。
  - First：提取第一行数据。
  - Last：提取最后一行数据。
  - Prior：提取前一行数据。
  - Next：提取后一行数据。
  - Relative：按相对位置提取数据。
  - Absolute：按绝对位置提取数据。

如果声明游标时没有使用 Scroll 关键字，则所声明的游标只具有默认的 Next 功能。

- select_statement：定义游标结果集的标准 SELECT 语句。在游标声明的 select_statement 中不允许使用关键字 Compute、Compute by、For Browse 和 Into。
- Read Only：定义只读游标，禁止通过游标修改数据。在 UPDATE 或 DELETE 语句的 Where Current Of 子句中不能引用该游标。
- Update [Of column_name [,...n]]：定义游标中可更新的列。如果指定了 Of column_name [,...n]，则只允许修改所列出的列。如果指定了 Update，但未指定列的列表，则可以更新所有列。

T-SQL 扩展语法如下：

```
Declare cursor_name Cursor [ Local | Global ]
[ Forward_Only | Scroll ]
```

```
[ Static | Keyset | Dynamic | Fast_Forward ]
[ Read_Only| Scroll_Locks | Optimistic ]
[ Type_Warning ]
For select_statement
[ For Update [ Of column_name [ ,...n ] ] ]
```

参数说明如下。

- cursor_name：所定义的 T-SQL 服务器游标的名称。cursor_name 必须符合标识符规则。
- Local：指定该游标的作用域是局部的，该游标仅在定义它的批处理、存储过程或触发器内有效。
- Global：指定该游标的作用域是全局的，由连接执行的任何存储过程或批处理中，都可以引用该游标名称。
- Forward_Only：指定游标只能从第一行滚动到最后一行。Fetch Next 是唯一支持的提取选项。如果在指定 Forward_Only 时不指定 Static、Keyset 和 Dynamic 关键字，则游标作为 Dynamic 游标进行操作。如果 Forward_Only 和 Scroll 均未指定，则除非指定 Static、Keyset 或 Dynamic 关键字，否则默认为 Forward_Only。Static、Keyset 和 Dynamic 游标默认为 Scroll。
- Static：定义静态游标，在 TempDB 数据库中创建该游标使用的数据的临时副本。因此，对基本表的更改都不会在用游标进行的操作中体现出来，而且，该游标不允许修改。
- Keyset：定义键集游标。
- Dynamic：定义动态游标，动态游标不支持 Absolute 提取选项。
- Fast_Forward：指定启用了性能优化的 Forward_Only、Read_Only 游标。如果指定了 Scroll 或 For_Update，则不能也指定 Fast_Forward。
- Scroll_Locks：指定通过游标进行的定位更新或删除一定会成功。将行读入游标时 SQL Server 将锁定这些行，以确保随后可对它们进行修改。如果还指定了 Fast_Forward 或 Static，则不能指定 Scroll_Locks。
- Optimistic：指定如果行自读入游标以来已得到更新，则通过游标进行的定位更新或定位删除不成功。当将行读入游标时，SQL Server 不锁定行。它改用 timestamp 列值的比较结果来确定行读入游标后是否发生了修改，如果表不含 timestamp 列，它改用校验和值进行确定。如果已修改该行，则尝试进行的定位更新或删除将失败。如果还指定了 Fast_Forward，则不能指定 Optimistic。
- Type_Warning：指定将游标从所请求的类型隐式转换为另一种类型时向客户端发送警告消息。

【例 11-2】 简单游标示例，定义一个仅向前的只读游标，名称为 query_grade。

```
Declare query_grade Cursor Forward_Only
For Select stu_id, course_id, grade From stu_grade
For Read Only
```

2. 打开游标

游标声明之后，在操作之前必须打开它。打开游标的语法如下：

```
Open [ Global ] cursor_name | cursor_variable_name
```

参数说明如下。

- Global：指定 cursor_name 是全局游标。
- cursor_name：已声明的游标的名称。如果全局游标和局部游标都使用 cursor_name 作为其名称，那么如果指定了 Global，则 cursor_name 指的是全局游标；否则 cursor_name 指的是局部游标。
- cursor_variable_name：游标变量的名称，该变量引用一个游标。

当执行打开游标的语句时，服务器将执行声明游标时使用的 SELECT 语句。如果使用了 Insensitive 或 Static 关键字，则服务器会在 TempDB 中建立一个临时表，存放游标将要进行操作的结果集的副本。

【例 11-3】 打开游标 query_grade。

```
Open query_grade
```

3. 提取数据

在利用 Open 语句打开游标并从数据库中执行了查询之后，就可以利用 Fetch 语句从查询结果集中提取数据了。使用 Fetch 语句一次可以提取一条记录，具体的语法格式如下：

```
Fetch
[ [ Next | Prior | First | Last| Absolute n | @nvar| Relative n | @nvar]
From ]
[ Global ] cursor_name | @cursor_variable_name
[ Into @variable_name [ ,...n ] ]
```

参数说明如下。

- Fetch First：提取结果集中的第一行。
- Fetch Prior：提取上一个提取行的前面的一行，如果 Fetch Prior 为对游标的第一次提取操作，则没有行返回并且游标置于第一行之前。
- Fetch Next：提取上一个提取行的后面的一行，如果 Fetch Next 为对游标的第一次提取操作，则返回结果集中的第一行。
- Fetch Last：提取结果集中的最后一行。
- Fetch Absolute n | @nvar：如果 n 或 @nvar 为正，则返回从游标头开始向后的第 n 行，并将返回行变成新的当前行。如果 n 或 @nvar 为负，则返回从游标末尾开始向前的第 n 行，并将返回行变成新的当前行。如果 n 或 @nvar 为 0，则不返回行。n 必须是整数常量，并且 @nvar 的数据类型必须为 smallint、tinyint 或 int。
- Fetch Relative n | @nvar：如果 n 或 @nvar 为正，则返回从当前行开始向后的第 n 行，并将返回行变成新的当前行。如果 n 或 @nvar 为负，则返回从当前行开始向前的第 n 行，并将返回行变成新的当前行。如果 n 或 @nvar 为 0，则返回当前行。在对游标进行第一次提取时，如果在将 n 或 @nvar 设置为负数或 0 的情况下指定

Fetch Relative，则不返回行。n 必须是整数常量，@nvar 的数据类型必须为 smallint、tinyint 或 int。

- Global：指定 cursor_name 是全局游标。
- cursor_name：已声明的游标的名称。如果全局游标和局部游标都使用 cursor_name 作为其名称，那么如果指定了 Global，则 cursor_name 指的是全局游标；否则 cursor_name 指的是局部游标。
- cursor_variable_name：游标变量的名称，该变量引用一个游标。
- Into @variable_name [,...n]：将提取的结果存放到局部变量中。变量的数量、排列顺序和相应的数据类型必须和声明游标时使用的 SELECT 语句中引用的数据列的数量、排列顺序和数据类型保持一致。

【例 11-4】 从游标 query_grade 中提取数据。

```
Declare @stu_id varchar(10), @course_id varchar(10), @grade int
Fetch Next From query_grade into @stu_id, @course_id, @grade
```

使用 Fetch 语句一次可以从结果集中取出一条记录，但是多数情况下，所做的操作是从结果集的第一条记录开始提取，一直到结束。所以，一般要将使用游标提取数据的语句放在一个循环体内(例如 While 循环)，直到将结果集中的数据全部提取完，跳出循环。

通过检测全局变量@@Fetch_Status 的值，可以获得 Fetch 语句的状态信息，该状态信息用于判断该 Fetch 语句返回数据的有效性。当执行一条 Fetch 语句之后，@@Fetch_Status 可能出现以下 3 种值。

- 0：Fetch 语句成功。
- −1：Fetch 语句失败或行不在结果集中。
- −2：提取的行不存在。

【例 11-5】 循环提取数据举例。

```
Declare @stu_id varchar(10), @course_id varchar(10), @grade int
Fetch Next From query_grade into @stu_id, @course_id, @grade
While @@fetch_status = 0
  Begin
    Print @stu_di + @course_id + @grade
    Fetch Next From query_grade into @stu_id, @course_id, @grade
  End
```

4. 利用游标更新和删除数据

如果游标声明为可更新游标，则定位在可更新游标中的某行上时，可以执行更新或删除操作，这些操作是针对用于在游标中生成当前行的基表行的，称之为“定位更新”。利用游标更新和删除数据的步骤如下：

(1) Declare 语句声明游标。

(2) Open 语句打开游标。

(3) Fetch 语句定位到某一行。

(4) 用 Where Current Of 子句执行 Update 或 Delete 语句。

进行定位修改游标数据的语法如下：

```
Update 基表名 Set 列名 1 = 值 1 [,...] Where Current of 游标名
```

进行定位删除游标数据的语法如下：

```
Delete 基表名 Where Current of 游标名
```

需要说明的是，如果声明游标时的 Select 语句是对多个表数据的查询，则进行定位更新和删除时一定要谨慎，因为很容易造成数据的不一致。

【例 11-6】 利用游标更新和删除数据举例。

```
Declare @stu_id varchar(10), @course_id varchar(10), @grade int
Declare update_grade cursor
For select stu_id, course_id, grade from stu_grade
For update
Open update_grade
Fetch Next From update_grade into @stu_id, @course_id, @grade
While @@fetch_status = 0
  Begin
    If @stu_id = '2007070102'
      Update stu_grade
      Set grade = grade + 5
      Where current of update_grade
    If @stu_id = '2007070103'
      Delete from update_grade
      Where current of update_grade
    Fetch Next From update_grade into @stu_id, @course_id, @grade
  End
Close update_grade
```

5. 关闭游标

游标打开之后，服务器会专门为游标开辟一定的内存空间存放游标操作的数据结果集，同时使用游标也会对某些数据进行封锁。所以，在长时间不用游标的时候，一定要关闭游标，通知服务器释放游标所占用的资源。游标关闭之后，可以再次打开，在一个处理过程中，可以多次打开和关闭游标。关闭游标的语法格式如下：

```
Close [ Global ] cursor_name | cursor_variable_name
```

参数说明如下。

- Global：指定 cursor_name 是全局游标。
- cursor_name：已声明的游标的名称。如果全局游标和局部游标都使用 cursor_name 作为其名称，那么如果指定了 Global，则 cursor_name 指的是全局游标；否则 cursor_name 指的是局部游标。
- cursor_variable_name：游标变量的名称，该变量引用一个游标。

6. 释放游标

使用完游标之后应该将游标释放，以释放被游标占用的资源。释放游标的语法结构

如下：

```
Deallocate [ Global ] cursor_name | cursor_variable_name
```

参数说明如下。

- Global：指定 cursor_name 是全局游标。
- cursor_name：已声明的游标的名称。如果全局游标和局部游标都使用 cursor_name 作为其名称，那么如果指定了 Global，则 cursor_name 指的是全局游标；否则 cursor_name 指的是局部游标。
- cursor_variable_name：游标变量的名称，该变量引用一个游标。

游标释放之后，如果要重新使用游标，必须重新执行声明游标的语句。

【例 11-7】 游标综合举例，利用游标生成复杂报表。

```
Declare @stu_id varchar(10), @stu_name varchar(10),
@course_name varchar(10), @grade int
Print '--------学生成绩报表--------'
Declare stu_cursor Cursor For Select stu_id, Name From stu_info
Open stu_cursor
Fetch Next From stu_cursor Into @stu_id, @stu_name
While @@Fetch_Status = 0
  Begin
    Print '   '
    Print @stu_id + ' ' + @stu_name + '的成绩：'
    Declare grade_cursor Cursor For
    Select course_name, grade
    From stu_info,stu_grade, course_info
    Where stu_info.stu_id = stu_grade.stu_id
          and course_info.course_id = stu_grade.course_id
          and stu_info.stu_id = @stu_id
    Open grade_cursor
    Fetch Next From grade_cursor Into @course_name,@grade
    IF @@Fetch_Status <> 0
        Print '没有成绩'
    While @@Fetch_Status = 0
      Begin
        Print '   ' + @course_name + '      ' + convert(varchar(10),@grade)
        Fetch  Next From grade_cursor Into @course_name,@grade
      End
    Close grade_cursor
    Deallocate grade_cursor
    Fetch Next From stu_cursor Into @stu_id, @stu_name
  End
Close stu_cursor
Deallocate stu_cursor
```

程序运行结果如图 11.2 所示。

```
-------- 学生成绩报表 --------

2007070101 张元的成绩:
    计算机基础      89
    操作系统      81
    计算机网络      96

2007070102 张红的成绩:
    计算机基础      100
    操作系统      71
    计算机网络      55

2007070103 王明的成绩:
  没有成绩
```

图 11.2　生成报表结果

11.3　本章小结

本章主要讲述了事务控制和游标的使用。事务控制是保证数据完整性的重要方法,而游标则提供了按行处理数据的方法。通过本章的学习,读者应该掌握以下内容:

(1) 使用事务控制语句 Begin Transaction、Commit Transaction 和 Rollback Transaction 编写事务处理程序。

(2) 游标的定义和使用步骤,掌握利用游标按行处理数据的方法。

习　题　11

1. 什么是事务？事务的主要特点是什么？
2. 编写实现从账号 A 转账 10 000 元到账号 B 的事务处理程序。
3. 游标的种类有哪些?
4. 使用游标的具体步骤是什么？相关的语句都有哪些?

第 12 章　存储过程和触发器

本章学习目标：

- 掌握存储过程的定义方法；
- 掌握执行存储过程的方法；
- 理解触发器的概念；
- 掌握利用触发器实现数据完整性的方法。

12.1　存储过程

12.1.1　存储过程概述

与表、视图一样，存储过程也是一种存储在数据库中的对象。存储过程与其他编程语言中的过程类似，比如可以接受输入参数并以输出参数的形式向调用过程或批处理返回多个值；包含一组 T-SQL 语句，用于在数据库中执行操作（包括调用其他过程）；同时，存储过程也可以向调用过程或批处理返回状态值，以指明成功或失败（以及失败的原因）等。

存储过程与函数不同，因为存储过程不返回取代其名称的值，因此不能直接在表达式中使用。存储过程只需编译一次，以后即可多次执行，因此使用存储过程可以提高性能。

在 SQL Server 中使用存储过程有如下好处：

- 存储过程已在服务器注册。
- 存储过程具有安全特性（例如权限）和所有权链接，以及可以附加到它们的证书。用户可以被授予权限来执行存储过程而不必直接对存储过程中引用的对象具有权限。
- 存储过程可以强制应用程序的安全性。参数化存储过程有助于保护应用程序不受 SQL Injection（SQL 注入）攻击。
- 存储过程允许模块化程序设计。存储过程一旦创建，以后即可在程序中调用任意多次。这可以改进应用程序的可维护性，并允许应用程序统一访问数据库。
- 存储过程是命名代码，允许延迟绑定。这提供了一个用于简单代码演变的间接级别。
- 存储过程可以减少网络通信流量。一个需要数百行 T-SQL 代码的操作可以通过一条执行过程代码的语句来执行，而不需要在网络中发送数百行代码。

SQL Server 中存储过程包括 3 种类型：用户定义的存储过程、扩展存储过程和系统存储过程。

1. 用户定义的存储过程

存储过程是指封装了可重用代码的模块或例程。存储过程可以接受输入参数、向客户端返回表格或标量结果和消息、调用数据定义语言(Data Definition Language,DDL)和数据操作语言(Data Manipulation Language,DML)语句,然后返回输出参数。在 SQL Server 2008 中,用户定义的 T-SQL 存储过程中包含一组 T-SQL 语句集合,可以接受和返回用户提供的参数。例如,存储过程中可能包含根据客户端应用程序提供的信息在一个或多个表中插入新行所需的语句。存储过程也可以从数据库向客户端应用程序返回数据。例如,学生成绩管理应用程序可能使用存储过程根据用户指定的搜索条件返回有关学生成绩的信息。

2. 扩展存储过程

扩展存储过程是指 Microsoft SQL Server 的实例可以动态加载和运行的 DDL,是由用户使用编程语言(例如 C)创建的自己的外部例程,扩展存储过程一般使用 XP_前缀。

3. 系统存储过程

SQL Server 中的许多管理活动都是通过一种特殊的存储过程执行的,这种存储过程被称为系统存储过程。例如,sys. sp_addtype 就是一个系统存储过程。从物理意义上讲,系统存储过程存储在源数据库中,并且带有 sp_ 前缀。从逻辑意义上讲,系统存储过程出现在每个系统定义数据库和用户定义数据库的 sys 构架中。

本章只介绍用户定义的 T-SQL 存储过程的使用。

12.1.2 创建存储过程

SQL Server 2008 中可以通过两种方式创建存储过程:利用 Create Procedure 语句创建和利用对象资源管理器创建。

1. 利用 Create Procedure 语句创建

Create Procedure 语句的语法格式如下:

```
Create { Proc | Procedure } procedure_name [ ; number ]
[ { @parameter  data_type }
[ Varying ] [ = Default ] [ Out | Output ] [Readonly]
] [ ,...n ]
[ With Encryption |  Recompile]
[ For Replication ]
As { <sql_statement> [;][ ...n ] }
[;]
```

参数说明如下。

- procedure_name:存储过程名。过程名称必须遵循有关标识符的规则,并且在架构中必须唯一。可在 procedure_name 前面使用一个数字符号(#)(#procedure_name)来创建局部临时过程,使用两个数字符号(##procedure_name)来创建全局临时过程。存储过程或全局临时存储过程的完整名称(包括 ##)不能超过 128 个字符。局部临时存储过程的完整名称(包括 #)不能超过 116 个字符。
- number:是可选整数,用于对同名的过程分组。使用一个 Drop Procedure 语句可将这些分组过程一起删除。
- @parameter:过程中的参数。通过将@用作第一个字符来指定参数名称。参数名称必须符合有关标识符的规则。每个过程的参数仅用于该过程本身;其他过程中可以使用相同的参数名称。在 Create Procedure 语句中可以声明一个或多个参数。除非定义了参数的默认值或将参数设置为等于另一个参数，否则用户必须在调用过程时为每个声明的参数提供值。存储过程最多可以有 2100 个参数。如果指定了 For Replication，则无法声明参数。

- data_type：参数的数据类型。所有数据类型都可以用作 T-SQL 存储过程的参数。可以使用用户定义表类型来声明表值参数作为 T-SQL 存储过程的参数。只能将表值参数指定为输入参数，这些参数必须带有 Readonly 关键字。cursor 数据类型只能用于 Output 参数。如果指定了 cursor 数据类型，则还必须指定 Varying 和 Output 关键字。可以为 cursor 数据类型指定多个输出参数。
- Varying：指定作为输出参数支持的结果集。该参数由存储过程动态构造，其内容可能发生改变。仅适用于 cursor 参数。
- Default：参数的默认值。如果定义了 default 值，则无须指定此参数的值即可执行过程。默认值必须是常量或 NULL。如果过程使用带 LIKE 关键字的参数，则可包含下列通配符：%、_、[] 和 [^]。
- Output：指示参数是输出参数。此选项的值可以返回给调用 Execute 的语句。使用 Output 参数将值返回给过程的调用方。
- Readonly：指示不能在过程的主体中更新或修改参数。如果参数类型为用户定义的表类型，则必须指定 Readonly。
- Encryption：指示 SQL Server 将 Create Procedure 语句的原始文本转换为模糊格式。模糊代码的输出在 SQL Server 的任何目录视图中都不能直接显示。对系统表或数据库文件没有访问权限的用户不能检索模糊文本。使用此选项创建的过程不能在 SQL Server 复制过程中发布。
- Recompile：指示数据库引擎不缓存该过程的计划，该过程在运行时编译。如果指定了 For Replication，则不能使用此选项。
- For Replication：指定不能在订阅服务器上执行为复制创建的存储过程。使用 For Replication 选项创建的存储过程可用作存储过程筛选器，且只能在复制过程中执行。如果指定了 For Replication，则无法声明参数。
- sql_statement：要包含在过程中的一个或多个 T-SQL 语句。

【例 12-1】 简单存储过程举例，查询不及格课程超过 4 门的学生并将其信息存入退学表。

```
Create Proc Query_Proc
As
  Insert into tuixue
  Select *
  From stu_info
  Where  stu_id in(Select stu_id
                   From stu_grade
                   Where grade<60
                   Group by stu_id
                   Having count(*)>4);
```

【例 12-2】 带参数存储过程举例，输入学号和课程名，输出成绩。

```
Create Proc Query_Grade
( @stu_id varchar(10),
  @course_nane varchar(20),
  @grade int output
)
As
  Select @grade = grade
  From stu_grade, course_info
  Where stu_grade.course_id = course_info.course_id
        and stu_id = @stu_id and course_name = @course_name
```

2. 利用对象资源管理器创建

使用对象资源管理器也可以完成新建存储过程的操作。具体的步骤如下：

（1）在选定的数据库下打开“可编程性”节点。

（2）找到“存储过程”节点，单击鼠标右键，在弹出的快捷菜单中选择“新建存储过程”，如图 12.1 所示。

（3）在新建的查询窗口中可以看到关于创建存储过程的语句模板，在其中添上相应的内容，单击工具栏上的“执行”按钮即可，如图 12.2 所示。

图 12.1　新建存储过程菜单

SQLQuery1.sql - (l ..Administrator (52))

```
-- Use the Specify Values for Template Parameters
-- command (Ctrl-Shift-M) to fill in the parameter
-- values below.
--
-- This block of comments will not be included in
-- the definition of the procedure.
-- ================================================
SET ANSI_NULLS ON
GO
SET QUOTED_IDENTIFIER ON
GO
-- ==============================================
-- Author       <Author,,Name>
-- Create date: <Create Date,,>
-- Description: <Description,,>
-- ==============================================
CREATE PROCEDURE <Procedure_Name, sysname, ProcedureName>
    -- Add the parameters for the stored procedure here
    <@Param1, sysname, @p1> <Datatype_For_Param1, , int> = <Default_Value_For_Param1
    <@Param2, sysname, @p2> <Datatype_For_Param2, , int> = <Default_Value_For_Param2
AS
BEGIN
    -- SET NOCOUNT ON added to prevent extra result sets from
    -- interfering with SELECT statements.
    SET NOCOUNT ON;

    -- Insert statements for procedure here
    SELECT <@Param1, sysname, @p1>, <@Param2, sysname, @p2>
END
```

图 12.2　新建存储过程窗口

12.1.3 修改和删除存储过程

1. 利用对象资源管理器修改存储过程

利用对象资源管理器修改存储过程，可以在已有的存储过程的基础上进行修改，不需要重新编写，具体的步骤如下：

(1) 在对象资源管理器窗口中，找到需要修改的存储过程节点，在其上单击鼠标右键，弹出快捷菜单，如图 12.3 所示。

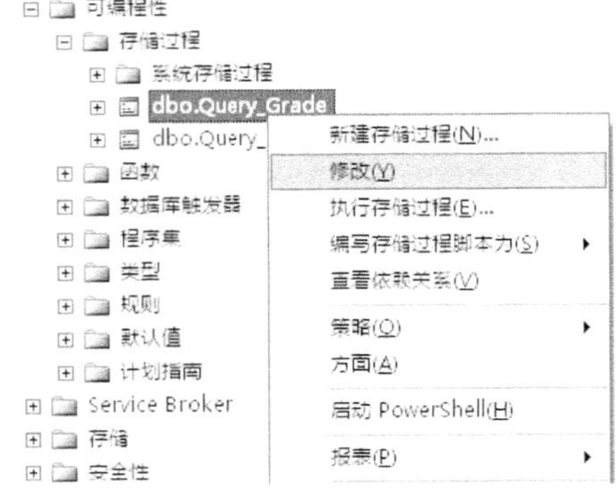

图 12.3 修改菜单

(2) 在快捷菜单中，选择“修改”命令，弹出修改窗口，可以在现有存储过程定义的基础上进行修改，如图 12.4 所示。

(3) 修改完成后，单击工具栏上的“执行”按钮，即可完成存储过程的修改。

需要说明的是，如果在创建存储过程的时候使用了 with encryption 子句，按照上面的步骤进行修改，会发现“修改”菜单变为灰色，呈不可用的状态，如图 12.5 所示。因此对于已加密的存储过程，只能采用 Alter Procedure 语句修改。

```
SQLQuery2.sql - (l...Administrator (54))   SQLQuery1.sql - (lo...dministrator (52))*
USE [student]
GO
/****** Object:  StoredProcedure [dbo].[Query_Grade]    Script Date: 01/3
SET ANSI_NULLS ON
GO
SET QUOTED_IDENTIFIER ON
GO
ALTER Proc [dbo].[Query_Grade]
( @stu_id varchar(10),
 @course_name varchar(20),
 @grade int output
)
As
Select @grade=grade
From stu_grade, course_info
Where stu_grade.course_id=course_info.course_id
 and stu_id=@stu_id and course_name=@course_name
```

图 12.4 修改窗口

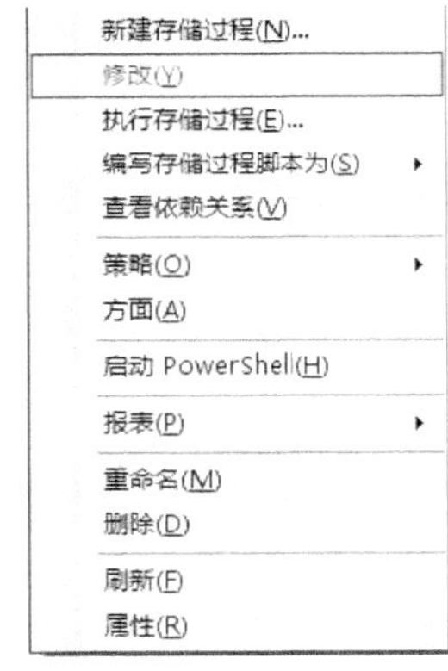

图 12.5 修改菜单变灰

2. 利用 Alter Procedure 语句修改

Alter Procedure 语句的语法格式如下：

```
Alter { Proc | Procedure } [schema_name.] procedure_name [ ; number ]
[ { @parameter [ type_schema_name. ] data_type }
[ Varying ] [ = default ] [ [ Out [ Put ]
] [ ,...n ]
[ With Encryption |  Recompile]
[ For Replication ]
As { <sql_statement> [;][ ...n ] }
[;]
```

相关参数的含义和 Create Procedure 语句中的参数相同。

【例 12-3】 修改存储过程示例，将存储过程 Query_Proc 修改为查询某个学生不及格的课程数。

```
Alter Proc Query_Proc
( @stu_id varchar(10),
  @num int output
)
As
  Select @num = count( * )
  From stu_grade
  Where grade<60 and stu_id = @stu_id
```

3. 利用对象资源管理器删除存储过程

在对象资源管理器中删除存储过程的步骤如下：

(1) 在对象资源管理器窗口中，找到需要删除的存储过程节点，在其上单击鼠标右键，弹出快捷菜单，如图 12.6 所示。

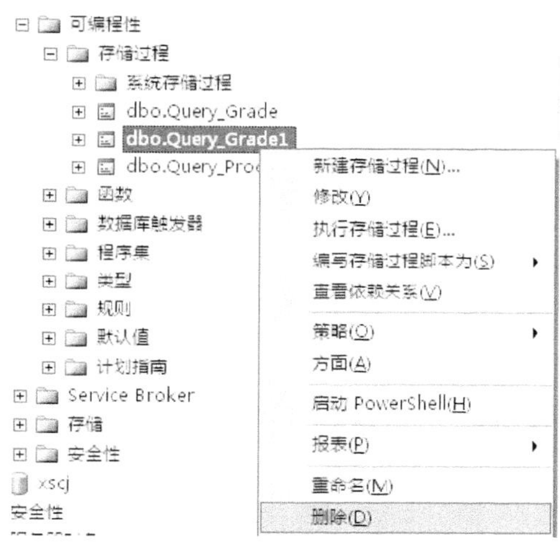

图 12.6 删除菜单

(2) 在快捷菜单中，选择“删除”命令，弹出确认删除窗口，单击“确定”按钮即可删除，如图 12.7 所示。

4. 使用 Drop Procedure 语句删除函数

使用 Drop Procedure 语句可以从当前数据库中删除一个或多个存储过程或过程组，具体的语法形式如下：

```
Drop { Proc | Procedure } { [ schema_name. ] procedure } [ ,...n ]
```

例如，要删除存储过程 Num_Unpassed，可以使用下面的语句：

```
Drop Procedure Num_Unpassed
```

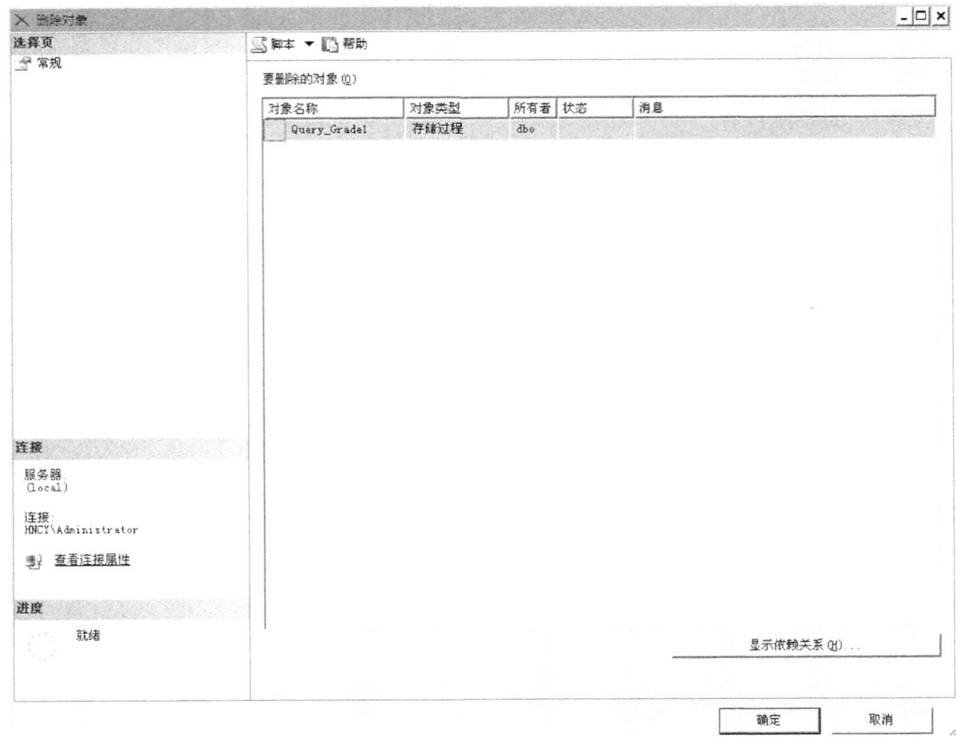

图 12.7　确认删除窗口

12.1.4　执行存储过程

可以使用 Execute 语句来执行存储过程，如果存储过程调用语句是批处理中的第 1 条语句，则 Execute 关键字可以省略。

1. Execute 语句

Execute 语句的语法格式如下：

```
Exec | Execute
{
 [ @return_status = ]
 { module_name [ ;number ] | @module_name_var }
 [ [ @parameter = ] { value | @variable [ Output ] | [ Default ] }]
 [ ,...n ]
 [ With Recompile ]
}
[;]
```

参数说明如下。

- @return_status：可选的整型变量，代表存储过程的返回状态，该变量在用于 Execute 语句前，必须已经声明过。
- module_name：要调用的存储过程名，必须符合标识符命名规则。
- [;number]：可选整数，用于对同名的过程分组。

- @module_name_var：代表存储过程名的局部变量。
- @parameter：存储过程的参数，必须和存储过程定义中的相同，其中@不能省略。在与 @parameter_name=value 格式一起使用时，参数名和值不必按它们在存储过程中定义的顺序提供。但是，如果对任何参数使用了 @parameter_name=value 格式，则对所有后续参数都必须使用此格式。
- Value：传递的参数值。如果参数名称没有指定，参数值的顺序必须和存储过程中定义的顺序相同。
- @variable：存储参数或返回参数的变量。
- Output：指定该参数为输出参数，该参数在存储过程定义时必须已经使用了 Output 声明为输出参数，如果参数定义时没有定义为输出参数，则不能使用 Output 关键字。必须使用变量来接收输出值，而且该变量必须事先声明。
- Default：指明该参数使用默认值。如果某参数定义时没有指定默认值，则不能使用 Default 关键字。
- With Recompile：一般情况下，存储过程只有在第一次执行时，系统对其进行编译，并将存储起来，以后执行时直接取出执行计划执行，不再编译。使用 With Recompile，强制在执行存储过程时重新对其进行编译。

【例 12-4】 执行存储过程 Query_Proc。

```
Exec Query_Proc
```

2. 参数传递

如果存储过程含有参数并且没有指定默认值，则调用存储过程时必须对参数赋值，可以使用两种方式传递参数：按顺序赋值和按名赋值。

【例 12-5】 按顺序给参数赋值，执行存储过程 Query_Grade，查询 2007070201 的操作系统这门课的成绩。

```
Declare @score int
Exec Query_Grade '2007070101', '操作系统', @score output
Select @score
```

按顺序给参数进行赋值时，不需要给出参数的名称，并且调用语句中值的顺序必须和存储过程定义中参数定义的顺序保持一致。如果某参数有默认值，可以使用 Default 指明该参数使用默认值，如果该参数且位于参数列表的末尾，则 Default 可以省略。

【例 12-6】 按名称对参数赋值。

```
Declare @score int
Exec Query_Grade @stu_id = '2007070101', @course_name = '操作系统',
                 @grade = @score output
Select @score
```

采用"参数名=参数值"的方式对参数进行赋值，赋值的顺序跟存储过程定义时的顺序可以不一致。

3. 用存储过程返回数据

存储过程可以用两种方式向调用程序返回数据：利用输出参数和利用 Return 语句。

1）利用输出参数返回数据

如果在存储过程定义参数时使用了 Output 关键字，则存储过程执行结束时可以将参数的当前值返回给调用程序。

【例 12-7】 使用输出参数返回数据，返回某个系的学生个数。

```
Create Proc Count_Proc
( @dept_name varchar(20),
  @num   int output
)
As
  Select @num = count( * )
  From stu_info
  Where sdept = @dept_name
```

2）利用 Return 语句返回执行状态

在存储过程中可以使用 Return 语句向调用程序返回一个整数(称为返回代码)，指示存储过程的执行状态。

【例 12-8】 使用 Return 语句返回执行状态。

```
Create Proc Count_Proc1
( @dept_name varchar(20) = '',
  @num   int output
)
As
  If @dept_name = ''
    Begin
      Print '请输入系名!'
      Return 1
    End
  Select @num = count( * )
  From stu_info
  Where sdept = @dept_name
  If @num = 0
    Begin
      Print '系名不正确,或该系目前没有学生!'
      Return 2
    End
Return 0
```

12.2 触 发 器

12.2.1 触发器概念

触发器(Trigger)是 SQL Server 提供的除约束之外的另一种保证数据完整性的方法，它可以实现约束所不能实现的更复杂的完整性要求。触发器是一种特殊的存储过程，它不允许带参数，不能由用户直接通过名称调用，而是由用户的某一动作自动触发。使用触发器主要有以下优点：

- 触发器是自动执行的，在数据库中定义了某个对象之后，或对表中的数据做了某种修改之后立即被激活。
- 触发器可以实现比约束更为复杂的完整性要求，比如 Check 约束中不能引用其他表中的列，而触发器可以引用；Check 约束只是由逻辑符号连接的条件表达式，不能完成复杂的逻辑判断功能。
- 触发器可以根据表数据修改前后的状态，根据其差异采取相应的措施。
- 触发器可以防止恶意的或错误的 Insert、Update 和 Delete 操作。

Microsoft SQL Server 2008 提供了 3 种类型的触发器：DDL 触发器（服务器或数据库中发生数据定义（DDL）事件时自动执行）、DML 触发器（当数据库中发生数据操作（DML）事件时自动执行）和登录触发器（与 SQL Server 实例建立用户会话时自动执行）。

12.2.2 DML 触发器

DML 触发器在用户对表中的数据进行插入（Insert）、修改（Update）和删除（Delete）时自动运行。根据触发器代码执行的时机，DML 触发器可以分为两种：After 触发器和 Instead of 触发器。After 触发器在执行了 Insert、Update 或 Delete 语句操作之后执行，只能在表上定义，不能在视图上定义 After 触发器。而 Instead Of 触发器则代替激活触发器的 DML 操作执行，即 Insert、Update 和 Delete 操作不再执行，取而代之的是 Instead Of 触发器中的代码。Instead Of 触发器可以定义在表上和视图上，通常使用 Instead Of 触发器扩展视图支持的可更新类型。

1. 使用 Create Trigger 创建 DML 触发器

Create Trigger 创建 DML 触发器的语法格式如下：

```
Create Trigger trigger_name
On { table | view }
[ With Encryption ]
{ For | After | Instead Of }
{ [ Insert ] [ , ] [ Update ] [ , ] [ Delete] }
As  sql_statement  [ ; ]
```

参数说明如下。

- trigger_name：触发器名称，必须遵守标识符命名规则，并且不能以 # 或 # # 开头。
- table | view：对其执行触发器的表或视图，视图上不能定义 For 和 After 触发器，只能定义 Instead Of 触发器。
- With Encryption：指定对触发器进行加密处理。
- For | After：指定触发器中在相应的 DML 操作（Insert、Update、Delete）成功执行后才触发。
- Instead Of：指定执行 DML 触发器而不是 Insert、Update 或 Delete 语句。在使用了 With Check Option 语句的视图上不能定义 Instead Of 触发器。

- [Insert][,][Update][,][Delete]：指定能够激活触发器的操作，必须至少指定一个操作。
- sql_statement：触发器代码，根据数据修改或定义语句来检查或更改数据，通常包含流程控制语句，一般不应向应用程序返回结果。

2. Inserted 表和 Deleted 表

在触发器执行的时候，会产生两个临时表：Inserted 表和 Deleted 表。这两个表的结构和触发器所在的表的结构相同。在触发器中可以使用这两个临时表测试某些数据修改的效果和设置触发器操作的条件，但是这两个表是只读表，不能对表中的数据进行修改。触发器执行完成后，这两个表就会被删除。

Inserted 表用于存储 Insert 语句和 Update 语句所影响行的副本。当对触发器表执行 Insert 操作时，新行将被同时添加到触发器表和 Inserted 表中，Inserted 表中的行是触发器表中新添加行的副本。

Deleted 表用于存储 Delete 语句和 Update 语句所影响行的副本。当对触发器表执行 Delete 操作时，行将从触发器表中删除，并存入 Deleted 表中。Deleted 表和触发器表没有相同的行。

当对触发器表执行 Update 操作时，先从触发器表中删除旧行，然后再插入新行。其中被删除的旧行被插入到 Deleted 表中，插入的新行的副本被插入到 Inserted 表中。

【例 12-9】 Insert 触发器示例。在课程表中插入新的课程时，检查插入的记录是否满足参照完整性。

```
Create trigger insert_course on course_info
For insert
As
  Declare @pre_course_id char(3)
  Select @pre_course_id = pre_course_id from inserted
  If @pre_course_id not in(select course_id from course_info)
    Begin
      Raiserror('输入的先行课程不存在!', 16, 10)
      Rollback tran
    End
```

【例 12-10】 创建一个 Update 触发器，防止用户修改学生的入学成绩。

```
Create trigger update_stu on stu_info
For update
As
  If update(mark)
    Begin
      Raiserror('不能修改入学成绩!', 16, 10)
      Rollback tran
    End
```

【例 12-11】 创建一个 Delete 触发器，将删除的记录存入一个备份表。

```
Create trigger delete_stu on stu_info
For delete
As
  Insert into stu_backup
  Select * from deleted
```

3. 触发器递归

如果触发器代码中又包含对某个表的 Insert、Update 或 Delete 操作，而且在该表上定义了相应的 DML 触发器，则又会激活相应的触发器，这就是触发器的递归。触发器递归可以分为两种类型：间接递归和直接递归。

- 间接递归：一个应用程序更新了表 T1，触发了触发器 TR1，在 TR1 中更新了表 T2，激活触发器 TR2，以此类推。
- 直接递归：应用程序更新了表 T1，触发了触发器 TR1，在 TR1 中又更新了表 T1。由于表 T1 被更新，将再次触发触发器 TR1，依此类推。

触发器最多可以嵌套 32 级。如果一个触发器更改了包含另一个触发器的表，则第二个触发器将被触发，然后该触发器又可以调用第三个触发器，依此类推。如果链中任意一个触发器引发了无限循环，则会超出嵌套级限制，从而导致取消触发器。正确地使用递归触发器，可以进行一些有用的日常工作，但是递归触发器比较复杂，使用时要注意运用技巧。

【例 12-12】 创建 Update 触发器，实现级联修改。

```
Create trigger update_course on course_info
For Update
As
  Declare @new_id char(3), @old_id char(3)
  Select @new_id = course_id from inserted
  Select @old_id = course_id from deleted
  If update(course_id)
    Update course_info
    Set pre_course_id = @new_id
    Where pre_course_id = @old_id
;
```

4. 使用对象资源管理器创建 DML 触发器

在“对象资源管理器”中也可以创建 DML 触发器，具体步骤如下：

(1) 打开对象资源管理器，找到希望创建 DML 触发器的表节点，展开。

(2) 找到“触发器”节点，单击鼠标右键，在弹出的右键菜单中选择“新建触发器”，如图 12.8 所示。

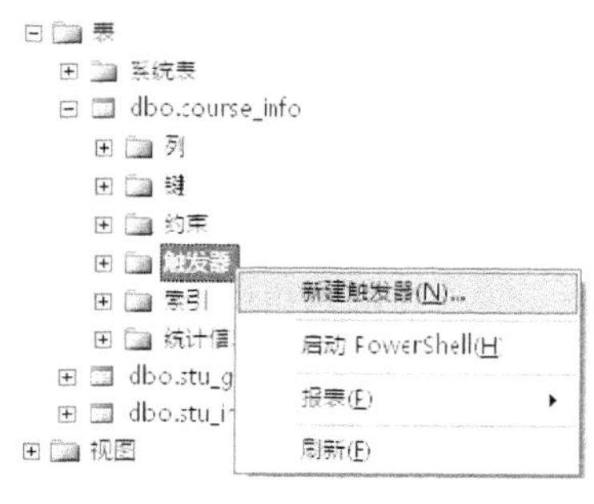

图 12.8　新建菜单

(3) 在新建的查询窗口中可以看到关于创建 DML 触发器的语句模板，在其中添上相应的内容，单击工具栏上的“执行”即可，如图 12.9 所示。

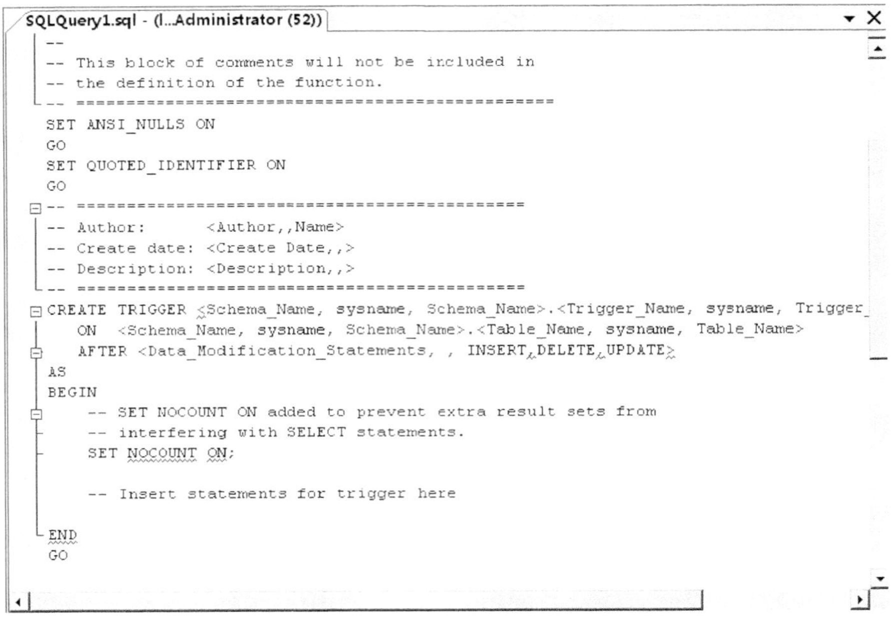

```
SQLQuery1.sql - (l...Administrator (52))
--
-- This block of comments will not be included in
-- the definition of the function.
-- ==============================================
SET ANSI_NULLS ON
GO
SET QUOTED_IDENTIFIER ON
GO
-- ==============================================
-- Author:       <Author,,Name>
-- Create date: <Create Date,,>
-- Description: <Description,,>
-- ==============================================
CREATE TRIGGER <Schema_Name, sysname, Schema_Name>.<Trigger_Name, sysname, Trigger_
   ON  <Schema_Name, sysname, Schema_Name>.<Table_Name, sysname, Table_Name>
   AFTER <Data_Modification_Statements, , INSERT,DELETE,UPDATE>
AS
BEGIN
    -- SET NOCOUNT ON added to prevent extra result sets from
    -- interfering with SELECT statements.
    SET NOCOUNT ON;

    -- Insert statements for trigger here

END
GO
```

图 12.9　新建 DML 触发器窗口

12.2.3　DDL 触发器

与 DML 触发器不同的是，DDL 触发器不会被针对表或视图的 Update、Insert 或 Delete 语句触发。相反，它们将为了响应各种数据定义语言(DDL)事件而激活，这些事件主要与以关键字 Create、Alter 和 Drop 开头的 T-SQL 语句对应。DDL 触发器可以用于审核和控制数据库操作，例如要防止对数据库进行某些更改，或希望数据库中发生某种情况以响应数据库中的更改，或记录数据库中的更改或事件。DDL 触发器只有在完成相应的 DDL 语句后才会被触发，因此 DDL 触发器无法作为 Instead Of 触发器使用。

创建 DDL 触发器的 Create Trigger 语句的语法格式如下：

```
Create Trigger trigger_name
On { All Server | Database }
[ With Encryption ]
{ For | After } { event_type | event_group } [ ,...n ]
As   sql_statement   [ ; ]
```

参数说明如下。

- trigger_name：触发器名称，必须符合标识符命名规则。
- All Server：指定 DDL 触发器的作用域为当前服务器。如果指定了此参数，则只要当前服务器中的任何位置上出现 event_type 或 event_group，就会激活该触发器。
- Database：指定 DDL 触发器的作用域为当前数据库。如果指定了此参数，则只要当前数据库中的任何位置上出现 event_type 或 event_group，就会激活该触发器。
- With Encryption：指定将触发器的定义文本进行加密处理。

- For | After：指定在 DDL 触发器仅在触发 SQL 语句中指定的所有操作都已成功执行时才被触发。
- event_type：将激活 DDL 触发器的 T-SQL 语言事件的名称。
- event_group：预定义的 T-SQL 语言事件分组的名称。执行任何属于 event_group 的 T-SQL 语言事件之后，都将激活 DDL 触发器。
- sql_statement：触发器代码。

【例 12-13】 设计 DDL 触发器，禁止修改和删除当前数据库中的任何表。

```
Create Trigger safety
On database
For DROP_TABLE, ALTER_TABLE
As
   Print  '不能修改和删除表!'
   Rollback
;
```

12.2.4 登录触发器

登录触发器将是由登录(logon)事件而激活的触发器，与 SQL Server 实例建立用户会话时将引发此事件。登录触发器将在登录的身份验证阶段完成之后且用户会话实际建立之前激发。因此，在触发器内部通常将到达用户的所有消息(例如错误消息和来自 Print 语句的消息)传送到 SQL Server 错误日志。如果身份验证失败，将不激活登录触发器。可以使用登录触发器来审核和控制服务器会话，例如通过跟踪登录活动、限制 SQL Server 的登录名或限制特定登录名的会话数。

创建登录触发器的 Create Trigger 语句的具体语法如下：

```
Create Trigger trigger_name
On All Server
[ With Encryption ]
{ For | After } Logon
As sql_statement  [ ;]
```

其中各参数的含义和创建 DDL 触发器中的 Create Trigger 语句中的参数含义相同。

【例 12-14】 创建登录触发器，如果某登录账号已经创建 5 次会话，则禁止该登录账号的登录尝试。

```
Create Trigger connection_limit_trigger
On All Server
For Logon
As
  Begin
    If  (Select Count( * ) From sys.dm_exec_sessions
        Where is_user_process = 1 And
              original_login_name = ORIGINAL_LOGIN()) > 5
    Rollback
  End;
```

12.2.5 修改和删除触发器

1. 利用对象资源管理器修改触发器

利用对象资源管理器修改触发器，可以在已有的触发器的基础上进行修改，不需要重新编写，具体的步骤如下：

(1) 打开对象资源管理器，找到希望修改 DML 触发器的表节点，展开。

(2) 找到“触发器”节点展开，在要修改的触发器节点上单击鼠标右键，在弹出的右键菜单中选择“修改”，如图 12.10 所示。

(3) 这时将弹出修改触发器的窗口，如图 12.11 所示。可以在原有的基础上进行修改。修改完成后，单击工具栏上的“执行”按钮，即可完成触发器的修改。

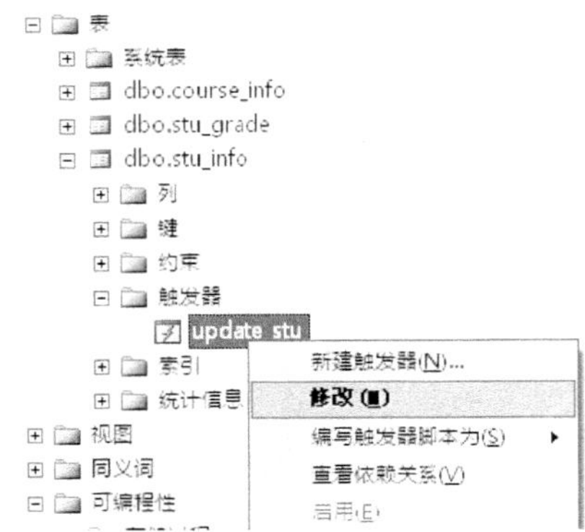

图 12.10 修改菜单

SQLQuery4.sql - (l...Administrator (52))

```
USE [student]
GO
/****** Object:  Trigger [dbo].[update_stu]    Script Date: 01/31/2009 16
SET ANSI_NULLS ON
GO
SET QUOTED_IDENTIFIER ON
GO
ALTER trigger [dbo].[update_stu] on [dbo].[stu_info]
For update
As
  If update(mark)
    Begin
      Raiserror('不能修改入学成绩！ ', 16, 10)
      Rollback tran
    End
```

图 12.11 修改窗口

需要说明的是，如果在创建触发器的时候使用了 With Encryption 子句，按照上面的步骤进行修改，会发现“修改”菜单变为灰色，呈不可用的状态，如图 12.12 所示。因此对于已加密的触发器，只能采用 Alter Trigger 语句修改。

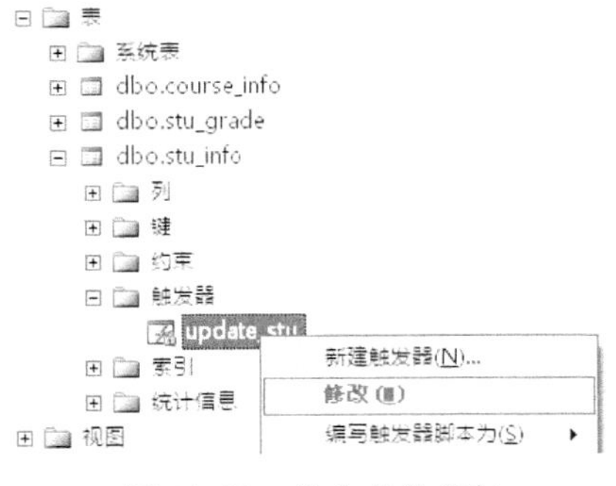

图 12.12 修改菜单变灰

2. 利用 Alter Trigger 语句修改

修改 DML 触发器的 Alter Trigger 语句的语法格式如下：

```
Alter Trigger schema_name.trigger_name
On( table | view )
[ With Encryption ]
{ For | After | Instead Of }
{ [ Delete ] [ , ] [ Insert ] [ , ] [ Update] }
As  sql_statement [ ; ]
```

修改 DDL 触发器的 Alter Trigger 语句的语法格式如下：

```
Alter Trigger trigger_name
On { All Server | Database }
[ With Encryption ]
{ For | After } { event_type | event_group } [ ,...n ]
As  sql_statement  [ ; ]
```

修改登录触发器的 Alter Trigger 语句的语法格式如下：

```
Alter Trigger trigger_name
On All Server
[ With Encryption ]
{ For | After } Logon
As sql_statement  [ ;]
```

相关参数的含义和 Create Trigger 语句中的参数相同，这里不再赘述。

3. 利用对象资源管理器删除触发器

在对象资源管理器中删除 DML 触发器的步骤如下：

(1) 在对象资源管理器中，找到需要删除的 DML 触发器的表节点，展开。

(2) 找到“触发器”节点展开，在要删除的触发器节点上单击鼠标右键，在弹出的右键菜单中选择“删除”命令，如图 12.13 所示。

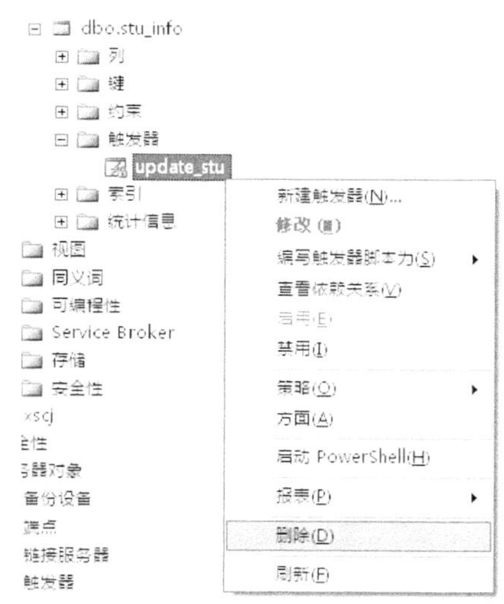

图 12.13　删除菜单

(3) 这时将弹出确认删除窗口，如图 12.14 所示。单击“确定”按钮即可删除触发器。

需要说明的是，如果要删除的触发器是 DDL 触发器或登录触发器，则操作步骤和上面给出的删除 DML 触发器的步骤稍微有所不同。主要区别是触发器节点在对象资源管理器中的树结构中的位置不同。

如果要删除 DDL 触发器，则需要找到 DDL 触发器所在的数据库节点展开，找到“数据库触发器”节点展开，即可找到要删除的 DDL 触发器节点，单击鼠标右键，在弹出的快捷菜单中选择“删除”命令即可，如图 12.15 所示。

如果要删除登录触发器，则在对象资源管理器中展开服务器节点，找到“服务器对象”节点展开，在“触发器”节点下即可找到要删除的登录触发器节点，单击鼠标右键，在弹出的快捷菜单中选择“删除”命令即可，如图 12.16 所示。

4. 使用 Drop Trigger 语句删除函数

使用 Drop Procedure 语句可以删除触发器，根据要删除的触发器的类型不同，Drop Trigger 语句的语法格式也有所不同。

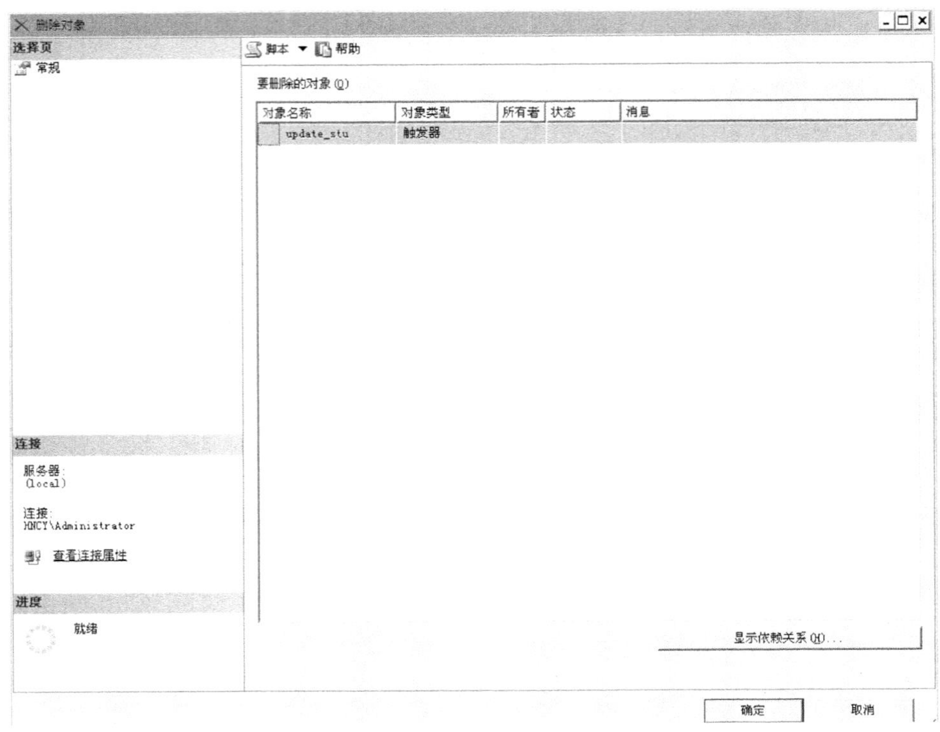

图 12.14　确认删除窗口

图 12.15　删除 DDL 触发器

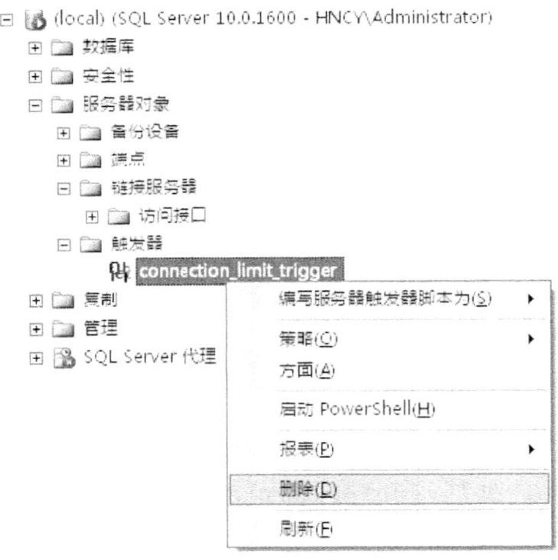

图 12.16　删除登录触发器

删除 DML 触发器的 Drop Trigger 语句的语法格式如下：

```
Drop Trigger trigger_name [ ,...n ] [ ; ]
```

【例 12-15】　删除触发器 insert_course。

```
Drop trigger insert_course
```

删除 DDL 触发器的 Drop Trigger 语句的语法格式如下：

```
Drop Trigger trigger_name [ ,...n ]
On { Database| All Server }
[ ; ]
```

【例 12-16】 删除 DDL 触发器 safety。

```
Drop trigger safety on database
```

删除登录触发器的 Drop Trigger 语句的语法格式如下：

```
Drop Trigger trigger_name [ ,...n ]
On  All Server
```

【例 12-17】 删除登录触发器 connnection_limit_trigger。

```
Drop trigger connnection_limit_trigger on all server
```

12.3 本章小结

本章介绍了存储过程的特点、定义存储过程和执行存储过程的方法，以及触发器的使用方法。编写有效的存储过程和触发器，可以给用户系统带来更好的一致性和保证数据完整性。通过本章的学习，读者应该掌握以下内容：

(1) 用户自定义存储过程的创建方法和执行存储过程的方法，注意参数的传递和输出参数的使用。

(2) 触发器的含义以及使用触发器实现数据完整性的方法。

(3) DDL 触发器和登录触发器的使用。

习 题 12

1. 简述创建用户自定义存储过程的方法。
2. 如何执行存储过程？使用参数时有哪些注意事项？
3. 什么是触发器？使用触发器有什么优点？
4. 编写触发器实现级联更新(修改 stu_info 表的 stu_id 值时，自动修改 stu_grade 表的 stu_id 值)和级联删除(从 stu_info 表中删除学生记录时，自动从 stu_grade 表删除该学生的成绩信息)。

第13章 数据库备份和恢复

本章学习目标：

- 理解数据库备份和恢复的原理；
- 掌握数据库完整备份和从完整备份恢复的方法；
- 掌握数据库差异备份和从差异备份恢复的方法；
- 掌握数据库事务日志备份和从事务日志备份恢复的方法；
- 掌握文件和文件组备份和从文件和文件组备份恢复的方法。

13.1 备 份

数据库的备份和恢复是数据库管理员维护数据库安全性和完整性必不可少的操作，合理地进行备份和恢复可以将可预见的和不可预见的问题对数据库造成的伤害降到最低。当运行 SQL Server 的服务器出现故障，或数据库遭到某种程度的破坏时，可以利用以前对数据库所做的备份重建或恢复数据库。

13.1.1 概述

由于自然的或人为的原因，例如服务器崩溃、存储介质故障、用户无意或恶意地对数据库执行非法操作等，数据库不可避免地会出现故障或遭到损坏。所以，在故障发生之前应该做好充分的备份工作，以便在意外发生之后能够尽快地恢复数据库的运行。

1. 备份设备

数据库备份设备是指用来存储备份数据的存储介质，常用的备份设备类型包括磁盘、磁带和命名管道。

- 磁盘：以硬盘或其他磁盘类设备为存储介质。磁盘备份设备可以存储在本地机器上，也可以存储在网络的远程磁盘上。如果数据备份存储在本地机器上，在由于存储介质故障或服务器崩溃而造成数据丢失的情况下，备份就没有意义了。因此，要及时将备份文件复制到远程磁盘上。如果采用远程磁盘作为备份设备，要采用统一命名方式（Universal Naming Convention，UNC）来表示备份文件，即“\\远程服务器名\共享文件名\路径名\文件名”。
- 磁带：使用磁带作为存储介质，必须将磁带物理地安装在运行 SQL Server 的计算机上，磁带备份不支持网络远程备份。在 SQL Server 的以后版本中将不再支持磁带备份设备。
- 命名管道：微软专门为第三方软件供应商提供的一个备份和恢复方式。如果要将数据库备份到命名管道设备上，必须提供管道名。

对数据库进行备份时，备份设备可以采用物理设备名称和逻辑设备名称两种方式。

- 物理设备名称：即操作系统文件名，直接采用备份文件在磁盘上以文件方式存储的完整路径名，例如 D:\backup\data_full.bak。
- 逻辑设备名称：为物理备份设备指定的可选的逻辑别名。使用逻辑设备名称可以简化备份路径。

创建逻辑备份设备的过程如下：

(1) 打开“对象资源管理器”，在“服务器对象”节点下找到“备份设备”节点，单击鼠标右键，弹出右键菜单，如图 13.1 所示。

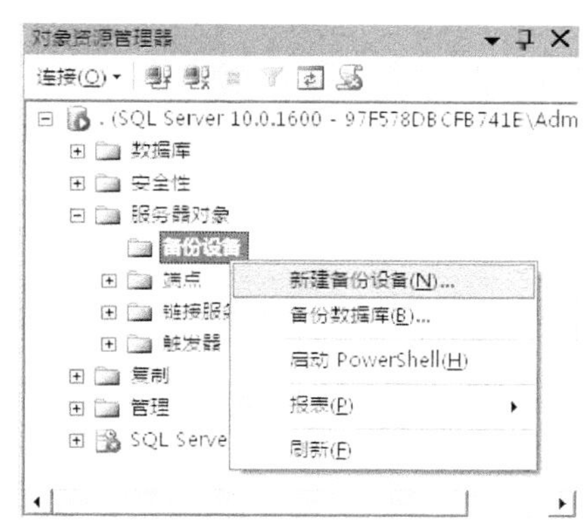

图 13.1　新建菜单

(2) 选择“新建备份设备”命令，弹出新建备份设备窗口，如图 13.2 所示。

(3) 输入备份设备逻辑名称，并指定备份设备的物理路径，单击“确定”按钮即可。

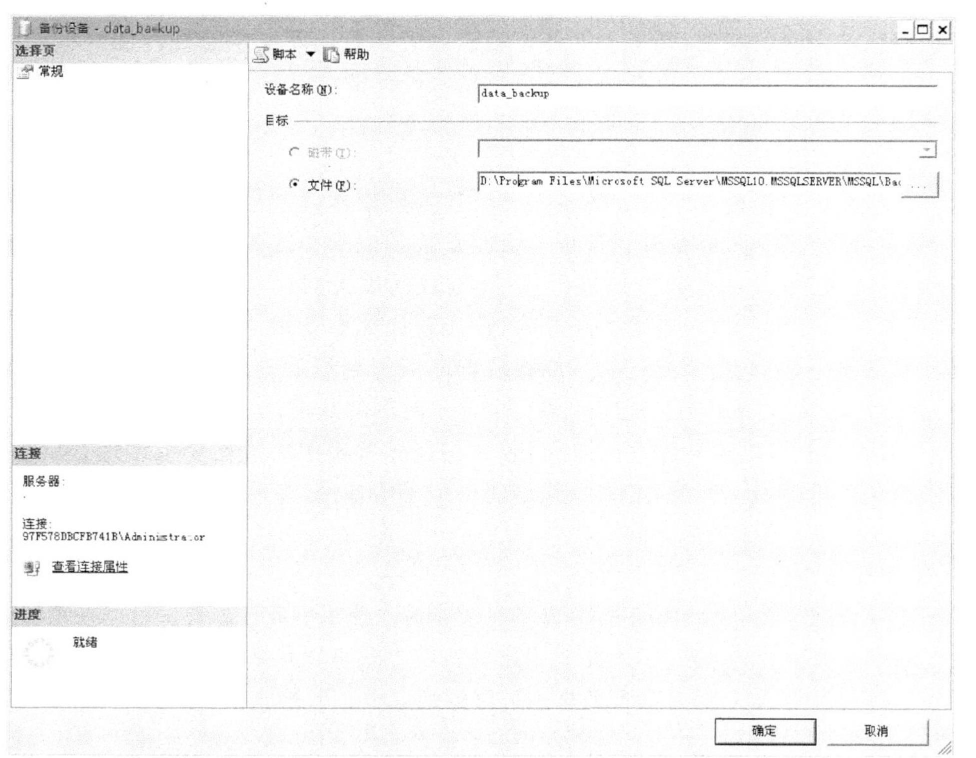

图 13.2　新建备份设备对话框

另外，也可以使用系统存储过程 sp_addumpdevice 来创建逻辑备份设备，该存储过程的语法格式如下：

```
sp_addumpdevice [ @devtype = ] 'device_type' , [ @logicalname = ] 'logical_name' ,
                [ @physicalname = ] 'physical_name'
```

参数说明如下。

- [@devtype =] 'device_type'：备份设备的类型，可以是'disk'或'tape'。
- [@logicalname =] 'logical_name'：备份设备的逻辑名称。
- [@physicalname =] 'physical_name'：备份设备的物理名称。物理名称必须遵从操作系统文件名规则或网络设备的通用命名约定，并且必须包含完整路径。

【例 13-1】 创建逻辑备份设备。

```
Exec sp_addumpdevice 'disk', 'student_backup', 'D:\Backup\student_backup.bak'
```

2. 备份方式

数据备份的范围可以是完整的数据库、部分数据库或一组文件或文件组，对此，SQL Server 2008 提供 4 种备份方式，以满足不同数据库系统的备份需求。

1) 完整备份

完整备份是指备份整个数据库，不仅包括表、视图、存储过程和触发器等数据库对象，还包括能够恢复这些数据的足够的事务日志。完整备份的优点是操作比较简单，在恢复时只需要一步就可以将数据库恢复到以前的状态。但是仅依靠完整备份只能将数据库恢复到上一次备份操作结束时的状态，而从上次备份结束以后到数据库发生意外时的数据库的一切操作都将丢失。而且，因为完整备份对整个数据库进行备份，执行一次完整备份需要很大的磁盘空间和较长的时间，因此完整备份不能频繁地进行。

2) 差异备份

差异备份是指备份最近一次完整备份之后数据库发生改变的部分，最近一次完整备份称为“差异基准”。因为差异备份只备份上次完整备份以来修改的数据页，所以执行速度更快，备份时间更短，可以相对频繁地进行，以降低数据丢失的风险。通常，一个完整备份之后，会执行若干个相继的差异备份。还原时，首先还原完整备份，然后再还原最新的差异备份。与完整备份一样，使用差异备份只能将数据库恢复到最后一次差异备份结束时刻的状态，无法将数据库恢复到出现意外前的某一个指定时刻的状态。

经过一段时间后，随着数据库的更新，包含在差异备份中的数据量会增加，这使得创建和还原备份的速度变慢。因此，必须重新创建一个完整备份，为另一个系列的差异备份提供新的差异基准。

3) 事务日志备份

只对事务日志文件进行的备份称为事务日志备份。使用事务日志备份可以在意外发生时将所有已经提交的事务全部恢复，因此使用这种备份方式可以将数据库恢复到意外发生前的状态或指定时间点时的状态，从而使数据损失降低到最小。事务日志备份需要的备份资源远远少于完整备份和差异备份，因此可以频繁使用事务日志备份，以便尽量减少数据丢失的可能性。

4) 文件和文件组备份

文件和文件组备份是指单独备份组成数据库的文件和文件组，在恢复数据库时可以只恢复遭到破坏的文件和文件组，而不需要恢复数据库的其他部分，从而加快了恢复的速度。这种备份方式适用于包含多个文件或文件组的 SQL Server 数据库，如果数据库由位于不同磁盘上的若干个文件组成，在其中一个磁盘发生故障时，只需还原故障磁盘上的文件，其他文件保持不变。

13.1.2 数据库备份操作

备份操作可以在“对象资源管理器”中以可视化的方式进行，具体步骤如下：

(1) 连接到相应的 SQL Server 服务器实例之后，在“对象资源管理器”中，单击服务器名称以展开服务器树。找到“数据库”节点展开，选择要备份的系统数据库或用户数据库，单击鼠标右键，在弹出的快捷菜单中选择“任务”→“备份”命令，如图 13.3 所示。

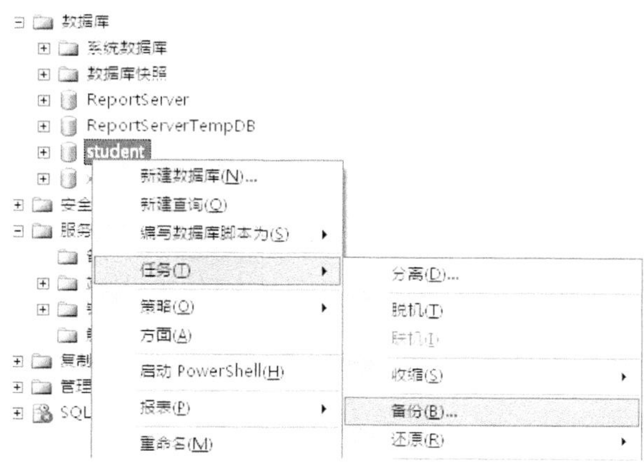

图 13.3 备份菜单

(2) 选择“备份”命令后，出现“备份数据库”对话框，如图 13.4 所示。

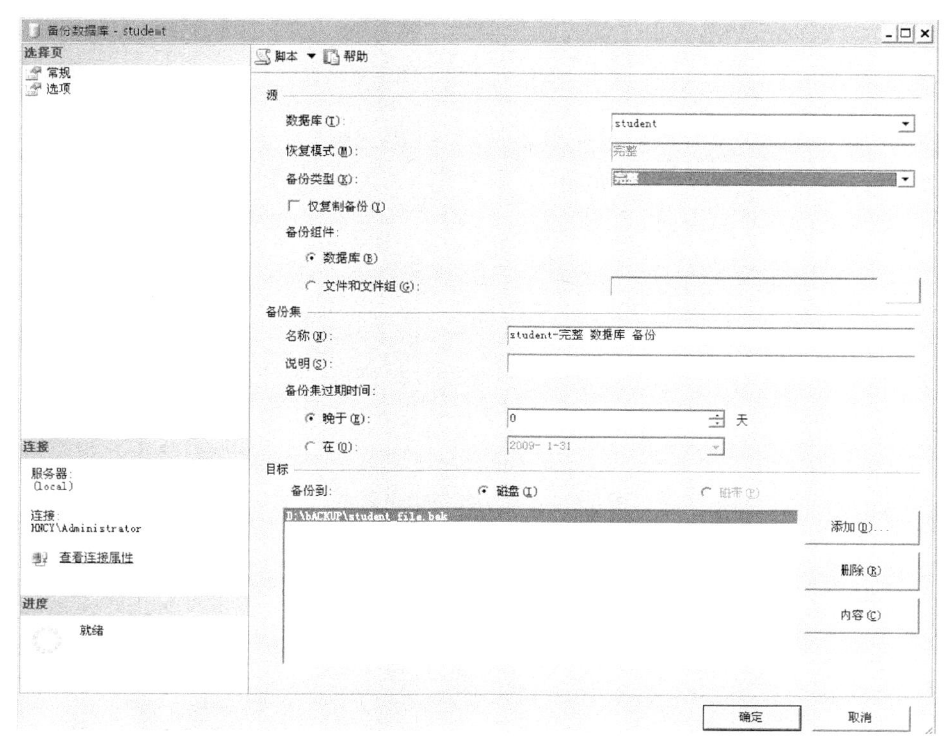

图 13.4 “备份数据库”对话框

(3) 在“数据库”下拉列表中将出现刚选择的数据库名，也可以从列表中选择其他数据库备份。

(4) 在“恢复模式”下拉列表中选择恢复模式。

(5) 在“备份类型”下拉列表中选择备份类型：完整、差异或事务日志。在“备份组件”选项中选择“数据库”或“文件和文件组”，每种组件都支持 3 种备份类型。如果选择备份“文件和文件组”，则出现“选择文件和文件组”对话框，如图 13.5 所示，从中选择要备份的文件或文件组即可。

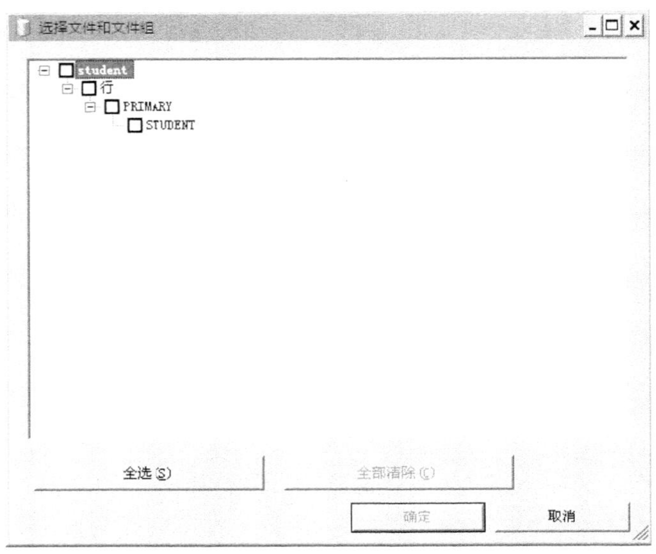

图 13.5 选择文件和文件组对话框

需要说明的是，如果没有执行过完整备份，而直接选择“差异”或“事务日志”备份类型，则会出现相应的错误提示对话框，如图 13.6 和图 13.7 所示，提示应该先执行一次完整备份，再进行差异或事务日志备份。

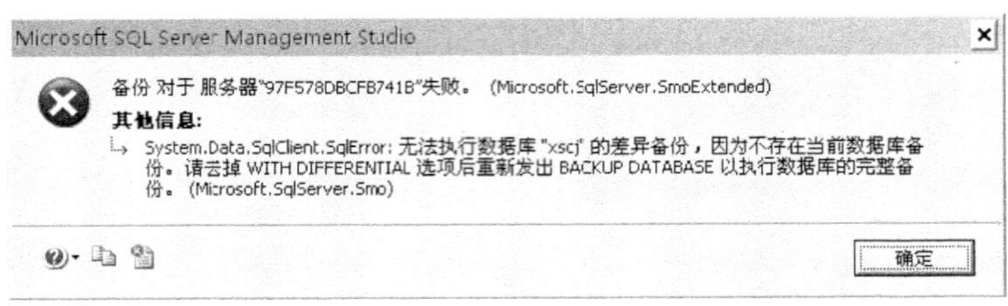

图 13.6 差异备份错误提示

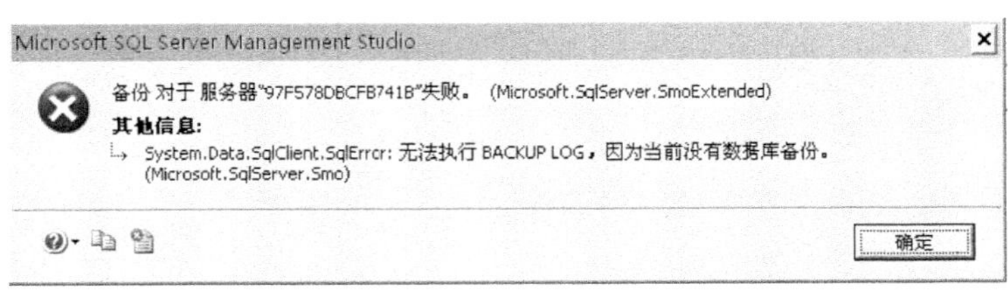

图 13.7 事务日志备份错误提示

(6) 在“名称”文本框中输入备份集的名称，也可以接受系统默认的备份集名称。在“说明”文本框中输入备份集的说明。

(7) 在“备份集过期时间”选项中指定备份集在特定天数后过期或特定日期过期。

(8) 在“目标”中选择“磁盘”或“磁带”，同时添加相应的备份设备到“目标”列表框中。

(9) 在“选择页”窗格中，单击“选项”，可以打开数据库备份的高级选项，如图 13.8 所示。

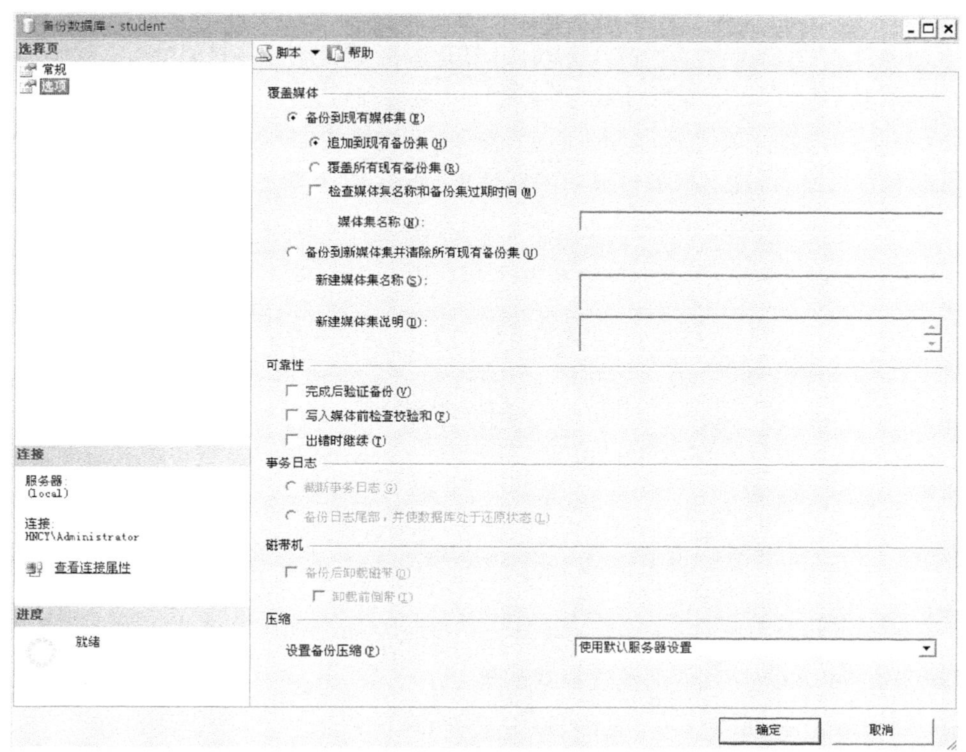

图 13.8 数据库备份高级选项

选项说明如下：

- “覆盖媒体”选项。可以选择“备份到现有媒体集”或“备份到新媒体集并清除所有现有备份集”。
- 如果选择“备份到现有媒体集”，则又有两个选项供选择：“追加到现有备份集”或“覆盖所有现有备份集”。
- 选择“追加到现有备份集”选项，则本次备份内容将追加到以前的备份内容之后，以前的备份内容还将保留，在恢复数据库时可以选择使用哪次的备份内容进行恢复。
- 如果选择“覆盖所有现有备份集”选项，则本次备份内容将覆盖掉以前的备份，在恢复数据库时只能将数据库恢复到最后一次备份时的状态。
- 如果选中“检查媒体集名称和备份集过期时间”复选框，并且在“媒体集名称”文本框中输入了名称，将检查媒体以确定实际名称是否与此处输入的名称匹配。如果选择了“覆盖所有现有备份集”选项，则检查备份集是否到期，在到期之前不允许覆盖，此次备份失败。

- “备份到新媒体集并清除所有现有备份集”选项，请在“新建媒体集名称”文本框中输入名称，在“新建媒体集说明”文本框中描述媒体集。
- “可靠性”选项，有 3 个复选框共选择：“完成后验证备份”可以验证备份集是否完整以及所有卷是否都可读；“写入媒体前检查校验和”选项可以在写入备份媒体前验证校验和，选择此选项可能会增大工作负荷，减低备份操作的吞吐量；“出错时继续”选项可以在备份过程中出现错误时继续备份。
- “事务日志”选项，只有在“常规”选项卡中指定备份类型为“事务日志”时，该选项才可用。
- “磁带机”选项，如果备份目标为“磁带”时，该选项可用。

(10) 以上的设置完成之后，单击“确定”按钮，系统将按照所选的设置对数据库进行备份，如果没有发生错误，将出现备份成功的对话框，如图 13.9 所示。

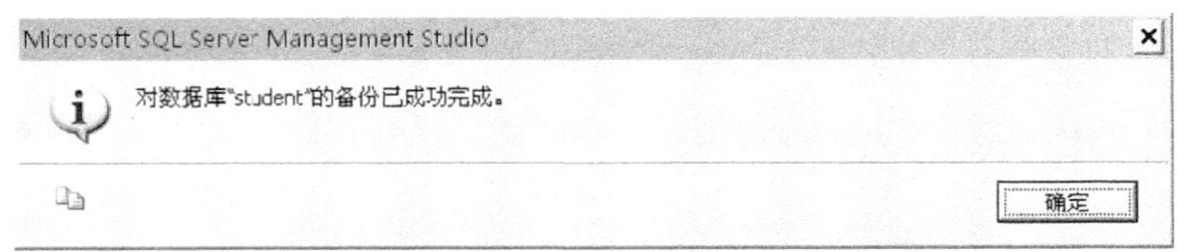

图 13.9 备份成功对话框

13.1.3 备份命令

数据库备份也可以通过 Backup Database 语句实现，根据备份类型的不同，备份语句也有所不同。

1. 完整备份和差异备份

实现完整备份和差异备份的语法格式如下：

```
Back Database { database_name | @database_name_var }
To <backup_device> [ ,...n ]
[ With { Differential | <general_WITH_options> [ ,...n ] }]
[;]
```

参数说明如下。

- database_name：要备份的数据库名称。
- @database_name_var：存储要备份的数据库名称的变量。
- backup_device：指定用于备份操作的逻辑备份设备或物理备份设备。如果使用逻辑备份设备，应该使用下列格式：{ logical_device_name | @logical_device_name_var }，指定逻辑备份设备的名称。如果使用物理备份设备，使用下列格式：{ Disk | Tape } = { 'physical_device_name' | @physical_device_name_var }，指定磁盘文件或磁带。
- Differential：指定只备份上次完整备份后更改的数据库部分，即差异备份。必须执行过一次完整备份之后，才能做差异备份。
- general_WITH_options：备份操作的 With 选项，包含备份选项、媒体集选项、错误处理选项、数据传输选项等，这里只对几个常用的选项进行说明。Expiredate={date|@date_var}指定备份集到期的时间；Retaindays={days|@days_var}指定备份集经过多少天之后到期；如果同时使用这两个选项，Retaindays 的优先级别将高

于 Expiredate。Password={password|@password_variable}为备份集指定密码，如果为备份集设置了密码，则必须提供该密码才能对该备份集执行任何还原操作；{ Noinit | Init }控制备份操作是追加还是覆盖备份媒体中的现有备份集。默认为追加到媒体中最新的备份集(Noinit)。{ Noskip| Skip }控制备份操作是否在覆盖媒体中的备份集之前检查它们的过期日期和时间。Noskip 为默认设置，指示 Backup 语句在可以覆盖媒体上的所有备份集之前先检查它们的过期日期。

【例 13-2】 完整备份示例，使用物理备份设备。

```
Backup Database student
To Disk = ' D:\ Backup\student.bak'
```

【例 13-3】 差异备份示例。

```
Backup Database student
To student_backup
With Differential
```

2. 事务日志备份

实现事务日志备份的 Backup 语句的语法格式如下：

```
Backup Log { database_name | @database_name_var }
To <backup_device> [ ,...n ]
[ With { <general_WITH_options>]
[;]
```

其中参数的含义与完整备份语句中的含义相同。

【例 13-4】 事务日志备份示例。

```
Backup Log student
To Disk = ' D:\ Backup\student_log.bak'
```

3. 文件和文件组备份

实现文件和文件组备份的 Backup 语句的语法格式如下：

```
Backup Database { database_name | @database_name_var }
<file_or_filegroup> [ ,...n ]
To <backup_device> [ ,...n ]
[ With { Differential | <general_WITH_options> [ ,...n ] }]
[;]
```

参数说明如下。

- file_or_filegroup：指定要进行备份的文件或文件组名。如果要对文件进行备份，可以使用下列格式 FILE = { logical_file_name | @logical_file_name_var }，指定要备份的文件的逻辑名称；如果要对文件组进行备份，可以使用 Filegroup = { logical_filegroup_name | @logical_filegroup_name_var }，指定要备份的文件组的名称。
- 其他参数的含义与完整备份语句中参数含义相同。

【例 13-5】 文件和文件组备份示例。

```
Backup database student
file = 'student'
To Disk = 'D:\Backup\student_file.bak'
```

13.2 恢　　复

数据库备份后，一旦系统发生崩溃或执行了错误的数据库操作，就可以从备份文件中恢复数据库。数据库恢复是指将数据库备份加载到系统中的过程。

13.2.1 概述

在备份和恢复中总是存在着这样的矛盾：如果希望在发生所有故障的情况下都可以完全恢复数据库，则备份时需要占用很大的空间；如果希望使用较小的备份空间，则又不能完全保证数据库的顺利恢复。SQL Server 2008 提供了 3 种恢复模式：简单恢复模式、完整恢复模式和大容量日志恢复模式，以便给用户在空间需求和安全保障方面提供更多的选择。

1. 简单恢复模式

在简单恢复模式下不做事务日志备份，可最大程度地减少事务日志的管理开销。如果数据库损坏，则简单恢复模式将面临极大的数据丢失风险。数据只能恢复到最后一次备份时的状态。因此，在简单恢复模式下，备份间隔应尽可能短，以防止大量丢失数据。

2. 完整恢复模式

相对于简单恢复模式而言，完整恢复模式和大容量日志恢复模式提供了更强的数据保护功能。这些恢复模式基于备份事务日志来提供完整的可恢复性及在最大范围的故障情形内防止丢失数据。完整恢复模式需要日志备份，此模式完整记录所有事务，并将事务日志记录保留到对其备份完毕为止。如果能够在出现故障后备份日志尾部，则可以使用完整恢复模式将数据库恢复到故障点。完整恢复模式可以恢复到任意时点。

3. 大容量日志恢复模式

通常用作完整恢复模式的附加模式。对于某些大规模大容量操作(如大容量导入或索引创建)，暂时切换到大容量日志恢复模式可提高性能并减少日志空间使用量，该模式需要日志备份。与完整恢复模式相同，大容量日志恢复模式也将事务日志记录保留到对其备份完毕为止，但是大容量日志恢复模式不支持时点恢复。

对于一个数据库的恢复模式，可以通过以下步骤进行查看或更改。

(1) 连接到相应的 SQL Server 实例之后，在“对象资源管理器”中单击相应的服务器名以展开服务器树。

(2) 展开“数据库”节点，用鼠标右键单击要查看恢复模式的数据库名，在弹出的快捷菜单中选择“属性”命令，如图 13.10 所示。

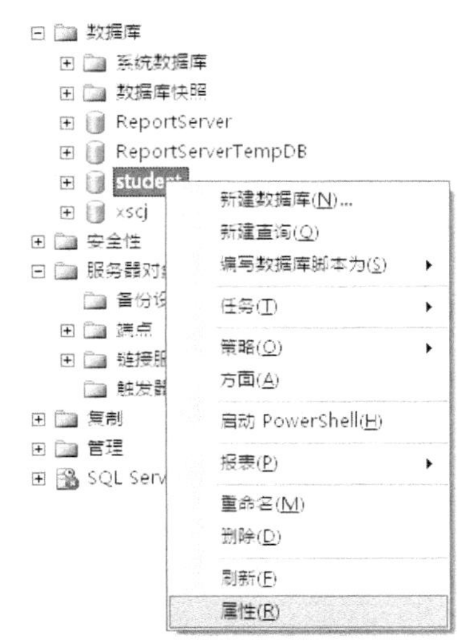

图 13.10 属性菜单

(3) 将打开"数据库属性"对话框,在"选择页"列表中,单击"选项",如图 13.11 所示。

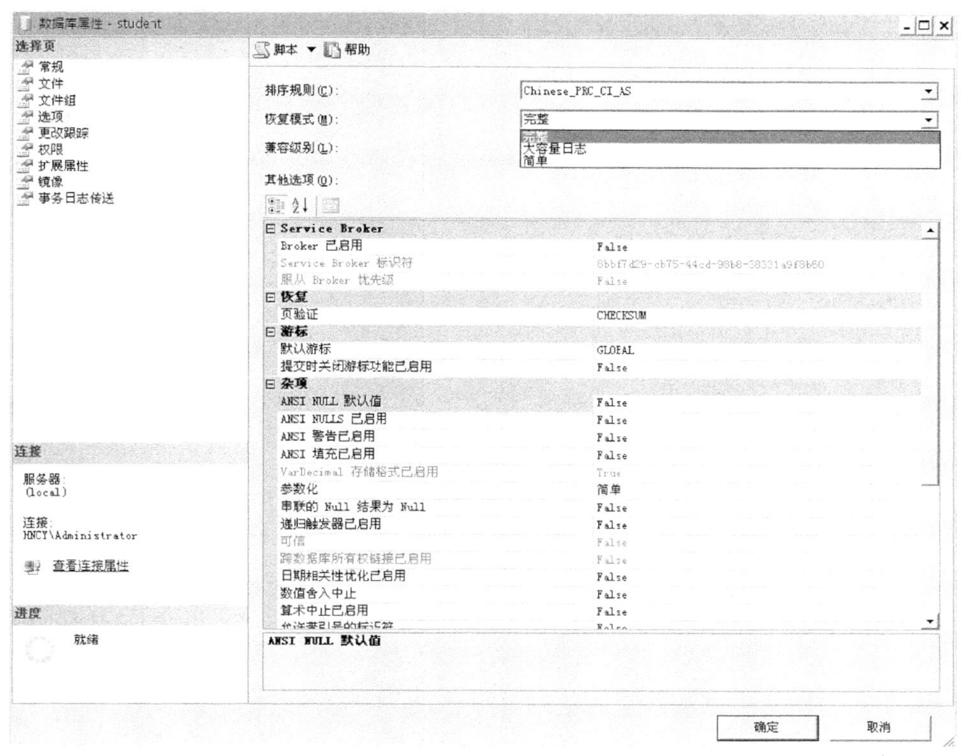

图 13.11 "数据库属性"对话框

(4) 在"恢复模式"下拉列表中可以看到数据库当前的恢复模式,也可以从列表中选择不同的模式来更改数据库的恢复模式。

13.2.2 恢复操作

可视化恢复数据库的操作步骤如下:

(1) 连接到相应的服务器实例之后,在"对象资源管理器"中单击服务器名称以展开服务器节点。

(2) 用鼠标右键单击要恢复的数据库,在弹出的快捷菜单中选择"任务"→"还原"→"数据库"命令,如图 13.12 所示。

(3) 单击菜单命令之后将打开"还原数据库"对话框,如图 13.13 所示。

(4) 在"常规"选项卡上,要恢复的数据库的名称将显示在"目标数据库"下拉列表框中。如果要将备份还原成新的数据库,可以在"目标数据库"中输入要创建的数据库名称。

(5) 在"目标时间点"文本框中,可以使用默认值"最近状态",也可以单击右边的"浏览"按钮打开"时点还原"对话框,选择具体的日期和时间,如图 13.14 所示。

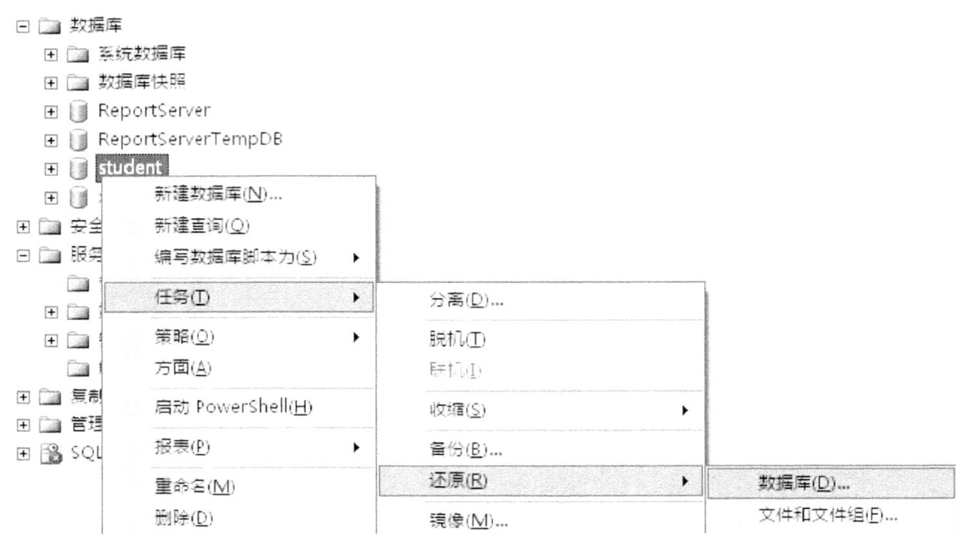

图 13.12　数据库恢复菜单命令

图 13.13　“还原数据库”对话框

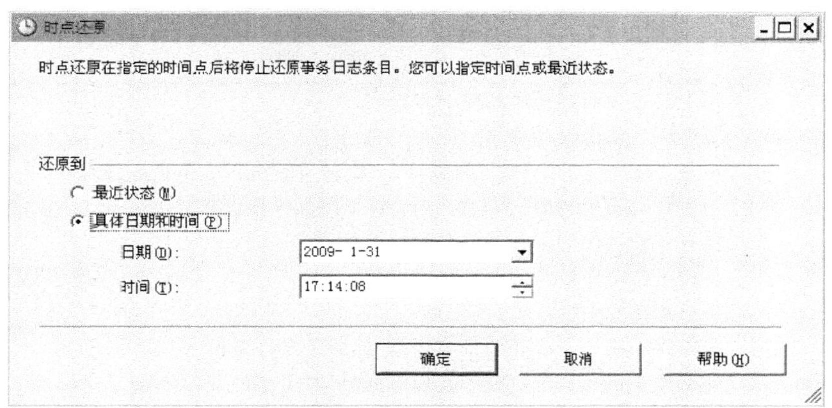

图 13.14 “时点还原”对话框

(6) 如果要指定还原的备份集的源和位置,可以选择以下选项。

- 源数据库:在列表框中输入源数据库的名称,该选项表示使用以前对该数据库所做的备份内容进行还原。
- 源设备:单击右边的“浏览”按钮,打开“指定备份”对话框,如图 13.15 所示。在“备份媒体”列表框中,从列出的设备类型中选择一种。单击“添加”按钮可以将一个或多个备份设备添加到“备份位置”列表框中,单击“确定”按钮返回到“常规”选项卡。

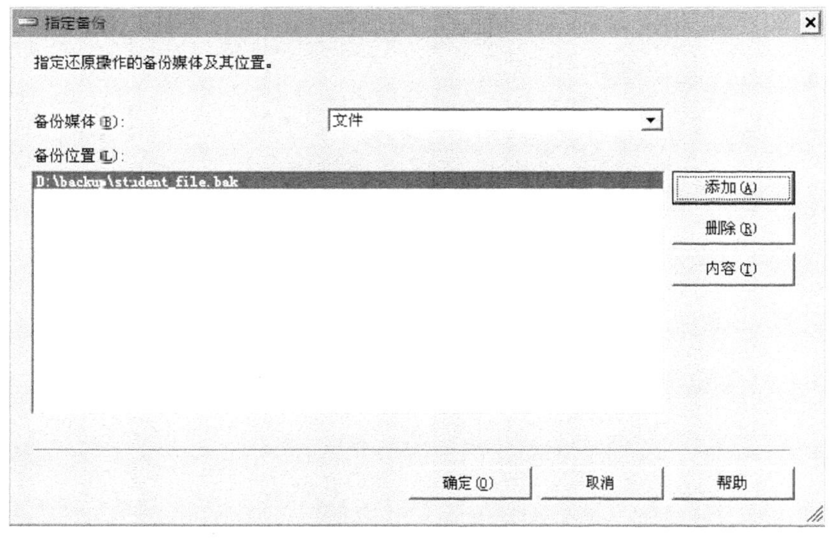

图 13.15 “指定备份”对话框

(7) 在“选择用于还原的备份集”表格中,选择用于还原的备份。默认情况下,系统会推荐一个恢复计划,如果修改系统建议的恢复计划,可以在表格中更改选择。该表格中各列的含义如表 13.1 所示。

表 13.1 “选择用于还原的备份集”表格说明

列标题	说明
还原	选中状态说明要还原相应的备份集
名称	要还原的备份集名称
组件	该备份集备份的组件:“数据库”、“文件”或空白(表示事务日志)
类型	备份集的备份类型:“完整”、“差异”或“事务日志”
服务器	执行备份操作的服务器的名称
数据库	备份操作中所涉及的数据库的名称
位置	备份集在卷中的位置
第一个 LSN	备份集中第一个事务的日志序列号,对于文件备份为空
最后一个 LSN	备份集中最后一个事务的日志序列号,对于文件备份为空
检查点 LSN	创建备份时最近一个检查点的日志序列号
完整 LSN	最新的完整备份的日志序列号
开始日期	备份操作开始的日期和时间
完成日期	备份操作完成的日期和时间
大小	备份集的大小,以字节为单位
用户名	执行备份操作的用户的名称
过期	备份集的过期日期和时间

(8) 如果要查看或选择高级选项,可以单击“选择页”中的“选项”,将切换到“选项”选项卡,如图 13.16 所示。

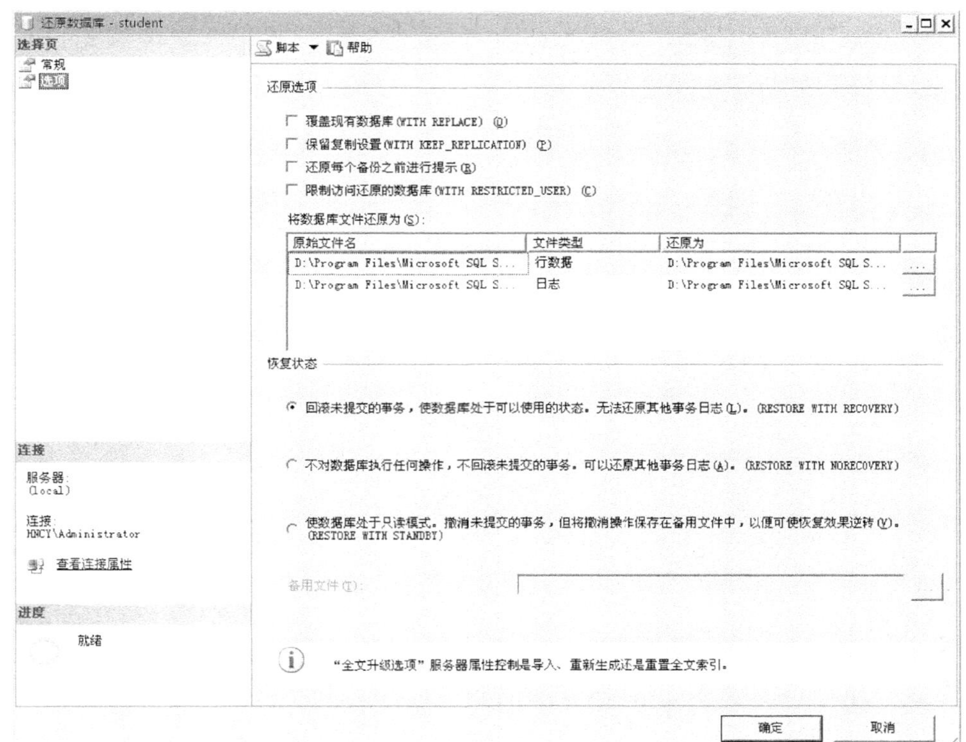

图 13.16 数据库恢复选项

(9) 在“还原选项”区域，有以下几个选项：

- 覆盖现有数据库：指定还原操作应覆盖现有数据库及文件，即使已存在同名的其他数据库或文件。
- 保留复制设置：将已发布的数据库还原到创建该数据库的服务器之外的服务器时，保留复制设置。该选项只能与“回滚未提交的事务，使数据库处于可以使用的状态”选项一起使用。
- 还原每个备份之前进行提示：还原初始备份之后，该选项会在还原每个附加备份集之前打开“继续还原”对话框，提示是否需要继续进行还原。
- 限制访问还原的数据库：使还原的数据库仅供 db_owner、dbcreator 或 sysadmin 的成员使用。

(10) “将数据库文件还原为”表格中列出了原始数据库文件名称，可以更改到要还原到的任意文件的路径和名称。

(11) “恢复状态”选项用来指定恢复操作之后的数据库状态，有以下几个选项可以选择。

- 回滚未提交的事务：使数据库处于可使用的状态。使用该选项进行恢复之后，数据库即可使用。
- 不对数据库执行任何操作：不回滚未提交的事务。该选项使数据库处于未恢复的状态，接下来可以执行其他的恢复操作。
- 使数据库处于只读模式：该选项使数据库处于只读的状态。

13.2.3 恢复命令

数据库恢复操作也可以通过 Restore 语句实现，根据要恢复的备份类型不同，Restore 语句也有所不同。

1. 恢复完整备份

恢复完整备份语法格式如下：

```
Restore Database { database_name | @database_name_var }
[From <backup_device> [ ,...n ] ]
[With
{
[Recovery |Norecovery | Standby = {standby_file_name | @standby_file_name_var }]
|,<general_WITH_options>[ ,...n ]
}[ ,...n ]
]
[;]
```

参数说明如下。

- database_name：要恢复到的数据库名称。
- @database_name_var：存储要恢复的数据库名称的变量。
- From backup_device：指定要从哪些备份设备还原备份。如果使用逻辑备份设备，应该使用下列格式：{ logical_device_name | @logical_device_name_var }，指定逻辑备份设备的名称。如果使用物理备份设备，使用下列格式：{ Disk | Tape} =

{ 'physical_device_name' | @physical_device_name_var },指定磁盘文件或磁带。如果省略 From 子句,则说明使用该数据库以前的备份内容恢复数据库,且必须在 With 子句中指定 Norecovery、Recovery 或 Standby。

- Recovery:指示还原操作回滚任何未提交的事务,在恢复进程后即可随时使用数据库。如果既没有指定 Norecovery 和 Recovery,也没有指定 Standby,则默认为 Recovery。如果安排了后续 Restore 操作(Restore Log 或从差异数据库备份 Restore Database),则应改为指定 Norecovery 或 Standby。
- Norecovery:指示还原操作不回滚任何未提交的事务,如果稍后必须应用另一个恢复操作,则应指定 Norecovery 或 Standby 选项。还原数据库备份和一个或多个事务日志时,或需要多个 Restore 语句(例如还原一个完整数据库备份并随后还原一个差异数据库备份)时,Restore 需要对所有语句使用 With Norecovery 选项,但最后的 Restore 语句除外。最佳方法是按多步骤还原顺序对所有语句都使用 With Norecovery,直到达到所需的恢复点为止,然后仅使用单独的 Restore With Recovery 语句执行恢复。
- Standby = standby_file_name:指定一个允许撤销恢复效果的备用文件。
- general_WITH_options:恢复操作的 With 选项,包含还原操作选项、备份集选项、错误管理选项、数据传输选项等,这里只对几个常用的选项进行说明。Move 'logical_file_name_in_backup' To 'operating_system_file_name' [...n]指定对于逻辑名称由 logical_file_name_in_backup 指定的数据或日志文件,应当通过将其还原到 operating_system_file_name 所指定的位置来对其进行移动。默认情况下,logical_file_name 将还原到其原始位置。Replace 指定即使存在另一个具有相同名称的数据库,SQL Server 也应该创建指定的数据库及其相关文件。在这种情况下将删除现有的数据库。如果不指定 Replace 选项,则会执行安全检查。这样可以防止意外覆盖其他数据库。安全检查可确保在以下条件同时存在的情况下,Restore Database 语句不会将数据库还原到当前服务器:在 Restore 语句中命名的数据库已存在于当前服务器中,并且该数据库名称与备份集中记录的数据库名称不同。Restricted_User 限制只有 db_owner、dbcreator 或 sysadmin 角色的成员才能访问新近还原的数据库。

【例 13-6】 恢复完整备份示例。

```
Restore Database student
From Disk = 'D:\Backup\student.bak'
```

2. 恢复差异备份

使用 Restore 语句恢复差异备份的语法和恢复完整备份的 Restore 语句的语法格式一样,不过在进行恢复差异备份之前,首先需要恢复差异备份之前的完整备份,具体的步骤如下:

(1) 执行带 Norecovery 选项的 Restore Database 语句,恢复差异备份之前的完整备份。

(2) 使用 Restore Database 语句指定要恢复差异备份的数据库名称,和要从中还原差异备份的备份设备名称。

(3) 如果恢复了差异备份之后，还要恢复事务日志备份，则应该使用 Norecovery 选项，否则使用 Recovery 选项。

(4) 执行 Restore Database 语句恢复差异备份。

【例 13-7】 恢复差异备份举例。

```
Restore Database student
From Disk = 'D \Backup\student.bak'
With NoRecovery
Restore Database student
From student_backup
```

3. 恢复事务日志备份

恢复事务日志备份语法格式如下：

```
Restore Log { database_name | @database_name_var }
[From <backup_device> [ ,...n ] ]
[With
{[ Recovery | Norecovery| Standby = {standby_file_name | @standby_file_name_var }]
|, <general_WITH_options>[ ,...n ]
|, <point_in_time_WITH_options>
}[ ,...n ]
]
[;]
```

参数说明如下。

- point_in_time_WITH_options：时点还原选项，仅用于完整恢复模式和大容量日志恢复模式，主要有 3 个选项{ Stopat | Stopatmark | Stopbeforemark }。通过在 Stopat、Stopatmark 或 Stopbeforemark 子句中指定目标恢复点，可以将数据库还原到特定时间点或事务点。指定的时间或事务始终从日志备份还原。在还原序列的每个 Restore Log 语句中，必须在相同的 Stopat、Stopatmark 或 Stopbeforemark 子句中指定目标时间或事务。Stopat = { 'datetime' | @datetime_var }指定将数据库还原到它在 datetime 或 @datetime_var 参数指定的日期和时间时的状态，如果指定的 Stopat 时间是在最后日志备份之后，则数据库将继续处于未恢复状态。Stopatmark = { 'mark_name' | 'lsn:lsn_number' } [After 'datetime'] 指定恢复至指定的恢复点，恢复中包括指定的生成时已经提交的事务。lsn_number 参数指定了一个日志序列号。只有 Restore Log 语句支持 mark_name 参数。此参数在日志备份中标识一个事务标记。在 Restore Log 语句中，如果省略 After datetime，则恢复操作将在含有指定名称的第一个标记处停止。如果指定了 After datetime，则恢复操作将于达到 datetime 时或之后在含有指定名称的第一个标记处停止。Stopbeforemark = { 'mark_name' | 'lsn:lsn_number' } [After 'datetime'] 指定恢复至指定的恢复点为止。在恢复中不包括指定的事务，且在使用 With Recovery 时将回滚，其他参数和 Stopmark 选项中的参数含义相同。
- 其余选项的含义和 Restore Database 语句中的选项相同，这里就不再赘述。

【例 13-8】 恢复事务日志备份示例。

```
Restore Database student
From Disk = 'D:\Backup\student.bak'
With NoRecovery
Restore Database student
From student_backup
With NoRecovery
Restore log student
From Disk = 'D:\Backup\student_log.bak'
With Recovery
```

4. 恢复文件和文件组备份

恢复文件和文件组备份的 Restore 语句的语法格式如下：

```
Restore Database { database_name | @database_name_var }
<file_or_filegroup> [ ,...n ]
[ From <backup_device> [ ,...n ] ]
With
{
[Recovery | Norecovery ]
[,<general_WITH_options> [ ,...n ]]
}[ ,...n ]
[;]
```

参数说明如下。

- 用于恢复文件和文件组备份的 Restore Database 语句和用于完整备份和差异备份的 Restore Database 语句的主要区别在<file_or_filegroup>语句块，该语句块的格式如下：

```
{ File = { logical_file_name_in_backup | @logical_file_name_in_backup_var }
|Filegroup = { logical_filegroup_name | @logical_filegroup_name_var }
}
```

- 其他参数的含义和用于恢复完整备份的 Restore Database 语句中的参数含义相同。
- 如果在创建文件备份之后对文件进行了修改，需要使用带 NoRecovery 选项的 Restore 语句对文件备份进行恢复，然后用 Restore Log 语句恢复事务日志。

【例 13-9】 恢复文件备份示例。

```
Restore Database student
File = 'student'
From Disk = 'D:\Backup\student_file.bak'
```

13.3 本章小结

本章主要讲述了数据库备份的重要性、数据库备份的种类和各种数据库备份的方法，以及从数据库备份中恢复数据库的方法。通过本章的学习，读者应该掌握以下内容：

(1) 数据库备份的概念和种类。
(2) 各种数据库备份的实现方法。
(3) 数据库恢复模型。
(4) 从各种数据库备份中恢复数据库的方法。

习 题 13

1. 什么是数据库备份?
2. 数据库备份有几种类型? 分别如何实现?
3. 从数据库备份中如何恢复?
4. 练习数据库备份和恢复的方法。

第 14 章　系统安全管理

本章学习目标：

- 理解数据库安全管理的含义；
- 理解两种身份验证模式的概念和区别；
- 掌握服务器登录账号的创建和管理方法；
- 掌握数据库用户的创建和管理方法；
- 掌握数据库对象权限的管理方法。

14.1　概　　述

数据库中的数据对于一个单位来说是非常重要的资源，数据的不慎丢失或泄露可能会带来严重的后果和巨大的损失，因此数据库安全是数据库管理中一个十分重要的方面。

数据库安全性包括两个方面的含义，既要保证那些具有数据访问权限的用户能够登录到数据库服务器，并且能够访问数据以及对数据库对象实施各种权限范围内的操作；同时，还要防止所有的非授权用户的非法操作。SQL Server 2008 提供了既有效又容易的安全管理模式，这种安全管理模式是建立在安全身份验证和访问权限机制上的。

SQL Server 2008 数据库系统的安全管理具有层次性，安全级别可以分为 3 层。第一层是 SQL Server 服务器级别的安全性，这一级别的安全性建立在控制服务器登录账号和密码的基础上，即必须具有正确的服务器登录账号和密码才能连接到 SQL Server 服务器。SQL Server 2008 提供了 Windows 账号登录和 SQL Server 账号登录两种方式，用户提供了正确的登录账号和密码连接到服务器之后，就获得相应的访问权限，可以执行相应的操作。SQL Server 事先设计了许多固定的服务器角色，用来为具有服务器管理员资格的用户分配使用权限，具有固定的服务器角色的用户可以拥有服务器级别的管理权限。

第二层安全性是数据库级别的安全性，用户提供正确的服务器登录账号和密码通过第一层的 SQL Server 服务器的安全性检查之后，将接受第二层的安全性检查，即是否具有访问某个数据库的权利。如果该登录账号不具有访问某个数据库的权限，当该用户试图访问这个数据库时，系统将拒绝。当建立服务器登录账号时，系统会提示选择默认的数据库。以后用户使用这个登录账号连接到服务器之后会自动转到默认的数据库上，另外也可以设置该登录账号可以访问的数据库信息。默认情况下，master 数据库将作为登录账号的默认数据库。不过因为 master 数据库中保存了大量的系统信息，所以建议在建立登录账号时不要将 master 数据库设置为默认数据库。

第三层安全性是数据库对象级别的安全性，用户通过了前两层的安全性验证之后，在对具体的数据库安全对象（表，视图，存储过程等）进行操作时，将接受权限检查，即用户要想访问数据库里的对象时，必须事先被赋予相应的访问权限，否则系统将拒绝访问。数据库对象的所有者拥有对该对象全部的操作权限，在创建数据库对象时，SQL Server 自动把该对象的所有权赋予该对象的创建者。

14.2 登录账号管理

用户必须提供正确的登录账号和密码，才能连接到相应的 SQL Server 服务器。管理和设计合理的登录方式是数据库管理员的重要任务。

14.2.1 身份验证模式

SQL Server 2008 提供两种身份验证模式：Windows 身份验证模式和混合身份验证模式（SQL Server 和 Windows 身份验证模式）。

1. Windows 身份验证模式

在 Windows 身份验证模式下，系统会启用 Windows 身份验证并禁用 SQL Server 身份验证，即用户只能通过 Windows 账号与 SQL Server 进行连接。该 Windows 账号是用户启动操作系统的时候输入的账号名，如图 14.1 所示。SQL Server 使用操作系统中的 Windows 主体标记验证账户名和密码。也就是说，用户身份由 Windows 进行确认。SQL Server 不要求提供密码，也不执行身份验证。Windows 身份验证是默认身份验证模式，并且比 SQL Server 身份验证更为安全。Windows 身份验证使用 Kerberos 安全协议，提供有关强密码复杂性验证的密码策略强制，还提供账户锁定支持，并且支持密码过期。通过 Windows 身份验证完成的连接有时也称为可信连接，这是因为 SQL Server 信任由 Windows 提供的凭据。

图 14.1 Windows 身份验证

2. 混合身份验证模式

在混合身份验证模式下，系统会同时启用 Windows 身份验证和 SQL Server 身份验证。用户既可以通过 Windows 账号登录，也可以通过 SQL Server 专用账号登录。当使用 SQL Server 身份验证时，在 SQL Server 中创建的登录名并不基于 Windows 用户账号。账号名和密码均通过使用 SQL Server 创建并存储在 SQL Server 中。通过 SQL Server 身份验证进行连接的用户每次连接时必须提供登录名和密码，如图 14.2 所示。

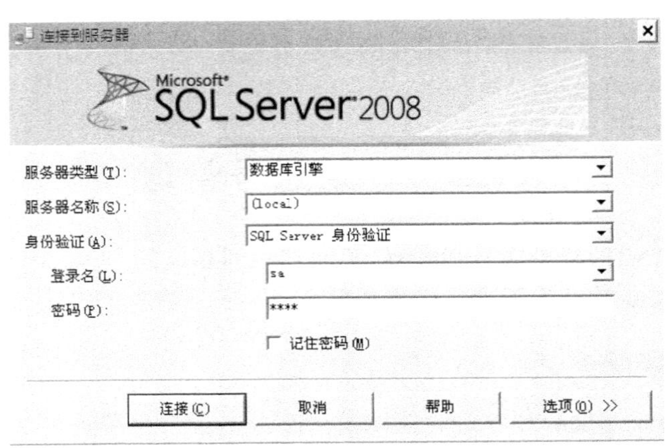

图 14.2　SQL Server 身份验证

3. 查看和设置身份验证模式

安装 SQL Server 2008 时，安装程序会提示用户选择服务器身份验证模式，然后根据用户的选择将服务器设置为 Windows 身份验证模式或 SQL Server 和 Windows 身份验证模式。在使用过程中，可以根据需要来重新设置服务器的身份验证模式。具体的过程如下：

(1) 在 SQL Server Management Studio 的“对象资源管理器”中，右键单击服务器，在弹出的快捷菜单中选择“属性”。

(2) 在“安全性”页上的“服务器身份验证”下，选择新的服务器身份验证模式，再单击“确定”按钮，如图 14.3 所示。

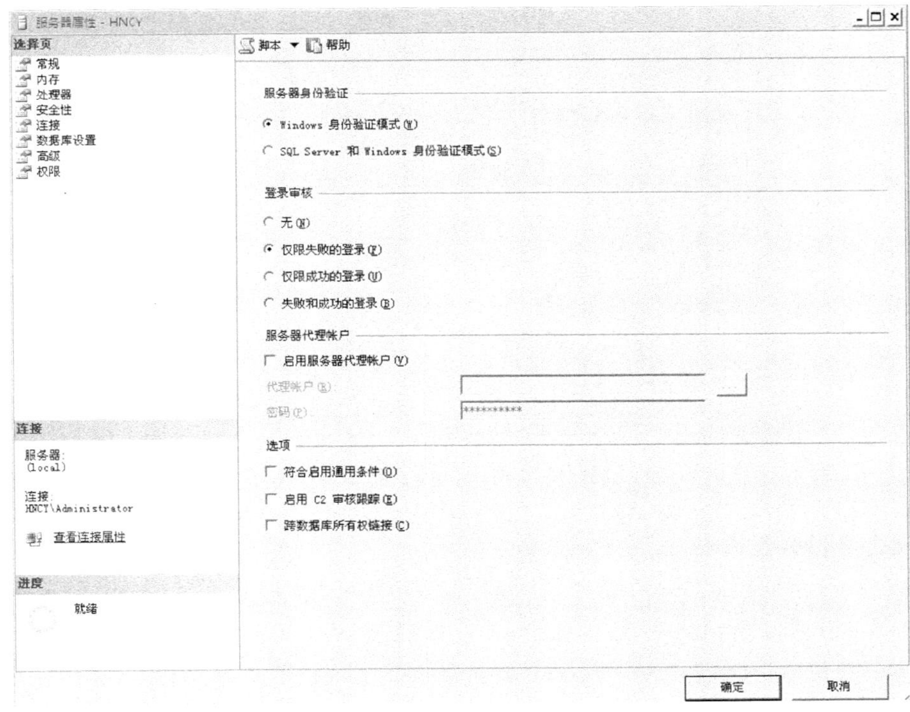

图 14.3　设置身份验证模式

(3) 重新启动 SQL Server,使设置生效。

14.2.2 服务器角色

SQL Server 中“角色”的概念类似于 Microsoft Windows 操作系统中的“组”,对应一组权限的定义。服务器级角色的权限作用域为服务器范围。数据库管理员将相应的权限赋予角色,然后再将角色赋给登录账号,从而使登录账号拥有了相应的权限。

SQL Server 2008 提供了 9 种固定的服务器角色,除此之外用户不能再创建新的服务器角色。在对象资源管理器中展开“安全性”节点,然后再单击“服务器角色”,即可看到这 9 种服务器角色,如图 14.4 所示。

图 14.4 固定服务器角色

各服务器角色的权限定义如下。

- sysadmin:sysadmin 角色的成员可以在服务器上执行任何活动。默认情况下,Windows BUILTIN\Administrators 组(本地管理员组)的所有成员以及 sa 都是 sysadmin 固定服务器角色的成员。
- Serveradmin:serveradmin 角色的成员可以更改服务器范围的配置选项和关闭服务器。
- securityadmin:securityadmin 角色的成员可以管理登录名及其属性。可以 Grant、Deny 和 Revoke 服务器级别的权限,也可以 Grant、Deny 和 Revoke 数据库级别的权限。此外,还可以重置 SQL Server 登录名的密码。
- processadmin:processadmin 角色的成员可以终止在 SQL Server 实例中运行的进程。
- setupadmin:setupadmin 角色的成员可以添加和删除链接服务器。
- bulkadmin:bulkadmin 角色的成员可以运行 Bulk Insert 语句。
- diskadmin:diskadmin 固定服务器角色用于管理磁盘文件。
- dbcreator:dbcreator 固定服务器角色的成员可以创建、更改、删除和还原任何数据库。
- public:每个 SQL Server 登录账号都属于 public 服务器角色。如果未向某个登录账号授予特定权限,该用户将继承 public 角色的权限。

前 8 个服务器角色的权限是系统预先设定好的,不能更改。只有 public 角色的权限可以根据需要修改,而且对 public 角色设置的权限,所有的登录账号都会自动继承。查看和设置 public 角色的权限的步骤如下:

(1) 右键单击 public 角色,在弹出的快捷菜单中选择“属性”。

(2) 在“服务器角色属性”对话框的“权限”页中,可以查看当前 public 角色的权限并进行修改,如图 14.5 所示。

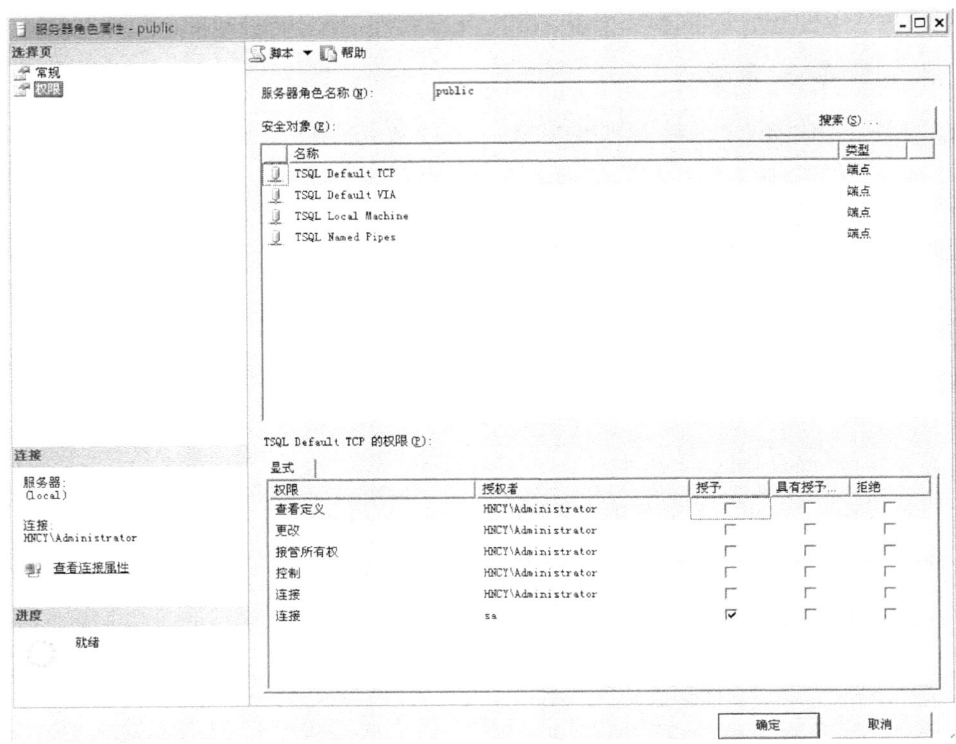

图 14.5　public 角色属性

14.2.3 账号管理

用户必须提供正确的登录账号和密码才能使用 SQL Server，SQL Server 将在整个服务器范围内管理登录账号，所有的登录账号都存储在 master 数据库的 syslogins 表中。

1. 创建登录账号

在 SQL Server Management Studio 的对象资源管理器中创建登录账号的具体步骤如下：

(1) 在“对象资源管理器”中，展开“安全性”节点，然后右键单击“登录名”，在弹出的快捷菜单中选择“新建登录名”。

(2) 在“登录名-新建”对话框中，选择“常规”页，如图 14.6 所示。

“常规”页中包含以下内容。

- 登录名：在“登录名”文本框中输入要创建的登录账号名，也可以使用右边的“搜索”按钮打开“选择用户或组”对话框，查找 Windows 账户。
- Windows 身份验证：指定该登录账号使用 Windows 集成安全性。
- SQL Server 身份验证：指定该登录账号为 SQL Server 专用账号，使用 SQL Server 身份验证。如果选择“SQL Server 身份验证”，则必须在“密码”和“确认密码”文本框中输入密码，SQL Server 2008 不允许使用空密码。根据需要对“强制实施密码策略”、“强制密码过期”和“用户在下次登录时必须更改密码”复选框进行选择。

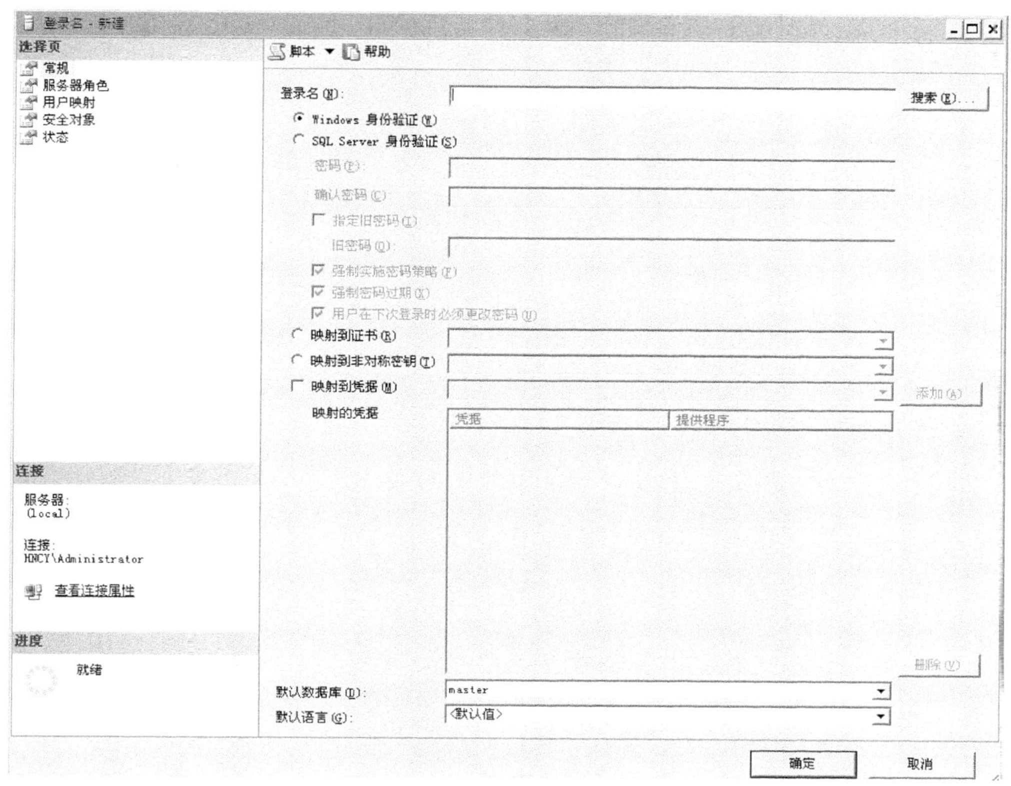

图 14.6 新建对话框“常规”页

- 映射到证书：指定该登录账号与某个证书相关联，可以通过右边的文本框输入证书名。
- 映射到非对称密钥：表示该登录账号与某个非对称密钥相关联，可以在右边的文本框中输入非对称密钥名称。
- 映射到凭据：此选项将凭据链接到登录名。
- 默认数据库：为该登录账号选择默认的数据库。
- 默认语言：为该登录账号选择默认的语言。

(3) 在“登录名-新建”对话框中，选择“服务器角色”页，如图 14.7 所示。这里可以选择将该登录账号添加到某个服务器角色中成为其成员，并自动具有该服务器角色的权限。其中，public 角色自动选中，并且不能删除。

(4) 在“登录名-新建”对话框中，选择“用户映射”页，如图 14.8 所示。

在“用户映射”页中，可以指定该登录账号可以访问的数据库，并定义登录账号与数据库用户的映射。在“映射到此登录名的用户”列表中，选择允许该登录账号访问的数据库，并指定要映射到该登录名的数据库用户名。默认情况下，数据库用户名与登录名相同。在下面的“数据库角色成员身份”列表中，可以选择用户在指定数据库中的角色。关于数据库用户和数据库角色的概念将在第 14.3 节中作详细介绍。

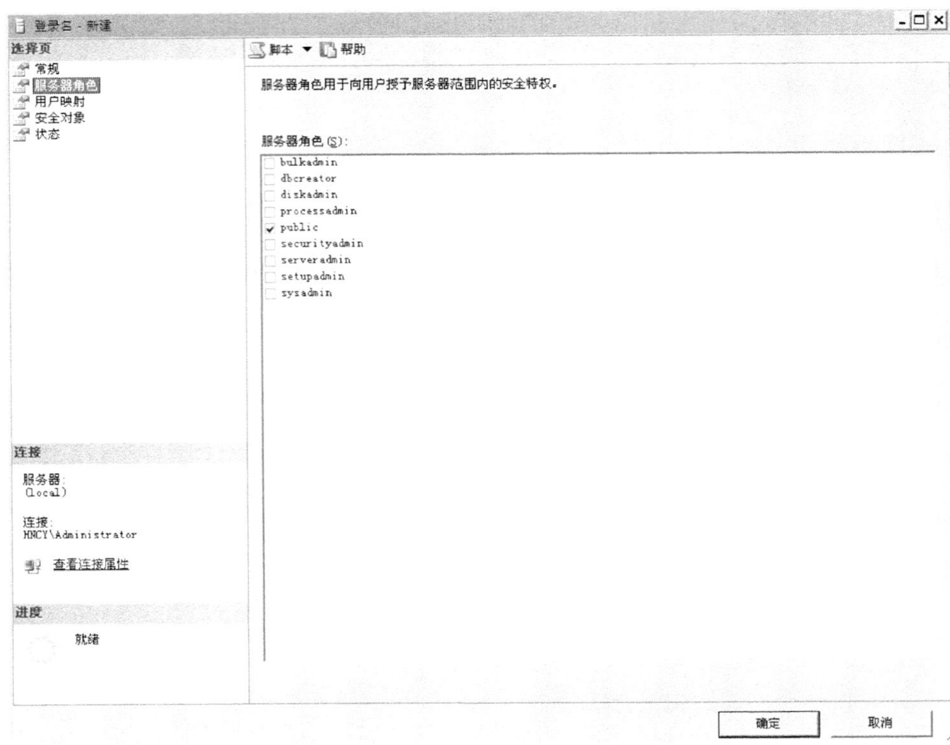

图 14.7 “服务器角色”页

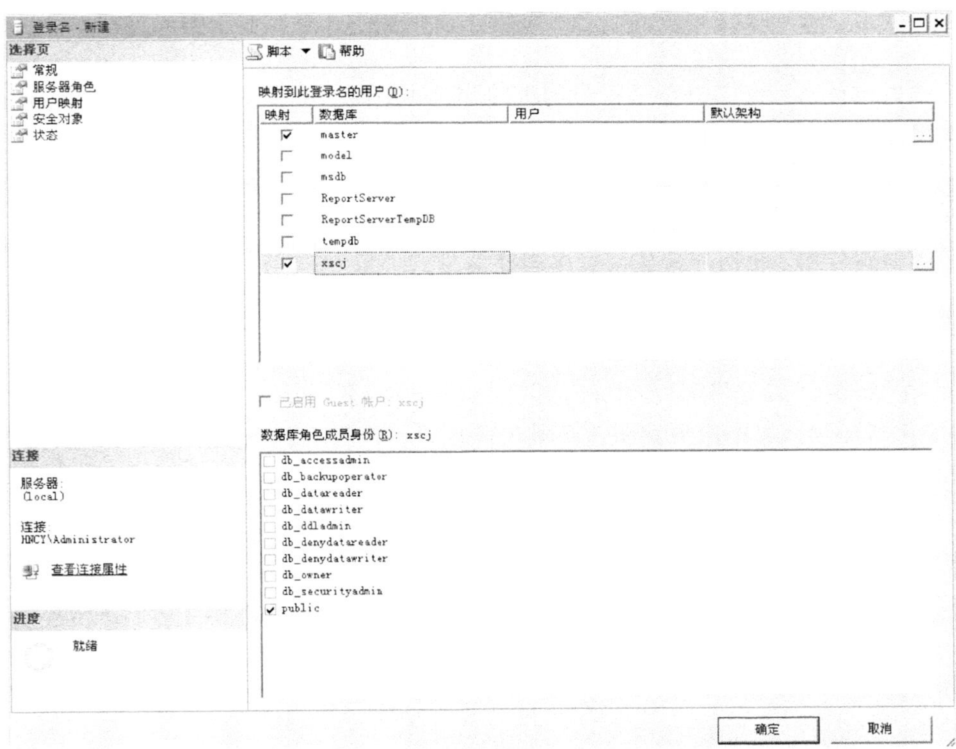

图 14.8 “用户映射”页

(5) 在“登录名-新建”对话框中，选择“安全对象”页，如图 14.9 所示。

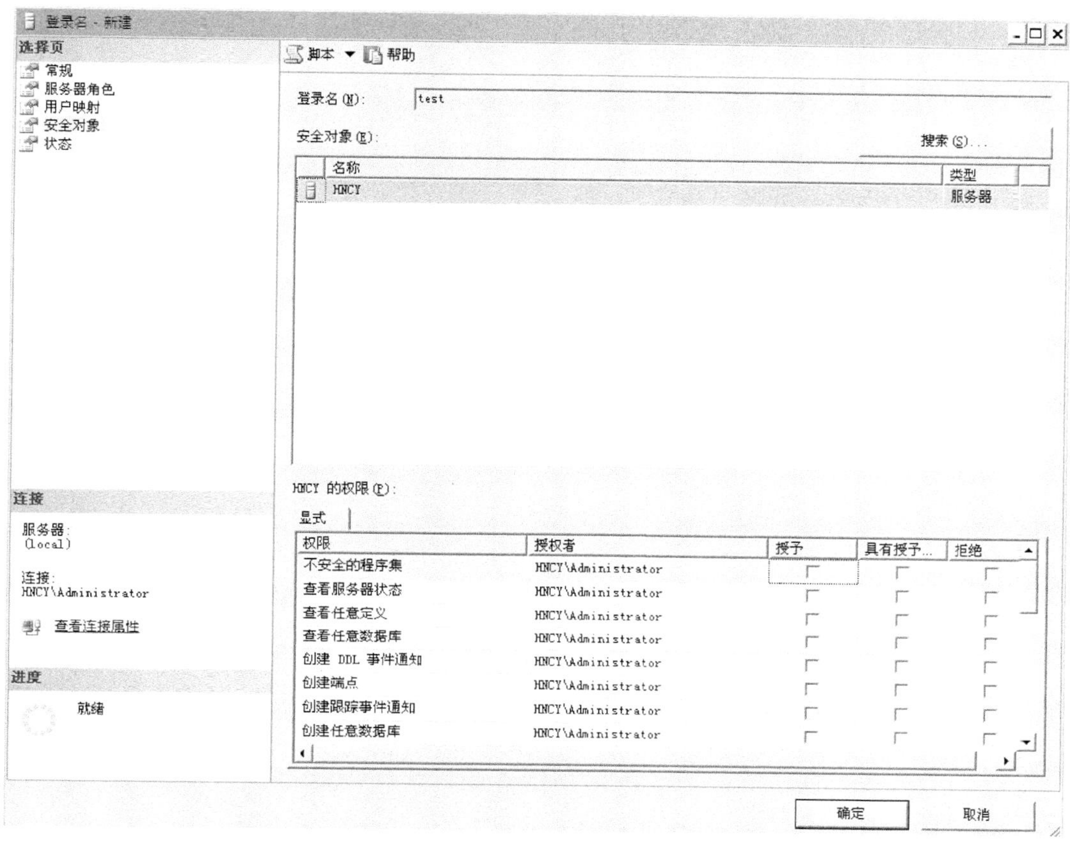

图 14.9 “安全对象”页

在“安全对象”页中，通过“搜索”按钮选择相应类型的安全对象添加到下面的“安全对象”列表中，然后在下面的列表中，可以将指定的安全对象的权限授予登录账号或拒绝登录账号获得安全对象的权限。

(6) 在“登录名-新建”对话框中，选择“状态”页，如图 14.10 所示。

“状态”页用来设置与登录相关的选项，主要有以下几个。

- 是否允许连接到数据库引擎：选择“授予”将允许该登录账号连接到 SQL Server 数据库引擎，选择“拒绝”则禁止此登录账号连接到数据库引擎。
- 登录：可以选择“启用”或“禁用”来启用或禁用该登录账号。
- 登录已锁定：选中该复选框可以锁定使用 SQL Server 身份验证进行连接的 SQL Server 登录账号。

(7) 设置完所有需要设置的选项之后，单击“确定”按钮即可创建登录账号。

另外，也可以使用 Create Login 语句来创建登录账号，具体的语法格式如下：

```
Create Login loginName { With <option_list1> | From <sources> }
<option_list1> :: =
    Password = 'password' [ Must_Change ]
    [ , <option_list2> [ ,... ] ]
```

```
<option_list2> :: =
    | Default_Database = database
    | Default_Language = language
    | Check_Expiration = { On | Off}
    | Check_Policy = { On | Off}
    | Credential = credential_name
<sources> :: =
    Windows [ With <windows_options> [ ,... ] ]
    | Certificate certname
    | Asymmetric Key asym_key_name
<windows_options> :: =
    Default_Database = database
    | Default_Language = language
```

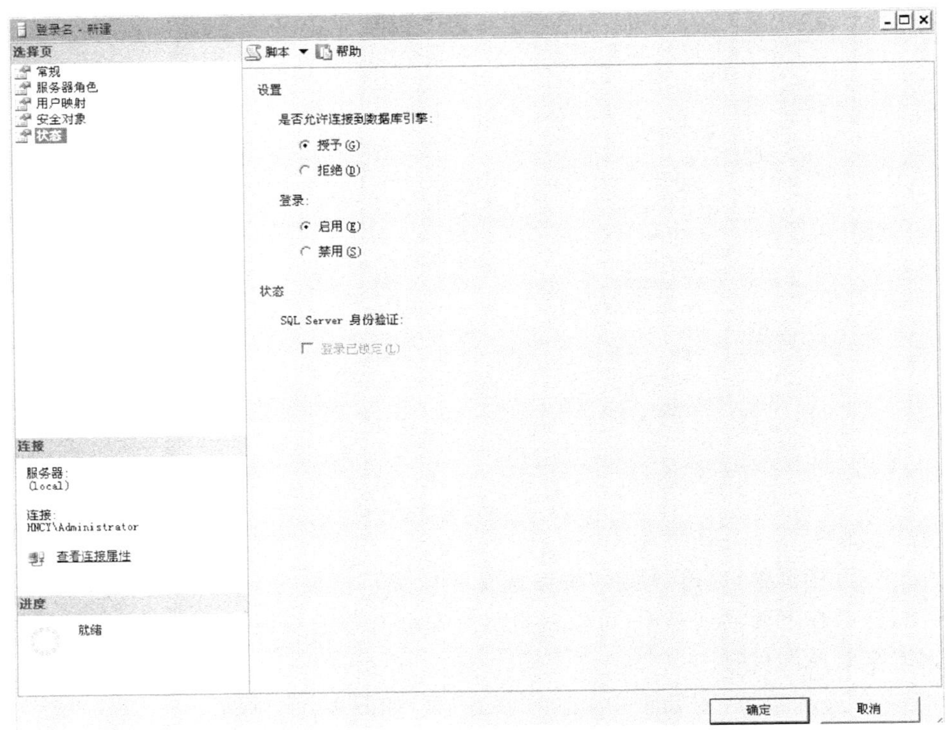

图 14.10 “状态”页

参数说明如下。

- loginName：要创建的登录账号名。有 4 种类型的登录名：SQL Server 登录名、Windows 登录名、证书映射登录名和非对称密钥映射登录名。如果从 Windows 域账户映射 loginName，则 loginName 必须用方括号([ ]) 括起来。
- Password = 'password'：指定正在创建的登录名的密码，该选项仅适用于创建 SQL Server 登录账号。
- Must_Change：如果包括此选项，则 SQL Server 将在首次使用新登录名时提示用户输入新密码。该选项仅用于创建 SQL Server 账号。
- Default_Database = database：指定该登录名的默认数据库。如果未包括此选项，则默认数据库将设置为 master。

- Default_Language = language：指定该登录名的默认语言。
- Check_Expiration = { On | Off }：仅适用于 SQL Server 登录名。指定是否对此登录账户强制实施密码过期策略。默认值为 Off。
- Check_Policy = { On | Off }：仅适用于 SQL Server 登录名。指定应对此登录名强制实施运行 SQL Server 的计算机的 Windows 密码策略。默认值为 On。
- Credential = credential_name：指定该登录名映射到凭据名。
- Windows：指定该登录账号为 Windows 登录账号。
- Certificate certname：指定将与此登录名关联的证书名称。此证书必须已存在于 Master 数据库中。
- Asymmetric Key asym_key_name：指定将与此登录名关联的非对称密钥的名称。此密钥必须已存在于 Master 数据库中。

【例 14-1】 创建 Windows 登录账号。

```
Create Login [hncy\guest] From Windows
```

【例 14-2】 创建 SQL Server 登录账号。

```
Create Login test_login With Password = '123456'
```

2. 修改登录账号

修改登录账号的过程和创建登录账号的过程类似，在对象资源管理器中，展开“安全性”节点下面的“登录名”节点，然后右键单击要修改的登录名，在弹出的快捷菜单中选择“属性”命令，即可打开“登录属性”对话框，接下来就可以对该登录账号进行修改。其中各选项的含义和“登录名-新建”对话框中的选项含义相同，这里就不再赘述。

此外，也可以利用 Alter Login 语句修改登录账号，具体的语法格式如下：

```
Alter Login login_name
{
  <status_option>
  | With <set_option> [ ,… ]
  | <cryptographic_credential_option>
}
<status_option> :: = Enable | Disable
<set_option> :: =
    Password = 'password'
    [
      Old_Password = 'oldpassword'
      | <password_option> [<password_option> ]
    ]
    | Default_Database = database
    | Default_Language = language
    | Name = login_name
    | Check_Policy = { On | Off }
    | Check_Expiration = { On | Off }
    | Credential = credential_name
    | No Credential
```

```
<password_option> :: = Must_Change | Unlock
<cryptographic_credentials_option> :: =
        Add Credential credential_name
        | Drop Credential credential_name
```

参数说明如下。

- Enable | Disable：启用或禁用此登录。
- 其余各选项的含义和 Create Login 语句中的选项含义相同，这里不再赘述。

【例 14-3】 修改登录账号。

```
Alter Login test_login With Password = '654321'
```

3. 删除登录账号

在"对象资源管理器"中，展开"安全性"节点下面的"登录名"节点，然后右键单击要删除的登录名，在弹出的快捷菜单中选择"删除"命令，在出现的"删除登录"对话框中单击"确定"按钮即可删除该登录账号。

此外，也可以利用 Drop Login 语句删除登录账号，具体的语法格式如下：

```
Drop Login login_name
```

【例 14-4】 删除登录账号 test_login。

```
Drop Login test_login
```

14.3 数据库用户管理

14.3.1 数据库角色

1. 固定数据库角色

SQL Server 在每个数据库中都提供了 10 个固定的数据库角色。与服务器角色不同的是，数据库角色权限的作用域仅限在特定的数据库内。在对象资源管理器中展开相应数据库下的"安全性"节点，然后再单击"数据库角色"，即可看到这 10 个数据库角色，如图 14.11 所示。

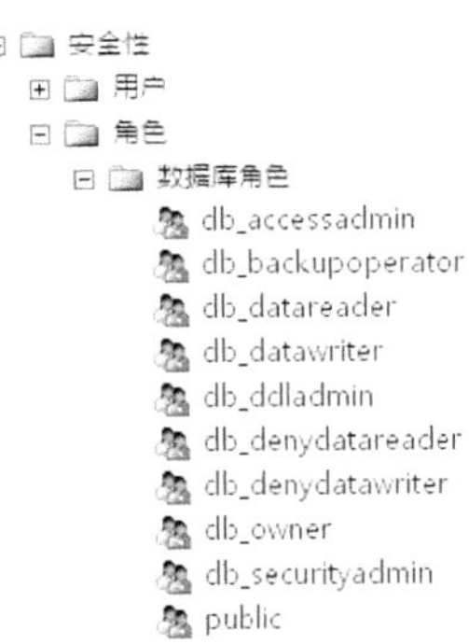

图 14.11 固定数据库角色

10 个固定数据库角色的权限定义如下。

- db_accessadmin：db_accessadmin 固定数据库角色的成员可以为 Windows 登录账号、Windows 组和 SQL Server 登录账号添加或删除数据库访问权限。
- db_backupoperator：db_backupoperator 固定数据库角色的成员可以备份数据库。
- db_datareader：db_datareader 固定数据库角色的成员可以从所有用户表中读取所有数据。
- db_datawriter：db_datawriter 固定数据库角色的成员可以在所有用户表中添加、删除或更改数据。

- db_ddladmin：db_ddladmin 固定数据库角色的成员可以在数据库中运行任何数据定义语言(DDL) 命令。
- db_denydatareader：db_denydatareader 固定数据库角色的成员不能读取数据库内用户表中的任何数据。
- db_denydatawriter：db_denydatawriter 固定数据库角色的成员不能添加、修改或删除数据库内用户表中的任何数据。
- db_owner：db_owner 固定数据库角色的成员可以执行数据库的所有活动，在数据库中拥有全部权限。
- db_securityadmin：db_securityadmin 固定数据库角色的成员可以修改角色成员身份和管理权限。
- public：每个数据库用户都属于 public 数据库角色。如果未向某个用户授予或拒绝特定权限时，该用户将继承授予该对象的 public 角色的权限。

前 9 个数据库角色的权限是系统预先设定好的，不能更改。只有 public 角色的权限可以根据需要修改，而且对 public 角色设置的权限，当前数据库中所有的用户都会自动继承。查看和设置 public 角色的权限的步骤如下：

(1) 右键单击 public 角色，在弹出的快捷菜单中选择“属性”。

(2) 在“数据库角色属性”对话框的“安全对象”页中，可以查看当前 public 角色的权限并进行修改，如图 14.12 所示。

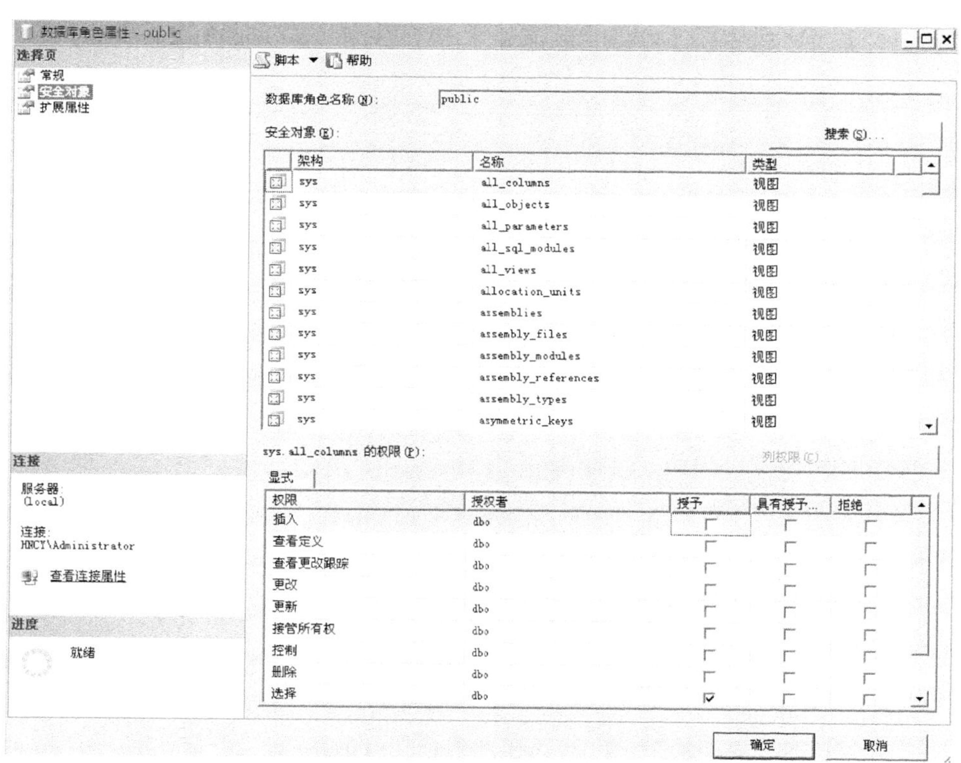

图 14.12　public 数据库角色权限

2. 新建数据库角色

与服务器角色不同的是，除了系统提供的固定的数据库角色之外，用户还可以新建数据库角色。因为数据库角色是针对具体的数据库而言的，作用域为数据库范围，因此数据库角色的创建需要在特定的数据库下。具体步骤如下：

(1) 打开“对象资源管理器”，展开需要创建数据库角色的数据库节点，找到“安全性”节点，展开。

(2) 展开“角色”节点，在“数据库角色”节点上单击鼠标右键，在弹出的快捷菜单上选择“新建数据库角色”命令，如图 14.13 所示。

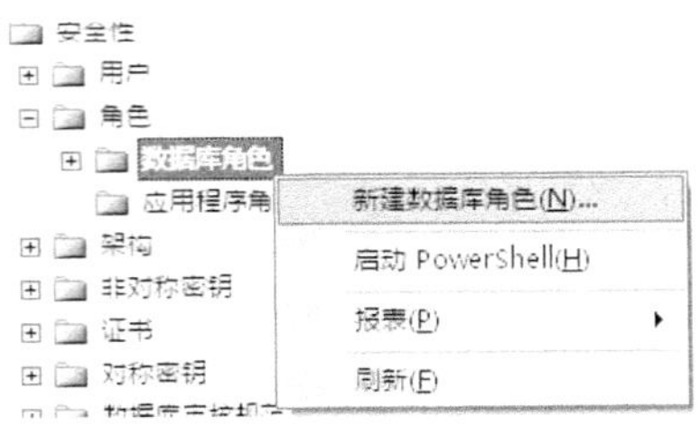

图 14.13 “新建数据库角色”命令

(3) 这时将打开“数据库角色-新建”对话框，如图 14.14 所示。

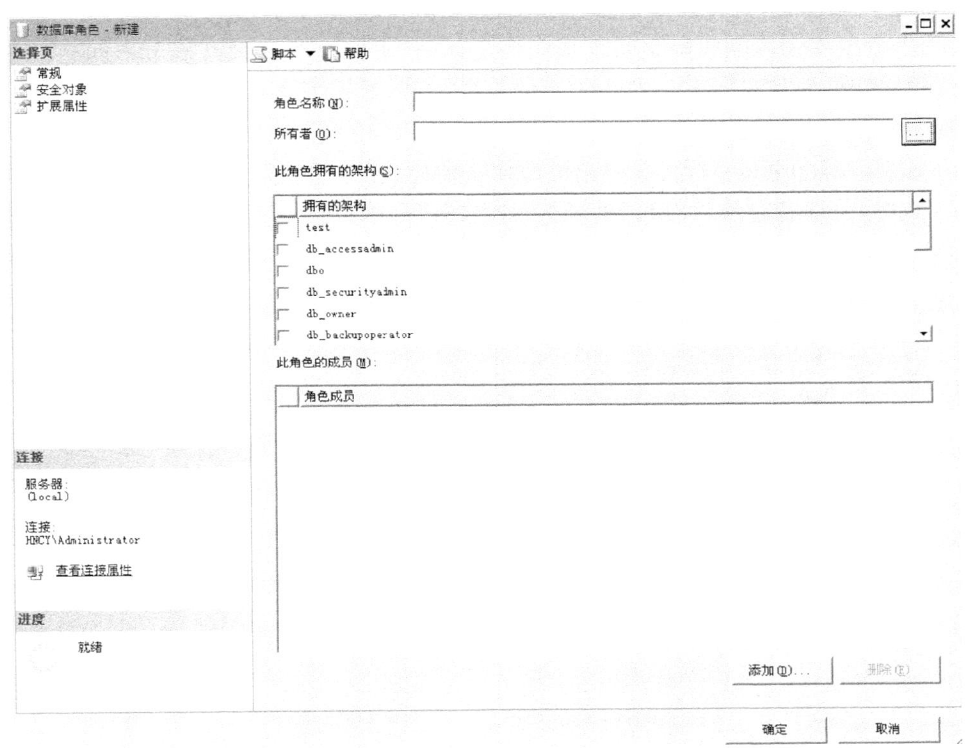

图 14.14 新建数据库角色对话框

主要有以下几个选项。

- 角色名称：输入要创建的数据库角色名称。
- 所有者：输入该数据库角色的所有者，也可以通过右边的按钮打开对话框进行选择。
- 在“此角色拥有的架构”列表中，选择此角色拥有的架构。
- “添加”按钮可以向该数据库角色中添加成员，添加的成员将自动获得该数据库角色的权限。

• “删除”按钮可以从该数据库角色中删除成员。

如果有必要,可以对“安全对象”和“扩展属性”页中的相关选项进行设置。

(4) 单击“确定”按钮,即可创建新的数据库角色。

14.3.2 用户管理

用户是数据库级别的安全主体,用于管理谁有权限使用某个数据库中的资源。数据库中的所有用户都存储在每个数据库的 Sysusers 表中。在创建登录账号时,如果在“用户映射”页(参见 14.2.3 节)中指定将登录账号映射到某个数据库中的用户,则系统会自动在相应的数据库中创建用户。另外,也可以通过以下两种方法创建用户。

1. 利用对象资源管理器创建数据库用户

在对象资源管理器中创建数据库用户的步骤如下:

(1) 打开对象资源管理器,展开需要创建数据库用户的数据库节点,找到“安全性”节点,展开。

(2) 在“用户”节点上单击鼠标右键,在弹出的快捷菜单上选择“新建用户”命令,如图 14.15 所示。

(3) 这时将打开“数据库用户-新建”对话框,如图 14.16 所示。

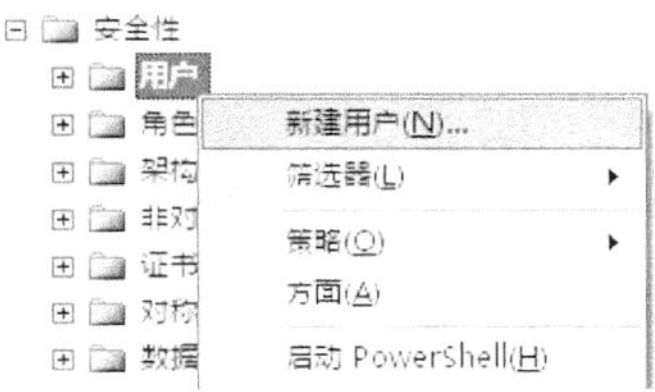

图 14.15 “新建用户”菜单

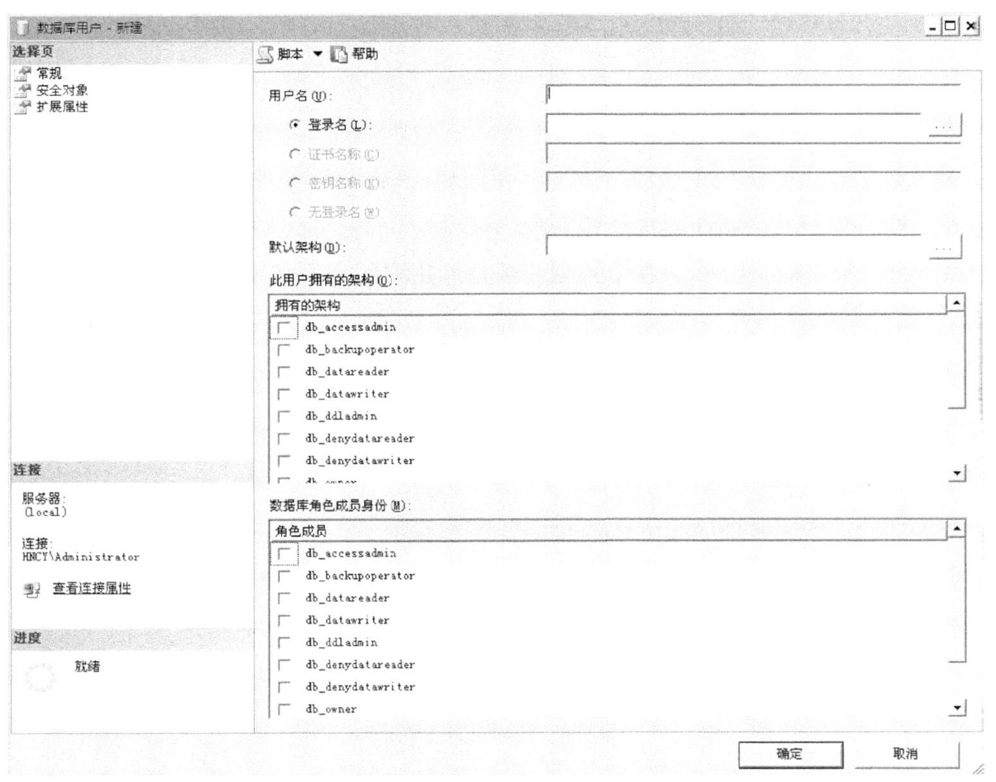

图 14.16 新建用户对话框

在“常规”页中对如下内容进行设置。

- 用户名：输入要创建的数据库用户名。
- 登录名：输入与该数据库用户对应的登录账号，也可以通过右边的按钮进行选择。
- 证书名称：输入与该数据库用户对应的证书名称。
- 密钥名称：输入与该数据库用户对应的密钥名称。
- 无登录名：指定不应将该数据库用户映射到现有登录名，可以作为 guest 连接到数据库。
- 默认架构：输入或选择该数据库用户所属的架构。
- 在“此用户拥有的架构”列表中可以查看和设置该用户拥有的架构。
- 在“数据库角色成员身份”列表中，可以将该数据库用户选择数据库角色。

(4) 如果需要，可以对“安全对象”和“扩展属性”中的选项进行设置。

(5) 单击“确定”按钮，即可创建数据库用户。

2. 利用 Create User 语句创建数据库用户

创建数据库用户的 Create User 语句的语法格式如下：

```
Create User user_name
[ { { For | From }
    {
      Login login_name
      | Certificate cert_name
      | Asymmetric Key asym_key_name
    }
    | Without Login
]
```

参数说明如下。

- user_name：要创建的数据库用户名。
- For Login login_name：指定要创建数据库用户的登录名。login_name 必须是服务器中有效的登录名。
- For Certificate cert_name：指定要创建数据库用户的证书。
- For Asymmetric Key asym_key_name：指定要创建数据库用户的非对称密钥。
- Without Login：指定不应将用户映射到现有登录名。

【例 14-5】 创建数据库用户。

```
Create User test_user For Login test_login
```

14.4 权限管理

权限管理指的是控制用户对数据库对象操作的权限，主要包括授予、拒绝和撤销等行为。

14.4.1 权限类型

根据要操作的对象不同，权限的类型也不相同，主要有以下几种类型。

- 如果对象为数据库，则相应的权限主要有创建操作(Create Database、Create Table、Create View、Create Function、Create Procedure、Create Trigger 等)、修改操作(Alter Database、Alter Table、Alter View、Alter Function、Alter Procedure、Alter Trigger 等)、备份操作(Backup Database、Backup Log)、Connect、Control 等。
- 如果对象为表和视图，则相应的权限主要有插入数据(Insert)、更新数据(Update)、删除数据(Delete)、查询(Select)和引用(References)等。
- 如果对象为存储过程，则权限的类型主要有执行(Execute)、控制(Control)和查看定义等。
- 如果对象为标量函数，则主要的权限有执行(Execute)、引用(References)、控制(Control)等。
- 如果对象为表值函数，则相应的权限主要有插入数据(Insert)、更新数据(Update)、删除数据(Delete)、查询(Select)和引用(Reference)等。

14.4.2 设置权限

可以直接对数据库角色或用户进行对象操作权限的设置，下面将以对数据库用户设置权限为例进行说明，数据库角色的权限分配过程类似。

(1) 打开对象资源管理器，展开需要设置权限的数据库节点，找到"安全性"节点，展开。

(2) 展开"用户"节点，在需要分配权限的数据库用户上单击鼠标右键，在弹出的快捷菜单上选择"属性"命令，将打开"数据库用户"属性对话框，选择"安全对象"页，如图 14.17 所示。

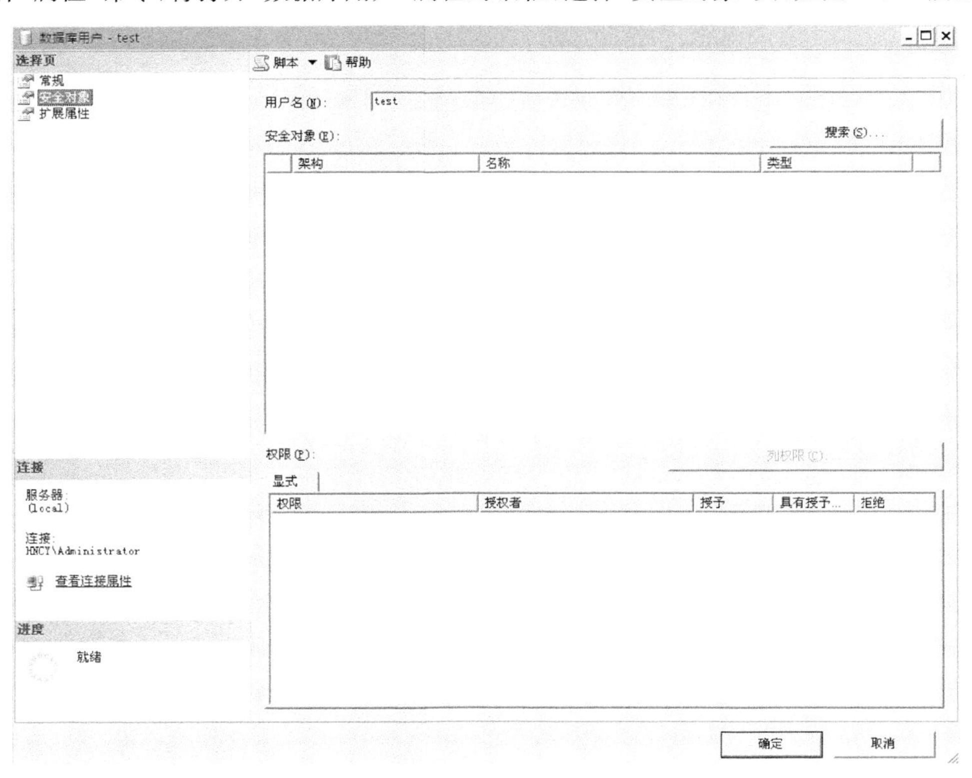

图 14.17 "安全对象"页

(3) 单击右边的“搜索”按钮，将需要分配给该用户操作权限的对象添加到“安全对象”列表中，如图 14.18 所示。

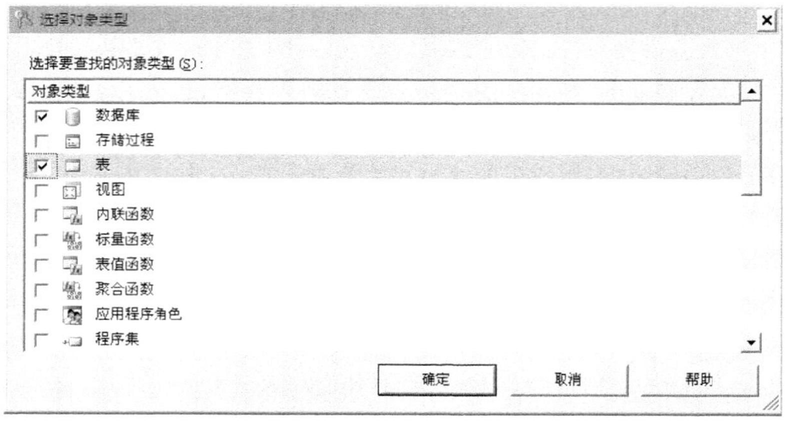

图 14.18 选择安全对象

(4) 在“安全对象”列表中，选中要分配权限的对象，则下面的“权限”列表中将列出该对象的操作权限，根据需要将设置相应权限，如图 14.19 所示。

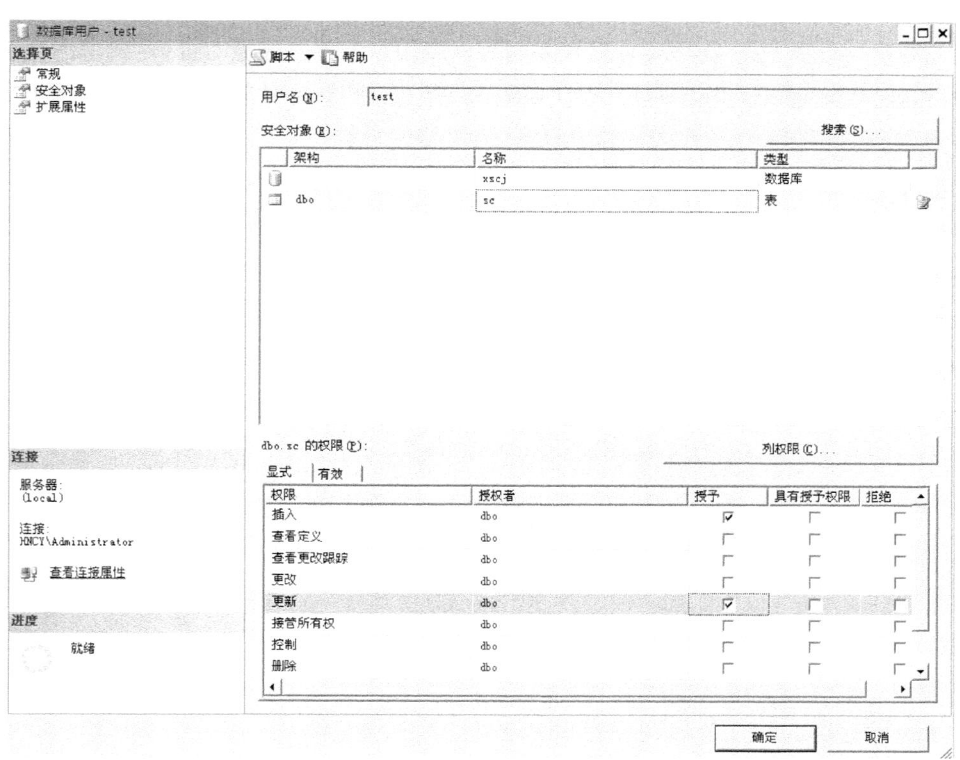

图 14.19 分配权限

14.4.3 DCL 语句

与权限管理有关的 DCL 语句主要有 Grant、Revoke 和 Deny。

1. Grant 语句

使用 Grant 语句可以将安全对象的权限赋予安全主体，Grant 语句的完整的语法非常复杂，这里只给出简单的常用的语法格式如下：

```
Grant { All [ Privileges] }
        | permission [( column [ ,...n ] ) ] [ ,...n ]
        [ On [ class :: ] securable ] To principal [ ,...n ]
        [ With Grant Option ]
```

参数说明如下。

(1) All：使用 All 选项并不会授予所有可能的权限。根据对象的不同，All 参数表示的权限也不相同。在 SQL Server 2008 中已不推荐使用，保留是为了与以前的系统兼容。

- 如果安全对象为数据库，则 All 表示 Backup Database、Backup Log、Create Database、Create Default、Create Function、Create Procedure、Create Rule、Create Table 和 Create View。
- 如果安全对象为标量函数，则 All 表示 Execute 和 References。
- 如果安全对象为表值函数，则 All 表示 Delete、Insert、References、Select 和 Update。
- 如果安全对象是存储过程，则 All 表示 Execute。
- 如果安全对象为表，则 All 表示 Delete、Insert、References、Select 和 Update。
- 如果安全对象为视图，则 All 表示 Delete、Insert、References、Select 和 Update。

(2) Permission：权限的名称。

(3) Column：表中将授予其权限的列的名称。需要使用括号“()”。

(4) class：指定将授予其权限的安全对象的类。需要范围限定符“::”。

(5) securable：指定将授予其权限的安全对象。

(6) To principal：主体的名称。可为其授予安全对象权限的主体随安全对象而异。

(7) With Grant Option：指示被授权者在获得指定权限的同时还可以将指定权限授予其他主体。

【例 14-6】 赋予数据库用户 test_user 创建表的权利。

```
Use student
Grant Create Table to test_user
```

【例 14-7】 授予登录账号 test_login 创建数据库的权限。

```
use master
Grant Create database to test_login
```

【例 14-8】 授予 public 数据库角色向表 stu_info 中添加、修改、删除和查询的权限，并且授予执行存储过程 Query_Grade 的权限。

```
use student
Grant insert,update,delete,select on stu_info to public
Grant execute on Query_Grade to public
```

2. Revoke 语句

利用 Revoke 可以撤销以前授予或拒绝了的权限，与 Grant 语句一样，完整的 Revoke 语句的语法非常复杂。这里只给出常用的 Revoke 语句的格式。

```
Revoke [ Grant Option  For ]
{
  [ All [ Privileges ] ]
  | permission [( column [ ,...n ] ) ] [ ,...n ]
}
[ On [ class :: ] securable ]
{ To | From } principal [ ,...n ]
[ Cascade]
```

参数说明如下。

- Grant Option For：指示将撤销授予指定权限的能力。在使用 Cascade 参数时，需要使用此选项。
- Cascade：指示当前正在撤销的权限也将从其他被该主体授权的主体中撤销。使用 Cascade 参数时，还必须同时指定 Grant Option For 参数。
- 其余参数的含义与 Grant 语句相同。

【例 14-9】 撤销数据库用户 test_user 创建表的权限。

```
Use student
Revoke Create Table From test_user
```

【例 14-10】 撤销 public 数据库角色执行存储过程 Query_Grade 的权限。

```
Use student
Revoke execute on Query_Grade From public
```

3. Deny 语句

使用 Deny 语句可以拒绝授予主体权限，并且可以防止主体通过其组或角色成员身份继承权限。具体的语法格式如下：

```
Deny { All [ Privileges] }
       | permission [( column [ ,...n ] ) ] [ ,...n ]
       [ On [ class :: ] securable ] To principal [ ,...n ]
       [ Cascade]
```

语句中各参数的含义和 Grant 语句中的参数含义相同，这里就不再赘述。

【例 14-11】 拒绝数据库用户 test_user 创建表的权限。

```
Use student
Deny Create Table To test_user
```

14.5 本章小结

数据库安全是数据库管理中一个十分重要的方面，本章重点介绍了 Microsoft SQL Server 2008 中进行安全管理的方法。通过本章的学习，读者应该掌握以下内容：

(1) 数据库安全层次。

(2) 服务器角色和数据库角色的概念。

(3) 登录账号的创建和管理。

(4) 数据库用户的创建和管理。

(5) 数据库对象权限的控制。

习 题 14

1. Microsoft SQL Server 2008 提供了几种身份验证模式？分别是什么？如何设置身份验证模式？

2. Microsoft SQL Server 2008 有几种服务器角色？分别是什么？

3. Microsoft SQL Server 2008 有几种固定的数据库角色？分别是什么？

4. 练习登录账号、数据库用户的创建方法。

5. 练习数据库对象权限的分配和管理方法。

附录 A 样本数据库 student 表结构

学生信息表(stu_info)

列名	数据类型	大小	小数位	是否为空	默认值	约束	含义
stu_id	char	10		否		主键	学号
name	nvarchar	20		否			姓名
birthday	date						生日
sex	nchar	1			男		性别
address	nvarchar	20					籍贯
mark	smallint						入学成绩
major	nvarchar	20					专业
sdept	nvarchar	20					院系

课程信息表(course_info)

列名	数据类型	大小	小数位	是否为空	默认值	约束	含义
course_id	char	3		否		主键	课程编号
course_name	nvarchar	20		否			课程名
course_type	nvarchar	20			考试		课程类型
course_mark	tinyint						课程学分
course_time	tinyint						课程学时
pre_course_id	char	3				外键	先行课程

学生成绩表(stu_grade)

列名	数据类型	大小	小数位	是否为空	默认值	约束	含义
stu_id	char	10		否		外键	学号
course_id	char	3		否		外键	课程编号
grade	tinyint						成绩

注：stu_id 与 course_id 合在一起作为主键。

附录B 样本数据库student表数据

学生信息表(stu_info)

stu_id	name	birthday	sex	address	mark	major	sdept
2007070101	张元	1985-10-09	男	河南郑州	576	计算机科学与技术	信息学院
2007070102	张红	1985-01-14	女	河南开封	565	计算机科学与技术	信息学院
2007070103	王明	1986-07-08	男	河南洛阳	570	计算机科学与技术	信息学院
2007070104	李伟	1986-03-11	男	河南郑州	564	计算机科学与技术	信息学院
2007070201	郑澜	1985-12-01	女	河南平顶山	567	电子商务	信息学院
2007070202	赵恒	1986-02-03	男	河南周口	566	电子商务	信息学院
2007070203	张兰	1986-04-06	女	河南许昌	571	电子商务	信息学院
2007080101	李伟	1985-09-12	男	河南郑州	578	会计学	会计学院
2007080102	钱丽	1985-11-23	女	河南安阳	573	会计学	会计学院
2007080201	孙楠	1986-11-19	男	河南南阳	578	财务管理	会计学院

课程信息表(course_info)

course_id	course_name	course_type	course_mark	course_time	pre_course_id
701	计算机基础	考试	3	50	
702	操作系统	考试	4	50	701
703	计算机网络	考试	4	50	701
704	数据库原理	考查	3	50	701
706	Java	考查	3	40	704
801	宏观经济学	考试	4	50	
802	初级会计	考试	4	50	
803	财政学	考试	3	50	
804	会计电算化	考查	3		

学生成绩表(stu_grade)

stu_id	course_id	grade	stu_id	course_id	grade
2007070101	701	89	2007070104	702	88
2007070101	702	81	2007080101	801	79
2007070101	703	96	2007080101	802	91
2007070102	701	85	2007080102	801	87
2007070102	702	74	2007080102	802	83
2007070102	703	77	2007080201	803	75
2007070104	701	91	2007080201	804	82

附录 C　SQL Server 2008 实验

实验 C1　SQL Server 的安装和配置

实验目的

(1) 了解 Microsoft SQL Server 2008 系统。

(2) 掌握 SQL Server 2008 的安装过程。

(3) 熟悉 SQL Server Management Studio 的工作环境。

(4) 掌握 SQL Server 2008 服务器注册与配置。

实验内容

(1) SQL Server 2008 数据库管理系统安装。

(2) SQL Server 2008 Management Studio 使用。

(3) SQL Server 2008 服务器配置。

实验步骤

(1) 安装 SQL Server 2008 数据库管理系统。

安装 SQL Server 2008 数据库管理系统,熟悉其安装过程。

从微软官方下载 SQL Server 2008 Enterprise Evaluation,将其安装到本地计算机,使本地计算机成为服务器和客户端工具,并采用 Windows 身份验证模式。

SQL Server 2008 的安装与其他 Microsoft Windows 系列产品类似。用户可根据向导提示,选择需要的选项一步一步地完成。安装过程中涉及的实例名、用户账户、身份验证模式、排序规则等关键内容需要我们根据安装界面的提示和实际的需要来进行设置。

(2) 启动 SQL Server Management Studio。

启动 SQL Server Management Studio,熟悉其界面环境。

在 SQL Server 以前的版本中主要有两个工具:图形化的管理工具(Enterprise Manager)和 T-SQL 编辑器(Query Analyzer)。在 SQL Server 2008 中,SQL Server Management Studio 将 Enterprise Manager 和 Query Analyzer 两个工具结合在一起,可以在对服务器进行图形化管理的同时编写 T-SQL。SQL Server Management Studio 中的对象浏览器结合了 Query Analyzer 的对象浏览器和 Enterprise Manager 的服务器树形视图,可以浏览所有已注册的服务器。另外,对象浏览器还提供了类似与 Query Analyzer 的工作区,工作区中有类似语言解析器和显示统计图的功能。现在可以在编写查询和脚本的同时,在同一个工具下使用 Wizards 和属性页面处理对象。

(3) 注册服务器。

服务器只有在注册后才能被纳入 SQL Server Management Studio 的管理范围。为了管理、配置和使用 Microsoft SQL Server 2008 系统，必须使用 Microsoft SQL Server Management Studio 工具注册服务器。注册服务器就是为 Microsoft SQL Server 客户机/服务器系统确定一台数据库所在的机器，该机器作为服务器，可以为客户端的各种请求提供服务。在 SQL Server Management Studio 中有一个单独可以同时处理多台服务器的注册服务器窗口，同时其不仅可以对服务器进行注册，还可以注册分析服务、报告服务、SQL Server 综合服务以及移动 SQL 等。

(4) 配置 SQL Server 2008。

利用 SQL Server 2008 配置管理器，对数据库管理系统进行配置。

启动 SQL Server 配置管理器，查看与 SQL Server 相关联的服务，并尝试启动和停止服务、配置 SQL Server 使用的网络协议以及从 SQL Server 客户端计算机管理网络连接配置。

实验 C2　创建数据库

实验目的

(1) 了解 SQL Server 数据库的物理结构和逻辑结构。

(2) 掌握使用对象资源管理器创建和管理数据库。

(3) 掌握使用 T-SQL 语句创建和管理数据库。

实验内容

(1) 利用对象资源管理器创建、修改和删除数据库。

(2) 利用 T-SQL 语句创建、修改和删除数据库。

实验步骤

(1) 启动 SQL Server Management Studio，在对象资源管理器中，利用图形化的方法创建数据库 student。

(2) 启动 SQL Server Management Studio，在对象资源管理器中，利用图形化的方法修改数据库 student，增加数据文件。

其中：数据文件逻辑名 student_data2，操作系统文件的名称为 C:\Program Files\Microsoft SQL Server\MSSQL10.MSSQLSERVER\MSSQL\DATA\student_data2.ndf，初始大小为 50MB，最大为 100MB，以 30%的速度增长。

(3) 启动 SQL Server Management Studio，在对象资源管理器中，利用图形化的方法删除数据库 student。

(4) 启动 SQL Server Management Studio，在 SQL 编辑器中，利用 T-SQL 语句 CREATE DATABASE 命令创建数据库 student。

(5) 启动 SQL Server Management Studio，在 SQL 编辑器中，利用 T-SQL 语句 ALTER DATAEASE 命令修改数据库 student，增加日志文件。

其中：日志文件逻辑名 student_log2，操作系统文件的名称为 C:\Program Files\Microsoft SQL Server\MSSQL10. MSSQLSERVER\MSSQL\DATA\student_data2. ldf，初始大小为 3MB，最大为 50MB，以 1M 的速度增长。

(6) 启动 SQL Server Management Studio，在 SQL 编辑器中，利用 T-SQL 语句 DROP DATABASE 命令删除数据库 student。

选项		参数
数据库名称		student
数据文件	逻辑文件名	studetn_data
	物理文件名	C:\Program Files\Microsoft SQL Server \MSSQL10. MSSQLSERVER \MSSQL \DATA\student_data. mdf
	初始容量	3MB
	最大容量	不受限制
	增长量	1MB
日志文件	逻辑文件名	studetn_log
	物理文件名	C:\Program Files\Microsoft SQL Server\MSSQL10. MSSQLSERVER \MSSQL \DATA\student_log. ldf
	初始容量	1MB
	最大容量	20MB
	增长量	10%

实验 C3　创建数据表

实验目的

(1) 了解 SQL Server 表的结构特点。

(2) 了解 SQL Server 2008 的基本数据类型。

(3) 掌握对象资源管理器创建和管理数据表。

(4) 掌握 T-SQL 语句创建和管理数据表。

(5) 理解约束的概念。

实验内容

(1) 在对象资源管理器创建、修改和删除数据表。

(2) 利用 T-SQL 语句创建、修改和删除数据表。

(3) 创建主键约束、缺省约束、check 约束、唯一约束和外键约束。

实验步骤

(1) 启动 SQL Server Management Studio，在对象资源管理器中，利用图形化的方法创建学生信息表 stu_info、课程信息表 course_info 和学生成绩表 stu_grade，其结构参考附录 A。

(2) 启动 SQL Server Management Studio，在对象资源管理器中，利用图形化的方法对数据表进行修改：

- 在数据表 stu_info 中，增加备注字段，字段名 memo，字段类型 nvarchar，字段长度 200，允许为空。
- 在数据表 stu_info 中，删除备注字段 memo。
- 在数据表 course_info 中，对于字段 course_name 设置 UNIQUE 约束。
- 在数据表 stu_grade 中，对于字段 grade 设置 CHECK 约束，其取值在 0～100 之间。
- 在数据表 stu_grade 中，对于字段 stu_id 设置 FOREIGN KEY 约束，其取值参考数据表 stu_info 中 stu_id 字段取值。

(3) 启动 SQL Server Management Studio，在对象资源管理器中，利用图形化的方法删除数据表 stu_grade。

(4) 启动 SQL Server Management Studio，在 SQL 编辑器中，利用 T-SQL 语句 CREATE TABLE 命令创建学生信息表 stu_info、课程信息表 course_info 和学生成绩表 stu_grade，其结构参考附录 A。

(5) 启动 SQL Server Management Studio，在 SQL 编辑器中，利用 T-SQL 语句 ALTER TABLE 命令修改数据表：

- 在数据表 stu_info 中，增加身份证号码字段，字段名 code，字段类型 char，字段长度 18，允许为空。
- 在数据表 stu_info 中，对于字段 code 设置 UNIQUE 约束。
- 在数据表 stu_info 中，删除身份证号码字段 code。
- 在数据表 stu_grade 中，对于字段 grade 设置 CHECK 约束，其取值在 0～100 之间。
- 在数据表 stu_grade 中，对于字段 course_id 设置 FOREIGN KEY 约束，其取值参考数据表 course_info 中 course_id 字段取值。

(6) 启动 SQL Server Management Studio，在 SQL 编辑器中，利用 T-SQL 语句 DROP TABLE 命令删除数据表 stu_info。

实验 C4　管理表数据

实验目的

(1) 掌握在对象资源管理器中对数据表进行插入、修改和删除数据的操作。

(2) 掌握 T-SQL 语句对数据表进行插入、修改和删除数据的操作。

实验内容

(1) 利用对象资源管理器向数据表中添加、修改和删除数据。

(2) 使用 T-SQL 语句向数据表中添加、修改和删除数据。

实验步骤

(1) 启动 SQL Server Management Studio，在对象资源管理器中，利用图形化的方法向学生信息表 stu_info、课程信息表 course_info 和学生成绩表 stu_grade 中添加数据，其数据内容参考附录 B。

(2) 启动 SQL Server Management Studio，在对象资源管理器中，利用图形化的方法对表数据进行修改：

- 在数据表 stu_info 中，将学号(stu_id)为 2007070101 同学的籍贯(address)改为“河南洛阳”。
- 在数据表 stu_grade 中，将成绩(grade)小于 60 分的所有同学成绩增加 10%。

(3) 启动 SQL Server Management Studio，在对象资源管理器中，利用图形化的方法删除数据表 stu_grade 中成绩(grade)小于 60 分的记录。

(4) 启动 SQL Server Management Studio，在 SQL 编辑器中，利用 T-SQL 语句 INSERT INTO 命令向学生信息表 stu_info、课程信息表 course_info 和学生成绩表 stu_grade 中添加数据，其数据内容参考附录 B。

(5) 启动 SQL Server Management Studio，在 SQL 编辑器中，利用 T-SQL 语句 UPDATE 命令修改表数据：

- 在数据表 stu_info 中，将学号(stu_id)为 2007070102 同学的院系(sdept)改为“会计学院”。
- 在数据表 stu_grade 中，将成绩(grade)小于 60 分的所有同学成绩置空。

(6) 启动 SQL Server Management Studio，在 SQL 编辑器中，利用 T-SQL 语句 DELETE 命令删除数据表 stu_info 中所有性别(sex)为空的记录。

实验 C5 数据查询

实验目的

(1) 掌握 SELECT 语句的基本语法。

(2) 掌握嵌套查询、连接查询的表示。

(3) 掌握数据汇总的方法。

(4) 掌握 SELECT 语句的 GROUP BY 子句的作用和使用方法。

(5) 掌握 SELECT 语句的 ORDER BY 子句的作用和使用方法。

实验内容

(1) SELECT 语句的基本使用。

(2) 嵌套查询、连接查询的使用。

(3) 数据汇总。

(4) GROUP BY 子句和 ORDER BY、COMPUTE BY 子句的使用。

实验步骤

针对 student 数据库中，stu_info 数据表、course_info 数据表和 stu_grade 数据表，完成下列查询。

(1) SELECT 基本使用

- 查询每个同学的所有数据。
- 查询每个同学的学号、姓名和院系。
- 查询学号为 2007070103 同学的姓名、性别、籍贯和院系。
- 查询每个女同学的学号,姓名和院系,并将结果中各列的标题指定为学号、姓名和院系。
- 查询计算每个同学的年龄。
- 查询所有其籍贯含有“阳”的同学的姓名、性别、籍贯。
- 查询课程编号 001,且成绩在 70～80 之间的同学的学号。

(2) 嵌套查询

- 查询选修 001 课程的同学的学号、姓名和院系信息。
- 查询没有选修 001 课程的同学的学号、姓名和院系信息。
- 查询比会计学院的同学入学分数都高的同学的学号、姓名、专业和院系信息。

(3) 连接查询

- 查询每个同学的学号、姓名、课程名和成绩信息。
- 查询入学成绩大于 575 分的同学姓名和其选课情况(包括课程名称、课程学时和成绩)。

(4) 数据汇总

- 查询信息学院同学入学平均分。
- 查询全体同学的入学最高分和最低分。
- 查询会计学院同学总人数。
- 查询学号为 2007070101 同学的各门课程总分。

(5) GROUP BY

- 查询每个院系的总人数。
- 查询每位同学的平均分。

(6) ORDER BY

- 将各位同学的信息按入学成绩由高到低排列输出。
- 查询每个同学的学号、姓名、课程名和成绩信息,并按成绩由低到高排列输出。

实验 C6 视　　图

实验目的

(1) 理解视图的重要性。

(2) 掌握在对象资源管理器中创建和管理视图。

(3) 掌握 T-SQL 语句创建和管理视图。

实验内容

(1) 在对象资源管理器创建、修改和删除视图。

(2) 在对象资源管理器使用视图。

(3) 利用 T-SQL 语句创建、修改和删除视图。

(4) 利用 T-SQL 语句使用视图。

实验步骤

(1) 启动 SQL Server Management Studio，在对象资源管理器中，利用图形化的方法创建下列视图：

- 视图 view_male，包含学生信息表中所有男生信息。
- 视图 view_stu_grade，包含每个同学的学号、姓名、课程名和成绩信息。
- 视图 view_avg，包含每个同学的学号、姓名、平均成绩信息。

(2) 启动 SQL Server Management Studio，在对象资源管理器中，利用图形化的方法对视图 v_male 进行修改，只显示信息学院所有男生的信息。

(3) 启动 SQL Server Management Studio，在对象资源管理器中，利用图形化的方法删除视图 view_male。

(4) 启动 SQL Server Management Studio，在对象资源管理器中，利用图形化的方法查询视图 view_male 中的记录信息。

(5) 启动 SQL Server Management Studio，在 SQL 编辑器中，利用 T-SQL 语句 CREATE VIEW 命令创建下列视图：

- 视图 view_female，包含学生信息表中所有女生信息。
- 视图 view_count，包含每个院系的名称和学生人数信息。
- 视图 view_sum，包含每个同学的学号、姓名、课程总成绩信息。

(6) 启动 SQL Server Management Studio，在 SQL 编辑器中，利用 T-SQL 语句 ALTER VIEW 命令修改视图 view_female，增加加密性。

(7) 启动 SQL Server Management Studio，在 SQL 编辑器中，利用 T-SQL 语句 DROP VIEW 命令删除视图 view_female。

(8) 启动 SQL Server Management Studio，在 SQL 编辑器中，通过视图，利用 T-SQL 语句查询下列信息：

- 查询“信息学院”的学生人数。
- 查询学号 2007070101 同学的所选课程和课程成绩信息。

实验 C7　索　　引

实验目的

(1) 理解索引的概念和分类。

(2) 掌握在对象资源管理器中创建和管理索引。

(3) 掌握 T-SQL 语句创建和管理索引。

实验内容

(1) 在对象资源管理器创建、修改和删除索引。

(2) 在对象资源管理器使用索引。

(3) 利用 T-SQL 语句创建、修改和删除索引。

(4) 利用 T-SQL 语句使用索引。

实验步骤

(1) 启动 SQL Server Management Studio,在对象资源管理器中,利用图形化的方法创建下列索引:

- 对学生信息表 stu_info 的 name 列创建非聚集索引 idx_name。
- 对学生成绩表 stu_info 的 stu_id、course_id 列创建复合索引 idx_stu_course_id。

(2) 启动 SQL Server Management Studio,在对象资源管理器中,利用图形化的方法对索引 idx_name 进行修改,使其成为唯一索引。

(3) 启动 SQL Server Management Studio,在对象资源管理器中,利用图形化的方法删除索引 idx_stu_course_id。

(4) 启动 SQL Server Management Studio, 在 SQL 编辑器中, 利用 T-SQL 语句 CREATE INDEX 命令创建下列索引:

- 对课程信息表 course_info 的 course_name 列创建非聚集索引 idx_course_name。
- 对学生成绩表 stu_info 的 stu_id、course_id 列创建复合索引 idx_stu_course_id。

(5) 启动 SQL Server Management Studio,在 SQL 编辑器中,利用 T-SQL 语句对索引 idx_course_name 进行修改,使其成为唯一索引。

(6) 启动 SQL Server Management Studio,在 SQL 编辑器中,利用系统存储过程 sp_helpindex 查看索引 idx_course_name 信息。

(7) 启动 SQL Server Management Studio,在 SQL 编辑器中,利用 T-SQL 语句 DROP INDEX 命令删除索引 idx_course_name。

实验 C8 存 储 过 程

实验目的

(1) 理解存储过程的意义。

(2) 掌握在对象资源管理器中创建和管理存储过程。

(3) 掌握 T-SQL 语句创建和管理存储过程。

实验内容

(1) 在对象资源管理器创建、修改和删除存储过程。

(2) 利用 T-SQL 语句创建、修改和删除存储过程。

(3) 执行存储过程。

实验步骤

(1) 启动 SQL Server Management Studio,在对象资源管理器中,利用图形化的方法创建带参数存储过程 proc_select,输入学生学号,输出学生姓名和专业信息。

(2) 启动 SQL Server Management Studio，在对象资源管理器中，利用图形化的方法创建带参数存储过程 proc_insert，能够完成新增学生记录。

(3) 启动 SQL Server Management Studio，在对象资源管理器中，利用图形化的方法删除存储过程 proc_insert。

(4) 启动 SQL Server Management Studio，在 SQL 编辑器中，利用 T-SQL 语句 CREATE PROCEDURE 命令创建带参数存储过程 proc_query，输入学生学号，输出学生不及格的课程数。

(5) 启动 SQL Server Management Studio，在 SQL 编辑器中，利用 T-SQL 语句 DROP PROCEDURE 命令删除存储过程 proc_query。

(6) 启动 SQL Server Management Studio，在 SQL 编辑器中，执行存储过程 proc_select，根据学号 2007070101 查询其姓名和专业信息。

实验 C9 触　发　器

实验目的

(1) 理解触发器的意义。

(2) 掌握在对象资源管理器中创建和管理触发器。

(3) 掌握 T-SQL 语句创建和管理触发器。

实验内容

(1) 在对象资源管理器创建、修改和删除触发器。

(2) 利用 T-SQL 语句创建、修改和删除触发器。

(3) 验证触发器的执行效果。

实验步骤

(1) 启动 SQL Server Management Studio，在对象资源管理器中，利用图形化的方法创建触发器 tri_update_del，对于学生信息表 stu_info 和学生成绩表 stu_grade，实现级联更新和级联删除。

(2) 在学生信息表中，分别更新和删除一条记录，观察在学生成绩表中数据的变化。

(3) 启动 SQL Server Management Studio，在对象资源管理器中，利用图形化的方法删除触发器 tri_update_del。

(4) 启动 SQL Server Management Studio，在 SQL 编辑器中，利用 T-SQL 语句 CREATE TRIGGER 命令创建触发器 tri_insert，当向学生成绩 stu_grade 表中插入某个学生的某门课程的成绩的时候，检查该学生不及格的课程的数量是否已经达到 4 门，如果是，则把这个学生的信息插入到退学学生信息表 stu_info2 中，stu_info2 表的结构和 stu_info 表的结构相同输入学生学号，输出学生不及格的课程数。

(5) 启动 SQL Server Management Studio，在 SQL 编辑器中，利用 T-SQL 语句 DROP TRIGGER 命令删除触发器 tri_insert。

实验 C10　数据库维护

实验目的

(1) 理解备份与恢复的意义。

(2) 掌握在对象资源管理器中备份和恢复数据库。

(3) 掌握 T-SQL 语句备份和恢复数据库。

实验内容

(1) 在对象资源管理器中备份和恢复数据库。

(2) 利用 T-SQL 语句备份和恢复数据库。

实验步骤

(1) 启动 SQL Server Management Studio，在对象资源管理器中，利用图形化的方法对数据库 student 进行完整备份。

(2) 启动 SQL Server Management Studio，在对象资源管理器中，利用图形化的方法，针对(1)中的完整备份，对数据库 student 进行恢复。

(3) 启动 SQL Server Management Studio，在 SQL 编辑器中，利用 T-SQL 语句 BACKUP 命令对数据库 student 进行完整备份。

(4) 启动 SQL Server Management Studio，在 SQL 编辑器中，利用 T-SQL 语句 RESTORE 命令，针对(3)中的完整备份，对数据库 student 进行恢复。

实验 C11　数据库安全

实验目的

(1) 理解 SQL Server 身份验证模式。

(2) 掌握在对象资源管理器中创建和管理登录账户和用户账户。

(3) 掌握系统存储过程创建和管理登录账户和用户账户。

(4) 掌握在对象资源管理器中创建和管理角色。

(5) 掌握系统存储过程创建和管理登录角色。

实验内容

(1) 创建账户。

(2) 创建角色。

(3) 权限分配。

实验步骤

(1) 启动 SQL Server Management Studio,在对象资源管理器中,利用图形化的方法创建 SQL Server 身份验证模式登录,其中登录名称为自己的学号,密码为 hnufe,默认数据库为 student,其他保持默认值。

(2) 启动 SQL Server Management Studio,在对象资源管理器中,利用图形化的方法创建 Windows 身份验证模式登录,其中登录名称为 login_s1。

(3) 启动 SQL Server Management Studio,在对象资源管理器中,利用图形化的方法删除所创建的登录账户。

(4) 启动 SQL Server Management Studio,在 SQL 编辑器中,利用 T-SQL 语句 Create login 创建登录,其中登录名称为 login_s2,密码为 hnufe,默认数据库为 student,其他保持默认值。

(5) 启动 SQL Server Management Studio,在 SQL 编辑器中,利用 T-SQL 语句 Drop login 删除所创建的登录账户 login_s3。

(6) 启动 SQL Server Management Studio,在对象资源管理器中,利用图形化的方法创建数据库角色,新角色名称为 role_s1。

(7) 启动 SQL Server Management Studio,在对象资源管理器中,利用图形化的方法删除数据库角色 role_s1。

(8) 启动 SQL Server Management Studio,在 SQL 编辑器中,利用 T-SQL 语句 Create Role 创建数据库角色 role_s2。

(9) 启动 SQL Server Management Studio,在 SQL 编辑器中,利用 T-SQL 语句 Drop Role 删除所创建的登录账户 role_s2。

(10) 启动 SQL Server Management Studio,在对象资源管理器中,利用图形化的方法创建数据库用户,新用户名称为 user_s1,其登录名为 login_s1。

(11) 启动 SQL Server Management Studio,在 SQL 编辑器中,利用 T-SQL 语句 Create User 命令创建数据库用户,新用户名称为 user_s2,其登录名为 login_s2。

(12) 权限设置。

- 把查询表 course_info 的权限授予用户 user_s1。
- 把查询表 course_info 的权限授予所有用户。
- 把查询表 stu_info 和修改学生学号的权限授予用户 user_s2。
- 把对表 stu_info 的 INSERT 权限授予用户 user_sl,并允许将此权限再授予其他用户。
- 把在数据库 student 中建立表的权限授予用 user_s1。
- 撤销用户 user_s2 修改学生学号的权限。
- 撤销所有用户对于表 course_info 的查询权限。

参考文献

1 Silberschatz A. 数据库系统概念. 第 5 版. 杨冬青,等译. 北京:机械工业出版社. 2006.

2 Date C J. 数据库系统导论. 第 8 版. 孟小峰,等译. 北京:机械工业出版社. 2007.

3 王能斌. 数据库系统教程(上册). 北京:电子工业出版社,2002.

4 寿建霞,毛国红,张繁. 数据库原理及应用案例教程. 北京:机械工业出版社,2005.

5 王珊,萨师煊. 数据库系统概论. 第 4 版. 北京:高等教育出版社,2006.

6 张蒲生. 数据库应用技术 SQL Server 2005 基础篇. 北京:机械工业出版社,2008.

7 Solid Quality Learning. SQL Server 2005 从入门到精通(应用技术基础)/微软技术丛书. 王为译. 北京:清华大学出版社,2006.

8 Solid Quality Learning. SQL Server 2005 从入门到精通(数据库基础). 文瑞,欧阳炜宸译. 北京:清华大学出版社,2007.

9 章立民研究室. SQL Server 2005 数据库开发实战. 北京:机械工业出版社,2007.

10 朱德利. SQL Server 2005 数据库管理与应用高手修炼指南. 北京:电子工业出版社,2007.

相关课程教材推荐

ISBN	书　名	定价(元)
9787302183013	IT 行业英语	32.00
9787302239659	计算机专业英语(学术能力培养)	35.00
9787302130161	大学计算机网络公共基础教程	27.50
9787302215837	计算机网络	29.00
9787302235989	数据结构(C 语言版)第 3 版(另配套实训教材)	25.00
9787302243236	数据结构——Java 语言描述	33.00
9787302246138	计算机组成与汇编语言	29.00
9787302218555	Linux 应用与开发典型实例精讲	35.00
9787302225836	软件测试方法和技术(第二版)	39.50
9787302249177	实用软件测试教程	29.50
9787302221487	软件工程初级教程	29.00
9787302194064	ARM 嵌入式系统结构与编程	35.00
9787302202530	嵌入式系统程序设计	32.00
9787302219668	路由交换技术	29.50
9787302249559	Web 程序设计:ASP.NET	29.50
9787302227151	Web 应用程序设计实用教程	32.00
9787302237556	Java 程序设计实践教程	36.00
9787302244653	C++面向对象程序设计	35.00
9787302247487	C#语言程序设计	23.00
9787302241171	J2EE 应用开发实例精解(WAS+RAD)	25.00
9787302228196	数据仓库与数据挖掘原理及应用	32.00
9787302245384	多媒体技术与应用	32.00
9787302241720	商务智能(第 2 版)	29.50
9787302238195	电子政务概论	36.00
9787302213567	管理信息系统	36.00

以上教材样书可以免费赠送给授课教师,如果需要,请发电子邮件与我们联系。

教学资源支持

敬爱的教师:

感谢您一直以来对清华版计算机教材的支持和爱护。为了配合本课程的教学需要,本教材配有配套的电子教案(素材),有需求的教师可以与我们联系,我们将向使用本教材进行教学的教师免费赠送电子教案(素材),希望有助于教学活动的开展。

相关信息请拨打电话 010-62776969 或发送电子邮件至 liangying@tup.tsinghua.edu.cn 咨询,也可以到清华大学出版社主页(http://www.tup.com.cn 或 http://www.tup.tsinghua.edu.cn)上查询和下载。

如果您在使用本教材的过程中遇到了什么问题,或者有相关教材出版计划,也请您发邮件或来信告诉我们,以便我们更好为您服务。

地址:北京市海淀区双清路学研大厦 A-708　计算机与信息分社 梁颖　收

邮编:100084　电子邮件:liangying@tup.tsinghua.edu.cn

电话:010-62770175-4505　邮购电话:010-62786544